U0281589

机器学习方法与岩土工程应用

林沛元　赵辰洋　仇文岗　薛亚东　著

中国建筑工业出版社

图书在版编目（CIP）数据

机器学习方法与岩土工程应用/林沛元等著. —北京：中国建筑工业出版社，2023.8（2024.10重印）
ISBN 978-7-112-28841-0

Ⅰ.①机…　Ⅱ.①林…　Ⅲ.①机器学习－应用－岩土工程　Ⅳ.①TU4-39

中国国家版本馆 CIP 数据核字（2023）第 112579 号

本书主要介绍了常见的机器学习方法及其在岩土工程领域的应用，共 15 章内容，包括基坑支护结构的内力与位移预测、土体物理与力学参数之间的转换、预制桩可贯入性评估、隧道工程中沉降分析预测以及病害识别等。本书展示了机器学习方法在岩土工程领域的巨大潜力，也是智慧岩土工程学科方向的发展补充。本书适合土木工程、水利工程、市政工程、地质学等相关专业科研院所、企事业单位及个人阅读使用。

责任编辑：刘瑞霞　梁瀛元
责任校对：党　蕾

机器学习方法与岩土工程应用

林沛元　赵辰洋　仇文岗　薛亚东　著

*

中国建筑工业出版社出版、发行（北京海淀三里河路 9 号）
各地新华书店、建筑书店经销
北京龙达新润科技有限公司制版
北京盛通印刷股份有限公司印刷

*

开本：787 毫米×1092 毫米　1/16　印张：21½　字数：532 千字
2023 年 9 月第一版　2024 年 10 月第二次印刷
定价：**88.00** 元
ISBN 978-7-112-28841-0
（41011）

作者简介

林沛元

国家级青年人才，中山大学教授、博士生导师，广东省珠江人才创新团队第一核心成员，中山大学逸仙学者，中国土木工程学会工程风险与保险研究分会理事，广东省应急管理厅专家委员，中山大学土木工程学院地下空间工程团队教研室主任。主要从事土木工程重大基础设施全寿命风险智慧评估与管控研究，在可靠度设计、随机过程建模与求解方法、智能运维决策等方面取得创新成果。主持/参与国家级、省部级科研项目 20 余项。获美国土木工程师学会 TA Middlebrooks 奖和加拿大岩土工程学会 RM Quigley 奖（Honorable Mention）。发表 SCI 论文 70 余篇，其中，获国际顶级期刊 Journal of Geotechnical and Geoenvironmental Engineering 和 Canadian Geotechnical Journal Editor's Choice 各 1 篇；获评为 JRMGE 优秀审稿人；出版专著 3 部，发明专利 10 余项，软件著作权 2 项。

赵辰洋

中山大学"百人计划"青年学术骨干、助理教授、硕士生导师。2018 年于德国波鸿大学获岩土工程博士学位后留校进行博士后研究，曾作为访问学者前往美国麻省理工学院交流。主要从事盾构隧道土-结构相互作用、精细化数值仿真、机器学习方法在岩土工程中的应用等方面的研究。主持国家自然科学基金、广东省基础与应用基础研究基金、岩土力学与工程国家重点实验室开放课题、广西防灾减灾与工程安全重点实验室开放课题等多项，参与国家自然科学基金面上项目、科技部国家重点研发计划、德国联合基金会 DFG 项目等 10 余项。发表高水平学术期刊论文 30 余篇；授权发明专利 6 项；出版教材 1 项（《建筑信息模型（BIM）与应用》）、专著 2 项、译著 1 项。同时担任中国岩石力学与工程学会环境岩土工程分会青年工作委员会委员、世界交通运输大会水下隧道设计与施工技术委员会委员，以及多个国际期刊的审稿专家，曾获 Tunnelling and Underground Space Technology 期刊"杰出审稿人"奖、中山大学本科教育教学成果奖二等奖、中山大学土木工程学院青年教师教学竞赛二等奖。

仇文岗

国家级青年人才，重庆市学术学科带头人，现任重庆大学土木工程学院副院长，兼任中国科技期刊卓越行动计划重点期刊 Geoscience Frontiers 副主编，研究方向包括城市地下工程、滑坡与工程边坡等，近年来注重学科交叉研究，兴趣拓展至岩土仿生、石窟寺文物保护以及岩土大数据机器学习等，入选 2021 年、2022 年中国高被引学者，2023 年科睿唯安高被引科学家。出版全英文学术专著 5 部，其中 2 部受国家科学技术学术出版基金资助。曾获得 2021 年霍英东教育基金青年科学奖、2022 年度灾害防御科学技术奖青年科学奖、2021 年 Underground Space Outstanding Paper Award、Georisk Most Cited Paper Award 2021、2019 年 Computers and Geotechnics Sloan Outstanding Paper Award 等。所发表的百余篇主要作者论文包括 ESI 高被引论文 20 篇，中国百篇最具影响国际学术论文和领跑者 5000 中国精品科技期刊顶尖学术论文各 1 篇。

薛亚东

同济大学土木工程学院研究员、博士生导师。主要从事隧道及地下工程安全风险评估管理、隧道结构健康检测评估、硬岩 TBM 机理与应用、人工智能在地下工程中的应用等方面的科学研究与教学工作。作为负责人承担国家自然科学基金项目 3 项，省部级科技项目 11 项，作为主要研究人员参加国家 973、863、省部级等项目 16 项，企业合作项目 90 余项。研究成果先后获得国家科技进步二等奖 1 项，省部级特等奖 1 项，上海市科技进步一等奖 2 项，省部级二等奖 3 项、三等奖 5 项，获得国家发明专利 32 项，实用新型专利 6 项，软件著作权 15 项，发表学术论文 186 篇，主编团体标准 1 部，参编指南、规范 4 部，出版专著 4 部。任中国岩石力学与工程学会岩体物理数学模拟专业委员会、岩石破碎工程专业委员会委员，中国岩石力学与工程学会地下工程分会理事，中国土木工程学会工程风险与保险分会理事，中国岩石力学与工程学会隧道掘进机分会理事。

前　言

岩土工程是一门古老且实践性很强的学科，其主要研究岩土体自身的力学性质、变形特性以及与结构的相互作用。天然岩土体极其复杂，层状、各向异性、结构面、应力历史、饱和状态等均会影响其力学行为，表现为强非线性。而对强非线性的拟合，正是机器学习方法的强项，因此，岩土工程与机器学习具有天然一致性。

另一方面，真实场景的岩土工程有效数据样本往往较少，不足以支撑大型机器学习模型的训练与验证，这是因为岩土工程原位数据获取成本高，例如，研究人员无法开挖数以万计的足尺基坑并令其垮塌来获得不同条件下基坑失效的原始数据。从这方面讲，岩土工程与以大数据为基础的机器学习具有天然矛盾性。

显然，两者既对立又统一。那么，人工智能将以一种什么样的方式与岩土工程融合或者说重塑岩土工程学科，这是我们一直在思考的问题。当然，我们可以将该问题抛给ChatGPT，看看人工智能自己如何看待这个问题。

在本书中，我们仅简单介绍一些常见的机器学习方法，并通过工程实例，展示这些方法在岩土工程中的应用。实际上，可以看到即使在样本量较小（100～1000 个）的情况下，机器学习方法相对传统方法也已在拟合、预测、识别等方面展现出显著优势，这无疑是鼓舞人心的。

我们希望这本书能够激发读者对岩土工程与机器学习和人工智能交叉领域持续探索、学习和创新的兴趣。然而，受版权、时间与水平限制，本书仅作为抛砖引玉之用，与广大同行分享作者们应用机器学习方法在岩土工程领域取得的一些结果，而未能充分和全面地编录现有文献中更多的优秀应用成果。尽管如此，智能岩土工程领域涌现的大量优秀著作可为感兴趣的读者阅读、学习和创新提供机会和养分。

最后，本书的出版得到如下科研基金和项目的资助，在此表示衷心感谢。包括：国家重点研发计划（2022YFC3203200）、广东省"珠江人才计划"引进创新创业团队项目（2021ZT09G087）、国家自然科学基金项目（52008408、5208380、5207837）、中山大学中央高校基本科研业务费专项资金（22hytd06）、广东省基础与应用基础研究基金（2021A1515012088、2019A1515172）和科技部外专引智项目（G2020205、DL20216501L、G20216504L）。

目　　录

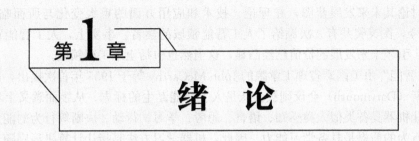

绪 论

"Can machines think?"（机器能思考吗）1950 年，艾伦·图灵在其划时代巨作《计算机器与智能》[1] 一文开篇便请人们思考该问题。图灵认为，应从"机器"与"思考"的定义出发回答该问题。随后，文章提出了著名的"图灵测试"，其目的是判断机器是否具备与人等价或无法区分的智能。假设有两个人（A 和 B）以及一台机器（C），如果 A 在不能看见 B 和 C 的情况下，对 B 和 C 进行若干任意询问以后仍然无法分辨两者，则此机器 C 通过图灵测试。

图灵测试自提出以来便饱受争议。直到 2014 年 6 月 7 日，英国雷丁大学举办的"2014 图灵测试"大会上，人类史上才出现了第一台通过图灵测试的计算机人工智能，成为机器智能发展的一个里程碑[2]。该人工智能名为 Eugene Goostman，它成功地让人类误以为它是一个 13 岁的小男孩。次年，国际著名期刊《科学》（Science）刊登了一篇研究论文[3]，展示了一种初步具备人类学习能力的人工智能系统，并通过了图灵测试，预示着人工智能领域的一大进步。当前，基于机器学习的人工智能已经广泛应用于各个行业，例如人脸识别、语音识别、股票预测、无人驾驶、蛋白质结构预测等。

在土木工程领域，基于机器学习的人工智能主要用于结构健康检测诊断、监测分析预警、结构设计、参数识别等方面，取得了显著效果，采用机器学习方法来研究和解决土木工程问题已逐渐形成趋势。本书将介绍几种常用的机器学习方法，并展示其在土木工程二级学科——岩土工程中的应用，以推动土木工程与人工智能交叉领域的研究与发展。

1.1 机器学习方法与应用

《麻省理工科技评论》（MIT Technology Review）创办于 1899 年，是美国第一本专门评论科技进展的杂志，至今已有 120 多年历史。自 2001 年起，该杂志每年都会发布一份榜单，列出当年的"十大突破性技术"。据统计，近十年该榜单上超过 30% 的突破性技术与人工智能相关，例如，2021 年上榜的有 GPT-3 与多技能人工智能，2022 年上榜的有

AI 蛋白质折叠与 AI 数据生成。2021 年，清华-中国工程院知识智能联合研究中心、清华大学人工智能研究院知识智能研究中心和中国人工智能学会联合发布了研究报告《人工智能发展报告 2011—2020》，梳理出了 10 项核心发现，展示了近十年人工智能取得的重要成果，并讨论其未来发展蓝图，在理论、技术和应用方面的重大变化与所面临的挑战。2010 年至今，图灵奖共有 3 次颁给了人工智能领域的学者。事实上，人工智能重塑传统行业模式、引领未来发展的价值已经凸显，这当然也包括土木工程领域。

"人工智能"由美国麻省理工学院的 John McCarthy 等于 1955 年首次提出，次年的美国达特茅斯（Dartmouth）会议则被公认是人工智能诞生的标志。从字面意义上看，人工智能是指让机器具备类似人类感知、语言、思考、学习、行动、决断等行为的能力。机器具备智能行为的前提是具备学习能力。因此，机器学习方法是指让计算机程序随着经验积累自动提高性能的方法[4]，包括学习模型（人工神经网络、随机森林等）与训练算法（反向传播算法等）。

数据是机器学习的基础，对数据进行分析、归纳与信息提取，进而总结出隐藏其中的规律，即机器学习。利用获得的规律对新样本进行预测，则是人工智能。例如，实时识别街景和道路物体并自动做出合理应对是汽车自动驾驶的核心技术。识别驾驶时车辆周围环境的物体（如交通标志）需首先建立一个包含上千万张交通标志的数据库，利用该数据库对机器学习模型进行训练、测试与优化，使得模型可以高精度地识别各类交通标志。精确识别周围环境物体后，下一步则是自动执行最优行驶策略，如停车、左拐、右拐、加速、减速、变道、超车、礼让行人等，这是自动驾驶系统的自主决策行为，代替了人工操作，因此便具有了智能的内涵。

数据、机器学习和自主决策与行动是人工智能三要素，它们之间的逻辑关系如图 1.1 所示。机器学习为计算机自主决策与行动和数据价值挖掘提供了底层的技术支撑。同时，机器学习也需要大量的有效数据来进行训练、测试与优化。当计算机智能水平发展到某一层次时，机器可能反过来自行优化其底层的行为逻辑、学习理论与模型，以实现更进一步的提升。因此，数据、机器学习和自主决策与行动之间是相互促进、相互依存的。

图 1.1 人工智能三要素

数据，是当前阶段人工智能的基石之一。数据本身的数量、质量以及能否反映真实情况，直接决定了人工智能模型复刻现实的能力。事物涉及的数据通常多种多样，可能是视频、音频、图像、文本、数值，甚至经验等。这些数据来源不同、结构相异，称为多源异构数据。如何对多源异构数据进行处理与信息提取，是当前人工智能领域研究的热点，也是难点。如何高效利用多源异构数据赋能土木工程智慧化研究，同样困扰着土木工程研究人员。

大数据是机器学习模型训练、验证与学习的前提。因此，人工智能的优势在数据资源丰富的领域首先得到体现。比如，手机上可智能识别植物的软件，其训练所需的大量植物图片很容易通过网络获得。随着学习模型的复杂化，其表达能力得到实质性提升，但与此同时，其对数据量的要求也呈现指数级增长。例如，谷歌大脑提出的 Switch Transformer 拥有超过 1.6 万亿的参数，而 OpenAI 公司发布的 GPT-4 则拥有 100 万亿量级的参数，是迄今为止最大型最复杂的多模态模型。显然，训练如此巨型的模型，其数据量级难以想象。在数据资源相对缺乏的领域，人工智能发展则相对缓慢。对大数据的过度依赖是造成现阶段人工智能局限性的原因之一。

通过 AI 数据生成、模拟、拆分等方法，可部分解决数据短缺的问题。在土木工程领域，数值仿真和图像切割是数据补充的常用手段[5-6]。应该认识到，通过数值仿真分析得到的数据，是一种"模型"数据，并不反映真实的工程响应特征，仅反映数值模型自身的响应输出。

1.2 岩土工程数据及特点

岩土体天然具有极强的时空变异性，且其力学行为与岩性土性及其应力历史息息相关，具有显著的地域特征，例如，上海的软土与深圳的软土力学特性差异很大；某些具有特殊力学性质的岩土体称为特殊性土，比如黄土、软土、花岗岩残积土、膨胀土等，可以说岩土工程是一门经验性极强的学科[7-10]。岩土工程基础设施，如隧道、桥墩、高速公路路基、边坡等，全寿命周期一般包括预研、勘察、设计、施工、检测、监测、运营、维护八个阶段，每个阶段均包含大量的数据，见表 1.1。

岩土工程全寿命周期各个阶段可能包含的数据　　　　　　　　表 1.1

阶段	数据(可能包括但不限于)
预研	区域地质图、地形图、地球物理勘探资料、初步勘察钻孔资料、地质灾害评估报告、邻近类似工程勘察建设运营资料
勘察	物探资料、钻孔及编录资料、孔内电视、静力触探、室内岩土试验、现场试验、邻近场地资料
设计	设计理论与方法、设计图纸、工程经验、设计规范、工程造价书、环境影响评价资料、工程重要性、力学计算结果
施工	施工图、施工日志、施工事故(如有)、施工方法、施工装备、施工人员、施工工艺、施工时间、施工期间各类监测、施工经验
检测	现场试验资料、检测报告、检测方法及设备
监测	监测设备及方法、监测布设方案、监测数据
运营	运营日志、运营环境、运营方式、运营强度、运营时长、运营经验
维护	维护日志、维修方法、维修材料、维修工艺及装备

上述数据类型繁多，包括视频、图像、文字、语音、数值、决策以及经验。应当指出，岩土工程经验本身亦是岩土工程学科宝贵且独具特色的数据。岩土工程数据特点可归纳为多源、异构、时变、定性、定量、半定量、区域性、空间变异性、模糊性（比如经常是一个范围而不是一个精确值）、经验性、数据量少、数据成本高、系统性、连续与离散性等。对岩土工程及相关地球科学领域数据特点的讨论可参见文献［11］。显然，理想的情况是整合全寿命周期所涉及的数据，通过一定的规则运算对数据进行解构与信息提取，使之成为可以直接用于机器学习和人工智能的岩土工程大数据。由于当前是智能岩土工程的起步阶段，尚未有成熟的理论和方法来支撑多源异构岩土工程数据的归一化、标准化与正则化。因此，从全寿命周期的角度来发展智能岩土工程，仍然是不现实的。当前文献中机器学习和人工智能在岩土工程中的研究与应用，仍然局限于解决某个阶段的某个或某些问题。

将机器学习应用于解决岩土工程全寿命中的某个具体问题时，常常会因为数据的限制而产生两个问题。首先是数据量问题。由于多源异构数据处理方法尚未成熟且数据积累和建立数据共享中心仍未在岩土工程界中形成共识，可直接用于针对某个问题进行机器学习并智能化的数据一般都较少，不足以支撑实现真正的智能。现阶段机器学习方法在岩土工程中的应用基本上是扮演着分类器或拟合器的角色。其次是区域性问题。针对某个区域某个问题所建立起来的人工智能模型，一般来讲不适用于另一个区域的同个问题。例如，基于上海软土的勘察数据，建立以简单的物理属性参数为输入、以软土力学性能指标为输出的精度较高的人工神经网络模型，而后将该人工神经网络应用于预测深圳软土力学指标时，则可能出现精度极差甚至预测结果极不合理的情况。一个可能的解决办法是将软土的组分、形成环境、应力路径等数据也作为输入参数，但实际应用中往往缺乏这些数据，这实际上又回到了第一个问题。

事实上，如何整合并高效利用岩土工程数据，已受到学界的关注[12]。而能否实现岩土工程数据低时空成本获取，可能决定了岩土工程智能化的发展进程。

1.3 机器学习岩土工程应用现状概述

科学研究本身是一个动态演化的过程，具有一定的范式（paradigm）。在经历了第一范式（以实验为基础）、第二范式（以理论研究为基础）和第三范式（以计算机仿真实验为基础）之后，科学研究目前进入了第四范式（以大数据为基础）。数据的重要性已成为各行各业的共识，在岩土工程领域亦是如此。

近年来，机器学习方法在岩土工程领域的应用展现出了旺盛的生命力。鉴于岩土工程通常有大量的监测和现场调查数据，研究人员开始主动去挖掘这些数据的价值，并研究如何通过数据分析方法对其加以利用，从而弥补一些传统计算方法的不足之处。机器学习便是这样一种高效的数据分析方法。大数据和机器学习的结合可能会为传统的岩土工程问题提供意想不到的解决方案[13]。

当前，机器学习已经广泛应用于岩土工程分析，其涉及的问题包括岩土体参数分析与预测、岩土工程结构响应预测；采用的方法包括神经网络、随机森林、支持向量机、多变量自适应回归样条、决策树、梯度增强机器、逻辑回归、高斯过程、混合方法（如自适应神经模糊推理系统和基因表达式编程）等；数据包括勘察、监测、资料报告等真实工程数据，也包括了基于有限元等数值模拟方法得到的合成数据。应当说，机器学习已经在岩土工程领域取得丰硕成果。*Geoscience Frontiers*、*Acta Geotechnica*、*Georisk*、《地球科学》等行业著名期刊相继增出专刊（表1.2），集中展示了研究人员在这方面取得的最新进展与成果。国际学术组织也多次举办相关研讨会（表1.3），促进岩土工程机器学习的交流与发展。关于机器学习方法在岩土工程领域的应用研究现状综述，可参见文献[14-21]。

岩土工程领域机器学习相关专刊汇总   表 1.2

年份	期刊	专刊
2022	地球科学	机器学习与灾害风险评价
2022	*Georisk*	*Data Analytics in Geotechnical and Geological Engineering*
		Machine Learning and AI in Geotechnics

年份	期刊	专刊
2022	*Acta Geotechnica*	*Machine Learning in Geotechnics*
2022	*Earthquake Engineering and Structural Dynamics*	*AI and Data-driven Methods in Earthquake Engineering*（call for papers）
2020	*Geoscience Frontiers*	*Big Data and Machine Learning in Geoscience and Geoengineering*
2020	*Computers and Geotechnics*	*Advances in Computational Geomechanics-A Special Issue in Memory Prof Scott Sloan*
2016	*Engineering Geology*	*Probabilistic and Soft Computing Methods for Engineering Geology*
2016	*Geoscience Frontiers*	*Progress of Machine Learning in Geosciences*

近年来部分国内外学术组织举办的岩土工程机器学习相关的研讨会汇总　　表 1.3

时间	学术组织	会议
2022 年 10 月 26 日	国际土木与建筑工程计算机应用学会（ISCCBE）	国际土木建筑计算机应用会议（每两年一届，每届均有机器学习主题；2022 年为第 19 届）
2022 年 6 月 22 日	国际土力学及岩土工程学会（ISSMGE）	第十三届结构安全与可靠性国际会议（ICOSSAR 2021）"岩土工程现场调查中的机器学习和数据分析"研讨会
2022 年 5 月 1 日	国际土力学及岩土工程学会（ISSMGE）技术委员会 TC304 和 TC309	国际土力学及岩土工程大会（ICSMGE 2022）"岩土工程风险评估与机器学习"研讨会
2022 年 1 月 8 日	重庆大学土木工程学院、山地城镇建设与新技术教育部重点实验室、国际土力学及岩土工程协会（ISSMGE）TC303、TC309 专委会以及中国土木工程学会土力学及岩土工程学会	机器学习与大数据在岩土学与岩土工程中的新进展
2021 年 12 月 3 日	挪威岩土研究所与国际土力学与岩土工程协会（ISSMGE）TC309、TC304、TC222 技术委员会	第三次国际岩土工程机器学习论坛（3MLIGD）
2021 年 10 月 25 日	国际土力学及岩土工程学会（ISSMGE）技术委员会 TC304	岩土工程中的机器学习和风险评估（ML-RA 2021），第三届岩土工程机器学习和大数据国际研讨会（3ISMLG）
2021 年 9 月 16 日	香港工程师学会	数字地球科学与地质技术研讨会"机器学习与滑坡研究"主题演讲
2021 年 7 月 1 日	国际土力学与岩土工程学会（ISSMGE）机器学习与大数据技术委员会（TC309）、中国土木工程学会工程风险与保险研究分会、同济大学	*Technical e-Forum on Machine Learning and Big Data analysis on Tunneling and Tunnel Mechanics*
2020 年 10 月 4 日	国际土力学及岩土工程学会（ISSMGE）	第七届亚太结构可靠性及其应用研讨会（APSSRA2020）土木工程机器学习专场
2019 年 12 月 11 日	国际土力学及岩土工程学会（ISSMGE）	国际岩土安全与风险研讨会（ISGSR 2019）"大数据机器学习：算法与应用"
2019 年 9 月 22 日	国际土力学及岩土工程学会（ISSMGE）	第 29 届欧洲安全与可靠性会议（ESREL 2019）"使用贝叶斯机器学习管理不确定的基本事实"主题演讲
2019 年 6 月 30 日	国际土力学及岩土工程学会（ISSMGE）技术委员会 TC304	第二届地球科学机器学习和大数据国际研讨会
2019 年 6 月 17 日	美国土木工程师协会（ASCE）	ASCE 土木工程计算国际会议：数据、感知与分析方法

1.4　本书的组织架构与内容概述

本书分为两大部分，共 15 章。第一部分为第 1~4 章，包括绪论及三类常见机器学习方法基础知识的介绍；第二部分为第 5~15 章，主要是机器学习方法的岩土工程应用实例介绍。概述如下。

第 1 章是绪论，主要梳理机器学习方法的发展脉络以及其在岩土工程领域的应用现状。

第 2 章为人工神经网络，主要介绍神经网络的类型、架构以及误差反向传播算法；重点介绍前馈神经网络和卷积神经网络。

第 3 章为支持向量机，主要介绍线性可分支持向量机及软硬间隔最大化和非线性可分支持向量机及核函数。

第 4 章为随机森林，主要介绍其树状结构与从树到森林的集成学习，还介绍了随机森林的特点和核随机森林。

第 5 章为最大土钉轴力神经网络模型，主要展示了利用实测土钉轴力为输出值、土钉墙设计参数为输入值的人工神经网络搭建，并与美国联邦高速公路管理局的土钉墙设计手册中的土钉轴力计算模型进行对比。

第 6 章为基于机器学习的土钉墙水平位移计算方法，基于实测水平位移数据，建立了神经网络、随机森林和支持向量机的土钉墙水平位移预测模型，并对比了三类机器学习方法的精度。

第 7 章是基于人工神经网络的软土力学性质预测，建立了利用简单可测的软土物理指标来快速准确预测其力学指标的具有解析形式的神经网络模型。

第 8 章是软计算在地下工程建设中的应用，系统性地回顾了软计算在地下工程建设中的研究现状，通过实例对比了多回归样条曲线、神经网络、极端梯度提升和支持向量机的预测能力，最后开展了一些讨论和研究展望。

第 9 章为基于机器学习的各向异性黏土双隧道衬砌响应预测，通过有限元方法研究了土体各向异性并开展了实例验证，而后分析了土体性质与双隧道布设方案对隧道力学响应的影响，最后基于机器学习方法建立了隧道最大弯矩预测模型。

第 10 章是基于贝叶斯优化的极端梯度提升和随机森林方法预测不排水抗剪强度，介绍了利用土体物理属性预测软黏土不排水抗剪强度的极端梯度提升和随机森林模型，展示了贝叶斯优化方法在超参数确定中的应用。

第 11 章为基于随机森林回归和多元自适应回归样条的预制桩可打性评估，通过超过 4000 根桩的工程数据，建立了上述机器学习模型，并对模型进行了交叉验证和特征重要性分析。

第 12 章为基于极限梯度提升和随机森林回归的各向异性黏土开挖支撑基底隆起稳定性评估，利用有限元模型产生人工数据，展示了解决岩土工程"数据荒"的一种思路。

第 13 章是预测土压平衡盾构引起地表沉降的软计算方法，主要包括极端梯度提升、神经网络和支持向量机三类模型。

第 14 章为盾构隧道地面沉降分析和预测，开展了大量三维有限元模拟，产生各种工况下的地面沉降数据，进而利用机器学习方法建立了代理模型，并开展了全局敏感性分析。

第 15 章为盾构隧道衬砌表观病害图像自动识别，主要介绍了目标检测与实例分割、病害数据集的构建和病害的自动检测算法，最后详细介绍了隧道渗水病害分割与量化应用。

由于岩土工程问题的复杂性，单一机器学习方法某些场景下难以完全解决问题，因此，文献中多种学习方法的联合应用也时见报道[22-25]。此外，后续应用实例某些章节涉及多种学习方法在解决同一岩土工程问题的效果对比与分析。部分基础知识本书并未介绍，但读者可方便地从现有文献中找到相关理论背景自行学习，如文献［26-37］等。

参考文献

［1］　Alan Masthison Turing. Computing machinery and intelligence ［J］. Mind，1950，59（10）：433-460.

［2］　Warwick K. Turing Test success marks milestone in computing history ［J］. University or Reading Press Release，2014，8.

［3］　Lake Brenden M，Salakhutdinov Ruslan，Tenenbaum Joshua B. Human-level concept learning through probabilistic program induction ［J］. Science，2015，350：1332-1338.

［4］　Mitchell Tom M. Machine learning ［M］. New York：McGraw-Hill Education，1997.

［5］　Cha Young Jin，Choi Wooram，Büyüköztürk Oral. Deep learning——based crack damage detection using convolutional neural networks ［J］. Computer - Aided Civil and Infrastructure Engineering，2017，32.

［6］　Hsiao Cheng-Hsi，Chen Albert，Ge Louis，et al. Performance of artificial neural network and convolutional neural network on slope failure prediction using data from the random finite element method ［J］. Acta Geotechnica，2022：10.1007/S11440-022-01520-W.

［7］　李广信. 岩土工程 50 讲：岩坛漫话 ［M］. 北京：人民交通出版社，2010.

［8］　李广信.《岩土工程典型案例述评》读后 ［J］. 工程勘察，2015，（6）：2.

［9］　顾宝和. 岩土工程的科学性和艺术性——《岩土工程典型案例述评》自序 ［J］. 工程勘察，2015，（6）：3.

［10］　顾宝和. 岩土工程典型案例述评 ［M］. 北京：中国建筑工业出版社，2015.

［11］　Karpatne Anuj，Ebert - Uphoff Imme，Ravela S. Chandu，et al. Machine learning for the geosciences：challenges and opportunities ［J］. IEEE Transactions on Knowledge and Data Engineering，2019，31：1544-1554.

［12］　Phoon Kok Kwang. The goldilocks dilemma——too little or too much data？［J］. Geostrata Magazine，2020.

［13］　Zhang Wengang，Ching Jianye，Goh Anthony Tc，et al. Big data and machine learning in geoscience and geoengineering：introduction ［J］. Geoscience Frontiers，2021，12（1）：327-329.

［14］　Shahin Mohamed A，Jaksa Mark B，Maier Holger R. State of the art of artificial neural networks in geotechnical engineering ［J］. Electronic Journal of Geotechnical Engineering，2008，8（1）：1-26.

［15］　Shahin Mohamed A. A review of artificial intelligence applications in shallow foundations ［J］. International Journal of Geotechnical Engineering，2015，9（1）：49-60.

［16］　Shahin Mohamed A. State-of-the-art review of some artificial intelligence applications in pile foundations ［J］. Geoscience Frontiers，2016，7（1）：33-44.

［17］　Zhang Wengang，Zhang Runhong，Wu Chongzhi，et al. State-of-the-art review of soft computing applications in underground excavations ［J］. Geoscience Frontiers，2020，11（4）：1095-1106.

［18］　Moayedi Hossein，Mosallanezhad Mansour，Rashid Ahmad Safuan A，et al. A systematic review and meta-analysis of artificial neural network application in geotechnical engineering：theory and applications ［J］. Neural Computing and Applications，2020，32（2）：495-518.

［19］　Ebid Ahmed M. 35 years of（AI）in geotechnical engineering：state of the art ［J］. Geotechnical and Geological Engineering, 2021, 39 (2): 637-690.

[20] Jong Sc, Ong Del, Oh E. State-of-the-art review of geotechnical-driven artificial intelligence techniques in underground soil-structure interaction [J]. Tunnelling and Underground Space Technology, 2021, 113: 103946.

[21] Phoon Kok-Kwang, Zhang Wengang. Future of machine learning in geotechnics [J]. Georisk: Assessment and Management of Risk for Engineered Systems and Geohazards, 2022: 1-16.

[22] Qi Chongchong, Tang Xiaolin. Slope stability prediction using integrated metaheuristic and machine learning approaches: A comparative study [J]. Computers & Industrial Engineering, 2018, 118: 112-122.

[23] 朱梦琦, 朱合华, 王昕, 等. 基于集成 CART 算法的 TBM 掘进参数与围岩等级预测 [J]. 岩石力学与工程学报, 2020, 39 (9): 1860-1871.

[24] Duan Wei, Congress Surya Sarat Chandra, Cai Guojun, et al. A hybrid GMDH neural network and logistic regression framework for state parameter-based liquefaction evaluation [J]. Canadian Geotechnical Journal, 2021, 58 (12): 1801-1811.

[25] Shi Chao, Wang Yu. Development of subsurface geological cross-section from limited site-specific boreholes and prior geological knowledge using iterative convolution XGBoost [J]. Journal of Geotechnical and Geoenvironmental Engineering, 2021, 147 (9): 04021082.

[26] Xue Yadong, Li Yicheng. A fast detection method via region-based fully convolutional neural networks for shield tunnel lining defects [J]. Computer-Aided Civil and Infrastructure Engineering, 2018, 33 (8): 638-654.

[27] 中国人工智能 2.0 发展战略研究项目组. 中国人工智能 2.0 发展战略研究 (上下册) [M]. 杭州: 浙江大学出版社, 2019.

[28] 鲍跃全, 李惠. 人工智能时代的土木工程 [J]. 土木工程学报, 2019, 52 (5): 1-11.

[29] Misra Siddharth, Li Hao, He Jiabo. Machine learning for subsurface characterization [M]. Gulf Professional Publishing, 2019.

[30] Elmo D, Stead D. Disrupting rock engineering concepts: is there such a thing as a rock mass digital twin and are machines capable of learning rock mechanics? [C]//Slope Stability 2020: 2020 International Symposium on Slope Stability in Open Pit Mining and Civil Engineering, Australian Centre for Geomechanics, 2020.

[31] Wang Haojie, Zhang Limin, Luo Hongyu, et al. AI-powered landslide susceptibility assessment in Hong Kong [J]. Engineering Geology, 2021, 288: 106103.

[32] 赵泽宁, 段伟, 蔡国军, 等. 基于机器学习 CPTU 智能算法的黏性土应力历史评价 [J]. 岩土工程学报, 2021, 43 (S2): 104-107.

[33] 段伟, 蔡国军, 刘松玉, 等. 基于现代原位测试 CPTU 的土体液化势统一评价方法 [J]. 岩土工程学报, 2022, 44 (3): 435-443.

[34] Phoon Kok Kwang, Zhang Wenpeng. Future of machine learning in geotechnics [J]. Georisk: Assessment and Management of Risk for Engineered Systems and Geohazards, 2022.

[35] Xue Yadong, Jia Fei, Cai Xinyuan, et al. An optimization strategy to improve the deep learning-based recognition model of leakage in shield tunnels [J]. Computer - Aided Civil and Infrastructure Engineering, 2022, 37 (3): 386-402.

[36] 仇文岗, 顾鑫, 刘汉龙, 等. 基于贝叶斯更新的非饱和土坡参数概率反演及变形预测 [J]. 岩土力学, 2022, 43 (4): 1112-1122.

[37] Wang Yu, Shi Chao, Li Xu. Machine learning of geological details from borehole logs for development of high-resolution subsurface geological cross-section and geotechnical analysis [J]. Georisk: Assessment and Management of Risk for Engineered Systems and Geohazards, 2022, 16 (1): 2-20.

第2章

人工神经网络

人工神经网络是对人类神经网络的一种简化模拟。人类神经网络的基本单元是神经元，其结构通常包含多个树突和一条轴突，分别用于接收和传递信息。2014 年 3 月《自然》（Nature）的一篇文章声称，小白鼠拥有 13 个神经元，其相当于 1TB 的容量。若以此类比，人类大脑拥有约 1000 亿个神经元，容量超过 70 亿 TB。故而，人脑可以高效地处理极其复杂的外部世界信息并迅速做出反馈。

人类通过视觉、听觉、嗅觉、触觉、味觉等感官，接收外部世界海量多源异构数据，如文本、图像、语言、动作等，并利用大脑中的神经元进行数据处理，包括归类、分析、筛选、储存、替换、增强等，而后做出回应和反馈。这一过程，可简单归纳为数据输入、处理与输出三个步骤。人工神经网络基于上述过程构建，并从两个方面来模拟人类大脑运作方式，即网络通过学习来获取知识，而神经元的连接强度则用于存储获取的知识[1]。

一般认为，人工神经网络理论的发展起源于 1943 年，至今已经历了两个繁荣期和两个低谷期；目前处于第三个繁荣期。图 2.1 以时间轴为主线，简单地梳理了这些繁荣期和低谷期的诱发因素与关键成果，以期较为完整地展示人工神经网络的发展脉络。对于更多的原理和技术细节讨论、时代背景、研究进展等，读者可参见［2-3］等文献。

第一阶段（1943—1969 年）：诞生与发展。第一代的神经元数学模型是由心理学家 McCulloch 和数学家 Pitts 于 1943 年提出的[4]，简称为 MP 神经元，奠定了后续神经元建模的基本架构。MP 神经元中的激活函数选取了取值为 0 或 1 的阶跃函数，而现代神经元激活函数则为连续可导函数。激活函数的详细介绍见 2.1 节。1948 年，图灵提出了"B型图灵机"，其特点是具备基于 Hebbian 法则的学习能力[5]。随后，Minsky 和 Edmonds 在 1951 年制造了世界上第一台神经网络计算机 SNARC。受 McCulloch 和 Pitts 研究的启发，Rosenblatt 于 1958 年提出了感知器神经网络模型以及迭代-试错算法[6]，并深入阐释了感知机的理论基础[7]。这一时期，神经网络快速发展，并在自动控制和模式识别等领域得到广泛应用。

第二阶段（1969—1983 年）：停滞与低潮。20 世纪 60 年代，以感知机为代表的神经网络研究在许多方面得到应用与拓展。但随着研究的深入，人们逐渐发现当时计算机的计算能力并不足以支撑大型神经网络的训练与学习。不仅如此，Minsky 和 Papert 在《感知机》（*Perceptrons*）一书中更是明确指出感知机（单层神经网络）的关键缺陷是无法处理异或（XOR）等线性不可分问题，即无法用一条直线在平面上实现所有分类的问题[8]。上述两个难题直接导致神经网络的研究在当时陷入了困境。实际上，多层神经网络可解决异或问题。这在 1987 年《感知机》一书的再版《感知机（第二版）》（*Perceptrons-Expanded Edition*）中得到了修正[9]。值得一提的是，Gidon 等[10] 的研究表明人类大脑只需单个神经元即可进行异或（XOR）运算；这预示着当前人工神经网络的构建理论可能需要重新调整。即便如此，这一阶段仍实现了神经网络领域的两个重要里程：第一个是 Paul Werbos 发明了反向传播算法（Back Propagation，BP），解决了贡献度分配问题[11]；第二个是 Fukushima 提出了新知机，并采用无监督学习的方式进行训练[12]。可惜的是，这两个里程碑式的成果在当时并未受到重视。

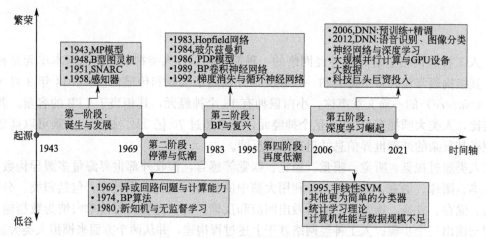

图 2.1　人工神经网络发展史概览

第三阶段（1983—1995 年）：BP 与复兴。这一时期的关键词是 Hopfield 网络[13]、玻尔兹曼机[14]、分布式并行处理（Parallel Distributed Processing，PDP)[15-16] 以及卷积神经网络（Convolution Neural Network，CNN）[12]。尤其是后两者，结合反向传播算法（BP），在手写数字识别等方面取得巨大成功，引起广泛关注。邱锡鹏[2] 认为，BP 是迄今为止最为成功的人工神经网络学习算法。应当指出，当前深度学习的主要算法自动微分，其实质亦是 BP 算法的一种拓展。毫无疑问，这一阶段神经网络的再度兴起是与 BP 算法直接相关的。随着研究的深入，人们发现采用 BP 算法优化神经网络时，可能会存在梯度消失问题（另一个极端则是梯度爆炸），这是由于链式法则导致的。梯度消失问题极大地困扰着神经网络研究的推进，尤其是循环神经网络。Schmidhuber 提出了先粗后细两步学习法来间接克服循环神经网络学习中的梯度消失难题。

第四阶段（1995—2006 年）：再度低潮。神经网络的高速发展（如隐层和神经元数量的增加）使得其复杂性指数级增长，远远超过了当时计算机的算力。此外，数据规模亦无法支持神经网络深度训练。受制于算力与数据，人们转而寻求和发展其他更为简单的机器学习模型，神经网络的研究热情逐渐褪去。这一时期的典型代表是统计学习理论和支持向量机。

第五阶段（2006 至今）：深度学习崛起。2006 年，Hinton 提出了深度置信网络及其训练方法，成功地解决了深度神经网络的学习难题。近年来，人们获取数据的能力提升以及大规模并行计算设备如 GPU 等的成功研发，更是直接突破了深度神经网络的训练难题。此时的深度神经网络已经极为复杂，比如 2012 年 Andrew Ng 和 Jeff Dean 采用 16000个 CPU 核训练了一个用于语音和图像识别的深度网络，其包含的神经元超过 10 亿个；2015 年，微软公司研发的 ResNet 的神经网络已达 152 层；2016 年，我国商汤科技打造了一个 1207 层的 ImageNet。深度神经网络在语音识别和图像分类上大获成功，引起了广泛关注。这些成果掀起了新一轮的神经网络研究热潮。2016 年，AlphaGo 战胜了人类围棋世界冠军李世石，更是深度神经网络发展的标志性事件。AlphaGo 的训练使用了 1920个 CPU 集群和 280 个 GPU。各国科技公司纷纷注入巨资开展深度神经网络研究与应用。神经网络已经渗透人类生活的方方面面，当然，也包括岩土工程领域。

2.1　基本架构与组件

人工神经网络最主要的目的是模拟人脑接收和处理信息的过程，其基本构件包括神经元、连接以及激活函数。如图 2.2 所示，神经元 g 接收到输入信号向量 $\mathbf{X}=[x_1,x_2,\cdots,x_n]$ 之后，根据每个输入信号（$x_j,j=1,2,\cdots,n$）的贡献度（即权重 $w_j,j=1,2,\cdots,n$），进行线性求和得到 $\sum\limits_{j=1}^{n}x_jw_j$，而后整体偏置 b，得到神经元的净输入值 g 为

$$g=\sum_{j=1}^{n}x_jw_j+b \tag{2.1}$$

将净输入值 g 代入激活函数 f，则得到了该神经元的最终活性值 $a=f(g)$。

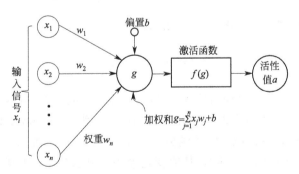

图 2.2　典型的人工神经元结构

显然，在这一过程中，某输入信号的权值 w_j 越大，其对 g 的贡献越大。为了消除训练过程中由于输入信号自身绝对值大小导致的贡献度错误分配问题，通常将输入信号进行归一化，即

$$\bar{x}=\frac{x-x_{\min}}{x_{\max}-x_{\min}} \tag{2.2}$$

式中，$\bar{x}$ 为归一化的输入信号；$x_{\min}$ 和 $x_{\max}$ 分别是该信号数据中的最小值和最大值。通

过归一化的方式使得不同的输入信号均为 [0,1] 之间的数据，从而消除了信号绝对值大小对 w_i 的影响。

激活函数是神经网络中非常重要的元素，对神经网络的表示能力和学习能力有着深刻的影响。早期的激活函数为离散的 0-1 型函数，而现代的激活函数多数为连续可导函数。除此之外，理想的激活函数自身及其导数函数还应尽可能简单，且导数值的域不宜太广或太窄。

现代常用的激活函数大致分为 5 个类型，包括（1）广义 Sigmoid 型函数，又称 S 型函数，包括狭义 Sigmoid 或称 Logistic 函数和双曲正切函数（Tanh）；（2）线性整流函数（ReLU），包括常规 ReLU 函数、带泄露 ReLU 函数、随机泄露 ReLU 函数、参数化 ReLU 函数、指数线性单元 ELU 函数、Softplus 函数等；（3）Swish 函数；（4）高斯误差线性单元 GELU 函数；以及（5）Maxout 单元。对上述激活函数的详细介绍可参见文献 [2]。在土木工程领域，常见的激活函数有 Logistic 函数、Tanh 函数及常规 ReLU 函数，下面简单介绍这三种激活函数。

Logistic 函数是最常用的一类激活函数，其数学表达式如下：

$$f(x) = \frac{1}{1 + e^{-x}} \tag{2.3}$$

Logistic 函数是一个"压扁"的 S 型函数，其形状见图 2.3(a)。随着 x 从 $-\infty$ 增大至 $+\infty$，Logistic 函数值对应地从 0 增长至 1。当 $x=0$ 时，其函数值为 0.5。从 Logistic 函数的形状上看，当 x 值在 0 附近时，函数表现出线性性质；而当 x 值在两端时（比如，在 $[-5,5]$ 范围之外），函数表现出输入抑制性质，即 $x<-5$ 时，函数值基本为 0，而 $x>5$ 时，函数值基本为 1。这实际上类似于滤镜的性质，对某些特定输入产生兴奋（输出为 1），而对其余输入产生抑制作用（输出为 0）。这体现了 Logistic 函数的类生物神经元特点。

Tanh 函数也是一类 S 型函数，其表达式为：

$$f(x) = \frac{1 - e^{-2x}}{1 + e^{-2x}} \tag{2.4}$$

图 2.3(b) 给出了 Tanh 函数的形状。当 x 趋于 $-\infty$ 时，Tanh 函数值（x）对应趋于 -1；同样地，当 x 趋于右饱和时，Tanh 函数值（x）为 1。Tanh 函数的中心点为 0；在 x 位于 $[-1,1]$ 区间，其近似为线性函数；x 在 $[-3,-1]$ 和 $[3,1]$ 区间时，其表现出显著的非线性；$x<-5$ 和 $x>5$ 时，其值变化极小，分别趋于 -1 和 1。对比 Logistic 和 Tanh 函数可知，前者输出恒大于 0，而后者则是以 0 为中心且输出可正可负。非零中心化输出的一个特点是使得其后一层的神经元产生输入偏置偏移，导致梯度下降的收敛速度减缓。

Logistic 和 Tanh 函数形式简单、连续可导，但其计算开销较大。对于较为简单的神经网络，这两个激活函数都较为理想；而对于深度神经网络，其计算开销问题便凸显出来。解决办法之一是采用分段线性函数来近似这两个函数，分别称为 Hard-Logistic 和 Hard-Tanh 函数，详细介绍见文献 [2]。

ReLU 函数，又称线性整流函数或修正线性单元，是深度神经网络中常用的激活函

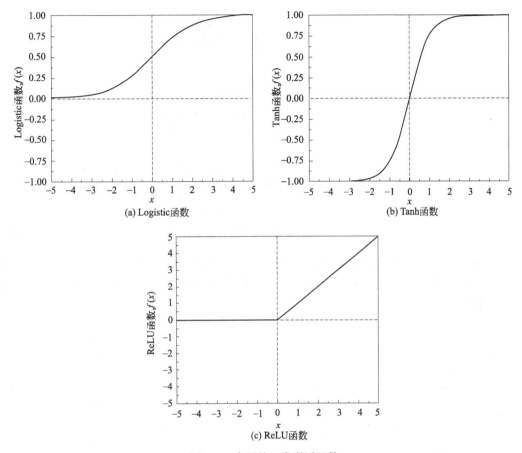

图 2.3　常用的三类激活函数

数。其数学表达式如下：

$$\mathrm{ReLU}(x) = \begin{cases} 0, x \leqslant 0 \\ x, x > 0 \end{cases} \tag{2.5}$$

如图 2.3(c) 所示，ReLU 函数是分段线性函数，其计算效率高于 Logstic 和 Tanh 函数。此外，ReLU 函数也被认为更符合生物单侧抑制和宽兴奋边界等特点。ReLU 函数的缺点是非零中心化以及神经元"死亡"问题。目前已发展出多个变种 ReLU 函数，以应对可能的神经元"死亡"问题，如带泄露的 ReLU 函数[17]，随机泄露 ReLU 函数[18]、参数化 ReLU 函数[19]、指数线性单元 ELU 函数[20]、Softplus 函数[21] 等。

除 Sigmoid 和 ReLU 函数外，目前采用的激活函数还有 Swish 函数、GELU 函数、Maxout 单元等。感兴趣的读者可参阅相关文献，如文献 [22-24]。

2.2　神经网络类别

人工神经网络可分为三大类，包括前馈神经网络、记忆神经网络和图神经网络，如图 2.4 所示。

前馈神经网络的特点是信息的单向流动性，见图 2.5(a)，每一层的神经元接收来自

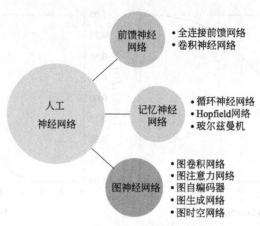

图 2.4 神经网络分类

前一层的信息输入，通过激活函数进行信息处理，而后将处理后的信息输出到下一层。典型的前馈神经网络有全连接前馈神经网络和卷积神经网络，这两类网络分别在 2.3 节和 2.4 节详细介绍。

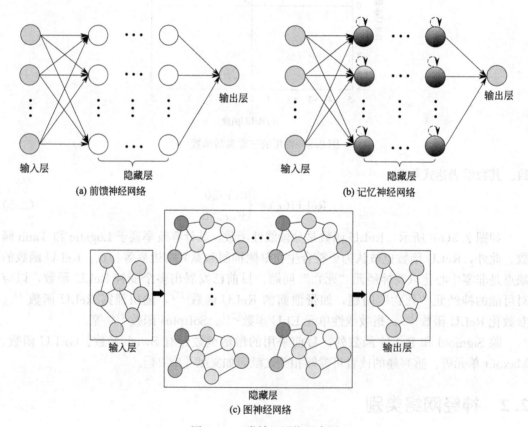

图 2.5 三类神经网络示意图

记忆神经网络包含了循环神经网络、Hopefield 神经网络和玻尔兹曼机。该类型网络的特点是神经元具有记忆功能，除了接收别的神经元的信息，也接收自身的历史信息，见

图 2.5(b)。记忆网络主要是体现在"记忆"二字，需要对历史信息进行保存。应当指出，记忆网络神经元不直接接收其他神经元的历史信息。关于记忆网络的研究进展，可参考文献［25］。

图神经网络是前馈神经网络和记忆神经网络的泛化，其特点是信息流动的不定向性。如图 2.5(c) 所示，图神经网络中的基本单位不再是神经元，而是节点。每个节点可由一个或一组神经元构成，而节点之间的信息流动既可以是有向的，也可以是无向的，也包括节点内部历史信息的提取。显然，图神经网络比另外两类神经网络更加灵活和接近生物大脑运行机制，具有更强的学习能力。图神经网络包括图卷积网络、图注意力网络、图自编码器、图生成网络和图时空网络等。

当前，记忆神经网络和图神经网络在土木工程领域的应用极少。此外，本书的主要目的是介绍神经网络在岩土工程领域的应用情况，而非研究神经网络本身。因此，本书暂不对这两类神经网络进行详细介绍。感兴趣的读者可自行阅读相关文献［2,25-40］等。

2.3　前馈神经网络

本节重点介绍前馈神经网络的基本结构、工作原理以及误差反向传播算法。

2.3.1　网络结构

前馈神经网络的特点是信息的单向流动性。每一层的神经元接收上一层神经元的信号输入，而后通过激活函数进行处理，得到活性值后传递到下一层的神经元。整个过程网络是无反馈状态。典型的前馈神经网络如图 2.5(a) 所示。一般而言，前馈神经网络可分为 3 层，分别是输入层、隐藏层和输出层。最简单的隐藏层为 1 层；随着隐藏层数量的增加，网络的拟合能力（亦称学习能力）随之增强。理论上，只要隐藏层的数量足够多，前馈神经网络是可以逼近任意连续非线性函数的，这称为通用近似定理[41-42]。

令 a_l 为第 l 层神经元的活性值，则其计算公式为：

$$a_l = f_l(W_l a_{l-1} + b_l) \tag{2.6}$$

式中，f_l、W_l 和 b_l 分别是第 l 层的激活函数、权值矩阵和偏置矩阵。其中，$l=1,2,\cdots,n$。但 $l=1$ 时，$a_{l-1}=a_0$ 为神经网络的输入向量 x；最后一层 a_n 为神经网络的输出向量 y。

2.3.2　误差反向传播算法

图 2.6 给出了最简单的一个前馈神经网络。该网络仅有 3 层，且每层仅有 1 个神经元。图中展示了从输入 x 到输出 y_p 的过程；其中，f 为激活函数。网络输出 y_p 可表示为：

$$\begin{aligned}
y_p = a_o = f(g_o) &= f(w_2 \times a_h + b_2) \\
&= f(w_2 \times f(g_h) + b_2) \\
&= f(w_2 \times f(w_1 \times x + b_1) + b_2)
\end{aligned} \tag{2.7}$$

式(2.7) 包含 4 个未知量，分别是 w_1、w_2、b_1 和 b_2。假设 y_m 为真实值，网络的预测值与真实值之间的误差，由损失函数（loss function）$L(y_p, y_m)$ 来表征。常见的损失函数有均方差损失函数、交叉熵损失函数、0-1 损失函数、绝对值损失函数、指数损失函数、对数损失函数等。误差反向传播算法就是解决寻求最优参数的问题，使得 $L(y_p, y_m)$ 最小，这需要用到优化方法中的梯度下降法以及高等微积分中的链式法则。

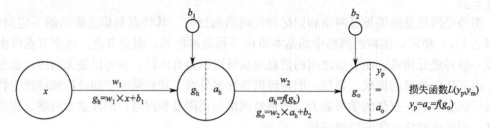

图 2.6 用于误差反向传播算法原理的前馈神经网络简图

以 w_1 为例，根据梯度下降法，其更新公式为

$$w_1' = w_1 - \eta \times \frac{\partial L}{\partial w_1} \tag{2.8}$$

式中，η 为步长；$\partial L / \partial w_1$ 为损失函数对 w_1 的偏导数，可通过链式法则求得。如下：

$$\frac{\partial L}{\partial w_1} = \frac{\partial L}{\partial y_p} \times \frac{\partial y_p}{\partial g_o} \times \frac{\partial g_o}{\partial a_h} \times \frac{\partial a_h}{\partial g_h} \times \frac{\partial g_h}{\partial w_1} \tag{2.9}$$

将式 (2.9) 代入式 (2.8)，即可求得更新后的权值 w_1'。对于其他参数以及更复杂的网络，以此类推即可。通过多次迭代，使得网络损失函数的值的变化满足要求，训练停止。对于误差反向传播算法的一般性论述，可参见文献 [2]。

2.4 卷积神经网络

全连接前馈神经网络用于图像识别时面临两大困难。

首先是图像处理数据量太大，参数太多，网络训练效率低下，计算耗力高，且常出现过拟合现象。举个简单的例子，对于一张 1000×1000 像素的图片，考虑用 RGB 三色来表征颜色信息，则处理这张图片需要 300 万（1000×1000×3）个参数。此外，很多情况下在一定范围内降低图像像素，不影响我们对图像的识别。比如，从 1000×1000 像素降低到 200×200 像素，人的肉眼依然可以快速判断图像内容是一只狗还是一朵花。

第二个困难是图像特征向量化后无法保持不变的问题。对图像简单的平移、旋转、缩放等操作，均会使得图像的特征向量产生较大差异，给图像识别造成极大困难。图 2.7 展示了一个简单例子。图中假设圆形特征值为 1，三角形特征值为 2，空白格取值为 0。旋转 90°，图像的特征向量则从 [1, 0, 0, 2] 转变为 [0, 1, 2, 0]，但实质上两个图形并没有区别。从土木工程角度举例，不同的检测人员或仪器设备可能从不同的角度重复扫描结构的同一个缺陷或裂纹。而对扫描影像进行特征提取与向量化后，全连接前馈神经网络将认为是两个缺陷或裂纹，这显然是错误的。

为了解决上述两大难题，卷积神经网络应运而生。卷积神经网络（Convolutional Neural Network，CNN）是一种深层前馈神经网络，结构上具有局部连接、权重共享与池化 3 个显著特征。卷积神经网络能够大幅度减小参数量，并识别出类似图像，具有特征不变性。目前，CNN 已经广泛用于人脸识别、语音处理、自然语言处理、自动驾驶、桥

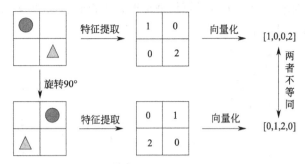

图 2.7　图像旋转导致特征向量的差异

梁及隧道裂缝识别等方面。关于 CNN 的研究进展，可参考文献 [43-55]。

2.4.1　网络架构

　　一个最基本的卷积神经网络包括输入层、卷积层、池化层和全连接层，如图 2.8 所示。卷积层的作用是借助卷积核对图像局部特征进行提取。池化层的主要任务是降维，也就是在保证图像特征不被过度改变的前提下大幅度减少网络参数，提高网络的训练效率，同时也防止网络产生过拟合问题。全连接层则是与常规的全连接前馈神经网络一样，负责输出结果。

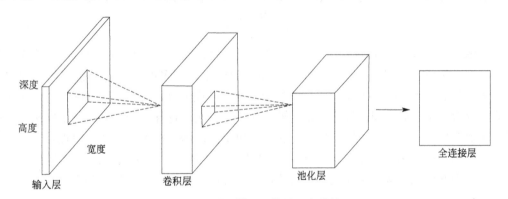

图 2.8　卷积神经网络的基本结构

　　值得注意的是，卷积神经网络的各层均具有宽度、高度和深度，其中，深度指特征映射的排列，而非整个网络的层数。图 2.8 仅展示了卷积神经网络最基本的架构，实际上，深层神经网络常常嵌套多个卷积层和池化层，以增强其学习能力，达到几十甚至上百层并不少见。

2.4.2　卷积层

　　卷积层（convolution layer）的作用是对所处理的图像进行局部特征提取。这个操作是通过卷积核完成的。因此，卷积核可以看成是特征提取器。那么，不同的卷积核则提取不同的图像特征。图 2.9 显示了卷积核对原图像进行特征提取的过程。假设原图的大小为 4×4，采用的卷积核为 2×2。通过局部特征提取，生成大小为 3×3 的新图像（也称为卷积特征图）。实际工程应用中，通常需要采用多个卷积核对图像进行不同模式的局部特征提取，形成多张新图像。一般来讲，卷积的值越大，则某图像块与该卷积核越接近。比如，用 20 个卷积核对输入图像进行局部特征提取，则得到总共 20 幅卷积特征图。这些图的总和构成了对原输入图像的全部表征。

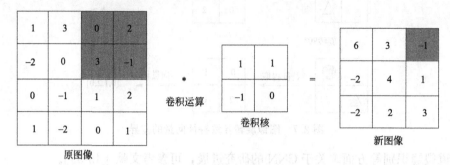

图 2.9　卷积神经网络的局部特征提取过程

图 2.9 中的新图像，实际上仅仅是卷积后的值，而非输出特征映射。从卷积值到输出特征映射，还需要经过激活函数。假设原图像的输入特征为 X，卷积核为 W，偏置为 b，则卷积层的净输入为 $Z=\sum(W*X)+b$，其中，$*$ 为卷积运算符号。其输出特征映射则为 $Y=\mathrm{ReLU}(Z)$。

假设原输入图像大小为 M，卷积核大小为 k，卷积步长为 s，则新图像大小为

$$N=\frac{M-k}{s}+1 \tag{2.10}$$

以图 2.9 为例，有 $M=4$，$k=2$，$s=1$，代入式(2.10)，可得 $N=3$。这意味着，每卷积一次，生成的新图像尺寸将变小。若原图像较小，则多次卷积后，新图像将变得很小，甚至仅剩一个像素。不仅如此，从卷积运算的过程中可以看出，输入图像边缘区域的像素被提取得少，而中间区域的像素则被卷积计算多次。这导致同一幅图像不同区域卷积后的权值差异较大。可以采用图像填充法来解决上述问题。图像填充法的原理是在图像外围人为添加一层或多层像素，达到拓展边缘的目的。那么，原来边缘的区域则会相对内移，成为中间区域。该方法此处不再赘述，感兴趣的读者可参考文献 [56-57]。

2.4.3　池化层

一般来讲，卷积核尺寸较小，卷积后得到的输出特征映射（新图像）仍非常大。这时，需要进行池化（或称下采样或子采样），降低特征数量，减少参数数量，同时避免过拟合问题。这个过程是在池化层（pooling layer）完成的。

常用的池化方法有三种：最大值池化（max pooling）、最小值池化（min pooling）与平均值池化（average pooling）。图 2.10 展示了这三类方法及它们的区别。最大值池化是将所选择的区域里面所有神经元的最大活性值作为该区域的代表值。同理，平均值和最小值池化方法则分别采用平均值和最小值作为区域表征。例如，左上角的 4×4 区域中，神经元的最大值、平均值、最小值分别为 26、5.9375（取整数 6）、-9。从图 2.10 可以看出两点：第一，不同的池化方法所得到的区域特征值明显不同；第二，池化后，图像尺寸大幅度减小。此外，池化过程保持了小局部特征的不变性。值得注意的是，若采样区域过大，则会导致神经元数量过度减少，造成图像信息损失。反过来，若采样区域太小，则会导致池化后神经元数量仍然较大，不利于提高训练效率。因此，选择大小合适的采样区域

对卷积网络的搭建非常重要。

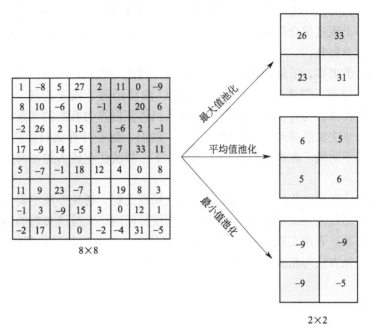

图 2.10 三类常见的池化方法

2.4.4 全连接层

卷积和池化层是对图像特征信息的提取与整理，而全连接层则起到了分类器或者回归器的作用。经过卷积与池化后，将得到的特征矩阵依次按行展开，连接形成全连接层的输入向量。全连接层与前馈全连接网络没有本质区别，可参见 2.3 节的介绍，此处不再赘述。

2.4.5 几点补充

当前对卷积神经网络的搭建原则总体上趋向于增加层数而减小卷积核。不仅如此，得益于卷积运算的灵活性和可操作性，池化层的必要性受到一定的质疑。池化的本质是以牺牲特征图像分辨率的方式来换取参数量级的降低。然而，在算力支撑足够的情况下，池化的必要性尚无定论。目前一些较大型的深度卷积神经网络已经出现摒弃池化层的趋势。

另外，卷积神经网络种类繁多，目前广泛使用且具有一定影响力的主要有 LeNet-5 网络[58]、AlexNet 网络[59]、Inception 网络[60-62] 以及 ResNet 网络[63-64]。对上述网络的简要介绍可参考文献 [2]。

2.5 网络优化原理

神经网络优化是一个在多维空间寻找最佳平衡点的过程。这些维度至少包括表达能力、复杂程度、学习效率和泛化精度。深层神经网络具有优秀的表达能力和精准的预测能力，但其往往非常复杂（层数多、参数量巨大），训练困难，学习效率低下。神经网络的损失函数通常为非凸函数，其训练过程实质上是一个非凸优化的数学问题。在参数量巨大的条件下，目前算力无法支撑二阶全局最优求解。对于深层网络，由于其拟合能力很强，训练过程中极易出现过拟合问题。因此，可从两个方面对神经网络模型进行优化，包括网络结构调整与算力提升。

神经网络种类繁多，所解决的问题各不相同。因此，难以总结出一类通用的网络结构优化调整方法或原则。较为常见的是使用 ReLU 激活函数、残差连接、逐层归一等[2]。算力提升主要依赖算法与计算机硬件。量子计算机将使得算力有质的飞跃，有望通过算力的大量级提升来解决深层神经网络的训练难题。然而，量子计算机目前仍处于研发阶段，实际应用时间尚不明确。在现有计算设备的条件下，算法优化成为神经网络优化的主要研究方向。

低维空间非凸问题优化的主要挑战是寻找全局最优解。解决办法主要是选择合理的参数初始值以及局部最优点的识别与处理。对于深层神经网络大量级参数的高维空间非凸优化问题，其主要难点表现在鞍点[65]、平坦最小值[66-67]以及局部最优解的等价性[68]。关于神经网络的优化方法与相关研究论述，可参考文献 [2]。

2.6 小结

本章简要回顾了人工神经网络三个繁荣期和两个低谷期的发展历程，介绍了前馈神经网络、记忆神经网络以及图神经网络三大类人工神经网络。前馈网络主要包括全连接前馈网络和卷积神经网络，是当前岩土工程领域广泛应用的网络模型。全连接前馈网络主要由输入层、隐藏层以及输出层构成，通过权重、偏置与激活函数对神经元的信号输入与输出进行处理。其中，权重与偏置的最优解通过反向传播算法确定。卷积神经网络由卷积层、池化层与全连接层组成。卷积层利用卷积核对原图像进行卷积运算，得到新的图像特征矩阵。池化层通过最小值、平均值、最小值等池化方法对新图像的特征矩阵进行参数量降维，提高网络的可训练性。全连接层则起到分类器或回归器的作用。最后，简要地介绍了神经网络的优化原理。

参考文献

[1] Haykin S. Neural networks: a comprehensive foundation [M]. 3rd Edition. New York: Macmillan college publishing company, 1994.

[2] 邱锡鹏. 神经网络与深度学习 [M]. 北京: 机械工业出版社, 2020.

[3] Nielsen Michael A. Neural networks and deep learning [M]. Determination Press, 2015.

[4] Mcculloch Warren S. , Pitts Walter. A logical calculus of the ideas immanent in nervous activity [J]. The bulletin of mathematical biophysics, 1943, 5 (4): 115-133.

[5] Alan Masthison Turing. Intelligent machinery [R]. National Physical Laboratory, 1948.

[6] Rosenblatt F. The perceptron: a probabilistic model for information storage and organization in the brain [J]. Psychological review, 1958, 65 (6): 386-408.

[7] Rosenblatt Frank. Principles of neurodynamics: perceptrons and the theory of brain mechanisms [M]. Washington, DC: Spartan Books, 1962.

［8］　Minsky Marvin，Papert Seymour．Perceptrons-an introduction to computational geometry［M］. Cambridge：MIT Press，1969.

［9］　Minsky Marvin，Papert Seymour．Perceptrons-an introduction to computational geometry，expanded edition［M］．Cambridge：MIT Press，1987.

［10］　Gidon Albert，Zolnik Timothy Adam，Fidzinski Pawel，et al．Dendritic action potentials and computation in human layer 2/3 cortical neurons［J］．Science，2020，367（6473）：83.

［11］　Werbos Paul．Beyond regression：new Tools for prediction and analysis in the behavioral science. thesis［D］．Harvard University，1974.

［12］　Fukushima K．Neocognitron：a self organizing neural network model for a mechanism of pattern recognition unaffected by shift in position［J］．Biological cybernetics，1980，36（4）：193-202.

［13］　Hopfield John J．Neural networks and physical systems with emergent collective computational abilities［J］．Proceedings of the National Academy of Sciences of the United States of America，1982，79 8：2554-2558.

［14］　Hinton Geoffrey E，Sejnowski Terrence Joseph，Ackley David H．Boltzmann machines：constraint satisfaction networks that learn［R］．Pittsburgh，PA，USA，1984.

［15］　Rumelhart David E，Mcclelland James L．Parallel distributed processing：explorations in the microstructure of cognition［C］．Foundations，1986.

［16］　Rumelhart David E，Mcclelland James L．Parallel distributed processing：explorations in the microstructure of cognition：psychological and biological models［C］．1986.

［17］　Maas Andrew L．Rectifier nonlinearities improve neural network acoustic models［C］．2013.

［18］　Xu Bing，Wang Naiyan，Chen Tianqi，et al．Empirical evaluation of rectified activations in convolutional network［J］．2015.

［19］　He K，Zhang X，Ren S，et al．Delving deep into rectifiers：surpassing human-Level performance on image Net classification［C］//Proceedings of the 2015 IEEE International Conference on Computer Vision（ICCV），2015-2012.

［20］　Clevert Djork-Arné，Unterthiner Thomas，Hochreiter S．Fast and accurate deep network learning by exponential linear units（ELUs）［J］．ArXiv：Learning，2016.

［21］　Dugas Charles，Bengio Yoshua，Bélisle François，et al．Incorporating second-order functional knowledge for better option pricing［C］//Proceedings of the 13th International Conference on Neural Information Processing Systems．Denver：MIT Press，2000：451-457.

［22］　Goodfellow I.，Warde-Farley David，Mirza Mehdi，et al．Maxout networks［C］//Proceedings of the ICML．2013.

［23］　Hendrycks Dan，Gimpel Kevin．Gaussian error linear units（GELUs）［J］．ArXiv：Learning，2016.

［24］　Ramachandran Prajit，Zoph Barret，Le Quoc V．Searching for activation functions［J］．ArXiv，2018.

［25］　刘建伟，王园方，罗雄麟．深度记忆网络研究进展［J］．计算机学报，2020：1-52.

［26］　Graves A.，Wayne Greg，Danihelka Ivo．Neural turing machines［J］．ArXiv，2014.

［27］　Sukhbaatar Sainbayar，Szlam Arthur D，Weston J，et al．End-to-end memory networks［C］// Proceedings of the NIPS．2015.

［28］　Kipf Thomas，Welling M．Semi-supervised classification with graph convolutional networks［J］．ArXiv，2017.

［29］　Velickovic Petar，Cucurull Guillem，Casanova A.，et al．Graph attention networks［J］．ArXiv，

2018.

[30] Zhang Ziwei, Cui Peng, Zhu Wenwu. Deep Learning on Graphs：A Survey [J]. ArXiv, 2018.

[31] Battaglia P, Hamrick Jessica B, Bapst V, et al. Relational inductive biases, deep learning, and graph networks [J]. ArXiv, 2018.

[32] Sun Lichao, Dou Yingtong, Wang Ji, et al. Adversarial attack and defense on graph data：A Survey [J]. ArXiv, 2018.

[33] Minar Matiur Rahman, Naher Jibon. Recent Advances in Deep Learning：An Overview [J]. ArXiv, 2018.

[34] Kinderkhedia Mital. Learning Representations of Graph Data-A Survey [J]. ArXiv, 2019.

[35] Zhang Jiawei. Graph Neural Networks for Small Graph and Giant Network Representation Learning：An Overview [J]. ArXiv, 2019.

[36] Yang Carl, Xiao Y, Zhang Yu, et al. Heterogeneous Network Representation Learning：A Unified Framework with Survey and Benchmark [J]. ArXiv：Social and Information Networks, 2020.

[37] Bacciu D, Errica Federico, Micheli A, et al. A Gentle Introduction to Deep Learning for Graphs [J]. Neural networks：the official journal of the International Neural Network Society, 2020, 129：203-221.

[38] Zhou Jie, Cui Ganqu, Zhang Zhengyan, et al. Graph Neural Networks：A Review of Methods and Applications [J]. AI Open, 2020, 1：57-81.

[39] Sato R. A Survey on The Expressive Power of Graph Neural Networks [J]. ArXiv, 2020.

[40] Wu Zonghan, Pan Shirui, Chen Fengwen, et al. A Comprehensive Survey on Graph Neural Networks [J]. IEEE Transactions on Neural Networks and Learning Systems, 2021, 32：4-24.

[41] Cybenko George V. Approximation by superpositions of a sigmoidal function [J]. Mathematics of Control, Signals and Systems, 1989, 2：303-314.

[42] Hornik Kurt, Stinchcombe Maxwell B, White Halbert L. Multilayer feedforward networks are universal approximators [J]. Neural Networks, 1989, 2：359-366.

[43] 俞颂华. 卷积神经网络的发展与应用综述 [J]. 信息通信, 2019, (2)：39-43.

[44] 刘健, 袁谦, 吴广, 等. 卷积神经网络综述 [J]. 计算机时代, 2018, (11)：19-23.

[45] 包俊, 董亚超, 刘宏哲. 卷积神经网络的发展综述 [C]//中国计算机用户协会网络应用分会 2020 年第二十四届网络新技术与应用年会, 中国北京, 2020.

[46] 周飞燕, 金林鹏, 董军. 卷积神经网络研究综述 [J]. 计算机学报, 2017, 40 (6)：1229-1251.

[47] 张亚倩. 卷积神经网络研究综述 [J]. 信息通信, 2018, (11)：27-29.

[48] 张庆辉, 万晨霞. 卷积神经网络综述 [J]. 中原工学院学报, 2017, 28 (3)：82-86+90.

[49] 徐冰冰, 岑科廷, 黄俊杰, 等. 图卷积神经网络综述 [J]. 计算机学报, 2020, 43 (5)：755-780.

[50] 李彦冬, 郝宗波, 雷航. 卷积神经网络研究综述 [J]. 计算机应用, 2016, 36 (9)：2508-2515+2565.

[51] 杨斌, 钟金英. 卷积神经网络的研究进展综述 [J]. 南华大学学报（自然科学版）, 2016, 30 (3)：66-72.

[52] 章琳, 袁非牛, 张文睿, 等. 全卷积神经网络研究综述 [J]. 计算机工程与应用, 2020, 56 (1)：25-37.

[53] 李炳臻, 刘克, 顾佼佼, 等. 卷积神经网络研究综述 [J]. 计算机时代, 2021, (4)：8-12+17.

[54] 马世拓, 班一杰, 戴陈至力. 卷积神经网络综述 [J]. 现代信息科技, 2021, 5 (2)：11-15.

[55] Li Zewen, Yang Wenjie, Peng Shouheng, et al. A Survey of Convolutional Neural Networks：Analysis, Applications, and Prospects [J]. IEEE transactions on neural networks and learning sys-

tems，2021.

［56］　Hashemi Mahdi. Enlarging smaller images before inputting into convolutional neural network：zero-padding vs. interpolation ［J］. Journal of Big Data，2019，6：1-13.

［57］　Giménez Maite，Palanca Javier，Botti Vicent J. Semantic-based padding in convolutional neural networks for improving the performance in natural language processing. A case of study in sentiment analysis ［J］. Neurocomputing，2020，378：315-323.

［58］　Lecun Yann André，Bottou Léon，Bengio Yoshua，et al. Gradient-based learning applied to document recognition ［C］. 1998.

［59］　Krizhevsky Alex，Sutskever Ilya，Hinton Geoffrey E. ImageNet classification with deep convolutional neural networks ［J］. Communications of the ACM，2012，60：84-90.

［60］　Szegedy Christian，Liu Wei，Jia Yangqing，et al. Going deeper with convolutions ［J］. 2015 IEEE Conference on Computer Vision and Pattern Recognition （CVPR），2015：1-9.

［61］　Szegedy Christian，Vanhoucke Vincent，Ioffe Sergey，et al. Rethinking the Inception Architecture for Computer Vision ［J］. 2016 IEEE Conference on Computer Vision and Pattern Recognition （CVPR），2016：2818-2826.

［62］　Szegedy Christian，Ioffe Sergey，Vanhoucke Vincent，et al. Inception-v4，Inception-ResNet and the Impact of Residual Connections on Learning ［C］//Proceedings of the AAAI，2017.

［63］　He Kaiming，Zhang X. ，Ren Shaoqing，et al. Deep Residual Learning for Image Recognition ［J］. 2016 IEEE Conference on Computer Vision and Pattern Recognition （CVPR），2016：770-778.

［64］　He Kaiming，Zhang X. ，Ren Shaoqing，et al. Identity Mappings in Deep Residual Networks ［J］. ArXiv，2016：abs/1603. 05027.

［65］　Dauphin Yann，Pascanu Razvan，Gülçehre Çaglar，et al. Identifying and attacking the saddle point problem in high-dimensional non-convex optimization ［C］//Proceedings of the NIPS，2014.

［66］　Hochreiter Sepp，Schmidhuber Jürgen. Flat Minima ［J］. Neural Computation，1997，9：1-42.

［67］　Li Hao，Xu Zheng，Taylor Gavin，et al. Visualizing the Loss Landscape of Neural Nets ［C］// Proceedings of the NeurIPS，F，2018.

［68］　Chorombdska Anna，Henaff Mikael，Mathieu Michaël，et al. The Loss Surfaces of Multilayer Networks ［C］. Proceedings of the AISTATS，F，2015.

第3章 支持向量机

Tang, [50].

[50] Haoran Mraia. Felevance-based image sampling in a convolutional neural network[C]. International[J]. Journal of the Data, 2018: 1-12.

[51] Corinna Aluhu, Fabian Jorvu, Boris Vincnt E. Spanin-based scaling in convolutional neural networks for learning the pose features in natural images[J]. International Conference in deep learning[C]. Neural Information Processing Systems, 2015.

[52] ogou, Yann And C. Bottou Leun, Bogdia Yoshua Arcus Fogdra image classification and to deep neural networks. Fogdra.

[53] Krizhevsky Alex, Sutskever Ilya, Hinton Geoffrey E. Imagenet classification with deep convolu-
tional neural networks[C]. Proceedings of the AAAI, 2012: 1-9, 1.1847.

[50] Szegedy Cnrign, Liu Wrien Jia Yirume, et al. Going deeper with convolution[C]. 2011 IEEE
Conference and Computer Vision and Pattern Recognition (CVPR), 2015: 1-9.

[51] Szegedy Christian, Vanhoucke Vincent, Ioffe Sergey, et al. Rethinking the inception Architecture
for computer Vision[J]. 2016 IEEE Conference on Computer Vision and Pattern Recognition
(CVPR), 2016: 2818-2826.

[52] Szegedy Christian, Ioffe Sergey, Vanhoucke Vincent, et al. Inception-v4, Inception-Resnet and
the impact of Residual connections on learning[J]. Proceedings of the AAAI 2017: 4278-4284.

[53] Huang Gao, Liu Zhuang, Van Der Maaten Laurens, et al. Densely connected convolutional net-
works[C]. 2017 IEEE Conference on Computer Vision and Pattern Recognition (CVPR), 2017.

支持向量机（Support Vector Machine，SVM）是一种用于数据分类和回归分析的有监督的机器学习方法。该方法由 Vladimir Vapnik 等人提出[1-2]。给定一组训练样本，每个样本都标记为两种类别之一，利用 SVM 算法可以构建一个模型，判定新输入的样本属于哪一种类别，即非概率二元线性分类器。具体而言，SVM 将两种类别的训练样本映射到特征空间形成两种类别的点，通过寻找这两种类别点之间的最大间隔超平面进行区分，这样就可以根据新输入的样本落在最大间隔超平面的哪一侧来对这个样本进行分类。

除了线性分类，SVM 也能够进行非线性分类，巧妙地利用向量内积的回旋，通过非线性核函数将问题变为高维特征空间与低维输入空间的相互转换，解决了数据挖掘中的维数灾难问题。

当输入数据没有标签时，需要采用无监督的机器学习方法寻找数据的自然聚类进行分组。比如 Siegelmann 和 Vapnik 提出的支持向量聚类（support vector clustering）算法[3]，能够对未标记的数据进行分类。

3.1　线性可分支持向量机与硬间隔最大化

3.1.1　支持向量与分离超平面

假设给定一组含有 n 个样本的训练数据集：

$$T = \{(x_1, y_1), \cdots, (x_n, y_n)\}$$

其中 x_i 为第 i 个实例，y_i 为 x_i 的类标记，当 $y_i = +1$ 时，称 x_i 为正例；当 $y_i = -1$ 时，称 x_i 为负例。假设这些样本在二维空间上的分布如图 3.1 所示，则可以用一条直线对这些实例进行分类。不过，这时有许多直线能够将这两类数据正确划分，线性可分支持向量机对应将两类数据正确划分且间隔最大的直线。若将这条划分直线分别向两侧平移直至接触训练实例，这些落在平移直线上的实例（与划分直线的举例最近）称为支持向量

（support vector），如图 3.1 中圆圈标记所示。

若这组训练数据集合分布在多维空间且线性可分，则在特征空间内存在无穷多个分离超平面可将这两类数据正确地分开，学习的目标就是要在特征空间内找到这个最大间隔超平面。解决方法是构造一个在约束条件下的优化问题，具体来说是一个约束二次规划问题（constrained quadratic programming），求解该问题，得到分类器。而且这个最大间隔超平面是唯一的，即这个优化问题的解是唯一的。

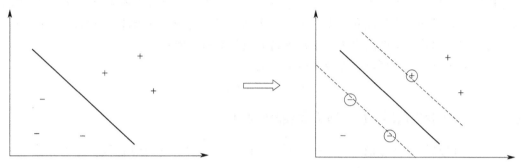

图 3.1　支持向量

3.1.2　决策边界

以图 3.1 为例，接下来讨论两个问题：（1）如何确定正例和负例的分隔边界？（2）如果已经确定了分隔边界，如何判定新输入的样本点属于正例还是负例？

如图 3.2 所示，假设有一条直线可以正确地分隔这些正例和负例，构造垂直于这条分隔直线的向量为 w，新输入的样本对应向量 u，定义式(3.1)为决策法则（decision rule）：

$$w \cdot u + b \geqslant 0 \text{ then “+”} \tag{3.1}$$

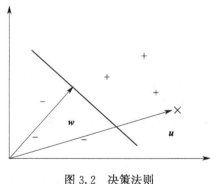

图 3.2　决策法则

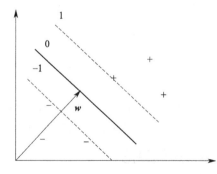

图 3.3　决策边界

基于图 3.2，将假设的分隔直线分别向两侧平移，直至和相邻最近的正例与负例（支持向量）接触，如图 3.3 所示，然后进行如下数学简化：

对于正例：$w \cdot x_+ + b \geqslant +1$

对于负例：$w \cdot x_- + b \leqslant -1$

依据该样本的描述，对于正例 $y_i = +1$，而对于负例 $y_i = -1$，将 y_i 代入上式可得：

对于正例：$y_i(w \cdot x_i + b) \geqslant +1$

对于负例：$-y_i(\boldsymbol{w}\cdot\boldsymbol{x}_i+b)\leqslant-1$

上式可统一为：

$$y_i(\boldsymbol{w}\cdot\boldsymbol{x}_i+b)-1\geqslant0 \tag{3.2}$$

而支持向量是使约束不等式(3.2)等号成立的点，即

$$y_i(\boldsymbol{w}\cdot\boldsymbol{x}_i+b)-1=0 \tag{3.3}$$

该式称为决策边界（decision boundary）。需要指出，在决定划分直线时只有支持向量起作用，而其他样本点不起作用。如果支持向量发生变化将改变所求解的分类器，但是如果在决策边界外变化其他样本点，则对分类器结果没有影响。因此，支持向量在确定划分直线过程中起着决定性的作用，不过支持向量的数量一般较少。

基于上述讨论，还可以定义分类决策函数：

$$f(x)=\text{sign}(\boldsymbol{w}\cdot\boldsymbol{x}_i+b) \tag{3.4}$$

3.1.3 最大间隔超平面（硬间隔最大化）

接下来讨论如何确定最大间隔超平面，如图 3.4 所示，分别构造两个支持向量 $\boldsymbol{x}_+$ 与 $\boldsymbol{x}_-$，则间隔的宽度 W 可以表示为：

$$W=(\boldsymbol{x}_+-\boldsymbol{x}_-)\cdot\frac{\boldsymbol{w}}{\|\boldsymbol{w}\|} \tag{3.5}$$

将式(3.3)代入式(3.5)可得：

$$W=\frac{2}{\|\boldsymbol{w}\|} \tag{3.6}$$

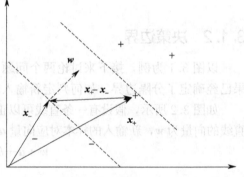

为使间隔 W 最大化，需要 $\|\boldsymbol{w}\|$ 最小化，数学简化为求解 $\frac{1}{2}\|\boldsymbol{w}\|^2$ 最小值。于是得到线性可分支持向量机学习的最优化问题如下：

图 3.4　间隔宽度求解

$$\min\frac{1}{2}\|\boldsymbol{w}\|^2 \tag{3.7}$$

$$\text{s. t. } y_i(\boldsymbol{w}\cdot\boldsymbol{x}_i+b)-1\geqslant0,i=1,2,\cdots,N \tag{3.8}$$

这是一个凸二次规划问题（convex quadratic programming），求解得到这个优化问题的解 $\boldsymbol{w}$ 和 b，那么就可以得到最大间隔超平面以及分类决策函数。需要指出，针对线性可分训练数据集，其对应凸二次规划问题的解即最大间隔超平面是存在且唯一的[4]。

3.1.4 对偶算法

为了求解上述最优化问题式(3.7)和式(3.8)，我们可以应用拉格朗日对偶性，通过求解对偶问题（dual problem）得到原始问题（primary problem）的最优解，这就是线性可分支持向量机的对偶算法。这样做的优点一则对偶问题往往更容易求解，二则引入核函数，进而推广到非线性分类问题（详见 3.3 节）。

利用约束条件式(3.8)，构造拉格朗日函数 L：

$$L=\frac{1}{2}\|\boldsymbol{w}\|^2-\sum\alpha_i[y_i(\boldsymbol{w}\cdot\boldsymbol{x}_i+b)-1] \tag{3.9}$$

其中 $\alpha_i\geqslant0$ 为拉格朗日乘子。

根据拉格朗日对偶性，原始问题的对偶问题是极大极小问题：

$$\max_{\alpha} \min_{w,b} L(w,b,\alpha)$$

所以，为了得到对偶问题的解，需要先求 $L(w,b,\alpha)$ 对 w，b 的极小，再求对 α 的极大。

（1）求 $L(w,b,\alpha)$ 对 w，b 的极小

对朗格朗日函数 L 求偏导可得：

$$\frac{\partial L}{\partial w} = w - \sum \alpha_i y_i x_i = 0$$

$$即\ w = \sum \alpha_i y_i x_i \tag{3.10}$$

$$\frac{\partial L}{\partial b} = -\sum \alpha_i y_i = 0$$

$$即\ \sum \alpha_i y_i = 0 \tag{3.11}$$

其中式（3.10）表明最大间隔超平面的法向量 w 实际上等于所有样本的线性求和。

将式（3.10）代入决策边界式（3.3）可得：

$$\sum \alpha_i y_i x_i \cdot u + b = 0 \tag{3.12}$$

这就是分离超平面，据此可以判断新输入的样本属于超平面的哪一侧，即判定输入样本的类别，对应的分类决策函数为：

$$f(x) = \text{sign}\left(\sum \alpha_i y_i x_i \cdot u + b\right) \tag{3.13}$$

将式（3.10）及式（3.11）代入式（3.9）可得：

$$L = \frac{1}{2}\left(\sum \alpha_i y_i x_i\right)\left(\sum \alpha_j y_j x_j\right) - \left[\left(\sum \alpha_i y_i x_i\right)\left(\sum \alpha_j y_j x_j\right) + \sum \alpha_i y_i b - \sum \alpha_i\right]$$

化简得：

$$L = \sum \alpha_i - \frac{1}{2}\sum\sum \alpha_i \alpha_j y_i y_j x_i \cdot x_j \tag{3.14}$$

（2）求 $\min\limits_{w,b} L(w,b,\alpha)$ 对 α 的极大，即求解对偶问题

$$\max\left(\sum \alpha_i - \frac{1}{2}\sum\sum \alpha_i \alpha_j y_i y_j x_i \cdot x_j\right)$$

$$\text{s.t.}\ \sum \alpha_i y_i = 0, \alpha_i \geqslant 0, i = 1,2,\cdots,N$$

该对偶问题等价于以下对偶问题：

$$\min\left(-\sum \alpha_i + \frac{1}{2}\sum\sum \alpha_i \alpha_j y_i y_j x_i \cdot x_j\right) \tag{3.15}$$

$$\text{s.t.}\ \sum \alpha_i y_i = 0, \alpha_i \geqslant 0, i = 1,2,\cdots,N \tag{3.16}$$

综上所述，对于给定的线性可分数据集，可以首先通过对偶最优化问题式（3.15）和式（3.16）求解得到 α，再求得原始问题式（3.7）和式（3.8）的解 w 和 b，从而得到分离超平面及分类决策函数。

对于线性可分问题，上述支持向量机的学习算法（硬间隔最大化）是完美的。但现实问题中的训练数据集往往由于噪点或特异点的存在导致其线性不可分。针对这种情况，我们引入软间隔最大化方法。

3.2 软间隔最大化

3.2.1 线性支持向量机

假设给定一组含有 n 个样本的训练数据集：

$$T=\{(x_1,y_1),\cdots,(x_n,y_n)\}$$

其中 x_i 为第 i 个实例，y_i 为 x_i 的类标记，当 $y_i=+1$ 时，称 x_i 为正例；当 $y_i=-1$ 时，称 x_i 为负例。假设这些样本在二维空间上的分布如图 3.5 所示，由于特异点的存在，在此空间内该数据集线性不可分。当我们把这些特异点去除之后，剩下的大部分样本点组成的集合满足线性可分。

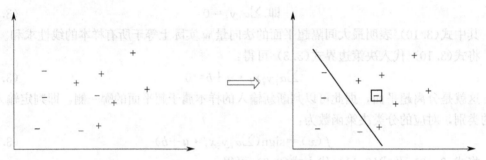

图 3.5 近似线性可分数据集

由图 3.5 可知，线性不可分意味着某些样本点不能满足 $y_i(w \cdot x_i+b) \geqslant 1$，因此，我们引入松弛变量 $\xi_i \geqslant 0$，使得约束条件变为：

$$y_i(w \cdot x_i+b) \geqslant 1-\xi_i$$

目标函数由原来的 $\frac{1}{2}\|w\|^2$ 变为 $\frac{1}{2}\|w\|^2+C\sum_{i=1}^{N}\xi_i$，这里 $C>0$ 称为惩罚参数，C 值的大小与惩罚的程度成正比。对该目标函数最小化意味着一方面使 $\frac{1}{2}\|w\|^2$ 尽量小，即间隔尽量大；另一方面使特异点的数量尽量少，C 是调和两者的参数。这样，我们可以和训练数据集线性可分时一样来考虑线性数据集线性不可分的情形。相对于前述硬间隔最大化，此处称为软间隔最大化。

线性不可分的线性支持向量机学习问题变为如下凸二次规划问题（原始问题）：

$$\min \frac{1}{2}\|w\|^2+C\sum\xi_i \tag{3.17}$$

$$\text{s. t. } y_i(w \cdot x_i+b) \geqslant 1-\xi_i, \xi_i \geqslant 0, i=1,2,\cdots,N \tag{3.18}$$

可以证明该凸二次规划问题的解是存在的，且 w 的解是唯一的，而 b 的解存在于一个区间[5]。这样，我们可以得到线性支持向量机对应的分离超平面：

$$w \cdot x_i+b=0 \tag{3.19}$$

和分类决策函数：

$$g(x)=\text{sign}(w \cdot x_i+b) \tag{3.20}$$

3.2.2　对偶算法

上述原始问题的对偶问题为：

$$\min -\sum \alpha_i + \frac{1}{2} \sum \sum \alpha_i \alpha_j y_i y_j \boldsymbol{x_i} \cdot \boldsymbol{x_j} \tag{3.21}$$

$$\text{s. t. } \sum \alpha_i y_i = 0 \tag{3.22}$$

$$0 \leqslant \alpha_i \leqslant C, i = 1, 2, \cdots, N \tag{3.23}$$

我们可以构造拉格朗日函数：

$$\boldsymbol{L} = \frac{1}{2} \| \boldsymbol{w} \|^2 + C \sum_{i=1}^{N} \xi_i - \sum \alpha_i [y_i(\boldsymbol{w} \cdot \boldsymbol{x_i} + b) - 1 + \xi_i] - \sum_{i=1}^{N} \mu_i \xi_i \tag{3.24}$$

其中 $\alpha_i \geqslant 0$，$\mu_i \geqslant 0$。

对拉格朗日函数 L 求偏导可得：

$$\frac{\partial \boldsymbol{L}}{\partial \boldsymbol{w}} = \boldsymbol{w} - \sum \alpha_i y_i \boldsymbol{x_i} = 0$$

$$\text{即 } \boldsymbol{w} = \sum \alpha_i y_i \boldsymbol{x_i} \tag{3.25}$$

$$\frac{\partial \boldsymbol{L}}{\partial b} = -\sum \alpha_i y_i = 0$$

$$\text{即 } \sum \alpha_i y_i = 0 \tag{3.26}$$

$$\frac{\partial \boldsymbol{L}}{\partial \xi_i} = C - \alpha_i - \mu_i = 0$$

$$\text{即 } C - \alpha_i - \mu_i = 0 \tag{3.27}$$

将式（3.25）～式（3.27）代入式（3.24）可得：

$$\boldsymbol{L} = \sum \alpha_i - \frac{1}{2} \sum \sum \alpha_i \alpha_j y_i y_j \boldsymbol{x_i} \cdot \boldsymbol{x_j} \tag{3.28}$$

式（3.28）与式（3.14）类似，再对其求对 α 的极大，即以下对偶问题：

$$\max \sum \alpha_i - \frac{1}{2} \sum \sum \alpha_i \alpha_j y_i y_j \boldsymbol{x_i} \cdot \boldsymbol{x_j} \tag{3.29}$$

$$\text{s. t. } \sum \alpha_i y_i = 0 \tag{3.30}$$

$$C - \alpha_i - \mu_i = 0 \tag{3.31}$$

$$\alpha_i \geqslant 0 \tag{3.32}$$

$$\mu_i \geqslant 0, i = 1, 2, \cdots, N \tag{3.33}$$

综上所述，对于给定的线性可分数据集，可以首先根据规划问题式（3.29）～式（3.33）求得 α，再求得原始问题的解 w 和 b，从而得到最大间隔超平面及分类决策函数。

3.2.3　合页损失函数

线性支持向量机学习还有另外一种解释，就是最小化以下目标函数：

$$\sum [1 - y(\boldsymbol{w} \cdot \boldsymbol{x} + b)]_+ + \lambda \| \boldsymbol{w} \|^2$$

该函数的第一项是经验损失或经验风险，令：

$$G(y(\boldsymbol{w} \cdot \boldsymbol{x} + b)) = [1 - y_i(\boldsymbol{w} \cdot \boldsymbol{x}_i + b)]_+ \tag{3.34}$$

则函数 G 称为合页损失函数（hinge loss function），下标正号表示以下去正值的函数：

$$[z]_+ = \begin{cases} z, z \geqslant 0 \\ 0, x < 0 \end{cases} \tag{3.35}$$

这就是说当样本点 (x_i, y_i) 被正确分类且函数间隔 $y_i(\boldsymbol{w} \cdot \boldsymbol{x}_i + b) > 1$ 时，损失为 0，否则损失为 $1 - y_i(\boldsymbol{w} \cdot \boldsymbol{x}_i + b)$。

合页损失函数的图像如图 3.6 所示，由于函数图像形似合页，故名合页损失函数。

图 3.6 还展示了 0-1 损失函数，也就是二分类问题的真正损失函数，而合页损失函数其实是 0-1 损失函数的上界。由于 0-1 损失函数并非连续可导，直接对其目标函数进行优化比较困难，可以认为线性支持向量机是优化由 0-1 损失函数的上界（合页损失函数）构成的目标函数，这时的上界损失函数又被称为代理损失函数（surrogate loss function）。

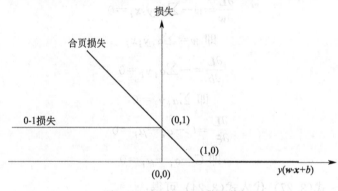

图 3.6　合页损失函数图像

3.3　非线性可分支持向量机与核函数

3.3.1　非线性分类问题

对于线性分类问题，线性分类支持向量机是一种非常有效的方法，但是，有时分类问题是非线性的，例如图 3.7，我们无法在二维平面内找到一条直线分隔正例和负例。为了解决这个问题，一种思路是在这个二维平面内寻找一条曲线分隔这些正例和负例，如图 3.7 中的椭圆，但是这种方法在一些复杂的问题中很难实现，当样本数量较多时，确定分隔曲线的函数比较困难；另一种思路是把这些二维平面内的样本映射到三维空间，然后可以在这个三维空间内找到一个平面分隔这些正例和负例，相比上一种方法，寻找线性的分隔面更加简便。因此，对于在有限维度向量空间中线性不可分的样本，我们可以通过转换函数 $\Phi(x)$ 将其映射到更高维度的向量空间，再通过间隔最大化的方式，学习得到支持向量机。

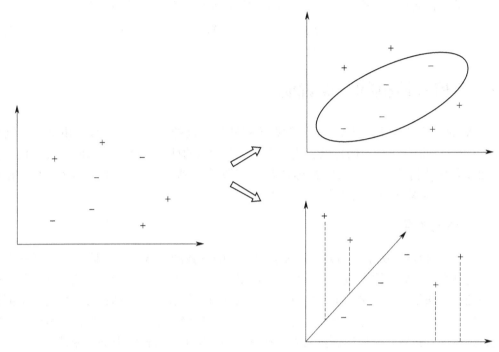

图 3.7 非线性分类问题的两种求解思路

3.3.2 核函数

当我们引入转换函数 $\Phi(x)$，式(3.24) 拉格朗日函数变为：

$$L = \sum \alpha_i - \frac{1}{2} \sum \sum \alpha_i \alpha_j y_i y_j \Phi(\boldsymbol{x_i}) \cdot \Phi(\boldsymbol{x_j}) \tag{3.36}$$

而分类决策函数式(3.13) 变为：

$$f(x) = \text{sign}(\sum \alpha_i y_i \Phi(\boldsymbol{x_i}) \cdot \Phi(\boldsymbol{u}) + b) \tag{3.37}$$

转换之前只需要在低维空间计算向量点积，转换之后需要在高维空间计算向量点积，当样本数量较多时，得到全部样本的点积的计算量非常大。为此，我们构造一个核函数：

$$\boldsymbol{K}(\boldsymbol{x_i}, \boldsymbol{x_j}) = \Phi(\boldsymbol{x_i}) \cdot \Phi(\boldsymbol{x_j}) \tag{3.38}$$

如果两个向量在特征空间的内积等于它们在原始样本空间内通过函数计算得到的结果（即核函数运算结果），我们就不需要计算高维甚至无穷维空间的内积了，该方法可以有效地减少计算量。

常用的核函数包括以下 2 类：

1. 多项式核函数（polynomial kernel function）

$$\boldsymbol{K}(\boldsymbol{x_i}, \boldsymbol{x_j}) = (\boldsymbol{x_i} \cdot \boldsymbol{x_j} + 1)^p \tag{3.39}$$

对应的支持向量机是一个 p 次多项式分类器，对应的分类决策函数为：

$$f(x) = \text{sign}(\sum \alpha_i y_i (\boldsymbol{x_i} \cdot \boldsymbol{x_j} + 1)^p + b) \tag{3.40}$$

2. 高斯核函数（Gaussian kernel function）

$$\boldsymbol{K}(\boldsymbol{x_i}, \boldsymbol{x_j}) = \exp\left(-\frac{\parallel \boldsymbol{x_i} - \boldsymbol{x_j} \parallel^2}{2\sigma^2}\right) \tag{3.41}$$

对应的支持向量机是高斯径向基函数分类器，对应的分类决策函数为：

$$f(x) = \text{sign}\left(\sum \alpha_i y_i \exp\left(-\frac{\| x_i - x_j \|^2}{2\sigma^2} \right) + b \right) \tag{3.42}$$

3.4 支持向量机的两点说明

SVM 属于广义线性分类器，可以解释为感知器的延伸，也可以当作吉洪诺夫正则化（Tikhonov regularization）的特例。该算法有一个特殊的性质，就是可以同时最小化经验误差和最大化几何边缘区，因此被称作最大间隔分类器。Meyer、Leisch 和 Hornik 对SVM 与其他分类器进行了对比[6]。

3.4.1 参数选取

SVM 的有效性取决于核函数、核参数和软间隔参数的选取。核函数通常选择只有一个变量的高斯核。软间隔参数与高斯核参数的最佳组合需要通过在指数增长序列下的网格搜索来确定。通常使用交叉验证来检查参数选取的每个组合，并选择具有最高交叉验证精度的参数，或者也可以通过贝叶斯优化确定参数。相比网格搜索，贝叶斯优化方法需要的参数组合较少。最后，使用所选择的参数在整个训练集上进行模型训练与测试。

3.4.2 缺陷

SVM 的主要缺陷包括以下几个方面：
（1）需要对输入数据进行完全标记；
（2）未校准类别成员的概率（SVM 源于 Vapnik 的理论，该理论避免在有限数据上估计概率）；
（3）SVM 仅直接适用于二分类问题，对于多分类问题，需要额外的优化将其逐步简化为二分类任务；
（4）模型超参数可解释性不高。

3.5 扩展

3.5.1 多分类 SVM

解决多分类任务的主要方法是将一个多分类任务转化为多个二分类任务，具体的实现过程包括以下 3 种途径：
（1）构建二元分类器，用以区分其中一个标签和剩余标签（一对多）或者多组一对一标签[7]。"一对多"方案采用赢者通吃策略，以得分最高的分类器的结果作为最终输出，这需要输出函数能够同时生成可量化的分类结果得分。"一对一"方案采用最大获胜投票策略，统计每一组分类任务的结果，得票最多的类别作为最终的分类结果。
（2）有向无环图支持向量机（Directed Acyclic Graph SVM，DAGSVM）[8]
（3）纠错码方法（Error-correcting Output Codes）[9]

此外，Crammer 和 Singer[10] 提出将多分类问题转化为单目标优化问题，据此也可完成多分类任务。

3.5.2 支持向量回归

用于回归分析的 SVM 最早由 Vapnik 等人提出[2]，这种方法称为支持向量回归（Support Vector Regression，SVR）。SVR 模型的生成仅依赖训练数据集子集，这是因为训练数据集中远离边界的数据点对模型构建成本函数的影响可以忽略。类似地，生成 SVR 模型也仅依赖于训练数据的子集。此外，Suykens 和 Vandewalle 提出了另一种用于回归分析的 SVM 方法，即最小二乘支持向量机（LS-SVM）[11]。

训练原始 SVR 意味着解决以下任务：

$$\text{minimize } \frac{1}{2} \parallel w \parallel^2$$

$$\text{s. t. } |y_i - <w, x_i> - b| \leqslant \varepsilon$$

其中 x_i 是目标值 y_i 的训练样本，内积加截距 $<w, x_i> + b$ 是样本预测值，ε 为用作阈值的自由参数。通常引入松弛变量以允许发生错误并在上述问题不可行的情况下允许近似。

3.5.3 贝叶斯支持向量机

2011 年，Polson 和 Scott 的研究表明，SVM 通过数据增强技术承认贝叶斯解释[12]。在这种方法中，SVM 被视为图形模型（其中参数通过概率分布连接）。这种扩展视图允许将贝叶斯方法应用于 SVM，例如灵活的特征建模、自动超参数调整和预测不确定性量化。近年来 Wenzel 等开发了贝叶斯 SVM 的可扩展版本，使贝叶斯 SVM 能够应用于大数据[13]。具体包含两个不同的版本，一是贝叶斯核 SVM 的变分推理（VI）方案，二是线性贝叶斯 SVM 的随机版本（SVI）。

3.5.4 实现方法

最大间隔超平面的参数可以通过求解优化得到。有几种专门的算法可以快速解决由 SVM 引起的二次规划问题，主要依靠启发式算法将问题分解成更小、更易于管理的块。

另一种方法是使用内点方法，该方法使用类似牛顿的迭代来找到原始和对偶问题的 Karush-Kuhn-Tucker 条件的解[14]。这种方法不是解决一系列分解的问题，而是直接彻底解决问题。为了避免求解涉及大核矩阵的线性系统，在核技巧中经常使用矩阵的低秩近似。

还有一种方法是 Platt 顺序最小优化法（SMO），该算法将问题分解为有解析解的二维子问题，从而无需数值优化算法和存储矩阵。该算法在概念上简单，易于实现，计算效率更快，并且对于困难的 SVM 问题具有更好的缩放特性。

线性支持向量机的特殊情况可以通过用于优化其近亲逻辑回归的同类算法更有效地解决，这类算法包括次梯度下降（如 PEGASOS[15]）和坐标下降（如 LIBLINEAR[16]）。其中 LIBLINEAR 具有较好的训练时间属性，每次收敛迭代的时间与读取训练数据的时间呈线性关系，并且迭代还具有 Q，使得算法速度极快。

基于核函数的 SVM 可用于许多机器学习工具包，包括 LIBSVM、MATLAB、SAS、SVMlight、kernlab、scikit-learn、Shogun、Weka、Shark、JKernelMachines、OpenCV 等。

此外，编者强烈建议对数据进行预处理（标准化）以提高分类的准确性。常用的标准化方法包括 min-max、十进制标度标准化等。

3.6 小结

1. 针对线性可分训练数据集，可以采用线性可分支持向量机（硬间隔最大化方法）进行分类，对应为凸二次规划问题，通过对偶算法可得支持向量、分离超平面及分类决策函数。

2. 当训练数据集近似线性可分时，可以引入松弛变量，采用软间隔最大化方法学习线性支持向量机，进而确定分离超平面和分类决策函数。

3. 针对非线性分类问题，可以通过非线性变换将其转化为某个高维特征空间内的线性分类问题，在高维特征空间内学习线性支持向量机。核函数巧妙地利用向量内积的回旋，通过非线性核函数将问题变为高维特征空间与低维输入空间的相互转换，解决了数据挖掘中的维数灾难问题。

延伸阅读

支持向量机由 Cortes 和 Vapnik 提出[1]，其实在 Vladimir Vapnik 博士论文（1964年）中已经阐述了支持向量机的核心思想。Vapnik 博士毕业后留校（莫斯科大学）工作至 1991 年，期间利用支持向量机进行肿瘤细胞分类的工作。1991 年，Vapnik 移民美国，次年他向 NIPS 投稿 3 篇有关支持向量机的论文，由于当时众人对这个方法和 Vapnik 本人均不了解，3 篇论文均被拒稿。但 Vapnik 并没有放弃这方面的研究，之后参加贝尔实验室"手写字符识别"项目，用事实证明支持向量机算法在该项目中表现优于神经网络算法。此后，支持向量机逐渐被广泛应用。支持向量机从理论到应用历经 30 余年，美国麻省理工学院教授 Patrick Winston 曾感慨 "Great ideas followed by long periods of nothing happening!"。

参考文献

[1] Cortes C, Vapnik V. Support-vector networks [J]. Machine Learning, 1995, 20 (3): 273-297.

[2] Drucker Harris, Burges Christ C, Kaufman Linda, et al. Support vector regression machines [M]//Advances in Neural Information Processing Systems 9. MIT Press, 1997: 155-161.

[3] Ben-Hur Asa, Horn David, Siegelmann Hava, et al. Support vector clustering [J]. Journal of Machine Learning Research, 2001, 2: 125-137.

[4] 李航. 统计学习方法 [M]. 北京: 清华大学出版社, 2012.

[5] 邓乃扬, 田英杰. 数据挖掘中的新方法-支持向量机 [M]. 北京: 科学出版社, 2004.

[6] Meyer David, Leisch Friedrich, Hornik Kurt. The support vector machine under test [J]. Neurocomputing, 2003, 55 (1-2): 169-186.

［7］ Hsu Chih-Wei，Lin Chih-Jen． A comparison of methods for multiclass support vector machines ［J］. IEEE Transactions on Neural Networks，2002，13（2）：415-425.

［8］ Platt John，Cristianini Nello，Shawe-Taylor John． Large margin DAGs for multiclass classification ［M］//Advances in Neural Information Processing Systems． MIT Press． 2000：547-553.

［9］ Dietterich Thomas G，Bakiri Ghulum． Solving multiclass learning problems via error-correcting output codes ［J］. Journal of Artificial Intelligence Research，1995，2：263-286.

［10］ Crammer Koby，Singer Yoram． On the algorithmic implementation of multiclass kernel-based vector machines ［J］. Journal of Machine Learning Research，2001，2：265-292.

［11］ Suykens Johan A. K，Vandewalle Joos P L． Least squares support vector machine classifiers ［J］. Neural Processing Letters，1999，9（3）：293-300.

［12］ Polson Nicholas G，Scott Steven L． Data augmentation for support vector machines ［J］. Bayesian Analysis，2011，6（1）：1-23.

［13］ Wenzel Florian，Galy-Fajou Theo，Deutsch Matthäus，et al． Bayesian nonlinear support vector machines for big data ［M］. Machine Learning and Knowledge Discovery in Databases． 2017，10534：307-322.

［14］ Ferris Michael C，Munson Todd S． Interior-point methods for massive support vector machines ［J］. SIAM Journal on Optimization，2002，13（3）：783-804.

［15］ Shalev-Shwartz Shai，Singer Yoram，Srebro Nathan． Pegasos：primal estimated sub-GrAdient SOlver for SVM ［J］. Mathematical Programming，2007，127：3-30.

［16］ Fan Rong-En，Chang Kai-Wei，Hsieh Cho-Jui，et al． LIBLINEAR：a library for large linear classification ［J］. Journal of Machine Learning Research，2008，9：1871-1874.

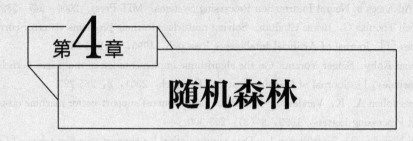

第4章 随机森林

随机森林是一种灵活的、简便易用的机器学习方法，可以用来做分类或者回归分析。对于分类任务，随机森林的输出是大多数树选择的类；对于回归任务，则返回单个树的平均预测值。随机森林算法构建的方法类似前面章节介绍的神经网络和支持向量机，先通过训练数据集训练模型参数，之后开展模型校验，最后才能用于预测。在随机森林算法中，即使不进行超参数调整，大多数情况下也能够实现比较好的预测或分类。随机森林在工程、金融、人文、自然科学等领域都有广泛的应用。

本章在讨论随机森林之前，先介绍决策树，然后介绍基于决策树的改进方法 Bagging（装袋算法），最后介绍基于 Bagging 的改进方法，即随机森林。

4.1 决策树

决策树（decision tree）是一类常见的机器学习方法，顾名思义，决策树是基于树结构进行决策的，这恰恰是人类在面临决策问题时一种很自然的处理机制。假设有以下一组数据，如表 4.1 所示，描述了边坡是否发生失稳及其对应的特征信息，我们想据此建立一个识别边坡失稳的模型。

边坡特征信息　　　　　　　　　　　　　　　　　　　　　　　　　表 4.1

边坡失稳(是/否)	薄弱带(有/无)	水位变化(是/否)	外力作用	土体类型
否(一)	？	否	风化	黏性土
否(一)	无	否	人类活动	黏性土
是(＋)	？	是	人类活动	黏性土
是(＋)	有	是	地震	砂性土
是(＋)	？	是	地震	软土
否(一)	无	是	风化	砂性土
否(一)	无	是	地震	砂性土
否(一)	？	否	人类活动	软土

需要注意到表4.1所提供的并非数值信息，而是符号信息。人们可以直观地通过测试进行判别，例如"该边坡存在薄弱带吗？该边坡有水位变化吗？"。这些判定问题实际上是对边坡某个属性的测试，每次测试的结果要么导出最终结论，要么导出进一步的判定问题。当进行多组测试后，就构成了基于树结构的决策机制，也就是决策树，如图4.1所示。

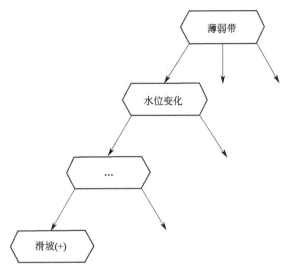

图4.1　边坡失稳决策树示意图

一棵决策树通常包含一个根结点、若干内部结点和若干叶结点。其中根结点包含样本全集，内部节点对应不同的属性测试，叶结点对应决策结果。从根结点到每个叶结点的路径对应了一个判定测试序列。学习的目的就是生成一棵泛化能力强（处理未见示例能力强）的决策树。由于每一次判定测试都有相应的花费，在建立决策树的过程中我们希望树尽可能简单，也就是测试的次数越少越好。

针对表4.1的问题，假设分别进行薄弱带、水位变化、外力作用和土体类型的测试，如图4.2所示，正号代表边坡发生失稳，负号代表边坡不发生失稳。如果测试完美，那么测试结果应该将正号和负号归入两个不同的类别。而实际上，四种测试都不完美，只能将部分样本正确分类。

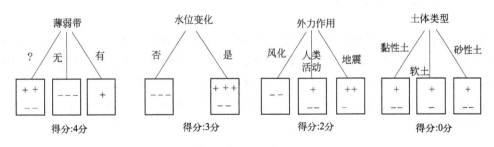

图4.2　决策树测试一

那么如何评价每种属性测试的效果呢？我们可以统计同质决策结果（决策类别都是正号或者都是负号）内样本的数量，定义为测试得分。如图4.2所示，薄弱带测试得分最高

（4分），初始有 8 个样本，测试之后剩余 4 个样本尚无法区分。这时，我们再将这 4 个样本进行第二轮测试，测试结果如图 4.3 所示，水位变化测试得分最高（4分），这 4 个样本能够被正确分类，到此测试结束，完整的决策树模型如图 4.4 所示。

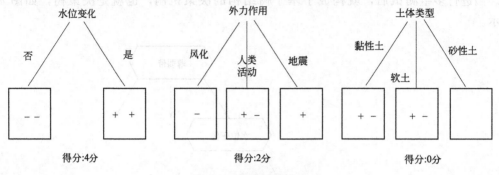

图 4.3 决策树测试二

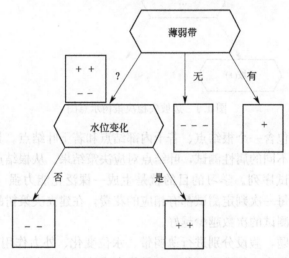

图 4.4 边坡失稳决策树模型

4.2 无序性与信息熵

需要指出，虽然上述判定测试方法是人类进行决策时的常用处理机制，但该方法仅适用于样本数量比较少的情形，当样本数量较大时，某一种属性的测试结果往往包含两种或两种以上决策结果，即判定结果很难同质，这样无论进行哪种测试，得分均为 0。找不到最佳测试，也就无法进行决策分类。于是我们引入结果的无序性（disorder）来描述属性测试效果：

$$D(\text{set}) = -\frac{P}{T}\log_2\frac{P}{T} - \frac{N}{T}\log_2\frac{N}{T} \tag{4.1}$$

其中，$D(\text{set})$是表征测试样本无序性的指标，P 和 N 分别代表测试结果为正号（边坡发生失稳）和负号（边坡不发生失稳）的样本数量，T 为样本总量，式（4.1）对应的函数曲线见图 4.5。

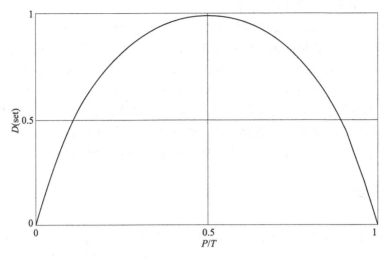

图 4.5 无序性函数变化图

D 值越小代表无序性越低，即测试结果同质性越好。更为通用的可以用信息熵（Information Entropy）来描述测试结果，假设当前样本集合中第 i 个样本所占比例为 p_i，则信息熵定义为：

$$Ent(\text{set}) = -\sum p_i \log_2 p_i \qquad (4.2)$$

式（4.1）可以看作式（4.2）中 $i=2$ 的特例。

定义整个测试的质量为 $Q(\text{test})$：

$$Q(\text{test}) = \sum Ent(\text{set}) \times N_{\text{set}}/N_{\text{test}} \qquad (4.3)$$

其中，N_{set} 为测试后归入某一类别的样本数量，N_{test} 为待测试样本的总数，$Q(\text{test})$ 数值越小，该测试的质量越高，这意味着使用该属性进行划分的收益越大。将此公式应用于图 4.2 中的 4 项测试可得：

$$Q_{t1} = \frac{4}{8} \times 1 + \frac{3}{8} \times 0 + \frac{1}{8} \times 0 = 0.5$$

$$Q_{t2} = \frac{3}{8} \times 0 + \frac{5}{8} \times 0.97 = 0.61$$

$$Q_{t3} = \frac{2}{8} \times 0 + \frac{3}{8} \times 0.92 + \frac{3}{8} \times 0.92 = 0.69$$

$$Q_{t4} = \frac{3}{8} \times 0.92 + \frac{2}{8} \times 1 + \frac{3}{8} \times 0.92 = 0.94$$

上述结果表明 4 项属性测试效果由好到差排序为：薄弱带—水位变化—外力作用—土体类型，这与前述采用归类类别是否同质的判定结果一致，且适用于样本数量较大的情形。因此，可以通过 $Q(\text{test})$ 评估测试属性的优劣，选择最佳属性获得从根结点到叶结点的最优判定序列。这里属性测试的质量 $Q(\text{test})$ 与文献 [1] 中提到的信息增益（information gain）实际上是一致的。

本节介绍了决策树学习算法的概念和基本流程，除了基于信息熵选择划分属性，还可以采用基尼指数[2] 等其他准则。考虑到介绍决策树是为了引入随机森林算法，本章不对决策树进行详细描述，感兴趣的读者可以参考相关文献了解剪枝处理[3]、连续属性的处理[3]、多变量决策树[4-5] 等相关内容。

需要指出，决策树算法是最能满足数据挖掘要求的算法，因为算法本身在特征缩放和变换时具有不变性，且在剔除无关特征时具有鲁棒性。然而，决策树算法精度往往不高。特别是生长得很深的树倾向于学习高度不规则的模式，易出现过度拟合训练集的问题，即具有低偏差、高方差。随机森林是一种平均多个深度决策树的方法，通过在同一训练集的不同部分进行训练降低方差，代价是偏差的小幅增加以及部分可解释性的损失，但优势是能够大大提高最终模型的性能。森林就像决策树算法工作的集合，采取许多树的团队合作，从而提高单个随机树的性能，这其实就是集成学习思想的体现。

4.3 集成学习

集成学习（Ensemble Learning）通过构建并结合多个学习器来完成学习任务，当个体学习器的类型一致（例如都是决策树算法），这种集成是"同质（homogeneous）"的，其中的个体学习器称为"基学习器"；当包含不同类型的个体学习器（例如除了决策树算法外还有支持向量机、神经网络等算法），这种集成是"异质（heterogeneous）"的，其中的个体学习器称为"组件学习器"。

集成学习相比单一学习器通常具有更优越的泛化能力，尤其当基学习器属于弱学习器时，将其集成能够获得更好的性能。例如考虑二分类问题 $y \in \{-1, +1\}$，对应的真实函数为 f，假设基学习器的错误率为 $P[h_i(x) \neq f(x)] = \varepsilon$，集成 T 个基学习器后，基于简单投票法，若有超过半数基分类器正确，则集成分类就正确，即：

$$H(x) = \text{sign}\left[\sum h_i(x)\right] \tag{4.4}$$

假设基分类器的错误率相互独立，依据霍夫丁不等式(Hoeffding Inequality)，集成的错误率满足：

$$P[H(x) \neq f(x)] \leqslant \exp\left[-\frac{1}{2}T(1-2\varepsilon)^2\right] \tag{4.5}$$

上式表明随着个体分类器数目 T 的增大，集成的错误率将指数级下降，最后趋于零。但是需要指出，这个描述的关键前提是各分类器的错误率相互独立。而实际上，个体学习器是为解决同一个问题训练出来的，不可能完全相互独立。通常个体学习器的准确性和多样性很难同时满足。

根据个体学习器的生成方法，目前的集成学习方法可以大致分为两类。一类是个体学习器之间存在强依赖关系、必须串行生成的序列化方法，例如 Boosting；另一类是个体学习器之间不存在强依赖关系、可同时生成的并行化方法，例如 Bagging 和随机森林（Random Forest）。下面的章节主要介绍第二类方法。

4.3.1 Bagging

为了使基学习器尽可能具有较大的差异，一种方法是对训练数据集进行采样，生成若干个不同的子集，再从每个子集中训练出一个学习器。由于训练子集的不同，对应获得的学习器就可能有较大的差异，但要求这些训练出来的基学习器不能太差。同时，采样出来的每个子集要能够覆盖大部分的原始数据，否则每个基学习器只用到一部分原始数据，无法确保获得比较好的学习器。基于此，研究人员提出使用相互有交叠的采样子集。

Bagging[6] 是并行式集成学习方法的典型代表。基于自主采样法（Bootstrap Sampling），给定一个包含 n 个样本的数据集 $X = x_1, \cdots, x_n$，对应输出为 $Y = y_1, \cdots, y_n$。先随机抽取一个样本放入采样集中，再把该样本放回初始数据集中，从而下次采样时该样本仍有可能被选中。经过 n 次随机采样得到包含 n 个样本的采样集，初始数据集中的样本可能在采样集中多次出现，也可能从未出现，每次采样初始训练集中大约有 63.2% 的样本出现在采样集中。为了获得 t 个基学习器，合计进行 t 次采样得到 X_t，Y_t，并对每个采样集进行训练得到决策树 f_t。

Bagging 通常对回归任务采用简单平均法，即：

$$\hat{f} = \frac{1}{t} \sum f_t(x') \tag{4.6}$$

其中 $\hat{f}$ 为预测输出值，x' 为新输入数据集。对于分类任务则采用简单投票法，若分类任务预测时出现同样票数的情形，则可以随机选择一个，也可以进一步考察学习器投票的置信区间来辅助判定。从偏差-方差分解的角度看，Bagging 主要在不增加偏差的前提下降低了方差，这意味着，即使单个树模型的预测对训练集的噪声非常敏感，但对于多个树模型，只要这些树并不相关，这种情况就不会出现。因此它在不剪枝决策树、神经网络等容易受样本扰动的学习器上效用显著。

另外上文提到自主采样法每次约有 36.8% 的样本不会出现在所采集的样本中，这些样本不参与决策树的构建，称为包外样本（out-of-bag samples），其可用作验证集对算法的泛化能力进行测试。

x' 上所有单个回归树的预测的标准差可以作为预测的不确定性的估计，公式如下：

$$\sigma = \left[\frac{(\sum f_t(x') - \hat{f})^2}{t-1} \right]^{0.5} \tag{4.7}$$

其中样本或者树的数量是一个自由参数。通常使用几百到几千棵树，这取决于训练集的大小和性质。使用交叉验证，或者通过观察包外估计误差可以找到最优的树的数量。当一些树训练到一定程度之后，训练集和测试集的误差则开始趋于平稳。

4.3.2　从 Bagging 到随机森林

随机森林[7] 是 Bagging 的一个扩展变体，思路是在以决策树为基学习器构建 Bagging 集成学习的基础上，进一步在决策树的训练过程中引入随机属性选择。具体来说，传统决策树在选择划分属性时是在当前结点的属性集合（假定有 d 个属性）中选择一个最优属性，例如基于信息熵或者基尼系数。而在随机森林中，对基决策树的每个结点，先从该结点的属性集合中随机选择一个包含 k 个属性的子集，然后再从这个子集中选择一个最优属性用于划分。这里的参数 k 控制了随机性的引入程度；若令 $k = d$，则基决策树的构建与传统决策树相同；若令 $k = 1$，则是随机选择一个属性用于划分。一般情况下，对于分类问题选取 $k = \log_2 d$[7]；对于回归问题，可以选择 $k = d/3$。随机森林算法示意见图 4.6。

随机森林简单、容易实现、计算花费低，但它在很多现实任务中展现出强大的性能。

可以看出，随机森林对 Bagging 只做了微小改动，但是与 Bagging 中基学习器的"多样性"仅通过样本扰动（通过对初始训练集采样）而来不同，随机森林中基学习器的多样性不仅来自样本扰动，还来自属性扰动，这使得最终集成的泛化性能可通过基学习器之间差异性的增加而进一步提升。需要指出，随机森林的收敛性与 Bagging 相似，但随机森林的训练效率通常优于 Bagging，因为在基决策树的构建过程中，Bagging 使用的是"确定型"决策树，在选择划分属性时要对结点的所有属性进行考察，而随机森林使用的"随机型"决策树则只需考察一个属性子集。当属性集合中部分属性具有决定性作用时，采用 Bagging 算法得到的决策树会含有大量这些属性，使得决策树之间存在较强的相关性，而随机森林算法通过属性的随机选择克服了这个问题，进而避免过度拟合问题[8]，同时使得该算法具有良好的抗噪声能力。

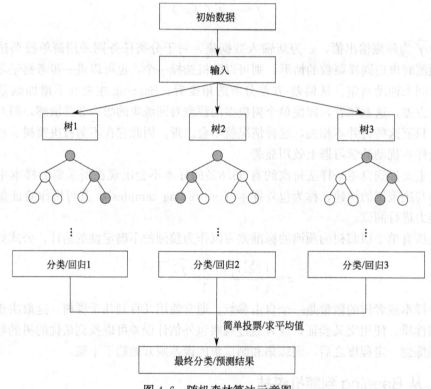

图 4.6　随机森林算法示意图

4.3.3　极限树

在随机森林的基础上再加上一个随机化步骤，就会得到极限随机树（extremely randomized trees），即极限树。与普通的随机森林类似，两者都是单个树的集成，但也有不同。首先，每棵树都使用整个学习样本进行训练；其次，自上而下的划分是随机的，它并不计算每个特征的最优划分点（例如，基于信息熵或者基尼系数），而是随机选择划分点，该值是从特征经验范围内均匀随机选取的。在所有随机的划分点中，选择其中得分最高的作为结点的划分点。与普通的随机森林相似，可以指定每个节点要选择的特征的个数。该参数的默认值，对于分类问题，取为 $\sqrt{n}$，对于回归问题，取为 n（n 为模型的特征个数）。

4.4　随机森林的特点

4.4.1　特征的重要性

随机森林天然可用来对回归或分类问题中变量的重要性进行排序。假设数据集为 $D_n = \{(X_i, Y_i)\}_{i=1}^n$，评估特征重要性的第一步是使用训练集训练一个随机森林模型。在训练过程中记录下每个数据点的 out-of-bag（包外）估计误差，然后在整个森林上进行平均。

为了评估第 j 个特征的重要性，第 j 个特征的值在训练数据中需要被打乱，然后重新计算打乱后数据的包外估计误差。则第 j 个特征的重要性分数可以通过计算打乱前后的包外估计误差的差值的平均得到，这个分数通过计算这些差值的标准差进行标准化。

需要指出，这种评估方法也有缺陷，对于包含不同取值个数的类别特征，随机森林更偏向于那些取值个数较多的特征，这可以通过 partial permutations[9]、growing unbiased trees[10] 等方法解决。

4.4.2　随机森林与最邻近算法

最临近算法 k-Nearest Neighbor Algorithm（k-NN）是另一种常用的机器学习算法，这种算法实际上和随机森林都可以看作是"加权邻居的方案"。具体而言，两种算法通过在数据集 D_n 上训练的模型查看某一点的邻居来计算一个新输入点 x' 的预测值 $\hat{y}$，并使用权重函数 w 对这些邻居进行加权计算：

$$\hat{y} = \sum w(x_i, x') y_i \tag{4.8}$$

其中，$w(x_i, x')$ 是第 i 个点在同一棵树中相对于新的数据点 x' 的非负权重。对于任一特定的点 x'，所有 x_i 的权重之和必须为 1。权重函数设定如下：

（1）对于 k-NN 算法，如果 x_i 是距离 x' 最近的 k 个点之一，则 $w(x_i, x') = 1/k$，否则为 0。

（2）对于某一棵树，如果 x_i 与 x' 属于同一个包含 k' 个点的叶结点，则 $w(x_i, x') = 1/k'$，否则为 0。

因为森林平均了 m 棵树的预测，且这些树具有独立的权重函数 w_j，因此整个森林的预测值：

$$\hat{y} = \frac{1}{m} \sum \sum w_j(x_i, x') y_i \tag{4.9}$$

上式表明了整个森林也采用了加权的邻居方案，其中的权重是各个树的平均值。在这里，x' 的邻居是那些在任一树中属于同一个叶节点的点 x_i。只要 x_i 与 x' 在某棵树中属于同一个叶节点，两者即为邻居。

4.5　核随机森林

在机器学习中，核随机森林（Kernel Random Forest，KeRF）建立了随机森林和核方法之间的联系。通过简单修正，随机森林可以被重写为核方法，该方法更易于解释和分析。

4.5.1 基本概念

(1) 中心森林 (centered forests)

中心森林[11] 是 Breiman 原始随机森林的简化模型，它在所有属性中统一选择一个属性，并沿着预先选择的属性在单元格的中心进行分割。

(2) 均匀森林 (uniform forests)

均匀森林[12] 是 Breiman 原始随机森林的另一个简化模型，它在所有特征中统一选择一个特征，并沿着预选的特征在单元格一侧均匀绘制的点处进行分割。

4.5.2 从随机森林到核随机森林

假设训练集为 $D_n = [(X_i, Y_i)]_{i=1}^n$，回归分析旨在构建一个回归方程根据输入变量 $\boldsymbol{X}$ 预测模型输出 $\boldsymbol{Y}$，即 $m(x) = E[Y \mid \boldsymbol{X} = x]$。随机森林就是 M 棵随机的回归树的集成。记 $m_n(\boldsymbol{x}, \boldsymbol{\Theta}_j)$ 为输入 x 依据第 j 棵树得到的预测值，$\boldsymbol{\Theta}_1, \cdots, \boldsymbol{\Theta}_M$ 为相互独立的随机变量。该随机变量可用于描述节点分裂引起的随机性以及构造树的抽样过程。将这些树组合在一起形成有限森林估计：

$$m_{M,n}(\boldsymbol{x}, \boldsymbol{\Theta}_1, \cdots, \boldsymbol{\Theta}_M) = \frac{1}{M} \sum m_n(\boldsymbol{x}, \boldsymbol{\Theta}_j) \tag{4.10}$$

对于回归树，$m_n = \sum \dfrac{Y_i \mathbf{1}_{X_i \in A_n(\boldsymbol{x}, \boldsymbol{\Theta}_j)}}{N_n(\boldsymbol{x}, \boldsymbol{\Theta}_j)}$，$N_n(\boldsymbol{x}, \boldsymbol{\Theta}_j) = \sum \mathbf{1}_{X_i \in A_n(\boldsymbol{x}, \boldsymbol{\Theta}_j)}$。

因此，随机森林满足对于所有的 $\boldsymbol{x} \in [0,1]^d$：

$$m_{M,n}(\boldsymbol{x}, \boldsymbol{\Theta}_1, \cdots, \boldsymbol{\Theta}_M) = \frac{1}{M} \sum \sum \frac{Y_i \mathbf{1}_{X_i \in A_n(\boldsymbol{x}, \boldsymbol{\Theta}_j)}}{N_n(\boldsymbol{x}, \boldsymbol{\Theta}_j)} \tag{4.11}$$

随机回归森林包含两个层次的平均，首先对目标单元格中的样本进行平均，之后针对整个树。因此，当目标单元格包含大量数据点时，其对结果的贡献反而低于单元格内数据点较少的情形。为了优化随机森林并补偿错误估计，Scornet[13] 提出核随机森林：

$$\widetilde{m}_{M,n}(\boldsymbol{x}, \boldsymbol{\Theta}_1, \cdots, \boldsymbol{\Theta}_M) = \frac{1}{\sum N_n(\boldsymbol{x}, \boldsymbol{\Theta}_j)} \sum \sum Y_i \mathbf{1}_{X_i \in A_n(\boldsymbol{x}, \boldsymbol{\Theta}_j)} \tag{4.12}$$

上式等价于对森林中包含 x 的单元格对应的 Y_i 求平均值。定义连接函数 $K_{M,n}(x, z) = \frac{1}{M} \sum \mathbf{1}_{z \in A_n(\boldsymbol{x}, \boldsymbol{\Theta}_j)}$，则式(4.12)可以改写为：

$$\widetilde{m}_{M,n}(\boldsymbol{x}, \boldsymbol{\Theta}_1, \cdots, \boldsymbol{\Theta}_M) = \frac{\sum\limits_{i=1}^n Y_i K_{M,n}(\boldsymbol{x}, \boldsymbol{x}_i)}{\sum\limits_{j=1}^n K_{M,n}(\boldsymbol{x}, \boldsymbol{x}_j)} \tag{4.13}$$

依据上式可以构建核随机森林，无论是中心核随机森林还是均匀核随机森林，其构建方法与普通的随机森林类似，只需将其中的预测值公式由式(4.9) 替换为式(4.13)。

4.5.3 核随机森林的两点说明

(1) 核随机森林与随机森林

如果每个单元格中的数据点数量是有限的，则 KeRF 和随机森林给出的预测是接近的。

（2）无限核随机森林与无限随机森林

当树的数量 M 趋于无穷时，对应为无限随机森林和无限 KeRF。此时如果限定每个单元格中观察点的数量，两者的估计仍然是接近的。

4.6　本章小结

随机森林是将决策树作为个体学习器的一种集成学习算法，可以用于分类或者回归问题。它能够处理很高维度的数据集，并且不需要进行特征选择；训练速度较快，能够方便地做成并行化方法；即使部分数据的特征信息缺省，仍可以维持较高的准确度。随机决策森林纠正了决策树过度拟合其训练集的问题，因此随机森林通常优于决策树。但需要指出，随机森林的这些优势是以牺牲单棵决策树的内在可解释性为代价的。单棵决策树允许用户确认模型已经从训练数据集中学到了真实的信息，从而模型预测结果可信度较高。例如遵循单棵决策树做出决策的路径非常简单，但遵循数十、数百棵决策树的路径会非常困难。而且，随机森林在训练过程中无法提高基学习器的准确性。

除了用于有监督学习，随机森林算法也可以用于无监督学习。不过与有监督分类和回归问题不同，此时没有真实的标签数据（ground truth labels），因此需要定义一个无监督的熵，即适用于未标记数据的熵，来构建基决策树，详细的阐述可以参阅文献［14］。

> **延伸阅读**
>
> 著名的决策树算法包括 ID3[15]、C4.5[3] 和 CART[2]。除了信息熵、基尼系数之外，学者们还提出了其他准则用于决策树划分选择，但是这些准则对算法的泛化能力有限。更多有关决策树的系统阐述可以查阅文献［1］。
>
> 随机森林的思路最早由 Tin Kam Ho[16] 于 1995 年提出，她使用随机子空间方法创建了第一个随机决策森林算法，只要限制仅对所选取的特征维度敏感，用斜超平面分裂得到的森林就可以在不过度拟合的情况下逐渐生长而获得准确性。随后 Leo Breiman 和 Adele Culter 对早期的随机森林算法进行改进，引入了 Bagging 和随机特征选取的概念，即分裂节点时对可用决策的随机子集进行搜索。Amit 和 Geman[17] 也独立提出了类似的想法。而后，Dietterich 引入了随机节点优化的想法[18]，即每个节点的决策是随机的，而不是通过确定性的优化。最后，Breiman 在文献［7］中总结前人成果，系统地阐述了随机森林的概念。

参考文献

［1］周志华. 机器学习［M］. 北京：清华大学出版社，2016.

［2］Breiman L，Friedman J，Stone C J，et al. Classification and regression trees［M］. Chapman & Hall/CRC，1984.

［3］Quinlan J R. Programs for machine learning［M］. Morgan Kaufmann Publishers，1993.

［4］ Murthy S K, Kasif S, Salzberg S. A system for induction of oblique decision trees［J］. Journal of Artificial Intelligence Research, 1994, 2: 1-32.

［5］ Guo H, Gelfand S B. Classification trees with neural network feature extraction［J］. IEEE Transactions on Neural Networks, 1992, 3 (6): 923-933.

［6］ Breiman L. Bagging predictors［J］. Machine Learning, 1996, 24 (2): 123-140.

［7］ Breiman L. Random forest［J］. Machine Learning, 2001, 45 (1): 5-32.

［8］ Hastie T, Tibshirani R, Friedman J. The elements of statistical learning［M］. 2nd edtion. Springer, 2008.

［9］ Altmann A, Toloşi L, Sander O, et al. Permutation importance: a corrected feature importance measure［J］. Bioinformatics, 2010, 26 (10): 1340-1347.

［10］ Painsky A, Rosset S. Cross-validated variable selection in tree-based methods improves predictive performance［J］. IEEE Transactions on Pattern Analysis and Machine Intelligence, 2017, 39 (11): 2142-2153.

［11］ Breiman L, Ghahramani Z. Consistency for a simple model of random forests［D］. University of California at Berkeley, 2004.

［12］ Arlot S, Genuer R. Analysis of purely random forests bias［J］. 2014.

［13］ Scornet Erwan. Random forests and kernel methods［J］. 2015.

［14］ Criminisi A, Shotton J, Konukoglu E. Decision Forests for Classification, Regression, Density Estimation, Manifold Learning and Semi-Supervised Learning// Microsoft Research technical report TR-2011-114［R］. 2011.

［15］ Quinlan J R. Induction of decision trees［J］. Machine Learnig, 1986, 1 (1): 81-106.

［16］ Ho Tin Kam. Random decision forests［C］//proceedings of the 3rd International Conference on Document Analysis and Recognition. 1995.

［17］ Amit Y, Geman D. Shape quantization and recognition with randomized trees［J］. Neural Computation, 1997, 9 (7): 1545-1588.

［18］ Dietterich T. An experimental comparison of three methods for constructing ensembles of decision trees: bagging, boosting, and randomization［J］. Machine Learning, 2000, 40 (2): 139-157.

第5章
最大土钉轴力神经网络模型

5.1 引言

作为最具成本效益和时间效率的支护技术之一，土钉已被广泛应用于加固人工削坡、基坑开挖、铁路堤坝、海岸线等[1-4]。例如，在香港平均每年超过 50000 个土钉用于加固人工开挖边坡[5]。土钉墙存在不同的破坏模式，包括外部、内部和面墙极限状态。设计时应当保证每种破坏模式具有足够的安全裕度。在容许应力法确定性设计框架下，安全裕度通常用安全系数表征；而在基于可靠度的设计框架中，安全裕度则通常采用失效概率或可靠度指标表征。目前，岩土工程正从传统的确定性容许应力法向现代可靠度设计方法过渡[6]，基于可靠度的土钉墙设计引起了许多学者关注[3,7-12]。在本章中，我们将聚焦土钉墙内部极限状态可靠度设计。

土钉墙内部极限状态主要是指土钉抗拔和抗拉极限状态[1]。服役时土钉一般处于受拉状态，当所受最大拉力超过其极限抗拔或抗拉能力时，将发生土钉抗拔或抗拉破坏。因此，如何估计土钉所受的最大拉力以及对估计结果的确信度，是发展土钉内部稳定可靠度设计方法的首要问题。

美国联邦公路管理局（FHWA）的土钉墙设计手册[1,13]提出了一个简化的半经验模型来计算土钉的荷载。Lin 等[14]从已发表的文献中收集到总共 99 个实测土钉荷载数据，并以此来评估该 FHWA 土钉荷载模型的准确性。他们得出的结论是，整体上 FHWA 手册中的模型高估了土钉荷载约 5%～35%，预测的精度离散性大约为 40%～50%。此外，模型精度与土钉荷载预测值和一些模型输入参数具有统计相关性。后来，他们提出了修正 FHWA 模型，以提高精度。

在我国，土钉荷载的计算主要采用中国建筑科学研究院（CABR）模型[15]或中国工程建设标准化协会（CECS）模型[16]。Yuan 等[17]建立了一个包含 144 个实测土钉荷载的数据库，并基于该数据库对设计规程中使用的 CABR 模型和 CECS 模型的准确性进行了评估。他们发现，上述两个模型平均高估了土钉荷载约 40%，预测精度离散性极大，介于 70%～100% 之间。他们对现有的 CABR 模型和 CECS 模型进行了修正，修正后的 CABR 模型和 CECS 模型精度得到显著提高。

除了上述设计手册中的土钉荷载模型外，文献中也有许多其他模型，例如，修正表观土压力图解法[18]，运动学极限分析设计方法[19]，数据解译方法[20-21]，增量计算法[22] 和基于土压力的简化方法[23]。这些模型并不是本章的研究重点，不做深入讨论。Lin 等[14] 和 Yuan 等[17] 对这些模型进行了简要回顾与评述，感兴趣的读者可以查阅学习。

本章工作首先从文献中收集了额外的 69 个实测土钉荷载数据，并将其与 Lin 等[14] 和 Yuan 等[17] 的两个数据库合并起来，形成一个总的土钉荷载数据库。汇总后的数据库共包含 312 个服役条件下的实测最大土钉荷载数据。数据库中还包含关于墙体几何形状、土体抗剪强度、土钉设计配置和外部荷载条件的信息。事实上，将数据汇集形成一个总数据库的价值不应被低估，它不仅为我们提供了一个在更全面的背景下检验现有模型准确性的机会，还为我们进行数据价值挖掘提供了可能性。

基于所建立的总数据库，本章的主要任务是：（1）重新评估规范中现有的和修正后的 FHWA 土钉荷载模型的准确性；（2）重新校准修正后的 FHWA 模型，以提高预测精度；（3）探索采用机器学习方法（如人工神经网络）预测土钉荷载的可行性。采用模型因子统计参数来评估模型准确性，其中，模型因子定义为土钉荷载实测值与计算值之比。在岩土工程可靠度设计中考虑模型不确定性的重要性论述可参见 ISO2394：2015 附件 D[24] 和文献 [25]。岩土模型不确定性研究综述见文献 [25]。基于总数据库的重新评估表明，当前和修正后的 FHWA 土钉荷载模型预测精度离散性大。因此，有必要对 FHWA 模型进行重新校准，提高预测精度。

为了进一步利用收集到的数据，本章尝试采用机器学习方法，即人工神经网络（ANN），来预测土钉荷载。ANN 最初是受生物神经元行为启发而建立的一种数据拟合和分类方法，现已广泛用于解决输入输出拟合问题[26-27]。事实上，ANN 技术已经成功应用于解决各种岩土工程问题，例如：桩承载力[28]，浅基础沉降[29]，土体本构模型[30]，土体参数计算[31-32]，液化诱发的位移[33]，内支撑基坑横向位移[34]，荷载和抗力系数设计法中的抗力系数校准[35] 等。读者可以参考文献 [36-38] 等了解 ANN 在岩土工程中应用的最新情况。本章研发的 ANN 土钉荷载模型与当前的、修正的和重新校准的 FHWA 模型相比具有最佳预测精度。ANN 模型预测在平均上是无偏的，而且精度离散性低。最后，通过一个土钉墙内部极限状态设计实例证明了 ANN 模型的实用价值。

5.2 土钉功能函数及 FHWA 土钉轴力与抗力模型

如图 5.1 所示，土钉墙中的土钉承受来自土体自重和外部超载（如有）产生的拉伸荷载。一旦土钉所承受的最大拉伸荷载超过其极限抗拔能力或拉伸屈服强度，则认为土钉抗拔或抗拉屈服破坏。这两种极限状态的功能函数 g_{po} 和 g_t 可以分别写成：

$$g_{po} = \lambda_{po} P_n - \lambda T_p \tag{5.1}$$

$$g_t = \lambda_t T_t - \lambda T_p \tag{5.2}$$

式中，P_n、T_t 和 T_p 是土钉抗拔力、拉伸屈服强度和土钉荷载的模型计算值；λ_{po}、λ_t 和

λ 分别是 P_n、T_t 和 T_p 的模型偏差。

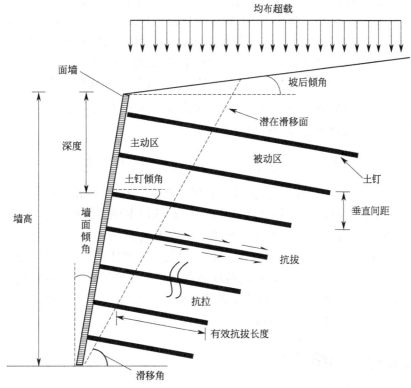

图 5.1　土钉墙内部极限状态：土钉抗拔和抗拉破坏[35]

在抗力方面，FHWA 土钉墙设计手册[1]指出，极限土钉抗拔力（P_n）和土钉拉伸屈服强度（T_t）可分别由式(5.3) 和式(5.4) 计算得到：

$$P_n = \pi D L_e q_u \tag{5.3}$$

$$T_t = \pi d^2 f_y / 4 \tag{5.4}$$

式中，D 是土钉钻孔的直径；L_e 为图 5.1 中定义的有效土钉长度；q_u 为钉-土界面的极限粘结强度；d 为土钉杆体直径；f_y 为土钉杆体的拉伸屈服强度。

而对于荷载方面，FHWA 手册[1] 提出了一个简化的模型用于估算服役条件下的最大土钉荷载。FHWA 的简化模型如式(5.5) 所示：

$$T_p = \eta K_a (\gamma H + q_s) S_h S_v \tag{5.5}$$

式中，η 是与土钉深度有关的经验分段函数，当 $0 < z/H \leqslant 0.2$ 时，$\eta = 1.25z/H + 0.5$；当 $0.2 < z/H \leqslant 0.7$ 时，$\eta = 0.75$；当 $0.7 < z/H \leqslant 1$ 时，$\eta = 2.03 - 1.83z/H$。参数 z 和 H 分别为土钉的深度和墙的高度。参数 K_a、γ、S_h 和 S_v 分别为库仑主动土压力系数、土体重度、土钉水平和垂直间距。

Lin 等[14] 使用从文献中收集的实测土钉荷载数据来评估公式(5.5) 的准确性，该数据在本章中被称为数据库 1。他们研究发现，使用当前的 FHWA 简化模型对土钉荷载进行预测整体上是保守的，同时有明显的离散性，并且用于量化公式(5.5) 模型不确定性的

模型因子 λ 与土钉荷载预测值 T_p 存在统计相关性。这种统计相关性主要是由于公式 (5.5) 过度简化，不能考虑各种参数的影响而产生的。注意到 λ 是实测土钉荷载 T_m 与预测土钉荷载 T_p 之比。随后，他们对 FHWA 简化模型提出了两处修改，以提高模型预测的准确性，并通过消除 λ 和 $S_h S_v$ 之间的相关性消除 λ 和 T_p 之间的相关性。第一个修正是将 η 从一个分段函数改为一个包含两个经验常数的二阶多项式函数，表示为 $\eta = -(z/H)^2 + C_{z,1} z/H + C_{z,2}$。第二个修正是引入一个无量纲的调整系数 M 来考虑土钉支护从属面积 $S_h S_v$ 对土钉轴力演化的影响。该调整系数表示为 $M = (S_h S_v / A_0)^{C_A}$。由此，经过校正的 FHWA 简化土钉轴力模型写为[14]：

$$T_p = \left(\frac{S_h S_v}{A_0}\right)^{C_A} \times \left[-\left(\frac{z}{H}\right)^2 + C_{z,1} \frac{z}{H} + C_{z,2}\right] \times \left[K_a(\gamma H + q_s) S_h S_v\right] \qquad (5.6)$$

式中，$A_0 = 1.5 \times 1.5 \text{ m}^2 = 2.25 \text{m}^2$ 是土钉支护从属面积基准值，它的引入是为了使调整系数 M 无量纲化；C_A、$C_{z,1}$，和 $C_{z,2}$ 是模型经验常数，可由实测土钉轴力数据优化计算得到。

基于数据库 1，Lin 等[14] 认为上述经验常数的最佳值为 $C_A = -0.61$，$C_{z,1} = 0.82$，$C_{z,2} = 0.50$。校正后，利用公式 (5.6) 计算的土钉轴力在统计平均意义上是无偏的，预测精度的离散性略高于 30%。这里，预测精度离散性是由模型因子的变异系数（COV）来表征。尽管如此，这仅仅是基于数据库 1 的校正结果。当基于 5.4 节中描述的总数据库进行校准时，预计校准结果会有所不同，这一点将在后文展示。

5.3 人工神经网络方法

如图 5.2(a) 所示，一个全连接前馈人工神经网络通常由三个部分组成，包括一个输入层、一个输出层，以及两者中间一定数量的隐藏层。隐藏层的主要功能是将输入转化为最终输出。每个隐藏层都包含一定数量的并行处理单元，它们被称为神经元。图 5.2(b) 说明了一个神经元如何接收、处理和传递信号。假设在隐藏层 r 中有 s 个神经元，表示为 $n_{r,1}$，$n_{r,2}$，$\cdots$，$n_{r,s}$，那么隐藏层 $(r+1)$ 的第 t 个神经元表示为 $n_{r+1,t}$，其计算结果为[26]：

$$n_{r+1,t} = f(g_{r+1,t}) = f\left(\sum_{p=1}^{s} n_{r,p} w_{r,p,t} + b_{r+1,t}\right) \qquad (5.7)$$

其中，$g_{r+1,t} = \sum_{p=1}^{s} n_{r,p} w_{r,p,t} + b_{r+1,t}$；$w_{r,p,t}$ 为从神经元 $n_{r,p}$ 到神经元 $n_{r+1,t}$ 的信号的权重；$b_{r+1,t}$ 为偏置；$f(x)$ 为激活函数。权重是衡量两个神经元之间的连接强度，权重越大，连接就越强。

激活函数 $f(x)$ 通常是 S 型函数（Sigmoid 或 Logistic），双曲正切函数（Tanh），或线性修正单元激活函数（ReLU）及其变体，如 leaky ReLU 和随机 leaky ReLU。随着 x 从负无穷增大到正无穷，Sigmoid 函数从 0 单调递增到 1，Tanh 函数从 -1 单调递增到 1。而对于 ReLU 函数，当 $x \leqslant 0$ 时，函数值为零，当 $x > 0$ 时，函数值等于 x。表 5.1 给出了 Sigmoid 函数、Tanh 函数和 ReLU 激活函数的数学表达式及其图像。虽然 ReLU 函数在 ANN 深度学习模型中很流行，但它有两个限制：首先，它只能在隐藏层内使用；其次，它可能导致神经元死亡。

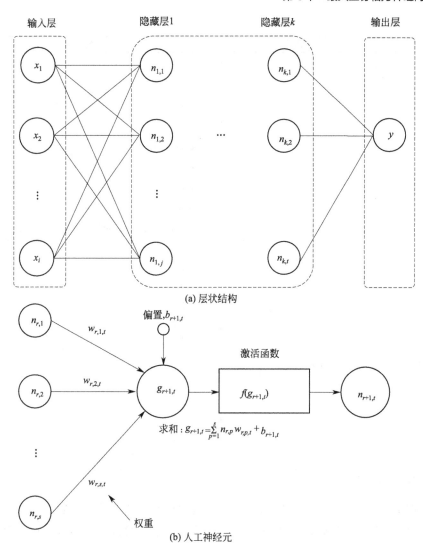

(a) 层状结构

(b) 人工神经元

图 5.2　人工神经网络架构

三种常用于 ANN 训练和拟合的激活函数汇总 表 5.1

激活函数	表达式	函数曲线
Sigmoid	$f(x)=\dfrac{1}{1+e^{-x}}$	

激活函数	表达式	函数曲线
Tanh	$f(x)=\dfrac{1-e^{-2x}}{1+e^{-2x}}$	
ReLU	$f(x)=\begin{cases}0, & x\leqslant 0 \\ x, & x>0\end{cases}$	

注：详细描述见第 2 章。

对于输出层，输出（y_o）与目标（y_t）的差值称为误差，即 $\varepsilon = y_o - y_t$。ANN 训练过程即是反复调整权重和偏置，使得 ε^2 的均值最小，ε^2 称为均方误差，或者 MSE。

建立一个 ANN 模型时，通常将输入数据按一定比例随机分成三个数据子集，即训练集、验证集和测试集。对目标数据进行同样的操作。输入和目标数据训练集用于训练网络，确定神经元之间的权重（$w_{r,s,t}$）。在训练过程中，验证集用于防止出现过拟合问题。这意味着，使用训练集和验证集使平均 MSE 最小的值为最佳权重值 $w_{r,s,t}$。

最后，利用测试集检验训练后的 ANN 模型在样本外的预测效率。如果效率不高，则需要重新设计网络，例如调整神经元和隐藏层数量，重新分配训练、验证和测试数据集的相对比例，或者使用不同的训练算法。关于 ANN 方法更全面的介绍，可参考文献 [26-27，39] 等。

5.4 实测土钉轴力总数据库

本节介绍土钉轴力总数据库，其包含 $n=312$ 个实测土钉最大轴力数据，由 3 个子数据库（即数据库 1、数据库 2 和数据库 3）汇总而成。合并后的数据库见附录 1。

数据库 1 由 Lin 等 [14] 建立，包含 $n=123$ 个美国地区土钉墙中服役状态下的土钉最大轴力数据。他们对收集到的数据进行了仔细的检查，并排除了有问题的数据。剔除异常数据后，剩余数据（$n=99$）被用于评估当前的 FHWA 土钉轴力模型的准确性［见公式(5.5)］和建立修正 FHWA 土钉轴力模型［见公式(5.6)］。

　　数据库 2 由 Yuan 等[17] 建立，包括 $n=147$ 个中国地区土钉墙服役状态下的土钉轴力数据。根据源文献描述，三个数据点由于施工问题可能存在异常情况，因此，这三个数据被提出，而剩余的 $n=144$ 数据点则用于评估目前我国用于计算土钉轴力的两种方法的模型精度。基于剔除异常值后的数据库 2，他们对上述两个模型进行了校准，提高了预测准确性。数据库 1 和数据库 2 的详细描述可分别参见文献［14］和文献［17］。为了简洁起见，这里不再赘述。

　　数据库 3 由本章建立，包括 $n=69$ 个从世界各地在役土钉墙收集的最大土钉轴力数据。

　　将这三个数据库合并，形成一个总的数据库（即数据库 1＋数据库 2＋数据库 3，$n=99+144+69=312$）。本章称其为总数据库。以下对数据库 3 进行简要概述，而对总数据库进行详细描述。

　　表 5.2 总结了数据库 3 中的基本信息，包括土体类型、墙体几何形状、土体强度参数、土钉设计配置和外部超载条件。墙体的几何形状主要是指墙高 H，墙面倾角 α 和墙后坡角 θ。考虑了四种土钉设计参数，包括土钉长度 L、钻孔直径 D、土钉支护从属面积（$S_h S_v$）以及土钉倾角 i。每个土钉的深度数据 z 也包含在数据库中，虽然表 5.2 中没有给出土钉深度值。此外，表中还提供了源文献信息。

　　总数据库是数据库 1、数据库 2 和数据库 3 的合并，总共包含了从世界各地建造和监测的 66 个土钉墙收集的 312 个最大在役土钉轴力数据。应当指出，每根土钉沿长度方向均有一定数量的轴力测量值，但本章仅收集轴力的最大值。

　　数据库中土钉墙建于各种各样的土体中，例如，砂土、粉质砂土、粉土、粉质黏土和黏土。虽然有两个土钉墙建在软黏土中，有几个土钉墙建在卵石或风化的砂岩中，但这些并非常见工况。表 5.3 总结了总数据库中土钉墙设计参数的最小值、平均值、中位数、最大值和典型值。其中，土钉的长度和深度都是以墙体高度进行标准化的，即分别是 L/H 和 z/H。对于墙体几何形状，大多数墙体的高度在 6～15m 之间；最低的是 4m，最高的则超过 20m。通常情况下，土钉墙面层倾角小，呈近乎垂直状态，而后坡多为水平状态。数据库有五个土钉墙的墙后坡角大于 20°。在土体强度参数方面，土内摩擦角变化较大，介于 0°～40°之间；平均数和中位数均约为 30°。土的黏聚力通常小于 20kPa，在少数情况下高达 40kPa。对于土钉设计，标准化后的土钉长度（L/H）范围为 0.13～2.0，典型范围是 0.7～1.2。分析发现，有 17 个土钉墙的 L/H 值小于 0.5，这是 FHWA 土钉墙设计手册[1] 中规定的最小土钉长度。进一步研究发现，所有这些土钉都安装在墙的底部附近。其中 15 个中国建造的土钉墙位于卵石上；剩下的 2 个土钉墙位于美国，被作为临时土钉支护结构，安装在中密至密实的砾石和密实至非常密实的全风化至中风化云母片岩中。土钉钻孔直径（D）、土钉支护从属面积 $S_h S_v$ 以及土钉倾角 i 的典型范围分别为 100～150mm、1.5～2.5m^2 以及 10°～15°。大多数墙体处于自重荷载条件下，即 $q_s=0$kPa；有 7 个土钉墙承受了大于 60kPa 的超载，这大致相当于厚度大于 3m 的上覆土层荷载。

表 5.2

数据库 3 信息汇总

土钉墙	土体类型	墙体几何参数			土体强度参数				土钉				源文献
		H (m)	α (°)	θ (°)	ϕ (°)	c (kPa)	γ (kN/m³)	q_s (kPa)	L (m)	D (mm)	$S_h S_v$ (m²)	i (°)	
W1	粉质黏土	8.5	11	0	18.9	30	20	0	5~12	110	2.25	10	[40]
W2	粉土、黏土	13.5	11.3	0	18~31	31~34.3	20	20	10~12	110	2.10	10	[41]
W3	填土、粉质黏土、软土	9.5	6.6	0	10~20	14~30	18	0	8~12	110	1.69	10	[42]
W4	粉土	8.5	11.3	0	19.6	19.4	18.4	0	7~10	150	1.69	10	[43]
W5	粉质黏土、风化粉砂岩	10.5	8	0	17~29	21~24	20	0	7~11	150	2.25	20	[44]
W6	粉土	10	0	0	28	12	19.1	0	5~7	150	2.25	10	[45]
W7	含砾石的粉质黏土	14.35	10	0	35	5.51	19	0	10	150	1.96	13	[46]
W8	粉土	9	0	0	28	3	19	0	7	150	3.24	10	[47]
W9	黄土质粉黏土、粉质黏土、细砂	10	0	0	14.5~37.4	0~38	17.1~18.5	0	6~9	100	1.82	10	[48]
W10	冰碛物	11.8	10	0	32	0	20	22.5	8~10	100	1.5~2.55	10	[49]
W11	粉砂	6.4	0	0	35	5	19	0	5	150	1	5~15	[50]
W12	砂	10	0	0	38	0	19	0	12	105	1.5	10	[51]
W13	软至非常软黏土	4.3~5.2	0	0	0	13.4	18.9	0~75	6.1	152	0.56	5	[21]
W14	砂土	6	12	0	33	0	16	9.7~46.5	3	150	1.25~1.83	0	[52]

注: H 为墙高, α 为墙面倾角, θ 为背坡角, c 为土黏聚力, ϕ 为土内摩擦角, γ 为土重度, q_s 为外荷载, L 为钉长, D 为钻孔直径, S_h 为水平钉间距, S_v 为垂直钉间距, i 为土钉倾角。

数据库中的另一条信息是墙体类型，即传统土钉墙或复合土钉墙。这里，传统土钉墙是指仅使用土钉加固的边坡，而复合土钉墙是指使用土钉和其他加固构件（如土工合成材料或锚杆锚索等）共同加固的坡体。尽管如此，研究表明[17]，土钉墙的工作条件（即传统或复合墙体类型，无黏性土或黏性土，有超载或无超载）对土钉轴力模型的预测精度均没有显著影响。因此，在接下来的分析中，本章首先将所有土钉轴力数据作为一个数据集使用，而在本研究最后，将使用基于土钉墙工作条件划分的数据子集进行简要补充分析。

值得强调的是，在所建立的数据库中每个土钉墙的重要性不同，其设计对应的安全系数可能也不同。设计的目标安全裕度（如量化为安全系数）将会对土钉轴力的发展产生影响，但源文献中并未提供这个信息，因此，无法研究设计安全裕度对实测土钉轴力的影响。

总数据库中土钉墙设计参数的最小值、平均值、中位数、最大值和典型值总结　表 5.3

类别	参数	最小值	平均值	中位数	最大值	典型值
墙体几何形状	H(m)	4	9.9	9	22.4	6～15
	α(°)	0	6.4	6	22	0
	θ(°)	0	2.7	0	33	0
土体强度指标	ϕ(°)	0	27.0	30.7	40	28～38
	c(kPa)	0	11.4	9	40	0～20
	γ(kN/m^3)	16	19.3	19.6	21	18～20
土钉设计参数	L/H	0.13	0.93	0.89	2.00	0.7～1.2
	D(mm)	63	131.6	130	305	100～150
	z/H	0.1	0.5	0.5	1.0	N/A
	$S_h S_v$(m^2)	0.56	1.98	1.96	3.42	1.5～2.5
	i(°)	0	12.2	12	25	10～15
外部超载	q_s(kPa)	0	11.1	0	127	0

5.5　FHWA 土钉轴力模型评价与校正

5.5.1　模型评价

利用第 5.4 节所述的实测土钉轴力总数据库来重新评估当前和校准的 FHWA 模型的准确性。图 5.3(a) 显示了实测土钉轴力 T_m 与当前 FHWA 模型［公式(5.5)］预测的土钉轴力 T_p 的对比。这些数据点散布范围很广，T_m/T_p 从低于 0.1 到大约 2；绝大多数数据点位于 1 : 1 参考线以下。这些观察结果表明，即使当前 FHWA 手册中的轴力模型平均上讲是保守的，但其预测精度离散度大。图 5.3(b) 展示了模型因子（$\lambda = T_m/T_p$）随 T_p 的变化情况。如图所示，当 T_p 增大时，λ 有减小的趋势。对图中的数据进行 Spearman 相关性检验，结果证实 λ 和 T_p 在 0.05 的显著性水平上具有统计相关性，即 p 值＝0.00＜0.05。这种类型的相关性已被广泛报道，存在于各种岩土工程分析模型中，如文献［12，53-56］将此类相关性定义为模型偏差依赖性，并详细分析了其对可靠度分析与设计的影响。

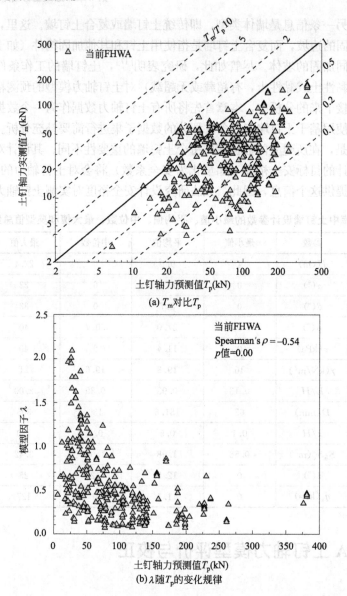

图 5.3 基于土钉轴力总数据库对当前 FHWA 模型精度的评价

如表 5.4 所示，当前 FHWA 手册模型的 λ 其平均值和变异系数分别为 0.54 和 0.784。模型因子平均值为 0.54 意味着该模型高估最大土钉轴力 2 倍左右。根据 Phoon 和 Tang[25] 提出的模型精度等级划分框架，当前 FHWA 手册模型总体上是中度保守的，但具有高度离散性。正如 Lin 等[14] 和 Yuan 等[17] 所指出，土钉轴力模型保守的原因和不确定性来源可以归结为多种因素共同作用的结果，包括自然状态下土体自身的变异性（如土体空间变异性）、应变仪读数的时间差异、将应变仪读数转换为土钉轴力的固有误差、时间效应、监测方案的合理性与人员素质、模型内在不确定性和设计时选取的安全裕度等。除上述因素之外，使用库仑主动土压力系数也会在一定程度上导致当前手册模型的保守性，因为它对应的是处于极限状态的土钉墙，而土钉轴力是在服役条件下（非极限状态）测得的。

基于土钉轴力总数据库的重新校准 FHWA 模型和 ANN 模型

准确性评估结果总结（$n＝312$）　　　　　　表 5.4

模型	公式	模型因子 λ				相关性
		均值	变异系数	分布	离散性[2]	
当前 FHWA	式(5.5)	0.54	0.784	对数正态	高	T_p 和设计参数
校准 FHWA	式(5.6)	1.00	0.748	对数正态	高	T_p 和设计参数[3]
重新校准 FHWA	式(5.9)	1.00	0.543	对数正态	中等	无
ANN 模型	式(5.12)	1.00	0.314	对数正态[1]	低到中	无

①K-S检验结果显示 ANN 模型的 λ 不符合对数正态分布假设，但从实际应用角度考虑，仍然假设其为对数正态分布；
②根据 Phoon 和 Tang[25] 提出的四级划分方案；
③详见表 5.5。

如前所述，对于经过校准的 FHWA 模型，公式(5.6)中的常数已由 Lin 等[14] 确定。尽管如此，这些常数的值仅是基于数据库1确定的，而该数据库现在是总数据库的一部分。为了进行合理的评估，这里使用总数据库对公式(5.6)中的常数重新校准。重新校准的原则是保证以下两点：（1）λ 的均值等于1，（2）λ 的变异系数最小。表5.5汇总了重新校准后的结果，即：$C_A＝-0.4770$，$C_{z,1}＝0.8334$，$C_{z,2}＝0.2287$。

图 5.4(a) 显示了 T_m 与 T_p（用重新校准的常数通过公式(5.6)计算）的关系图。与图 5.3(a) 相比，图 5.4(a) 中的数据向 1:1 参考线移动。然而，数据的分布仍然非常分散。对于校准的 FHWA 模型，λ 的平均值和变异系数分别为 1.00 和 0.748。虽然该模型基本是准确的，但其离散度实际上和当前 FHWA 手册模型一样大，即 0.748：0.784（见表5.4）。此外，如图5.4(b)所示，λ 仍然与 T_p 呈统计相关性。这意味着通过土钉支护从属面积和土钉深度对公式(5.5)进行修正，即公式(5.6)，仍不能足以有效地考虑影响土钉轴力的主要因素。

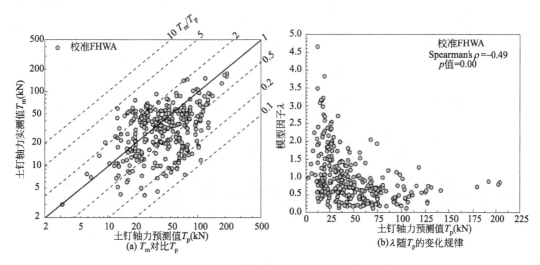

图 5.4　基于土钉轴力总数据库对校准 FHWA 模型精度的评价

计算得到的校准和重新校准 FHWA 简化土钉轴力模型中经验常数最佳值　　表 5.5

模型	公式	常数
校准 FHWA 模型	式(5.6)	$C_A=-0.4770, C_{z,1}=0.8334, C_{z,2}=0.2287.$
重新校准 FHWA 模型	式(5.9)	$C_0=0.0080, C_H=-0.1504, C_\alpha=-0.2052,$
		$C_\phi=0.5118, C_c=-0.0466, C_i=0.2982,$
		$C_\theta=2.2720, C_\gamma=13.9229, C_A=-0.7391,$
		$C_{z,1}=0.8541, C_{z,2}=0.3668.$

上述分析表明，当前手册中和校准的 FHWA 模型在预测服役条件下的最大土钉轴力方面的效果仍不能令人满意，主要原因是模型离散性高且具有偏差依赖性问题。这要求进一步修改校准的 FHWA 模型［公式(5.6)］以提高精度，这将在下一节介绍。

5.5.2　模型校正

如表 5.2 和表 5.3 所示，建立的总数据库共包含了 12 个土钉墙设计变量的信息，包括墙体几何形状（H，α，θ）、土体强度参数（ϕ，c，γ），土钉设计配置（L，D，z，i，$S_h S_v$）以及外部荷载条件（q_s）。图 5.5 为公式(5.6)的模型因子 λ 随这 12 个变量的变化关系图。直观上这些图清楚地显示了 λ 与这些变量之间存在某种趋势。对图中的数据进行了 Spearman 秩相关检验，结果汇总于表 5.6。一方面，所有的 p 值都小于 0.05，表明所有

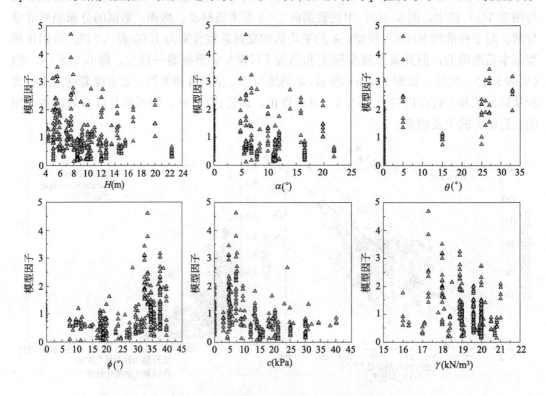

图 5.5　校准 FHWA 模型因子随 12 个设计变量变化关系图（一）

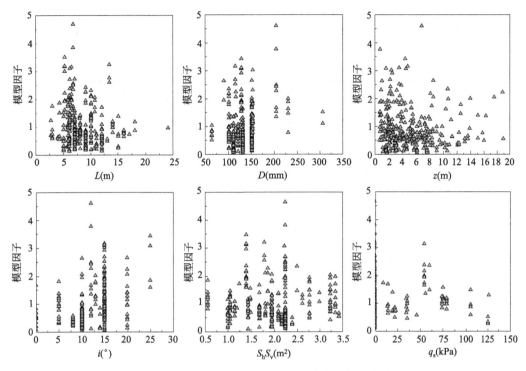

图 5.5　校准 FHWA 模型因子随 12 个设计变量变化关系图（二）

这些变量都是在校正土钉轴力模型时需要考虑的候选变量。换言之，理论上可以在公式（5.6）中引入一个修正系数 $M = f(H, \alpha, \theta, \phi, c, \gamma, L, D, z, i, S_h S_v, q_s)$，以提高模型预测的准确性。另一方面，图 5.5 也表明，图中某些变量的数据散布广泛，是否考虑这些变量对于提高模型预测精度效果一般。

采用指数函数（$y = a\mathrm{e}^{bx}$）、线性函数（$y = ax + b$）、对数函数（$y = a\ln x + b$）和幂函数（$y = ax^b$）四个简单函数拟合图 5.5 中的数据。表 5.6 给出了每个拟合的决定系数 R^2。λ 和 L，D，z，$S_h S_v$，q_s 之间的决定系数 R^2 非常小，即小于 0.05，这意味着这四个简单拟合函数不能很好地捕捉数据趋势，因此从 M 剔除这五个变量是合理的，即 $M = f(H, \alpha, \theta, \phi, c, \gamma, i)$。剔除这些变量的另一个理由是，如果把所有 12 个变量都考虑进去，那么 M 的表达式可能会因过于复杂而不实用。

对于其余 7 个变量，选择决定系数 R^2 最大的拟合方程来构建 M。为简单起见，忽略了变量的协同效应，M 可以表示为：

$$M = C_0 \left(\frac{H}{H_0}\right)^{C_H} \times \exp\left(\frac{C_\alpha \alpha}{\alpha_0} + \frac{C_\phi \phi}{\phi_0} + \frac{C_c c}{c_0} + \frac{C_i i}{i_0}\right) \times \left(\frac{\theta}{\theta_0} + C_\theta\right) \times \left(\frac{\gamma}{\gamma_0} + C_\gamma\right) \quad (5.8)$$

Spearman 秩相关检验结果及决定系数　　表 5.6

参数	λ 的 Spearman 检验		决定系数 R^2			
	ρ	p 值	指数函数 $y = a\mathrm{e}^{bx}$	线性函数 $y = ax + b$	对数函数 $y = a\ln x + b$	幂函数 $y = ax^b$
T_p	-0.49	0.00	0.15	0.16	0.22	0.21

参数	λ 的 Spearman 检验		决定系数 R^2			
	ρ	p 值	指数函数 $y=a\mathrm{e}^{bx}$	线性函数 $y=ax+b$	对数函数 $y=a\ln x+b$	幂函数 $y=ax^b$
H	-0.28	0.00	0.05	0.05	0.07	0.07
α	-0.30	0.00	0.08	0.05	—	—
θ	0.48	0.00	0.21	0.33		
ϕ	0.42	0.00	0.14	0.14		
c	-0.40	0.00	0.15	0.12		
γ	-0.37	0.00	0.10	0.12	0.12	0.09
L	-0.17	0.00	0.01	0.02	0.03	0.01
D	0.19	0.00	0.04	0.04	0.03	0.04
z	-0.13	0.02	0.00	0.01	0.02	0.01
i	0.46	0.00	0.14	0.14	—	—
$S_{\mathrm{h}}S_{\mathrm{v}}$	-0.12	0.03	0.00	0.00	0.00	0.01
q_{s}	0.20	0.00	0.02	0.00	—	—

因此，最大土钉轴力可以计算为：

$$T_{\mathrm{p}}=C_0\left(\frac{H}{H_0}\right)^{C_H}\times\exp\left(\frac{C_\alpha\alpha}{\alpha_0}+\frac{C_\phi\phi}{\phi_0}+\frac{C_c c}{c_0}+\frac{C_i i}{i_0}\right)\times\left(\frac{\theta}{\theta_0}+C_\theta\right)\times\left(\frac{\gamma}{\gamma_0}+C_\gamma\right)$$

$$\times\left(\frac{S_{\mathrm{h}}S_{\mathrm{v}}}{A_0}\right)^{C_A}\times\left[-\left(\frac{z}{H}\right)^2+C_{z,1}\frac{z}{H}+C_{z,2}\right]\times\left[K_{\mathrm{a}}(\gamma H+q_{\mathrm{s}})S_{\mathrm{h}}S_{\mathrm{v}}\right] \qquad (5.9)$$

式中，共有 11 个未知经验常数需要确定，即 C_0、C_H、C_α、C_ϕ、C_c、C_i、C_θ、C_γ、C_A、$C_{z,1}$ 和 $C_{z,2}$。参数 H_0、α_0、ϕ_0、c_0、i_0、θ_0、γ_0 和 A_0 为常数，用于使 M 无量纲化。公式(5.9) 在本章中称为 FHWA 简化土钉轴力重新校准模型。

假定 $H_0=10\mathrm{m}$，$\alpha_0=10°$，$\phi_0=30°$，$c_0=10\mathrm{kPa}$，$i_0=10°$，$\theta_0=10°$，$\gamma_0=20\mathrm{kN/m^3}$，$A_0=2.25\mathrm{m^2}$，公式(5.9) 中 11 个经验常数的最佳值可确定为 $C_0=0.0080$，$C_H=-0.1504$，$C_\alpha=-0.2052$，$C_\phi=0.5118$，$C_c=-0.0466$，$C_i=0.2982$，$C_\theta=2.2720$，$C_\gamma=13.9229$，$C_A=-0.7391$，$C_{z,1}=0.8541$，$C_{z,2}=0.3668$，结果列于表 5.5。有了这些值，基于总土钉轴力数据库，公式(5.9) 的模型因子均值和变异系数分别为 1.00 和 0.543。图 5.6(a) 和图 5.6(b) 分别展示了使用公式(5.9) 得到的 T_{m} 与 T_{p}、λ 与 T_{p} 的关系图。重新校准的 FHWA 模型与当前的和校准的模型相比更有优势，因为其平均上预测准确，离散性更小（见表 5.4）。此外，Spearman 秩相关检验的结果证实了公式(5.9) 中的 λ 独立于 T_{p} 以及它的每个输入参数。

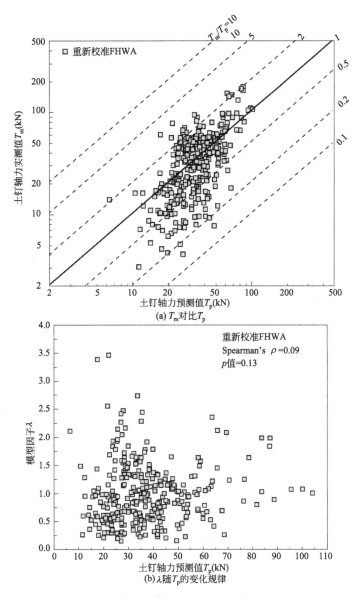

图 5.6　基于土钉轴力总数据库对重新校准 FHWA 模型精度的评价

5.6　土钉轴力神经网络模型

本节介绍最大土钉轴力 ANN 模型的建立过程，并评估了该 ANN 模型的准确性。

5.6.1　模型建立

对于 ANN 模型来说，只要有足够的训练和验证数据，就可以增加隐藏层的数量来处理复杂的映射问题。本章建立的土钉轴力 ANN 模型仅具有单个隐藏层，原因有二：首先，它对于 T_p 的预测达到了令人满意的精度；其次，它在很大程度上避免了过度拟合的问题。隐藏层的神经元数量定为 10 个。所建立的土钉轴力人工神经网络模型如图 5.7 所示。

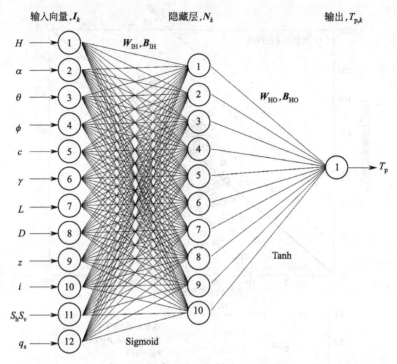

图 5.7　所建立的土钉轴力 ANN 模型

令 I 的第 k 行为I_k，其中 $I = [H, \alpha, \theta, \phi, c, \gamma, L, D, z, i, S_h S_v, q_s]$ 是大小为 312×12 的输入矩阵。请注意，在输入矩阵 I 中，利用下面的转换方程使所有的参数都被归一化到 0 和 1 之间：

$$x_s = \frac{x - x_{\min}}{x_{\max} - x_{\min}} \tag{5.10}$$

式中，$x_{\min}$ 和 $x_{\max}$ 分别为输入变量 x 的最小值和最大值。输入变量的归一化是为了使变量无量纲化并确保它们在训练过程中具有同等重要性[29]。

将I_k 作为输入，基于 Sigmoid 激活函数隐藏层中的 10 个神经元可由下式计算：

$$N_k = \frac{1}{1 + \exp\left[-(I_k W_{IH} + B_{IH})\right]} \tag{5.11}$$

其中，W_{IH} 和 B_{IH} 分别是输入层和隐藏层之间的 12×10 个权重和 1×10 个偏置的矩阵。基于 Tanh 激活函数，此时土钉轴力可计算为：

$$T_{p,k} = T_{m,\min} + \left\{ \frac{1 - \exp\left[-2(N_k W_{HO} + B_{HO})\right]}{1 + \exp\left[-2(N_k W_{HO} + B_{HO})\right]} \right\} (T_{m,\max} - T_{m,\min}) \tag{5.12}$$

其中，$T_{m,\min}$ 和 $T_{m,\max}$ 分别是实测土钉轴力 T_m 的最小值和最大值，可以直接从数据库中取得。W_{HO} 和 B_{HO} 分别是隐藏层和输出层之间包含的 10×1 个权重和 1×1 个偏置的矩阵。公式(5.12)是本章提出的用于预测土钉轴力的 ANN 模型。计算得到 $T_{p,k}$ 后，将其与相应的实测土钉轴力 $T_{m,k}$ 相比较，从而计算平方误差为 $\varepsilon_k^2 = (T_{p,k} - T_{m,k})^2$。遍历 I 的所有行并计算所有平方误差，我们可以很容易地得到均方误差（MSE）$\varepsilon^2 = \sum_{k=1}^{312} \varepsilon_k^2 / 312$。将

MSE 作为训练后 ANN 的性能指标，使得 MSE 值最小的$\boldsymbol{W}_{IH}$、$\boldsymbol{W}_{HO}$、$\boldsymbol{B}_{IH}$ 和$\boldsymbol{B}_{HO}$，即为最佳权重和偏置矩阵。

5.6.2 模型评价

土钉轴力 ANN 模型通过 MATLAB 平台使用贝叶斯正则化训练算法进行构建、训练和测试。由于 MATLAB 中内置的贝叶斯正则化反向传播算法同时训练和验证权重，在这种情况下不需要额外验证数据集。因此，本章将数据分为两组，即训练组和测试组。将输入矩阵 $\boldsymbol{I}$ 随机分解为两个矩阵，即一个训练集矩阵 $\boldsymbol{I}_{train}$（265×12），包含输入矩阵 $\boldsymbol{I}$ 中 70% 的数据；一个测试集矩阵 $\boldsymbol{I}_{test}$（47×12），包含输入矩阵 $\boldsymbol{I}$ 其余的数据。对目标矩阵 $\boldsymbol{T}=[T_m]$ 进行同样的操作，即 $\boldsymbol{T}_{train}$（265×1）包含目标矩阵 $\boldsymbol{T}$ 中 70% 的数据，$\boldsymbol{T}_{test}$（47×12）包含目标矩阵 $\boldsymbol{T}$ 其余部分。注意，应保证 $\boldsymbol{T}_{train}$ 和 $\boldsymbol{I}_{train}$ 中的元素一一对应。

图 5.8 显示了每一个完成训练周期的 MSE 计算结果。这里，一个完整的训练周期指训练和测试数据集都被使用过一次，同时更新了权重和偏置值[35]。在第 225 个训练周期达到模型最佳表现，MSE 值为 52.4646，训练停止。在这个训练周期中，权重和偏置值为

$\boldsymbol{W}_{IH}=$

$$
\begin{bmatrix}
0.871 & -0.394 & -0.023 & 0.344 & 0.479 & -0.724 & 0.671 & -0.698 & -0.267 & -0.330 \\
0.847 & 0.065 & 0.860 & -0.043 & 0.220 & -0.259 & 0.753 & 0.403 & -0.238 & -0.071 \\
-0.484 & 0.333 & 0.514 & -0.493 & -0.811 & -0.109 & -0.372 & -0.116 & 0.816 & 0.059 \\
-0.317 & 0.648 & -0.047 & 0.344 & 1.303 & -0.059 & 1.200 & 0.342 & 0.251 & 0.645 \\
-0.467 & -0.564 & -0.688 & -0.442 & -0.058 & -0.019 & 0.092 & -0.047 & -0.406 & -0.688 \\
0.565 & -0.710 & 0.373 & -0.594 & 0.073 & 0.431 & -1.186 & 0.393 & 0.174 & 0.083 \\
0.275 & -0.267 & -0.608 & 0.775 & -0.889 & -0.571 & -0.098 & -0.360 & 0.498 & -1.226 \\
-0.638 & -0.534 & -0.236 & 0.262 & 0.418 & -0.360 & 0.250 & -0.287 & 0.449 & 0.367 \\
0.902 & -0.263 & 0.080 & 1.160 & 0.886 & 2.142 & -0.220 & 2.195 & -1.140 & -0.115 \\
-0.714 & -1.464 & 0.240 & 0.612 & 0.544 & -0.396 & 0.103 & -0.996 & 0.191 & -0.095 \\
0.184 & -0.709 & -0.717 & 0.016 & -0.578 & -0.210 & -0.634 & 0.039 & 0.594 & -1.489 \\
0.125 & -0.247 & 0.178 & 1.017 & 0.258 & 0.166 & 0.338 & -0.152 & 0.360 & 0.157
\end{bmatrix}
$$

$\boldsymbol{B}_{IH}=\begin{bmatrix} 0.265 & 0.115 & 0.161 & 0.138 & 0.497 & 0.631 & 0.302 & -0.054 & -0.434 & 0.100 \end{bmatrix}$

$\boldsymbol{W}_{HO}=\begin{bmatrix} 1.500 & -1.455 & -1.483 & -1.091 & -1.513 & 1.973 & 1.868 & -1.276 & 1.505 & 1.341 \end{bmatrix}^{T}$

$\boldsymbol{B}_{HO}=\begin{bmatrix} -0.531 \end{bmatrix}.$

训练集和测试集的目标（T_m）与 ANN 输出值（T_p）的对比如图 5.9 所示。图 5.9 (a) 和图 5.9(b) 中的数据紧密地散布在 $Y=X$ 参考线上，表明 T_m 和 T_p 有良好的一致性。计算两图中数据对的 Pearson 相关系数，结果分别为 $\rho=0.966$ 和 $\rho=0.865$，定量地证实了上述一致性观察。

图 5.10(a) 对比了 T_m 与训练后 ANN 模型得到的 T_p。与图 5.3(a)、图 5.4(a) 和图 5.6(a) 所示的使用当前、校准和重新校准的 FHWA 手册模型的散点图相比，图 5.10 (a) 中使用 ANN 模型的数据落在 0.5 和 2 的线内，只有少数例外。如表 5.4 所示，ANN 模型的 λ 均值和变异系数分别为 1.00 和 0.314。这意味着 ANN 模型从统计平均上讲是准

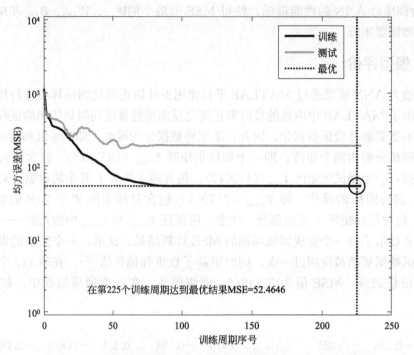

图 5.8　ANN 训练过程中均方误差随训练周期增加而递减关系图

确无偏的，且预测精度的离散性低。ANN 土钉轴力模型的预测精度离散性仅约为重新校准 FHWA 模型的一半，约为当前和校准的 FHWA 模型的 1/3。这样一个低离散性的轴力计算模型具有较好的工程实用价值，因为它将使土钉设计更加具有成本效益，这一点将在后文证明。图 5.10(b) 展示了 λ 随 T_p 的变化关系。Spearman 秩相关检验的结果表明，λ 和 T_p 在显著性水平为 0.05 的情况下，两者不存在统计相关性。进一步对 λ 与 ANN 模型中每个输入参数开展相关性检验，结果表明未存在统计相关性。

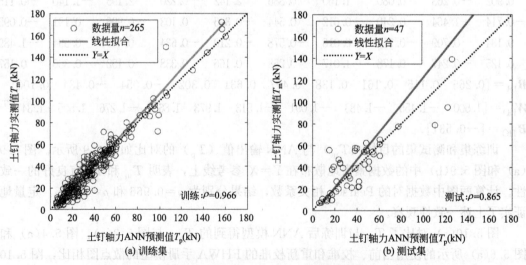

图 5.9　土钉轴力实测值 T_m 与 ANN 模型预测值 T_p 对比

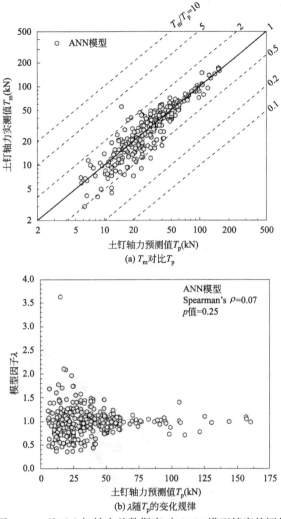

(a) T_m 对比 T_p

(b) λ 随 T_p 的变化规律

图 5.10 基于土钉轴力总数据库对 ANN 模型精度的评价

5.7 模型因子概率分布函数

在岩土工程可靠度设计中，除了模型因子平均值和变异系数之外，模型因子的概率分布亦是一个必要的输入参数。图 5.11(a) 显示了模型因子的直方图以及 4 个土钉轴力模型的对数正态拟合曲线，图 5.11(b) 是模型因子的累积分布图。将 Kolmogorov-Smirnov (K-S) 正态性检验应用于模型因子数据集的对数［即 ln(λ)］，以检验采用对数正态拟合的合理性。结果表明，当前的、校准的和重新校准的 FHWA 简化土钉轴力模型的 p 值均超过 0.05，这意味着三个模型的 ln(λ) 数据在 0.05 的显著性水平下可以认为是服从正态分布的。也就是说，这三个模型的模型因子可以被当作对数正态随机变量。对于 ANN 模型的情况，K-S 检验的 p 值为 0.02，小于 0.05。因此，ANN 的模型因子数据并不服从对数正态分布。此外，本章还进行了其他的 K-S 检验（包括 K-S 修正检验），结果显示 ANN 模型的模型因子并非正态、Weibull 或 Gamma 随机变量。尽管如此，出于实用性本章假设 ANN 模型的模型因子为对数正态分布随机变量。

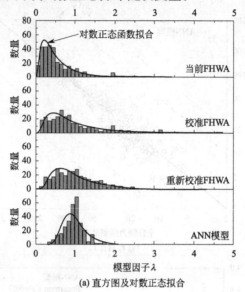

(a) 直方图及对数正态拟合

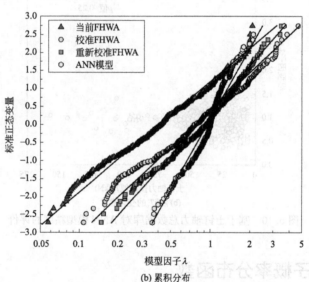

(b) 累积分布

图 5.11　四个土钉轴力模型因子分布情况

5.8　设计实例

本节介绍了基于可靠度理论的土钉内部极限状态（即土钉抗拔和土钉抗拉）设计实例。该设计实例介绍有两个目的：首先，我们想从工程实际角度进一步比较四种土钉轴力模型的表现；其次，证明使用 ANN 模型来设计土钉支护结构的优势。

设计案例来自 FHWA 土钉墙设计手册[13]。墙高 10m，背坡水平，墙面竖直。总共有 7 排土钉，距离墙顶的安装深度 z 分别为 0.5、2.0、3.5、5.0、6.5、8.0、9.5m。边坡土体是中密粉质砂土，其内摩擦角 $\phi = 33°$，重度 $\gamma = 18\mathrm{kN/m^3}$，黏聚力 $c = 0\mathrm{kPa}$。在本分析中，ϕ 和 γ 都被假设为对数正态随机变量。上述数值取为随机变量的平均值。相应的变异系数取典型值，为 $COV_\phi = 0.10$ 和 $COV_\gamma = 0.05$ [3，35，57]。土钉的名义极限粘结强度 q_u 为 100kPa。据 Lazarte[58]，q_u 的模型因子可视为随机变量，其平均值为 1.05，变异系数为 0.24。其他的设计参数包括：土钉间距 $S_h = S_v = 1.5m$，土钉倾角 $i = 15°$，钻孔直径 $D = 150mm$，以及土钉杆体的名义拉伸屈服强度 $f_y = 520MPa$。墙后坡顶作用有一个附加均布荷载（q_s），q_s 为对数正态随机变量，其平均值和变异系数分别等于 14.4kPa 和 0.205kPa，这与现有文献取值一致[3,35,58-59]。土钉的长度（L）和钉杆直径（d）分别是土钉抗拔和土钉抗拉极限状态的主要设计参数。抗拔和抗拉两种极限状态的功能函数前文已给出，见式（5.1）和式（5.2）。表 5.7 汇总了可靠度分析所需的所有参数。

土钉抗拔和抗拉极限状态设计实例功能函数参数取值汇总　　　表5.7

类别	参数	数值
土钉墙几何参数	墙高 $H(m)$	10
	墙面倾角 $\alpha(°)$	0（垂直）
	背坡角 $\theta(°)$	0（水平）
土体强度属性	内摩擦角 $\phi(°)$	均值=33，变异系数=0.10，LN
	重度 $\gamma(kN/m^3)$	均值=18，变异系数=0.05，LN
土钉配置	钉长 $L(m)$	主要设计参数
	钻孔直径 $D(mm)$	150
	钉杆直径 $d(mm)$	主要设计参数
	钉-土粘结强度 $q_u(kPa)$	100
	钉杆抗拉屈服强度 $f_y(MPa)$	520
	土钉深度 $z(m)$	0.5，2.0，3.5，5.0，6.5，8.0，9.5
	土钉支护从属面积 $S_hS_v(m^2)$	$1.5 \times 1.5 = 2.25$
	土钉倾角 $i(°)$	15
外部荷载	超载 $q_s(kPa)$	均值=14.4，变异系数=0.205，LN
模型不确定性	P_n 模型因子 λ_{po}	均值=1.05，变异系数=0.24，LN
	T_t 模型因子 λ_t	均值=1.10，变异系数=0.10，LN
	T_p 模型因子 λ	见表 5.4

注：LN 为对数正态分布。

FHWA 手册[13] 给出了两种土钉长度设计方案：等长土钉长度和非等长土钉长度。等长土钉长度模式在本章中称为设计方案 1，而非等长土钉长度模式称为设计方案 2。对于设计方案 1，所有土钉的长度均为 7m，即 L/H 等于 0.7。对于设计方案 2，顶部三排土钉（z 分别为 0.5m，2.0m，3.5m）长度为 10m，中间两排（z 分别为 5.0m，6.5m）长度为 7m，底部两排（z 分别为 8.0m，9.5m）长度为 5m。图 5.12 显示了考虑模型因子后沿深度方向分布的土钉轴力（λT_p）平均值和 95% 的预测区间。当前的、校准的和重新校准的 FHWA 简化土钉轴力模型，对两种土钉设计模式的预测是相同的；而 ANN 模型、设计方案 1 和设计方案 2 预测的土钉轴力则是不同的，因为 L 是该模型的一个输入参数。显然，虽然 4 个模型预测的轴力平均值具有一定的可比性，如大约 50kN，但 95% 的预测区间却大不相同，这主要是四个模型的模型因子变异系数不同所致。

由图 5.12 可知，随着土钉长度的增加，ANN 模型预测的土钉轴力趋于增大，这一点

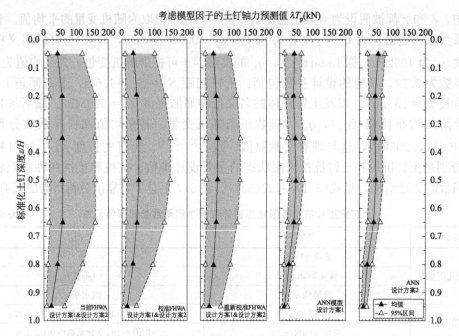

图 5.12　基于四个土钉轴力模型及其模型因子计算的不同深度处土钉轴力均值和 95% 区间

在图 5.13 中得到证实。图 5.13 给出了在该设计实例中土钉深度 z 为 0.5m 和 9.5m 处 ANN 模型预测的土钉轴力与土钉长度的关系图。该发现与 Lazarte 等[13] 和 Wei[60] 的分析结果一致。此外，在较浅处的土钉轴力预测值 T_p 对土钉长度 L 的敏感性高于在更大深度处的土钉。

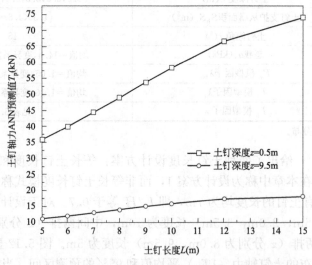

图 5.13　ANN 模型中土钉长度对土钉轴力预测值的影响

针对 FHWA 设计方案 1 和设计方案 2 进行了土钉抗拔极限状态的可靠度分析，结果如图 5.14 所示。从图 5.14 中可得如下观察：首先，使用不同的土钉轴力模型对相同的土钉设计进行可靠度评估会产生不同的结果。在相同的工况下，ANN 土钉轴力模型给出的可靠度指标是最高的，而基于当前的 FHWA 模型计算得到的可靠度指标则最低。这是预料之中的结果，因为 ANN 模型具有最好的模型精度（表 5.4）。第二，对于设计方案 1（等长土钉长度模式），土钉抗拔可靠度沿深度不相同。相反，对于浅层的土钉来说，可靠度可能是不足的，但对于底部 1/4 深度内的土钉来说，可靠度却是过高了。对于设计方案 2（非等长土钉长度模式），所有深度的土钉抗拔可靠度基本一致，因此，从基于可靠度理论的设计来看，设计方案 2 是更理想的。

由于土钉墙具有结构冗余特征，土钉内部极限状态设计通常的目标可靠度指标为 $\beta_T = 2.33$，这相当于失效概率为 $P_f = 1\%$ [3,10,58]。如果土钉墙重要性非常高，则目标可靠度指标可调高，如 $\beta_T = 3.09$（$P_f = 0.1\%$）和 $\beta_T = 3.54$（$P_f = 0.02\%$）。表 5.8 汇总了基于四个土钉轴力模型和 3 个 β_T 值的归一化土钉长度（L/H）计算结果。其中 $\beta_T = 2.33$ 的情况如图 5.15 所示。由于 FHWA 土钉墙设计手册 [13] 规定的最小土钉长度为 $L/H = 0.5$，计算出的土钉长度 $L/H < 0.5$ 时取 0.5。

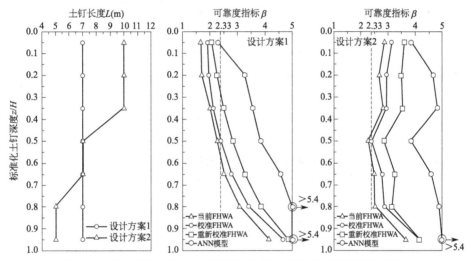

图 5.14　基于四种土钉轴力模型的土钉抗拔极限状态可靠度分析结果

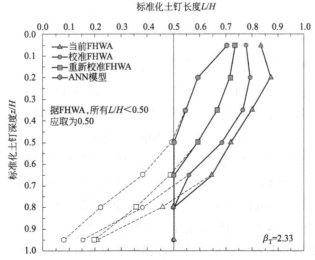

图 5.15　基于不同土钉轴力模型计算得到的满足土钉抗拔极限状态目标
可靠度指标为 $\beta_T = 2.33$ 的土钉长度

基于 4 种不同土钉轴力模型的土钉长度设计实例结果汇总 表 5.8

可靠度指标 β_T	深度 z/H	基于不同模型得到的土钉长度 L/H			
		当前 FHWA	校准 FHWA	重新校准 FHWA	ANN 模型
2.33	0.05	0.83	0.78	0.74	0.71
	0.20	0.87	0.79	0.72	0.59
	0.35	0.80	0.76	0.67	0.55
	0.50	0.72	0.69	0.59	0.50(0.49)
	0.65	0.65	0.56	0.50(0.49)	0.50(0.38)
	0.80	0.50(0.46)	0.50(0.38)	0.50(0.36)	0.50(0.22)
	0.95	0.50(0.21)	0.50(0.15)	0.50(0.20)	0.50(0.08)
总长 $\Sigma L/H$		**4.87(4.53)**	**4.58(4.11)**	**4.21(3.75)**	**3.84(3.02)**
3.09	0.05	1.09	0.98	0.87	0.82
	0.20	1.23	1.08	0.88	0.68
	0.35	1.14	1.07	0.84	0.63
	0.50	1.06	1.00	0.77	0.58
	0.65	0.99	0.84	0.65	0.50(0.46)
	0.80	0.72	0.58	0.50(0.49)	0.50(0.28)
	0.95	0.50(0.34)	0.50(0.25)	0.50(0.29)	0.50(0.11)
总长 $\Sigma L/H$		**6.73(6.57)**	**6.05(5.80)**	**5.01(4.79)**	**4.21(3.55)**
3.54	0.05	1.34	1.18	0.98	0.92
	0.20	1.49	1.31	1.02	0.74
	0.35	1.46	1.39	0.99	0.70
	0.50	1.39	1.26	0.93	0.65
	0.65	1.31	1.08	0.80	0.52
	0.80	0.95	0.76	0.61	0.50(0.31)
	0.95	0.50(0.46)	0.50(0.33)	0.50(0.36)	0.50(0.12)
总长 $\Sigma L/H$		**8.44(8.40)**	**7.49(7.32)**	**5.82(5.69)**	**4.53(3.97)**

注：括号中的值对应 β_T；FHWA 土钉墙设计手册要求 L/H 最小值为 0.50。

图 5.15 表明，若为了达到相同的可靠度 $\beta_T = 2.33$，较浅处的土钉长度需要较长，而较深处的土钉长度则较短，这与图 5.14 的观察结果一致，都证明了使用非等长土钉长度模式进行设计的好处。正如预期的那样，从当前的到校准的，再到重新校准的 FHWA 模型，最终到 ANN 模型，随着模型精度的提高，达到相同目标可靠度所需的 L/H 将降低。换句话说，使用 ANN 模型进行土钉设计是最具成本效益的。图 5.16 给出了使用四种模型所要求的总土钉长度 sum(L/H) 与 β_T 的关系。所有情况下 sum(L/H) 随着 β_T 的增加而增加，使用当前 FHWA 土钉轴力模型时总长度的增长速率最大（曲线的斜率最陡），而 ANN 模型的总长度增长速率最小（曲线的斜率最平滑）。换句话说，ANN 模型比 FHWA 的三个模型在土钉长度增加时对于提高可靠度的作用都更明显。

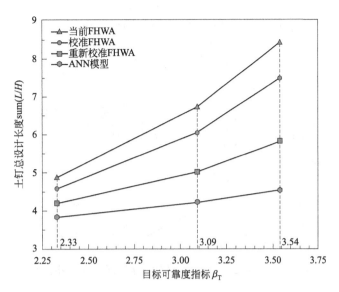

图 5.16　基于四种土钉轴力模型计算得到的土钉总设计长度 sum（L/H）随目标可靠度指标 β_{T} 的变化

需要提醒的是，土钉长度的设计结果是基于图 5.1 中所示的平面潜在破坏面假设而得到的。对于不同的失效面假设，例如对数螺旋型等，计算得到的土钉长度会有所不同。例如，在给定相同目标可靠度指标的情况下，在浅层时基于对数螺旋假设的土钉将比基于平面假设的土钉更短，而在深层时则更长。

对于土钉抗拉极限状态，FHWA 设计手册采用了直径 $d=25\mathrm{mm}$ 的钢筋，其拉伸屈服强度为 520MPa。基于功能函数式（5.2）和表 5.7 中的参数，每个直径 $d=25\mathrm{mm}$ 的土钉抗拉破坏可靠度如图 5.17 所示。在四个土钉轴力模型中，当前的 FHWA 模型计算出的可靠度指标是最小的；对于土钉墙中间位置的土钉，其可靠度指标约为 2.75。而对于 ANN 模型，所有深度的土钉抗拉破坏可靠度指标均超过 5.2。同样，图 5.17 表明对于相同的土钉抗拉设计，使用不同的分析模型进行可靠度评估，其结果从破坏概率上讲可能存在几个数量级的差异。从图 5.17 可观察到，可靠度指标在土钉墙中间深度处达到最小，表明对于给定的均匀直径土钉，抗拉破坏更可能发生在中间深度。

使用 4 种土钉轴力模型对土钉直径 d 进行了基于可靠度方法的设计。满足目标可靠度指标 $\beta_{\mathrm{T}}=2.33$，3.09 和 3.54 的设计结果列于表 5.9 中。图 5.18 给出了 $\beta_{\mathrm{T}}=2.33$ 设计算例的结果。基于当前的 FHWA 模型计算得到的土钉杆体直径是最大的，而基于 ANN 模型的则最小。通常来说，土钉杆体会预制成几种固定的直径，包括 22mm、25mm、28mm、32mm、36mm、41mm 和 47mm。而且，无论土钉的深度如何，其杆体一般取相同的直径。因此，对于 $\beta_{\mathrm{T}}=2.33$ 的情况，基于所有四个模型确定的直径 d 为 22mm。尽管对于重新校准的 FHWA 和 ANN 模型，更小的直径（如 18mm 和 14mm）也能满足设计要求。在这种情况下，使用 ANN 模型进行土钉抗拉破坏设计的优势并不明显。但如表 5.9 所示，对于 β_{T} 更高的情况，使用 ANN 模型则具有显著优势。

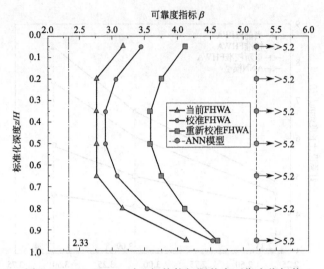

图 5.17 $d=25$mm 时土钉抗拉极限状态可靠度指标值

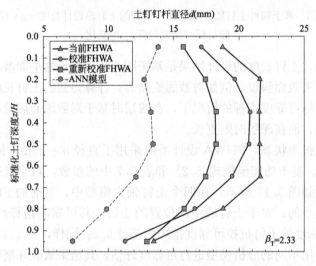

图 5.18 基于 4 种土钉轴力模型计算得到的满足土钉抗拉极限状态目标可靠度指标为
$\beta_T=2.33$ 时的钉杆直径

基于 4 种不同土钉轴力模型的土钉钉杆直径设计实例结果汇总（$f_y=520$MPa） 表 5.9

可靠度指标β_T	深度 z/H	基于不同模型的钉杆直径 d			
		当前 FHWA	校准 FHWA	重新校准 FHWA	ANN 模型
	0.05	18.7	17.1	15.8	13.8
	0.20	21.6	19.7	17.4	12.8
	0.35	21.6	20.8	18.2	13.3
2.33	0.50	21.6	20.8	18.2	13.4
	0.65	21.6	19.5	17.5	12.1
	0.80	18.8	16.7	15.8	9.8
	0.95	13.5	11.3	13.0	7.3
设计的选定值		**22**	**22**	**22**	**22**

可靠度指标β_T	深度 z/H	基于不同模型的钉杆直径 d			
		当前 FHWA	校准 FHWA	重新校准 FHWA	ANN 模型
	0.05	24.3	22.1	19.1	14.6
	0.20	28.1	25.5	21.2	13.8
	0.35	28.1	27.0	22.1	14.4
3.09	0.50	28.1	26.9	22.1	14.3
	0.65	28.1	25.2	21.2	12.8
	0.80	24.4	21.6	19.2	10.4
	0.95	17.5	14.7	15.8	7.8
设计的选定值		**32**	**28**	**25**	**22**
	0.05	28.1	25.7	21.6	15.1
	0.20	32.5	29.5	23.9	14.5
	0.35	32.5	31.3	24.9	15.1
3.54	0.50	32.5	31.2	24.9	14.9
	0.65	32.5	29.2	23.9	13.1
	0.80	28.2	25.0	21.7	10.6
	0.95	20.3	17.0	17.8	8.1
设计的选定值		**36**	**32**	**25**	**22**

5.9 讨论

前面介绍的模型评估是基于所有的实测土钉轴力数据,本节则评估土体类型和外荷载条件对 4 个模型精度的影响。土体类型分为两种,其中 $c/\gamma H > 0.05$ 为黏性土,而 $c/\gamma H \leqslant 0.05$ 则为无黏性土,这与已有研究采用的分类标准一致,如根据土体类型将数据分成两个子集[17]。对于外荷载条件,数据也分成两个子集:一个是 $q_s > 0$,另一个是 $q_s = 0$。

基于这些数据子集,计算当前的、校准的、重新校准的 FHWA 模型和所建立的 ANN 模型的模型因子统计参数,结果汇总于表 5.10。首先,对于所有模型,黏性土($c/\gamma H > 0.05$)情况下的模型因子平均值均小于无黏性土($c/\gamma H \leqslant 0.05$)情况下的模型因子平均值,而变异系数则相反。总的来说,当前的 FHWA 模型高估了两种土体类型的土钉轴力,而经过校准和重新校准的 FHWA 模型则高估了黏性土的土钉轴力,但低估了无黏性土的土钉轴力。ANN 模型对两种土体类型的轴力预测平均上均是准确的,对于外荷载条件工况亦可得到类似结论。

不同工况下 4 种模型的模型因子统计参数汇总 表 5.10

模型	数据集	数据量	模型因子均值	模型因子变异系数	Mann-Whitney 检验 p 值
当前 FHWA	$c/\gamma H > 0.05$	169	0.47	0.903	0.000 < 0.05
	$c/\gamma H \leqslant 0.05$	143	0.63	0.655	
	有超载	59	0.64	0.525	0.000 < 0.05
	无超载	253	0.52	0.848	

模型	数据集	数据量	模型因子均值	模型因子变异系数	Mann-Whitney检验 p 值
校准FHWA	$c/\gamma H>0.05$	169	0.88	0.876	0.000<0.05
	$c/\gamma H\leqslant0.05$	143	1.14	0.609	
	有超载	59	1.16	0.503	0.000<0.05
	无超载	253	0.96	0.807	
重新校准FHWA	$c/\gamma H>0.05$	169	0.90	0.637	0.000<0.05
	$c/\gamma H\leqslant0.05$	143	1.13	0.429	
	有超载	59	1.16	0.340	0.000<0.05
	无超载	253	0.97	0.588	
ANN	$c/\gamma H>0.05$	169	0.99	0.330	0.553>0.05
	$c/\gamma H\leqslant0.05$	143	1.01	0.296	
	有超载	59	0.99	0.177	0.900>0.05
	无超载	253	1.00	0.337	

注：黏性土 $c/\gamma H>0.05$，无黏性土 $c/\gamma H\leqslant0.05$。

对各基于数据子集计算得到的模型因子数据组进行 Mann-Whitney 检验。对于当前的、校准的和重新校准的 FHWA 模型来说，$c/\gamma H>0.05$ 工况的模型因子数据组和 $c/\gamma H\leqslant0.05$ 的模型因子数据组之间的 Mann-Whitney's p 值均为 0.000。这意味着在 0.05 的显著性水平下，两种土体类型对应的模型因子数据集是显著不同的，这种情况也适用于 $q_s>0$ 与 $q_s=0$ 的情况。因此，可以得出结论，土体类型和外荷载条件对三个 FHWA 模型的预测精度都有显著影响。另一方面，对于所构建的 ANN 模型，Mann-Whitney's p 值均远大于 0.05。因此，土体类型和外荷载条件对 ANN 模型预测性能的影响是微不足道的。这是 ANN 模型相对于三个 FHWA 模型的另一个优势。

5.10 结论

本章首先汇集了 3 个子数据库，构建了一个包含 312 个服役状态下的最大土钉轴力总数据库。这 3 个子数据库分别是 Lin 等[14] 建立的数据库 1（$n=99$），Yuan, Lin, Huang and Que[17] 建立的数据库 2（$n=144$）和本章建立的数据库 3（$n=69$）。借助该土钉轴力总数据库，重新评估了 Lazarte 等[1]，Lazarte 等[13] 提出的 FHWA 简化土钉轴力模型和 Lin 等[14] 提出的修正 FHWA 模型的预测精度。模型的准确性是通过模型因子统计参数来量化的，其中模型因子定义为实测和预测的最大土钉轴力的比值。基于总数据库，通过引入额外的经验项对修正 FHWA 模型进行重新校准，以提高预测精度。接着，建立了一个人工神经网络（ANN）预测模型来估算土钉轴力。与当前、修正和重新校准的 FHWA 简化土钉轴力模型相比，ANN 模型具有更好的预测精度。通过一个土钉抗拔和抗拉极限状态的可靠度设计实例，展示了 ANN 模型的实用价值。本章研究主要结论如下：

1. 当前的 FHWA 简化土钉轴力模型平均高估最大土钉轴力约 50%，预测精度高度离散，模型因子变异系数达 80％。对于修正 FHWA 模型，虽然在根据总数据库重新调整其经验常数后，其精度平均来说是无偏的，但其精度离散性实际上与当前 FHWA 模型无异。此外，两个模型的预测准确度也与预测值的大小和几个模型输入参数存在统计相关性。

2. 本章提出了一个重新校准的 FHWA 土钉轴力模型。该模型平均上讲是无偏的，且预测精度离散性不高，模型因子平均值为 1，变异系数为 55％。另外，重新校准的 FHWA 模型，模型精度与模型预测值和模型输入参数之间没有表现出统计相关性。

3. 建立了一个考虑土钉墙几何形状、土钉设计配置、土体抗剪强度和外荷载的土钉轴力预测人工神经网络（ANN）模型。所建立的 ANN 模型在平均上是无偏的，且预测精度离散性低，模型因子变异系数约为 30％，亦不存在模型偏差统计相关性问题。

4. 对于当前的、修正的和重新校准的 FHWA 模型，土体类型和外荷载条件对模型整体预测精度具有显著影响的；但对于本章提出的 ANN 模型，上述条件影响不大。

5. 通过设计实例，从成本效益的角度展现了使用 ANN 模型进行基于可靠度的土钉抗拔和抗拉极限状态设计的优越性。

本章的研究量化了服役条件下预测土钉轴力的模型不确定性，这是全面迈向发展土钉墙可靠度设计框架的重要一步。考虑模型不确定性的土钉墙可靠度分析设计相关研究可参考文献［3，9-10，61］。本章探讨的另一个重要问题是利用 ANN 模型拟合技术（以及机器学习方法）来预测土钉轴力的方法。虽然本章提出的 ANN 模型土钉轴力模型远未完善，但它表现出了较好的发展前景。随着更多数据的积累，将有更多的机会探索将机器学习方法应用于土钉墙和其他大型岩土工程结构的设计[25]。

最后，校准 FHWA、重新校准 FHWA 和本章建立的 ANN 模型都是基于本章建立的土钉轴力总数据库得到的。当具体土钉墙工程的设计参数不在本数据库确定的范围内时，使用这些模型来估计最大土钉轴力时必须谨慎并判断其适用性。

参考文献

［1］ Lazarte C A，Robinson H，Gómez J. E. ，et al. Geotechnical engineering circular No. 7 soil nail walls—reference manual［M］. 2015.

［2］ Geo. Guide to soil nail design and construction［M］. Geotechnical Engineering Office，Civil Engineering and Development Dept，Government of the Hong Kong Special Administrative Region，Hong Kong 2008.

［3］ Yuan Jie，Lin Peiyuan. Reliability analysis of soil nail internal limit states using default FHWA load and resistance models［J］. Marine Georesources & Geotechnology，2019，37（7）：783-800.

［4］ Griggs Gary B，Patsch Kiki，Savoy Lauret E. Living with the changing California coast［M］. Berkeley University of California Press，2005.

［5］ Cheung Raymond Wm，Lo Dominic Ok. Use of time-domain reflectometry for quality control of soil-nailing works［J］. Journal of Geotechnical and Geoenvironmental Engineering，2011，137（12）：1222-1235.

［6］ Phoon Kok-Kwang. Towards reliability-based design for geotechnical engineering［J］. Special Lecture for Korean Geotechnical Society，Seoul，2004，9：1-23.

[7] Sivakumar Babu Gl, Singh Vikas Pratap. Reliability-based load and resistance factors for soil-nail walls [J]. Canadian Geotechnical Journal, 2011, 48 (6): 915-930.

[8] Zevgolis Ioannis E, Daffas Zisis A. System reliability assessment of soil nail walls [J]. Computers and Geotechnics, 2018, 98: 232-242.

[9] Lin Peiyuan, Bathurst Richard J. Calibration of resistance factors for load and resistance factor design of internal limit states of soil nail walls [J]. Journal of Geotechnical and Geoenvironmental Engineering, 2019, 145 (1): 04018100.

[10] Lin Peiyuan, Bathurst Richard J. Reliability-based internal limit state analysis and design of soil nails using different load and resistance models [J]. Journal of Geotechnical and Geoenvironmental Engineering, 2018, 144 (5): 04018022.

[11] Babu Gl Sivakumar, Singh Vikas Pratap. Reliability analysis of soil nail walls [J]. Georisk, 2009, 3 (1): 44-54.

[12] Liu Huifen, Tang Liansheng, Lin Peiyuan, et al. Accuracy assessment of default and modified FHWA simplified models for estimation of facing tensile forces of soil nail walls [J]. Canadian Geotechnical Journal, 2017, 55: 1104-1115.

[13] Lazarte Ca, Elias V, Espinoza Rd, et al. Geotechnical engineering circular no. 7: Soil nail walls [J]. Washington D C: Federal Highway Administration 2003.

[14] Lin Peiyuan, Bathurst Richard J, Liu Jinyuan. Statistical evaluation of the FHWA simplified method and modifications for predicting soil nail loads [J]. Journal of Geotechnical and Geoenvironmental Engineering, 2017, 143 (3): 04016107.

[15] Cabr. Technical specification for retaining and protection of building foundation excavations [M]. China Architecture and Building Press, 2012.

[16] 中国工程建设标准化协会. 基坑土钉支护技术规程: CECS 96: 97 [S]. 北京: 中国计划出版社, 1997.

[17] Yuan Jie, Lin Peiyuan, Huang Rui, et al. Statistical evaluation and calibration of two methods for predicting nail loads of soil nail walls in China [J]. Computers and Geotechnics, 2019, 108: 269-279.

[18] Juran Ilan, Elias Victor. Soil nailed retaining structures: Analysis of case histories [M]//A ten year update of soil improvement techniques, Geosynthetics for soil improvement. 1987.

[19] Juran Ilan, Baudrand George, Farrag Khalid, et al. Kinematical limit analysis for design of soil-nailed structures [J]. Journal of geotechnical engineering, 1990, 116 (1): 54-72.

[20] Banerjee S, Finney A, Wentworth T, et al. Evaluation of design methodologies for soil-nailed walls, Volume 1 [J]. 1998.

[21] Banerjee S, Finney A, Wentworth T, et al. Evaluation of design methodologies for soil-nailed walls, Volume 2: Distribution of axial forces in soil nails based on interpolation of measured strains [J]. 1998.

[22] Yang Guanghua, Huang Hongwei. Simplified incremental calculation method of soil nail forces for retaining and protection of foundation pits [J]. ROCK AND SOIL MECHANICS, 2004, 25 (1): 15-19.

[23] Hu Yongqiang, Lin Peiyuan. Probabilistic prediction of maximum tensile loads in soil nails [J]. Advances in Civil Engineering, 2018.

[24] International Organization for Standardization. General principles on reliability of structures: ISO 2394-2015 [S]. Geneva, Switzerland, 2015.

［25］ Phoon Kok-Kwang，Tang Chong. Characterisation of geotechnical model uncertainty ［J］. Georisk：Assessment Management of Risk for Engineered Systems Geohazards，2019：1-30.

［26］ Haykin Simon. Neural networks and learning machines ［M］. Pearson education Upper Saddle River，2009.

［27］ Demuth Howard B，Beale Mark H，De Jess Orlando，et al. Neural network design ［M］. Martin Hagan，2014.

［28］ Das Sarat Kumar，Basudhar Prabir Kumar. Undrained lateral load capacity of piles in clay using artificial neural network ［J］. Computers and Geotechnics，2006，33 (8)：454-459.

［29］ Shahin Mohamed A，Maier Holger R，Jaksa Mark B. Predicting settlement of shallow foundations using neural networks ［J］. Journal of Geotechnical & Geoenvironmental Engineering，2002，128 (9)：785-793.

［30］ Najjar Yacoub M，Huang Chune. Simulating the stress-strain behavior of Georgia kaolin via recurrent neuronet approach ［J］. Computers and Geotechnics，2007，34 (5)：346-361.

［31］ Çelik Semet，Tan Özcan. Determination of preconsolidation pressure with artificial neural network ［J］. Civil Engineering and Environmental Systems，2005，22 (4)：217-231.

［32］ Puri Nitish，Prasad Harsh Deep，Jain Ashwani. Prediction of geotechnical parameters using machine learning techniques ［J］. Procedia Computer Science，2018，125：509-517.

［33］ Kim Young-Su，Kim Byung-Tak. Use of artificial neural networks in the prediction of liquefaction resistance of sands ［J］. Journal of Geotechnical and Geoenvironmental Engineering，2006，132 (11)：1502-1504.

［34］ Goh Anthony Tc，Wong Ks，Broms Bb. Estimation of lateral wall movements in braced excavations using neural networks ［J］. Canadian Geotechnical Journal，1995，32 (6)：1059-1064.

［35］ Hu Hui，Lin Peiyuan. Analysis of resistance factors for LRFD of soil nail pullout limit state using default FHWA load and resistance models ［J］. Marine Georesources & Geotechnology，2019：1-17.

［36］ Shahin Mohamed A，Jaksa Mark B，Maier Holger R. State of the art of artificial neural networks in geotechnical engineering ［J］. Electronic Journal of Geotechnical Engineering，2008，8 (1)：1-26.

［37］ Shahin Mohamed A. A review of artificial intelligence applications in shallow foundations ［J］. International Journal of Geotechnical Engineering，2015，9 (1)：49-60.

［38］ Shahin Mohamed A. State-of-the-art review of some artificial intelligence applications in pile foundations ［J］. Geoscience Frontiers，2016，7 (1)：33-44.

［39］ Rafiq My，Bugmann G，Easterbrook Dj. Neural network design for engineering applications ［J］. Computers & Structures，2001，79 (17)：1541-52.

［40］ 段启伟. 土钉支护现场实测与数值模拟 ［D］. 北京：北京交通大学，2007.

［41］ 李斌. 北京国益大厦基坑土钉支护数值模拟与现场试验研究 ［D］. 北京：中国地质大学（北京），2010.

［42］ 刘合伍. 深基坑土钉支护工作机理数值模拟研究 ［D］. 广州：广东工业大学，2010.

［43］ Liu Lingxia，Yao Haihui，Li Xiangquan，et al. FLAC 3D analysis of internal forces of soil nails bracing construction in deep foundation pit ［J］. Construction Technology，2008，37 (sl)：5.

［44］ Tang Yemao. The monitoring and stability analysis on soil nail wall supporting excavation engineering ［J］. Journal of Langfang Teachers College (Natural Science Edition)，2014，14 (4)：94-97.

［45］ Zhang Baihong，Li Guofu，Han Lijun. Research on simple calculating method of designing foundation pit supporting by soil nailing ［J］. Rock and Soil Mechanics，2008，29 (11)：3041-3046.

[46] Wu Zhongchen, Tang Liansheng, Liao Zhiqiang, et al. FLAC 3D simulation of deep excavation with compound soil nailing support [J]. Chinese Journal of Geotechnical Engineering, 2006, 28 (S1): 1460-1465.

[47] 张国军. 深基坑土钉支护分析与优化设计研究 [D]. 大连：大连理工大学，2002.

[48] 李铁军. 深基坑土钉支护试验研究及其数值模拟 [D]. 淮南：安徽理工大学，2009.

[49] Menkiti Christopher O, Long Michael. Performance of soil nails in Dublin glacial till [J]. Canadian Geotechnical Journal, 2008, 45 (12): 1685-1698.

[50] Güler, Erol, Bozkurt C F. The Effect of Upward Nail Inclination to the Stability of Soil Nailed Structures [C] //GeoTrans 2004. 2004: 2213−2220.

[51] Jacobsz Sw, Phalanndwa Ts. Observed axial loads in soil nails [C]. 2011.

[52] Sawicki Andrzej, Lesniewska Danuta, Kulczykowski Marek. Measured and predicted stresses and bearing capacity of a full scale slope reinforced with nails [J]. Soils and Foundations, 1988, 28 (4): 47-56.

[53] Phoon K-K, Kulhawy Fh. Characterisation of model uncertainties for laterally loaded rigid drilled shafts [J]. Geotechnique, 2005, 55 (1): 45-54.

[54] Tang Chong, Phoon Kok-Kwang. Characterization of model uncertainty in predicting axial resistance of piles driven into clay [J]. Canadian Geotechnical Journal, 2018.

[55] Tang Chong, Phoon Kok-Kwang. Statistics of model factors in reliability-based design of axially loaded driven piles in sand [J]. Canadian Geotechnical Journal, 2018, 55 (11): 1592-1610.

[56] Lin Peiyuan, Bathurst Richard J. Influence of cross correlation between nominal load and resistance on reliability-based design for simple linear soil-structure limit states [J]. Canadian Geotechnical Journal, 2018, 55 (2): 279-295.

[57] Phoon Kok-Kwang, Kulhawy Fred H. Characterization of geotechnical variability [J]. Canadian geotechnical journal, 1999, 36 (4): 612-624.

[58] Lazarte Carlos Arias. Proposed specifications for LRFD soil-nailing design and construction [M]. Transportation Research Board, 2011.

[59] Kim Dongwook, Salgado Rodrigo. Load and resistance factors for internal stability checks of mechanically stabilized earth walls [J]. Journal of Geotechnical and Geoenvironmental Engineering, 2012, 138 (8): 910-921.

[60] Wei W. B., Cheng Y. M. Soil nailed slope by strength reduction and limit equilibrium methods [J]. Computers and Geotechnics, 2010, 37 (5): 602-618.

[61] Lin Peiyuan, Liu Jinyuan, Yuan Xian-Xun. Reliability analysis of soil nail walls against external failures in layered ground [J]. Journal of Geotechnical & Geoenvironmental Engineering, 2016, 143 (1): 04016077.

第6章 基于机器学习的土钉墙水平位移计算方法

6.1 引言

土钉被广泛应用于边坡开挖与基坑支护。土钉墙的设计必须同时满足强度和正常使用极限状态安全需求，后者主要指将墙体的变形控制在预设的阈值以内[1-2]。这对邻近城市地下市政设施的基坑及变形敏感的边坡加固工程具有十分重要的意义。一般来讲，土钉墙的变形包括水平位移及竖向沉降。本章重点关注土钉墙水平位移。

现有文献对土钉墙的研究主要集中在土钉、面层设计以及稳定性分析等方面，比如土钉抗拔力[3-6]、土钉轴力[7-10]、面墙荷载[11-12] 和稳定性分析[13-15]；关于土钉墙位移的研究较少。土钉墙通常遵循自上而下的施工顺序，这会导致最大水平位移发生在墙体顶部。基于此以及对试验墙的观测结果，Clouterre[16] 提出在砂土和黏性土中土钉墙最大水平位移可以分别近似为墙高的 0.2%和 0.3%。这种经验取值方法随后被美国联邦公路管理局（FHWA）土钉墙设计手册[1]、美国国家公路与运输协会（AASHTO）标准[2] 及英国建筑工业研究和情报协会（CIRIA）标准[17] 所采用。在我国，由中国工程建设标准化协会（CECS）制定的《基坑土钉支护技术规程》[18] 建议对砂土和黏性土条件下的土钉墙最大水平位移分别取墙高的 0.3%和 0.3%～0.5%。而中国建筑科学研究院编制的《建筑基坑支护技术规程》[19] 中没有明确提供土钉墙体变形的估算方法，中国香港的土钉墙设计指南也是如此[20]。袁杰等[21] 通过收集文献中土钉墙的数据，建立了一个包含 376 个实测土钉墙水平位移的数据库，并用于评估 Clouterre 以及 CECS 模型的预测精度。他们指出，在通常情况下当前的模型高估了砂土中的墙体位移，但低估了黏土中的土钉墙墙体位移。预测精度具有中等至较高的离散性。

除了设计规范和手册外，其他研究也对土钉墙水平位移进行了分析预测。Wei[22] 建立了土钉墙水平位移分析与预测神经网络模型。Sivakumar Babu 和 Singh[23] 基于土钉支护边坡数值模拟结果提出了一个土钉墙最大水平位移回归拟合模型。上述土钉墙位移模型是基于数值模拟结果而非实际工程数据研发的。杨光华[24] 提出了基于弹性理论的土钉墙位移简化模型。然而，该模型有效性尚未得到大量实测土钉墙数据的充分验证。通过简单的多元回归拟合，袁杰等[21] 建立了沿深度方向的墙体水平位移经验模型，但该模型的预测离散性高达 70%。

上述文献调研表明，亟需基于更先进的拟合技术建立更精确的土钉墙位移预测模型。近年来，机器学习方法（ML）几乎席卷了包括岩土工程在内的所有工程领域。常用的机器学习方法包括人工神经网络（ANN）[25-27]、随机森林（RF）[28-30]、支持向量机（SVM）[31-33] 等。这些技术在解决岩土工程拟合问题方面的能力已得到充分验证。例如，在桩基础[34-35]、浅基础[36]、土体和注浆体的强度特性[37-41]、土体液化[42-43]、内支撑侧壁位移[44]、阻力系数校准[45]、隧道施工中的衬砌响应[46]、边坡震害评估[47] 等领域皆有应用。读者可参考文献［48-53］，进一步了解机器学习方法在岩土工程中的最新应用进展。

本章的主要任务是基于袁杰等[21] 早期建立的数据库，建立用于预测土钉墙水平位移的机器学习模型，包括 ANN、RF 和 SVM 方法。分析结果表明，上述 3 种机器学习模型预测精度在平均上是无偏的，精度离散度约比现有基于传统多元回归方法建立的模型低 25%。本章展示了应用机器学习方法预测土钉墙水平位移和解决岩土工程拟合问题的前景。

6.2 机器学习方法

为了保证研究的完整性，本节简要介绍人工神经网络、随机森林和支持向量机 3 种机器学习方法。技术细节可以查阅文献［54］等。

6.2.1 神经网络

人工神经网络是一种高度参数化的模型，这种模型在拓扑结构上与人脑结构相似。在具备足够的模型训练与验证数据条件下，人工神经网络被广泛认为是能够有效处理几乎所有拟合和分类问题的技术。如图 6.1(a) 所示，人工神经网络具有层状结构，由输入层、输出层及若干层隐藏层组成。

输入层中的每个神经元对应一个独立变量，而输出层中的神经元则对应目标值。对于最简单的情况，输出层只有一个神经元。隐藏层的任务是通过线性组合的非线性变换连接输入层与输出层。神经网络的能力或复杂性取决于隐藏层的层数以及各层神经元的数量。在隐藏层和输出层中，每个神经元本身可视为一个函数，称为激活函数。激活函数将其前一层中的所有神经元作为其输入变量。每个输入变量都有自己的权重。该过程如图 6.1(b) 所示。假设在第 r 层有 s 个神经元，可表示为 $n_{r,1}$，$n_{r,2}$，…，$n_{r,s}$，则第 $(r+1)$ 层的第 t 个神经元为 $n_{r+1,t}$，可按式（6.1）计算[8,25]：

$$n_{r+1,t} = f\left(\sum_{p=1}^{s} n_{r,p} w_{r,p,t} + b_{r+1,t}\right) \tag{6.1}$$

式中：$w_{r,p,t}$ 为权重，表征 $n_{r,p}$ 与 $n_{r+1,t}$ 的连接强度；$b_{r+1,t}$ 是神经元 $n_{r+1,t}$ 的偏置；$f(x)$ 是激活函数，通常采用 Sigmoid 或 Logistic、Tanh、ReLU 等函数。

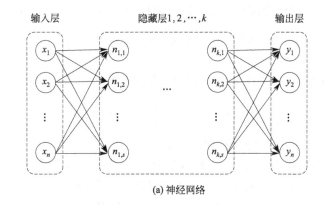

(a) 神经网络

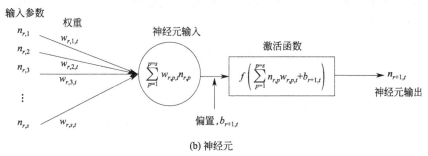

(b) 神经元

图 6.1　神经网络的构造及单个独立神经元的工作机理

训练神经网络的本质是通过迭代调整权重直到输出值（y_o）与目标值（y_t）之间的误差最小。这里，误差定义为 $\varepsilon = y_o - y_t$。最小化准则为 ε^2 的最小平均值，其中，ε^2 称为均方误差（MSE）。通常，输入层数据会被随机分成 3 个子集，如 70% 为训练集，15% 为验证集，剩下的 15% 为测试集。各子集的占比可以适当调整。同时，对目标数据执行相同操作。首先，利用训练集通过神经元间的权重值（$w_{r,s,t}$）调整训练神经网络。在训练期间，验证集被用于防止网络过拟合问题。最优的权重值 $w_{r,s,t}$ 确定为使训练集和验证集的平均均方误差最小。最后，利用测试集数据对训练后的神经网络预测能力进行测试。如果预测精度不足，则需要通过改变神经元和隐藏层的数量，重新选择激活函数，重新分配训练、验证和测试数据集的相对百分比，使用不同的训练算法或其他方法来重建网络。更多 ANN 拟合算法的相关技术细节，可参见文献［25-26，54-55］。

6.2.2　随机森林

随机森林是一种相对较新的解决分类和回归问题的方法。其思想是首先通过袋装和随机特征选取的方法生成一些单独的深层决策树[28-29]，因为每棵决策树都有一个较大的方差，其预测能力通常非常弱。随后将所有独立的决策树组合成一个森林，并通过平均值进行预测，其结构如图 6.2 所示。平均值方法可以在很大程度上降低方差，从而提高随机森林的预测精度。

假设训练数据集 $D = (X, y)$，其中 X 是一个 $n \times p$ 数据矩阵，而 y 是一个 n 维响应向量。一般的 RF 算法如下[54]：

步骤一：选择特征 $m \leqslant p$ 以及树的数量 B，通常可初定 $m = \sqrt{p}$ 或 $p/3$；

步骤二：从 D 中有放回地进行随机 n 次重复抽样 n 行，形成子集 D_b^*；

步骤三：用 D_b^* 生成一棵达到最大深度的树 $\hat{r}_b(x)$，且从 p 个特征中采取 m 个样本特征，进行每个随机节点的分割；

步骤四：取任意点 x_0 的平均值作为 RF 的预测结果

$$\hat{r}_{RF}(x_0) = \frac{1}{B} \sum_{b=1}^{b=B} \hat{r}_b(x_0)$$

步骤五：计算每个响应观测值的袋外（OOB）误差。

显然，总体 OOB 误差为所有独立 OOB 误差的平均值。OOB 误差可作为 RF 模型的性能指标，因此，RF 模型不需要额外的交叉验证或测试集验证。如果整体的 OOB 误差不满足预设的阈值，则应该通过调整参数 B 和 m 来优化 RF 模型。有关 RF 模型的技术细节可查看文献［28-29，54］。

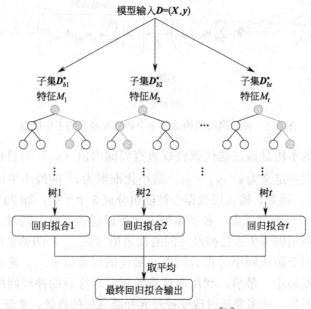

图 6.2　随机森林回归模型[54]

6.2.3　支持向量机

SVM 方法是通过从特征空间中寻找最优分离超平面去进行拟合的一种分类器，如图 6.3 所示。其中，最优分离超平面使训练集目标数据中产生最大边距的分类函数 $f_{SV}(x)$[54]。SVM 的工作原理是减少误差边界而不是减少训练集的残余误差[31]。假定分类函数 f_{SV} 是一个线性函数，则可以表示为：

$$f_{SV}(x) = \sum_{s=1}^{S} w_s \phi_s(x) + b \tag{6.2}$$

其中，ϕ_s 是一组将原始数据链接到高维特征空间的映射函数；w_s 是 ϕ_s 的权重；而 b 代表临界值。SVM 回归问题可等价表示为一个以最小化 $|w|^2$ 为目标且满足以下条件约束的优化问题：

$$|y_i - \sum_{s=1}^{S} w_s \phi_s(x) - b| \leqslant \varepsilon \tag{6.3}$$

公式(6.3)实际上假设存在一个拟合精度为 ε 的分类函数 $f_{SV}(x)$。通常，SVM 通过不同的 ϕ 函数来构建精度满足需求的分类器。对于高度非线性的情况，可使用核函数来扩充 ϕ 以增强其拟合能力。本章采用指数衰减形式的高斯核函数作为 ϕ 函数来开展研究，这与文献中大多数研究一致[56-59]。有关 SVM 方法的技术细节可参考文献 [31，58-59] 等。

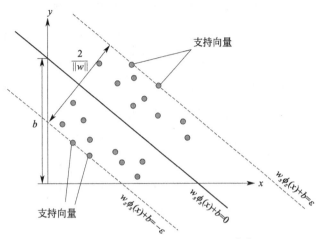

图 6.3　支持向量机模型概念图[54]

6.3　实测水平位移数据库

6.3.1　数据库简介

本章采用 Yuan、Lin、Mei 等[21] 建立的土钉墙水平位移实测数据库来建立机器学习模型。

该数据库包含 376 个不同墙体深度处的实测水平位移。这些位移数据是从 43 个工程项目（主要来自中国、美国和欧洲）共 75 个土钉墙中监测收集的。如表 6.1 所示，该数据库包含了土钉墙的几何形状参数（墙高 H，墙面倾角 α，墙后坡角 θ），土体类型（黏性土与无黏性土），土体抗剪强度指标（内摩擦角 ϕ，黏聚力 c，土体重度 γ），土钉设计参数（土钉长度 L，土钉倾角 i，土钉深度 z，土钉直径 D，土钉水平间距 S_h 与垂直间距 S_v），墙体超载情况（超载 q_s），及面墙类型（喷射混凝土或未说明）。图 6.4 阐述了这些参数的定义。表 6.1 中也标注了源文献。整个数据库信息可见于本书附录 2。

源文献中土钉墙几何形状、土体抗剪强度特性及土钉设计参数汇总[21]　表 6.1

墙的序号	土体类型	土钉墙几何形状			土体强度参数			q_s (kPa)	土钉设计				面墙类型	源文献
		H (m)	α(°)	θ(°)	ϕ(°)	c(kPa)	γ (kN/m³)		L(m)	D (mm)	$S_h S_v$ (m²)	i(°)		
W1	粉质黏土	8.5	11	0	18.9	30	20	0	5～12	110	2.25	10	S	[60]
W2	粉土、黏土	13.5	11.3	0	18～31	31-34	20	20	10～12	110	2.10	10	S	[61]

墙的序号	土体类型	土钉墙几何形状			土体强度参数			q_s (kPa)	土钉设计				面墙类型	源文献
		H (m)	$\alpha(°)$	$\theta(°)$	$\phi(°)$	c(kPa)	γ (kN/m³)		L(m)	D (mm)	$S_h S_v$ (m²)	$i(°)$		
W3	填土、粉土、黏土、软土	9.5	6.6	0	10~20	14~30	18	0	8~12	110	1.69	?	N/S	[62]
W4	粉土	8.5	11.3	0	19.6	19.4	18	0	7~10	150	1.69	10	S	[63]
W5	粉质黏土、风化粉砂岩	10.5	8	0	17~29	21~24	20	0	7~11	150	2.25	20	S	[64]
W6	粉土	10	0	0	28	12	19.1	0	5~7	150	2.25	10	S	[65]
W7	含砾粉质黏土	14.35	10	0	35	5.51	19	0	10	150	1.96	13	S	[66]
W8	粉土	9	0	0	28	3	19	0	7	150	3.24	10	S	[67]
W9	粉土、粉质黏土、细砂	10	0	0	15~37	0~38	17~19	0	6~9	100	1.82	10	S	[68]
W10	冰碛物	11.8	10	0	32	0	20	22.5	8~10	100	1.5~2.55	10	S	[69]
W11	粉砂	6.4	0	0	35	5	19	0	5	150	1	5~15	S	[70]
W12	砂土	10	0	0	38			0	12	105	1.5	0	S	[71]
W13	软至超软土	4.3~5.2	0	0		13.4		0~75	6.1	152	0.56	5	S	[72]
W14	砂土	6	12	0	33	0	16	9.7~46.5	3	150	1.25~1.83	0	S	[73]

注：(1) H 为墙高，α 为墙面倾角，θ 为墙后坡角，ϕ 为内摩擦角，c 为黏聚力，γ 为土体重度，q_s 为超载，L 为土钉长度，D 为土钉直径，S_h 为土钉水平间隙，S_v 为土钉垂直间隙，以及 i 为土钉倾角；

(2) S 表示喷射混凝土面墙；N/S 表示未说明。

土钉墙主要建造于细砂至粗砂、粉砂、粉土、粉质黏土、软至极硬黏土中；仅少数建于冰碛物、卵石和风化砂岩。土体内摩擦角（ϕ）一般小于 35°，但最大内摩擦角为 45°。对于土体黏聚力（c），除了风化砂岩为 240kPa，极硬黏土为 84kPa 外，其余都低于 50kPa。数据库 75 个土钉墙中有 44 个（约占 60%）建造于层状土中，剩余 31 个土钉墙建于均质土中。需要注意的是，土钉墙通常建于原位土体中，而原位土一般是分层的。在后续分析中，将使用各层厚度作为加权系数对 c、ϕ 和 γ 进行加权平均。例如，对于分层土体中的土钉墙，内摩擦角将被计算为 $\phi = \sum_{i=1}^{n} h_i \phi_i / H$，式中，$h_i$ 和 ϕ_i 分别为土层 i 的厚度和土体内摩擦角，而 n 是土钉墙墙高范围内的土层层数。绝大部分土钉墙（约 90%）墙高低于 15m，最小墙高和最大墙高分别为 4.5m 和 22m。这些土钉墙通常为墙后边坡水平，墙面近乎垂直。共有 12 个工程项目中的土钉墙受外部超载和自重荷载的作用，但外部超载通常小于 40kPa。有一个土钉墙承受约 120kPa 的上部超载，大致相当于上覆 6m 土层，其余土钉墙均仅受自重荷载作用。源文献中未提供 W3 号土钉墙的土钉倾角，表 6.1 中用问号标记。土钉水平间距 S_h 将作为机器学习模型的一个输入参数，为了便于进一步分析，源文献缺失水平间距 S_h 信息的则假设与 S_v 相同，这是设计实践中的常规做法[1,18,74]。所有土钉墙均采用喷浆混凝土饰面（在表 6.1 "面墙类型" 中标记为 "S"）；

但 W3 墙除外，源文献并未说明其面层类型，因此标记为"N/S"。有关数据库更详细描述可参考文献 [21]。

图 6.5 为实测水平位移 δ_m 与墙高 H 比值（即 δ_m/H）的直方图和累积分布图。应注意，实测水平位移 δ_m 是在墙面上不同深度处测量得到的。总体上，所有的标准化水平位移 δ_m/H 都小于 9×10^{-3}；超过 95％的值低于 5×10^{-3}，且 50％以上低于 1.5×10^{-3}。可以预见，实测水平位移 δ_m 取决于一系列设计参数。例如，墙越高、后坡越陡、土钉间距越宽、外部荷载越大、面墙柔性越大，则实测水平位移往往倾向于增大；而对于土体强度更大、面墙倾角更缓、土钉更长且深度更大的情况，则 δ_m 倾向于减少。由于数据库中土钉墙的面墙类型或为喷浆混凝土或未指定，因此，无法研究面墙类型对墙体水平位移 δ_m 的影响。墙后坡角和墙面倾角的影响则由库仑主动土压力系数 K_a 表征。将每个土钉墙的总土钉长度视为一个参数，即 $sum(L)$。将土钉支护从属面积 $S_h S_v$ 而非土钉间距作为一个输入参数。

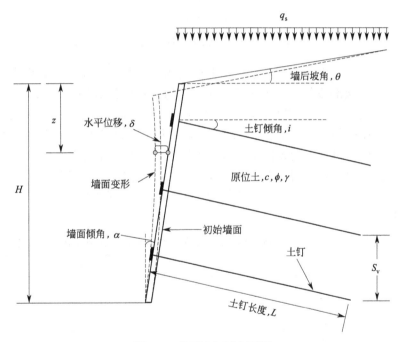

图 6.4　典型土钉墙剖面图

本章采用 8 个变量作为机器学习模型的输入参数：H/H_0，z/H，K_a，$c/\gamma H$，ϕ/ϕ_0，$sum(L)/H$，$S_h S_v/A_t$ 和 $q_s/\gamma H$。这里，所有的输入参数都是无量纲的且 $H_0 = 10m$、$\phi_0 = 30°$、$A_t = 2.25m^2$ 为 3 个常量。应当指出，某些输入参数之间可能存在相关性，例如 K_a 与 ϕ。这种相关性冗余会导致模型训练效率低下。尽管如此，由于本章建立的机器学习模型结构较为简单，因此，相关性冗余的影响实际上微乎其微。还需强调的是，输入变量的相关性并不会导致过拟合问题。更多这方面的讨论可以参考文献 [75]。

图 6.6 展示了这 8 个模型输入参数的直方图和累积百分比。表 6.2 汇总了它们的最小值、平均值、中位数、最大值和典型值。对于墙体几何形状，H/H_0 通常介于 0.8～1.2

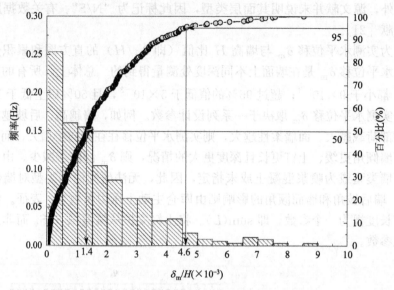

图 6.5　标准化水平位移实测值δ_m/H 的直方图和累积分布图

之间，平均值和中位数均在 1.10 左右。土钉墙水平位移 δ_m 数据中有很大一部分（约 30%）是在土钉墙顶部收集的，即 $z/H=0$；平均值和中位数均在 0.30 左右。参数 K_a 的取值范围一般在 0.2~0.4 之间，但也可能高达 0.8 以上。对于土体抗剪强度参数，内摩擦角 ϕ/ϕ_0 的取值范围一般为 0.5~1.0；平均值和中位数均在 0.80 左右。约 40% 的 $c/\gamma H$ 数据小于 0.05，可视为无黏性土。对于土钉设计参数，土钉总长度之和 $\text{sum}(L)/H$ 大多在 6~8 之间；平均值和中位数均在 6.6 左右。对于土钉支护从属面积 $S_h S_v/A_t$，其值一般介于 0.6~1.0 之间；平均值和中位数均在 0.90 左右。对于外载 $q_s/\gamma H$，土钉墙一般受自重荷载作用，即 $q_s/\gamma H=0$。

机器学习模型输入参数的最小值、平均值、中位数、最大值和典型值汇总　　表 6.2

类别	参数	最小值	平均值	中位数	最大值	典型值
土钉墙几何形状	H/H_0	0.45	1.10	1.12	2.24	0.8~1.2
	z/H	0.00	0.35	0.31	0.97	不适用
	K_a	0.10	0.31	0.32	0.80	0.2~0.4
土体强度参数	ϕ/ϕ_0	0.15	0.84	0.79	1.33	0.8~1.0
	$c/\gamma H$	0.00	0.07	0.06	0.43	0.0~0.1
土钉设计	$\text{sum}(L)/H$	2.96	6.52	6.86	8.79	6.0~8.0
	$S_h S_v/A_t$	0.44	0.91	0.93	1.52	0.6~1.0
外荷载	$q_s/\gamma H$	0.00	0.04	0.00	0.61	0.00

注：$H_0=10\text{m}$、$\phi_0=30°$、$A_t=2.25\text{m}^2$。

最终，构建了一个 376×9 的数据矩阵 $\boldsymbol{D}=[\boldsymbol{I},\boldsymbol{T}]$，其中 $\boldsymbol{I}$ 是一个 376×8 的输入矩阵，其第 k 行为 $I_k=[H/H_0,\ K_a,\ z/H,\ \phi/\phi_0,\ c/\gamma H,\ q_s/\gamma H,\ \text{sum}(L)/H,\ S_h S_v/A_t]_k$（$k=1,2,\cdots,376$），$\boldsymbol{T}$ 为 376×1 目标矩阵 $T_k=[\delta_h/H]_k$（$k=1,2,\cdots,376$）。基于数据矩阵 $\boldsymbol{D}$，本章建立了 3 个机器学习模型用于预测水平位移 δ_m。

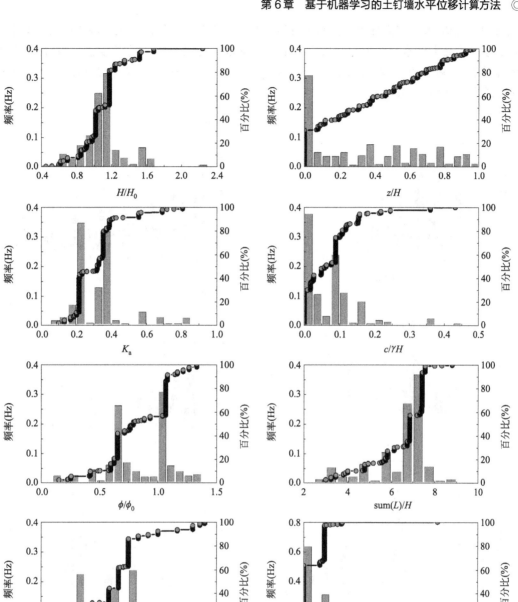

图 6.6　8 个输入参数的直方图和累积百分比

6.3.2　初步分析

标准化实测值 δ_m/H 随 8 个输入参数的变化关系如图 6.7 所示。可以看出，δ_m/H 随 H/H_0、z/H 和 ϕ/ϕ_0 的增大而趋于减小。从逻辑上讲，如果土钉墙越高，则 δ_m 会更大，但这种工况将相应地使用更长的土钉或更密的土钉间距，这又在很大程度上阻止了

δ_m 的进一步增大，进而导致 δ_m/H 随着 H/H_0 的增大反而降低。土钉墙遵循自上而下建造工序，故最大的水平变形通常发生在土钉墙顶部，尤其是采用等长度土钉设计方案时。这解释了 δ_m 随深度减少的原因。δ_m/H 随 ϕ/ϕ_0 的增大而减小是符合逻辑的，因为土体强度越大，墙体变形越小。

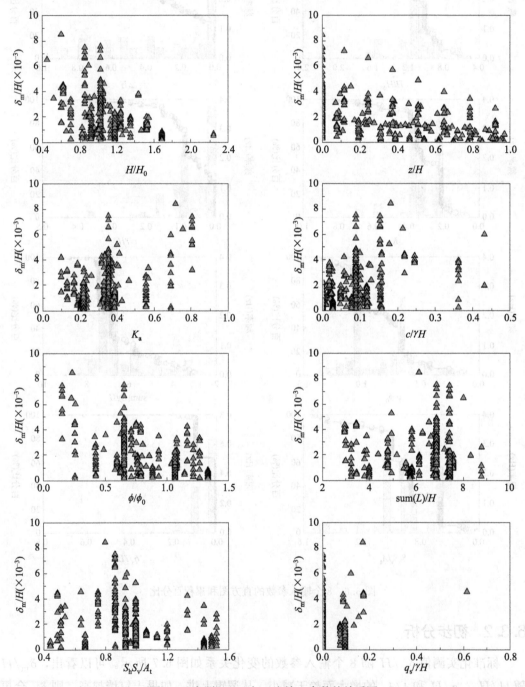

图 6.7　实测 δ_m/H 与 8 个输入参数的关系图

6.4　面墙水平位移机器学习模型

本节首先基于第 6.3 节介绍的数据库，建立了 ANN、RF 和 SVM 三种预测不同深度处土钉墙水平位移的机器学习模型。然后，利用模型因子统计参数来评价所建立机器学习模型的预测精度，并量化了模型因子的概率分布函数。最后，对比和讨论了不同模型的预测性能。

6.4.1　模型建立

6.4.1.1　神经网络模型

本文选用反向传播 BP 神经网络对 δ_m 进行拟合。该 BP-ANN 模型由一个包含 10 个神经元的隐藏层组成。一方面，采用更多的隐藏层和神经元可以用来增强神经网络模型的映射能力；另一方面，倘若数据量不够大，则容易出现过拟合问题。经过几轮试错分析，从平衡预测精度与非过拟合的角度，上述 δ_m/H BP 神经网络模型结构为最优结构。图 6.8 展示了上文提出的 BP 神经网络模型。分别采用 Sigmoid 函数和 Tanh 函数作为输入层—隐藏层和隐藏层—输出层的激活函数，其对应的权重和偏差矩阵分别为 $\boldsymbol{W}_{\mathrm{IH}}$，$\boldsymbol{B}_{\mathrm{IH}}$，和 $\boldsymbol{W}_{\mathrm{HO}}$，$\boldsymbol{B}_{\mathrm{HO}}$。其中，$\boldsymbol{W}_{\mathrm{IH}}$ 包含 10×8 个元素；$\boldsymbol{B}_{\mathrm{IH}}$ 包含 1×10 个元素；$\boldsymbol{W}_{\mathrm{HO}}$ 包含 10×1 个元素；$\boldsymbol{B}_{\mathrm{HO}}$ 包含 1×1 个元素。输出层中第 k 行计算所得的水平位移 δ_p/H 将与目标矩阵 $\boldsymbol{T}$ 中第 k 行的 δ_m/H 比较，并将两者的差称为误差 ε_k。遍历所有行，计算所有误差，然后对误差进行平方并取平均值，得到均方误差（MSE），即 $\varepsilon^2 = \sum\limits_{k=1}^{n} \varepsilon_k^2 / n$。将 MSE 作为神经网络训练的优化指标，将使得 MSE 达到最小值的 $\boldsymbol{W}_{\mathrm{IH}}$，$\boldsymbol{W}_{\mathrm{HO}}$，$\boldsymbol{B}_{\mathrm{IH}}$，$\boldsymbol{B}_{\mathrm{HO}}$ 确定为其最优值。

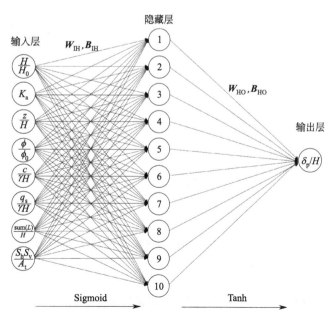

图 6.8　采用 BP 神经网络模型预测土钉墙水平位移 δ_p/H

利用 MATLAB 内嵌的贝叶斯正则化算法，对 BP-ANN 模型进行构建、训练和测试。这个内置的 MATLAB 算法同时训练和验证神经网络模型，在这种情况下不需要额外的验证数据集。因此，输入矩阵 I 将随机分成两个子集，即包含 I 矩阵 85% 数据的训练集 I_{train}（320×8）和包含其余数据的测试集 I_{test}（56×8）。对目标矩阵 T 做同样的分解，即 T_{train}（320×1）包含 85% 的目标集 T，T_{test}（56×1）包含剩余的 T。注意，应保证 T_{train} 和 I_{train} 每一行相互对应。

图 6.9 为均方误差 MSE 随着训练周期增加而递减的过程。一个训练周期指一轮完整的神经网络循环训练和测试[45]。模型训练在第 124 个周期停止，此时，最小的 MSE 为 $0.413×10^{-3}$。这轮周期最终得到的权重和偏差为：

$$W_{IH} = \begin{bmatrix} -0.264 & -0.117 & -0.393 & 0.266 & 1.166 & 0.784 & -1.268 & 0.784 \\ -0.032 & 0.061 & -0.304 & -0.217 & 0.258 & -0.419 & 0.240 & 0.330 \\ 1.062 & -0.028 & 0.192 & -0.262 & 0.252 & 0.179 & 0.063 & 0.261 \\ -0.779 & 0.605 & -0.258 & 1.646 & -0.971 & -0.616 & -0.232 & 0.125 \\ -0.717 & 0.687 & -0.593 & 0.377 & 0.572 & 1.035 & -0.009 & 0.905 \\ -0.782 & -0.054 & -0.549 & -0.209 & -2.588 & -0.150 & -0.131 & 1.137 \\ -1.186 & 0.810 & 0.234 & 0.489 & -1.267 & 0.699 & -0.126 & 0.055 \\ -0.197 & -0.054 & -0.130 & -1.740 & -0.593 & 0.525 & 1.483 & 0.657 \\ 0.165 & 0.539 & -0.740 & -0.458 & -0.25 & -0.982 & -0.7731 & 0.308 \\ 0.038 & -0.017 & 0.264 & 0.146 & -0.232 & 0.350 & -0.227 & -0.280 \end{bmatrix}$$

$$B_{IH} = \begin{bmatrix} -1.447 & 0.795 & -0.925 & -1.419 & 1.220 & 1.822 & -1.816 & -2.127 & -1.187 & -0.711 \end{bmatrix}$$

$$W_{HO} = \begin{bmatrix} -0.405 & -0.431 & -0.177 & 0.789 & -0.186 & -0.438 & -0.779 & -0.040 & 0.030 & 0.388 \end{bmatrix}^{T}$$

$$B_{HO} = \begin{bmatrix} -0.653 \end{bmatrix}$$

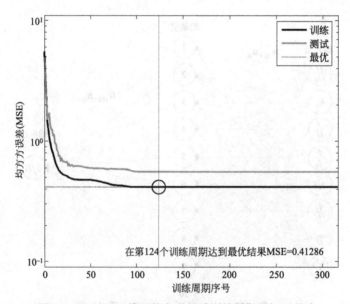

图 6.9 BP-ANN 模型均方误差随训练周期增加而递减

基于训练集和测试集数据的实测 δ_m/H 与预测 δ_p/H 对比分析如图 6.10 所示。对数

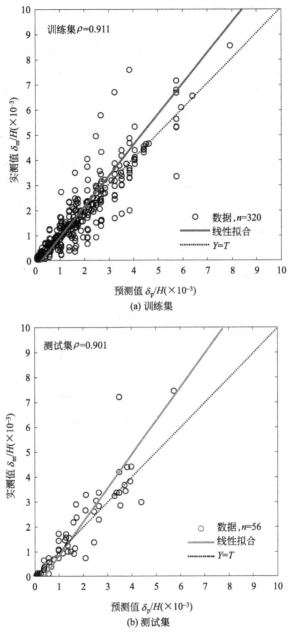

图 6.10　实测 δ_{m}/H 与 BP 神经网络预测 δ_{p}/H 对比

据进行线性拟合以说明趋势。由于数据点主要分布在 $Y=X$ 线周围，这表明，水平位移预测值与实测值吻合较好。训练集的 Pearson 相关系数为 $\rho=0.911$，测试集的 Pearson 相关系数为 $\rho=0.901$。

6.4.1.2　随机森林模型

建立一个合理的 RF 模型的关键点是确定决策树（B），叶节点（N_{L}）和特征（m）的数量。如 6.2.2 节所述，在训练 RF 模型时，将 OOB 误差作为性能指标。通过设置不同的 N_{L}、B 值，可以计算出相应的 OOB 误差。图 6.11 给出了当 N_{L} 为 5、10、20、

50、100，B=[1,50] 的均方 OOB 误差（OOB MSE）。当 B 从 1 增大到 10 时，OOB MSE 迅速降低，而当 $B \geqslant 20$ 后则变得较为稳定。理论上，不断增大 B 值（如 $B=50$）会不断降低 OOB MSE 但其实，减小的量实际上是微不足道的，而且一个较大的 B 值可能导致过拟合和收敛耗时增加。因此，本研究选择的决策树数量 $B=20$。对于叶节点数 N_L，在本例中，OOB MSE 随 N_L 的减小呈下降趋势，当 $N_L=5$ 时，MSE 达到最小值 0.76×10^{-3}。注意，对于其他情况，不一定是 N_L 越小，OOB MSE 就越小。对于随机森林回归模型，N_L 通常选择为 5，这也是本章选择的值。至于特征的数量 m，根据文献 [54]，一般可取 $m=\sqrt{p}$ 或 $m=p/3$。因此，参数 m 可以被取为 2 或 3。在这里，为了使决策树更好地生长且 RF 模型尽可能精确，我们选择 $m=3$。综上所述，土钉墙水平位移 RF 模型的参数选择 $B=20$，$N=5$，$m=3$。模型在 MATLAB 完成构建与分析。

6.4.1.3 支持向量机模型

建立 SVM 回归模型的第一步是确定核函数。基于测试数据集，使用线性、多项式、高斯、Sigmoid 核函数的 SVM 模型的 MSEs 分别为 0.52×10^{-3}，0.47×10^{-3}，0.35×10^{-3} 和 0.89×10^{-3}。对应的确定系数 R^2 分别为 0.637，0.724，0.767 和 0.376。显然，从这两个指标来看，高斯核函数是最合适的核函数。这归因于高斯核是一种局部平滑拟合，当数据点和超平面之间的距离增加时，它的值减小。这有利于减少源数据中的噪声干扰。线性核函数的性能并不令人满意，这是因为这 8 个输入变量与目标变量之间并不存在明显的线性趋势，如图 6.7 所证明。由于多项式函数中参数的调整造成计算量增大且效率降低，因此未选择多项式核。Sigmoid 核函数来源于神经网络理论，虽然在深度学习模型中得到广泛应用，但由于在本研究中预测精度较低，故没有采用。因此，本章使用高斯核函数来建立 SVM 模型。

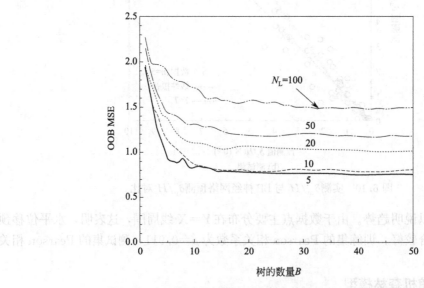

图 6.11　RF 模型中决策树和叶节点数量对 OOB MSE 的影响

SVM 模型选择高斯核函数后，下一步则是优化模型参数，主要是惩罚参数 C 和高斯核系数 ξ。惩罚参数越大，则损失越大，支持向量越少，超平面越复杂。参数 ξ 反映了单点对超平面的影响。数据点的 ξ 越大，其对超平面的影响越大，进而被选为支持向量的难度则越大。本研究将 C 和 ξ 的范围设为 $[-10, 10]$，间隔设为 0.5，则可以得到一个 $C \times \xi = 41 \times 41$ 的矩阵，共包含 1681 个 C 和 ξ 的组合。通过使用相同的训练和测试数据集对每个 $[C, \xi]$ 组合训练和测试 SVM 模型，结果发现当 $C = 1.0$、$\xi = 1.5$ 时可得到最小的 MSE。因此，本章将该组合作为 SVM 模型的参数取值。

6.4.2　模型评价

虽然 MSE 一定程度上表明了 3 个模型之间的相对精度，但使用模型因子统计量如均值和变异系数（COV）来评估它们的模型不确定性更具实际意义。这里，模型因子定义为实测水平位移与预测水平位移之比，即 $\lambda = \delta_m / \delta_p$。图 6.12 展示了实测位移与 ANN、RF 和 SVM 模型预测位移的对比。注意，图 6.12 使用了对数坐标轴。总体上，三种模型的数据点均散布于 1:1 对应线周围。绝大多数数据（超过 90%）处于 0.2～2 的范围内，只有少数例外。这表明这三种模型的预测精度均较好，直观上，很难判断模型之间的相对准确性。

基于所有数据计算 3 个模型的模型因子均值和 COV，其结果汇总于表 6.3。ANN、RF 和 SVM 模型的模型因子均值分别为 0.96、0.96 和 1.03。这意味着统计平均上 3 个模型基本是准确的。相应的模型因子 COV 分别为 0.42、0.49、0.47，均在 0.30～0.60 之间。应当指出，这些值远低于使用传统简单回归方法得出的模型因子 COV 值（0.70）[21]。根据 Phoon 和 Tang[76] 提出的离散度等级划分框架，所有机器学习模型在预测精度上的离散度均可认为是中等。模型因子的 COV 虽然已显著减少，但仍高达 40%～50%。这可以归结为两个原因。首先，虽然采用了 8 个重要的设计参数作为输入，但仍缺少其他一些关键参数；例如，土钉墙的设计安全裕度。其次，用于模型训练与测试的数据只有 376 个，离真正意义上的"大数据"仍很远。在本研究案例中，后者更可能是造成模型因子 COV 较大的根本原因。

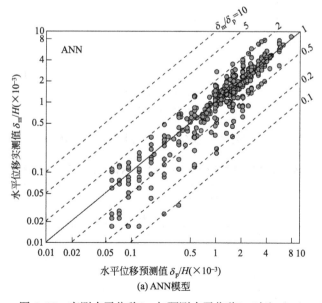

图 6.12　实测水平位移 δ_m 与预测水平位移 δ_p 对比（一）

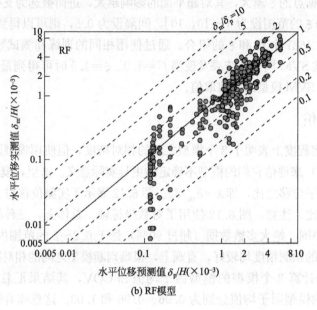

(b) RF模型

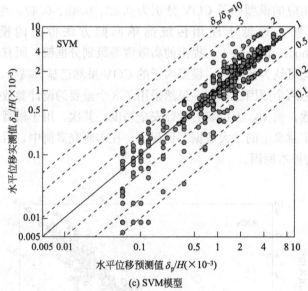

(c) SVM模型

图 6.12　实测水平位移 δ_m 与预测水平位移 δ_p 对比（二）

基于传统矩法和尾部拟合的 ANN、RF 和 SVM 模型的模型因子统计量　　表 6.3

模型	基于传统矩法的 λ		尾部线性拟合的 λ	
	均值	变异系数	均值	变异系数
ANN	0.96	0.42	0.99	0.29
RF	0.96	0.49	1.04	0.41
SVM	1.03	0.47	0.83	0.57

注：这里的 λ 是对数正态随机变量。

　　ANN、RF、SVM 三个模型 δ_m 与 δ_p 之间的 R^2 分别为 0.83、0.79、0.80。虽然这些值是相对的，但是 ANN 模型的 R^2 值最高。图 6.13 是每个模型 λ 随土钉墙水平位移预测值 δ_p 的变化图。直观上，两者并没有明显的相关趋势。同时，Spearman 秩相关检验结果证实，λ 和 δ_p 在 0.05 显著性水平上可以认为是统计不相关的。将 λ 与每个输入参数进行进一步的相关性分析，结果均没有发现统计相关性。Spearman 秩相关检验结果汇总于表 6.4。基于上述分析，可以推断出 ANN 模型是相对最优的。

3 种机器学习模型因子与 8 个输入参数及模型输出的 Spearman 秩相关检验结果汇总

表 6.4

参数	λ（ANN 模型）		λ（RF 模型）		λ（SVM 模型）	
	Spearman ρ	p 值	Spearman ρ	p 值	Spearman ρ	p 值
δ_p/H	0.16	0.072	0.26	0.043	0.14	0.065
H/H_0	-0.02	0.769	-0.04	0.395	-0.06	0.244
z/H	-0.08	0.102	-0.09	0.091	-0.05	0.381
K_a	0.09	0.083	0.12	0.044	0.08	0.115
ϕ/ϕ_0	-0.07	0.185	-0.09	0.046	-0.08	0.124
$c/\gamma H$	0.10	0.055	0.11	0.062	0.06	0.210
$\mathrm{sum}(L)/H$	-0.05	0.330	-0.02	0.695	-0.05	0.378
$S_h S_v/A_t$	0.10	0.050	0.08	0.109	0.04	0.467
$q_s/\gamma H$	-0.10	0.051	-0.06	0.262	-0.06	0.238

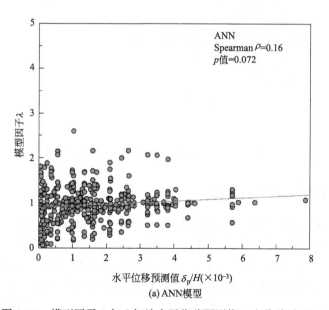

图 6.13　模型因子 λ 与土钉墙水平位移预测值 δ_p 变化关系（一）

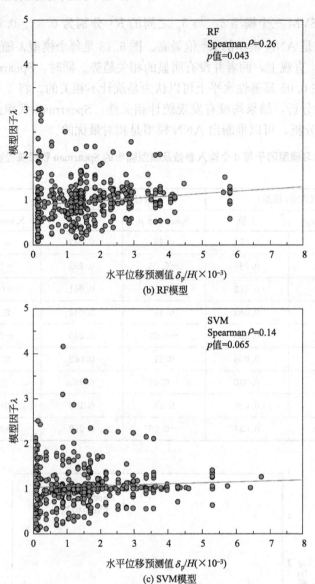

(b) RF模型

(c) SVM模型

图 6.13　模型因子 λ 与土钉墙水平位移预测值 δ_p 变化关系（二）

6.4.3　模型因子概率分布函数

除了平均值和变异系数外，还需对模型因子的概率分布进行量化，因为它也是岩土工程结构可靠度设计的必要输入参数。图 6.14 展示了 3 个位移模型的模型因子直方图及模型因子对数正态拟合累积分布图。显然，对数正态拟合均无法很好地捕捉三个模型因子数据点的变化趋势。为了证实这一观察结果，对每个模型的模型因子对数值 $[\ln(\lambda)]$ 进行 Kolmogorov-Smirnov（K-S）正态分布假设性检验。结果表明，所有检验的 p 值均不超过 0.05，这意味着在 0.05 的显著性水平下，这三个模型的 $\ln(\lambda)$ 数据不能被认为来自正态分布的母本。因此，不能将这三个模型的模型因子当作对数正态随机变量。额外的 K-S 检验（包括 K-S 修正检验）表明，这些模型因子也不能被视为正态、Weibull 及 Gamma

随机变量。

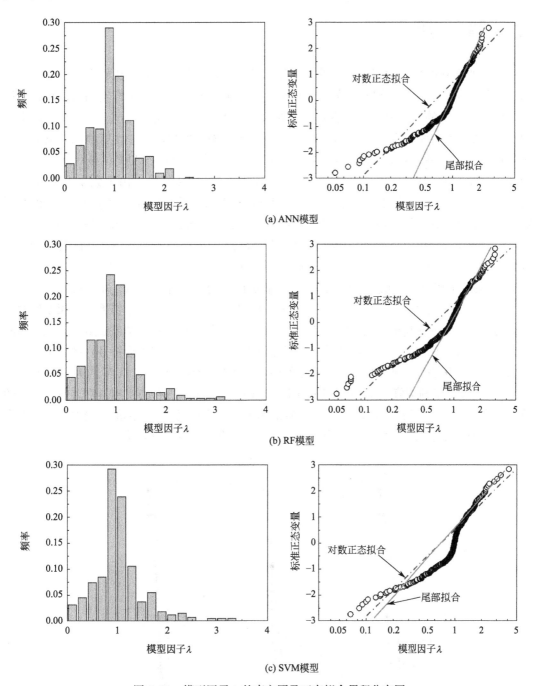

图 6.14　模型因子 λ 的直方图及正态拟合累积分布图

事实上，模型因子上尾部的分布是土钉墙位移可靠度设计的主要相关部分。这与功能函数中的荷载项相似，见文献 [77]。采用尾部拟合技术对每个模型的模型因子上尾部分布进行线性近似，结果如图 6.14 所示，则这三个模型的 λ 可被视为对数正态随机变量。基于尾部线性拟合的 ANN、RF 和 SVM 模型因子均值和 COV 分别为 0.99 和 0.29，

1.04 和 0.41 以及 0.83 和 0.57。

6.5　模型应用

尽管所建立的机器学习模型有效性已经得到验证，本节继续介绍机器学习模型在另外两个工程案例中的应用，可视为另一层面的再次验证。两个土钉墙工程实例均是在日本设计、建造和监测的。这两个土钉墙的数据既未用于训练，也未用于测试上述 3 个机器学习模型。案例 1 的土钉墙墙高 10.3m，墙面倾角为 6°，墙后坡角水平。土钉墙深度范围内的土为填土（$c = 25kPa$，$\phi = 16.7°$，$\gamma = 13.0kN/m^3$），黏土（$c = 28kPa$，$\phi = 10.5°$，$\gamma = 14.9kN/m^3$）和细沙（$c = 9.8kPa$，$\phi = 32.2°$，$\gamma = 17.6kN/m^3$）。由上到下共有 6 排土钉，钉长 $L = 4.3m$，土钉间距为 $S_h = S_v = 1.5m$。该墙只承受自重，即 $q_s = 0$。工程案例 2 是另一个建立在分层土体上的土钉墙，包括砂土层及上覆黏土层。墙的几何参数为 $H = 11m$，$\alpha = 6°$，$\theta = 0°$；黏土层参数为 $c = 34kPa$，$\phi = 15°$，$\gamma = 13kN/m^3$，砂土层为 $c = 0kPa$，$\phi = 35°$，$\gamma = 17kN/m^3$。共 6 排土钉，钉长 $L = 4.5m$，土钉间距为 $S_h = S_v = 1.5m$，顶部无超载 $q_s = 0$。关于这两个土钉墙更详细的介绍可见文献 [78-79]。

将本章建立的 ANN 模型、RF 模型和 SVM 模型用于估算这两个土钉墙不同深度处的水平位移。将预测的平均值及其 ±95% 的预测区间与实测值进行比较，结果如图 6.15(a) 和图 6.15(b) 所示。总体上，三个机器学习模型的预测平均值（实心三角形符号）都与实测值展现出一致的变化趋势。基于机器学习模型的模型因子均值约为 1.00，COV 约为 40%～50%（表 6.3），计算了预测值 ±95% 的预测区间。如图所示，几乎所有的实测值都落在 ±95% 的置信区间内，除了墙最底部的点，其他位置的水平位移预测值高于实测值。误差偏向在安全一边，预测是保守的。至此，这 3 个机器学习模型的有效性再次得到验证。

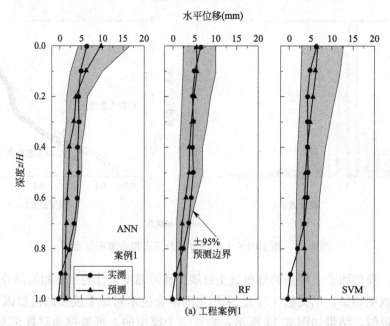

图 6.15　两个土钉墙工程案例预测（均值及其 ±95% 预测边界）与实测水平位移的比较（一）

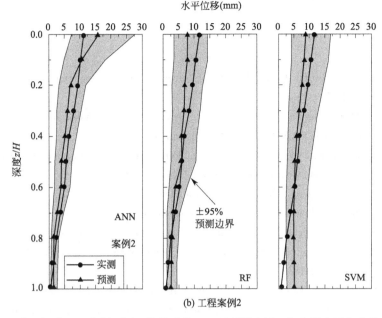

图 6.15　两个土钉墙工程案例预测（均值及其±95％预测边界）与实测水平位移的比较（二）

6.6　结论

本章首先介绍了由 Yuan Jie 等[9] 建立的包含 376 组土钉墙水平位移实测值的数据库。基于该数据库，采用三种机器学习方法，包括人工神经网络（ANN）、随机森林（RF）和支持向量机（SVM），建立了以墙体几何形状（墙体高度、墙面倾角、墙后坡角）、土的物理和抗剪强度特性（摩擦角、黏聚力和土体重度）、土钉配置设计（土钉间距和土钉长度）及外部荷载条件（超载）为输入参数的土钉墙不同深度处水平位移预测模型。接着，基于模型因子统计参数评估并比较了这 3 个机器学习模型的预测精度。其中，模型因子定义为土钉墙水平位移实测值与预测值的比值。本研究主要结论如下：

（1）所建立的土钉墙水平位移 ANN 模型、RF 模型及 SVM 模型，其模型因子均值均接近 1.0，即偏差在 5％以内，平均精度较高。模型因子 COV 在 40％～50％之间，预测精度为中等离散度。模型预测精度与模型的输入参数和输出值无统计相关性。

（2）三种模型的模型因子均不服从对数正态分布。对模型因子数据采用尾部拟合技术，可将拟合的模型因子视为对数正态随机变量。其中，ANN 模型的模型因子均值和 COV 分别为 0.99 和 0.29，RF 模型的模型因子均值和 COV 分别为 1.04 和 0.41，SVM 模型的模型因子均值和 COV 分别为 0.83 和 0.57。

（3）虽然 3 种机器学习模型均能较好地拟合土钉墙水平位移，对土钉墙设计都具有一定的工程应用价值。但 ANN 模型的 COV 和 MSE 偏差最小，可认为是本章研究得出的最优模型。

本章研究展示了应用机器学习技术解决岩土问题的机会。然而，应明确强调数据是建立机器学习模型的基础。随着数据积累越来越多，可利用更多数据对本章 3 个模型进行优化，从而达到更好的精度。

参考文献

［1］ Lazarte C A，Robinson H，Gómez Je，et al. Geotechnical engineering circular No. 7 soil nail walls—Reference manual ［J］. 2015.

［2］ Aashto. LRFD bridge design specifications ［R］. 9th Ed. American Association of State Highway and Transportation Officials （AASHTO），Washington D C，2020.

［3］ Ye Xinyu，Wang Qiong，Wang Shanyong，et al. Performance of a compaction-grouted soil nail in laboratory tests ［J］. Acta Geotechnica，2019，14 （4）：1049-1063.

［4］ Ye Xinyu，Wang Shanyong，Wang Qiong，et al. The influence of the degree of saturation on compaction-grouted soil nails in sand ［J］. Acta Geotechnica，2019，14 （4）：1101-1111.

［5］ Lin Peiyuan，Bathurst Richard J，Javankhoshdel Sina，et al. Statistical analysis of the effective stress method and modifications for prediction of ultimate bond strength of soil nails ［J］. Acta Geotechnica，2017，12 （1）：171-182.

［6］ Zhou W. H. ，Yin J H，Hong C Y Finite element modelling of pullout testing on a soil nail in a pullout box under different overburden and grouting pressures ［J］. Canadian Geotechnical Journal，2011，48 （4）：557-567.

［7］ Lin Peiyuan，Bathurst Richard J，Liu Jinyuan. Statistical evaluation of the FHWA simplified method and modifications for predicting soil nail loads ［J］. Journal of Geotechnical and Geoenvironmental Engineering，2017，143 （3）：04016107.

［8］ Lin Peiyuan，Ni Pengpeng，Guo Chengchao，et al. Mapping soil nail loads using Federal Highway Administration （FHWA） simplified models and artifical neural network technique ［J］. Canadian Geotechnical Journal，2020，57 （6）：1453-1471.

［9］ Yuan Jie，Lin Peiyuan，Huang Rui，et al. Statistical evaluation and calibration of two methods for predicting nail loads of soil nail walls in China ［J］. Computers and Geotechnics，2019，108：269-279.

［10］ Hu Yongqiang，Lin Peiyuan，Guo Chengchao，et al. Assessment and calibration of two models for estimation of soil nail loads and system reliability analysis of soil nails against internal failures ［J］. Acta Geotechnica，2020，15 （6）：2941-2968.

［11］ Liu Huifen，Tang Liansheng，Lin Peiyuan，et al. Accuracy assessment of default and modified FHWA simplified models for estimation of facing tensile forces of soil nail walls ［J］. Canadian Geotechnical Journal，2018，55 （8）：1104-1115.

［12］ Liu H F，Ma H H，Chang D，et al. Statistical calibration of federal highway administration simplified models for facing tensile forces of soil nail walls ［J］. Acta Geotechnica，2021，16 （5）：1509-1526.

［13］ Lin Peiyuan，Liu Jinyuan，Yuan Xianxun. Reliability analysis of soil nail walls against external failures in layered ground ［J］. Journal of Geotechnical & Geoenvironmental Engineering，2017，143 （1）：04016077.

［14］ Murthy Br Srinivasa，Babu Gl Sivakumar，Srinivas A. Analysis of prototype soil-nailed retaining wall ［J］. Proceedings of the Institution of Civil Engineers Ground Improvement，2002，6 （3）：129-136.

［15］　Kim J S，Kim J Y，Lee S R Analysis of soil nailed earth slope by discrete element method ［J］. Computers & Geotechnics，1997，20（1）：1-14.

［16］　Clouterre. Recommendations Clouterre 1991：Soil nailing recommendations for designing，calculating，constructing and inspecting earth support systems using soil nailing ［R］. Federal Highway Administration，Washington，D C，1991.

［17］　Phear A，Dew C，Ozsoy B，et al. Soil nailing-best practice guidance ［M］. 2005.

［18］　Cecs. Specifications for Soil Nailing in Foundation Excavations ［M］. China Association for Engineering Construction Standardization ，1997.

［19］　中华人民共和国住房和城乡建设部. 建设基坑支护技术规程：JGJ 120—2012 ［S］. 北京：中国建筑工业出版社，2012.

［20］　Geo. Guide to soil nail design and construction ［J］. Geotechnical Engineering Office，Civil Engineering and Development Dept，Government of the Hong Kong Special Administrative Region，Hong Kong，2008.

［21］　Yuan Jie，Lin Peiyuan，Mei Guoxiong，et al. Statistical prediction of deformations of soil nail walls ［J］. Computers and Geotechnics，2019，115：103168.

［22］　Wei Y L. Analysis and prediction of horizontal displacement for composite soil nail walls ［D］. Hangzhou：Zhejiang University，2006.

［23］　Babu Gls，Singh V P. Deformation and stability regression models for soil nail walls ［J］. Geotechnical Engineering，2009，162（ge4）：213-223.

［24］　Yang Guanghua. Calculation of soil nail forces and displacement in soil nailing retaining wall ［J］. Rock and Soil Mechanics，2012，33（1）：137-146.

［25］　Haykin Simon. Neural networks and learning machines ［M］. Pearson education Upper Saddle River，2009.

［26］　Demuth Howard B，Beale Mark H，De Jess Orlando，et al. Neural network design ［M］. Martin Hagan，2014.

［27］　Goh A T C，Zhang R H，Wang W，et al. Numerical study of the effects of groundwater drawdown on ground settlement for excavation in residual soils ［J］. Acta Geotechnica，2020，15（5）：1259-1572.

［28］　Liaw Andy，Wiener Matthew. Classification and regression by randomForest ［J］. R news，2002，2（3）：18-22.

［29］　Breiman Leo. Random forests ［J］. Machine learning，2001，45（1）：5-32.

［30］　Zhang Wengang，Zhang Runhong，Wu Chongzhi，et al. Assessment of basal heave stability for braced excavations in anisotropic clay using extreme gradient boosting and random forest regression ［J］. Underground Space，2020.

［31］　Smola Alex J，Schölkopf Bernhard. A tutorial on support vector regression ［J］. Statistics and computing，2004，14（3）：199-222.

［32］　Schölkopf，Bernhard. Learning with kernels：support vector machines，regularization，optimization，and beyond ［M］. MIT Press，2001.

［33］　Zhang W G，Li H R，Wu C Z，et al. Soft computing approach for prediction of surface settlement induced by earth pressure balance shield tunneling ［J］. Underground Space，2020.

［34］　Das Sarat Kumar，Basudhar Prabir Kumar. Undrained lateral load capacity of piles in clay using artificial neural network ［J］. Computers and Geotechnics，2006，33（8）：454-459.

［35］　Zhang Wengang，Wu Chongzhi，Li Yongqin，et al. Assessment of pile drivability using random forest regression and multivariate adaptive regression splines [J]. Georisk: Assessment and Management of Risk for Engineered Systems and Geohazards, 2019, 15 (1): 27-40.

[36] Shahin Mohamed A, Maier Holger R, Jaksa Mark B. Predicting settlement of shallow foundations using neural networks [J]. Journal of Geotechnical & Geoenvironmental Engineering, 2002, 128 (9): 785-793.

[37] Çelik Semet, Tan Özcan. Determination of preconsolidation pressure with artificial neural network [J]. Civil Engineering and Environmental Systems, 2005, 22 (4): 217-231.

[38] Puri Nitish, Prasad Harsh Deep, Jain Ashwani. Prediction of geotechnical parameters using machine learning techniques [J]. Procedia Computer Science, 2018, 125: 509-517.

[39] Zhang Wengang, Wu Chongzhi, Zhong Haiyi, et al. Prediction of undrained shear strength using extreme gradient boosting and random forest based on Bayesian optimization [J]. Geoscience Frontiers, 2021, 12 (01): 469-477.

[40] Tinoco Joaquim, Gomes Correia A., Cortez Paulo. Support vector machines applied to uniaxial compressive strength prediction of jet grouting columns [J]. Computers and Geotechnics, 2014, 55: 132-140.

[41] Samui Pijush, Sitharam T G, Kurup Pradeep U. OCR prediction using support vector machine based on piezocone data [J]. Journal of Geotechnical and Geoenvironmental Engineering, 2008, 134 (6): 894-898.

[42] Kim Young-Su, Kim Byung-Tak. Use of artificial neural networks in the prediction of liquefaction resistance of sands [J]. Journal of Geotechnical and Geoenvironmental Engineering, 2006, 132 (11): 1502-1504.

[43] Kohestani V R, Hassanlourad M, Ardakani A. Evaluation of liquefaction potential based on CPT data using random forest [J]. Natural Hazards, 2015, 79 (2): 1079-1089.

[44] Goh Anthony Tc, Wong Ks, Broms Bb. Estimation of lateral wall movements in braced excavations using neural networks [J]. Canadian Geotechnical Journal, 1995, 32 (6): 1059-1064.

[45] Hu Hui, Lin Peiyuan. Analysis of resistance factors for LRFD of soil nail pullout limit state using default FHWA load and resistance models [J]. Marine Georesources & Geotechnology, 2019: 1-17.

[46] Zhang Wengang, Li Yongqin, Wu Chongzhi, et al. Prediction of lining response for twin tunnels constructed in anisotropic clay using machine learning techniques [J]. Underground Space, 2020.

[47] Liu Yang, Zhang Jian-Jing, Zhu Chong-Hao, et al. Fuzzy-support vector machine geotechnical risk analysis method based on Bayesian network [J]. Journal of Mountain Science, 2019, 16 (8): 1975-1985.

[48] Goh Anthony T C, Goh S H. Support vector machines: Their use in geotechnical engineering as illustrated using seismic liquefaction data [J]. Computers and Geotechnics, 2007, 34 (5): 410-421.

[49] Shahin Mohamed A, Jaksa Mark B, Maier Holger R. State of the art of artificial neural networks in geotechnical engineering [J]. Electronic Journal of Geotechnical Engineering, 2008, 8 (1): 1-26.

[50] Shahin Mohamed A. A review of artificial intelligence applications in shallow foundations [J]. International Journal of Geotechnical Engineering, 2015, 9 (1): 49-60.

[51] Shahin Mohamed A. State-of-the-art review of some artificial intelligence applications in pile foundations [J]. Geoscience Frontiers, 2016, 7 (1): 33-44.

[52] Zhang Wengang, Zhang Runhong, Wu Chongzhi, et al. State-of-the-art review of soft computing

applications in underground excavations [J]. Geoscience Frontiers, 2020, 11 (4): 1095-1106.

[53] Zhang Wengang, Ching Jianye, Goh Anthony, et al. Big data and machine learning in geoscience and geoengineering: introduction [J]. Geoscience Frontiers, 2020, 12.

[54] Efron Bradley, Hastie Trevor. Computer age statistical inference [M]. Cambridge University Press, 2016.

[55] Rafiq My, Bugmann G, Easterbrook Dj. Neural network design for engineering applications [J]. Computers & Structures, 2001, 79 (17): 1541-1552.

[56] Krishnan Nm Anoop, Mangalathu Sujith, Smedskjaer Morten M, et al. Predicting the dissolution kinetics of silicate glasses using machine learning [J]. Journal of Non-Crystalline Solids, 2018, 487: 37-45.

[57] Mangalathu Sujith, Jeon Jong-Su. Classification of failure mode and prediction of shear strength for reinforced concrete beam-column joints using machine learning techniques [J]. Engineering Structures, 2018, 160: 85-94.

[58] Scholkopf Bernhard, Smola Alexander J. Learning with kernels: support vector machines, regularization, optimization, and beyond [M]. Adaptive Computation and Machine Learning series, 2018.

[59] Scholkopf Bernhard, Sung Kah-Kay, Burges Christopher Jc, et al. Comparing support vector machines with Gaussian kernels to radial basis function classifiers [J]. IEEE transactions on Signal Processing, 1997, 45 (11): 2758-2765.

[60] Duan Qiwei. Field measurement and numerical simulation of soil nailing [D]. Beijing, China: Beijing Jiaotong University, 2007.

[61] 李斌. 北京国益大厦基坑土钉支护数值模拟与现场试验研究 [D]. 北京: 中国地质大学（北京）, 2010.

[62] 刘合伍. 深基坑土钉支护工作机理数值模拟研究 [D]. 广州: 广东工业大学硕士论文, 2010.

[63] Liu Lingxia, Yao Haihui, Li Xiangquan, et al. FLAC 3D analysis of internal forces of soil nails bracing construction in deep foundation pit [J]. Construction Technology, 2008, 37 (s1): 5.

[64] Tang Yemao. The monitoring and stability analysis on soil nail wall supporting excavation engineering [J]. Journal of Langfang Teachers College (Natural Science Edition), 2014, 14 (4): 94-97.

[65] Zhang Baihong, Li Guofu, Han Lijun. Research on simple calculating method of designing foundation pit supporting by soil nailing [J]. Rock and Soil Mechanics, 2008, 29 (11): 3041-3046.

[66] Wu Zhongchen, Tang Liansheng, Liao Zhiqiang, et al. FLAC-3D simulation of deep excavation with compound soil nailing support [J]. Chinese Journal of Geotechnical Engineering, 2006, 28 (S1): 1460-1465.

[67] 张国军. 深基坑土钉支护分析与优化设计研究 [D]. 大连: 大连理工大学, 2002.

[68] 李铁军. 深基坑土钉支护试验研究及其数值模拟 [D]. 淮南: 安徽理工大学, 2009.

[69] Menkiti Christopher O, Long Michael. Performance of soil nails in Dublin glacial till [J]. Canadian Geotechnical Journal, 2008, 45 (12): 1685-1698.

[70] Guler Erol, Bozkurt Cemal F. The effect of upward nail inclination to the stability of soil nailed structures [R]. 2004.

[71] Jacobsz Sw, Phalanndwa Ts. Observed axial loads in soil nails [C] //proceedings of the Proceedings of the 15th African Regional Conference on Soil Mechanics and Geotechnical Engineering. IOS Press, 2011.

[72] Banerjee S, Finney A, Wentworth T, et al. Evaluation of design methodologies for soil-nailed

walls，volume 2：distribution of axial forces in soil nails based on interpretation of measured strains [R]. 1998.

[73] Sawicki Andrzej，Lesniewska Danuta，Kulczykowski Marek. Measured and predicted stresses and bearing capacity of a full scale slope reinforced with nails [J]. Soils and Foundations，1988，28 (4)：47-56.

[74] Lazarte Ca，Elias V，Espinoza Rd，et al. Geotechnical engineering circular no. 7：Soil nail walls [J]. Federal Highway Administration，Washington，DC，2003.

[75] Bishop Charles M. Pattern recognition and machine learning，5th Edition [M]. 2007.

[76] Phoon Kok-Kwang，Tang Chong. Characterisation of geotechnical model uncertainty [J]. Georisk：Assessment Management of Risk for Engineered Systems Geohazards，2019：1-30.

[77] Bathurst Richard J.，Allen Tony M.，Lin Peiyuan，et al. LRFD calibration of internal limit states for geogrid MSE walls [J]. Journal of Geotechnical and Geoenvironmental Engineering，2019，145 (11)：04019087.

[78] Hirano Takayuki，Fujii Toshiyuki，Hayashi Kensuke，et al. Cut-slope stability by earth reinforcement technique [J]. Journal of Nishimatsu Construction，1989，12：59-71.

[79] Aoki H.，Maruyama O.，Yonezawa T.，et al. Design method of reinfoced slope for excavation (Part 2)—Measurement and FEM Analysis [R]. Tokyo，Japan：Japna Railway Construction Public Corporation，1996.

第7章

基于人工神经网络的软土力学性质预测

7.1 引言

粤港澳大湾区是我国当前经济建设的重点区域，大规模的城市群基础设施建设正如火如荼地开展。然而，软土在大湾区内广泛分布，极易导致基础设施全寿命周期内出现承载力不足、地基过度沉降及不均匀沉降等问题，给岩土工程师带来巨大挑战。为确保设计的安全性与可靠性，软土地区的工程项目通常需要进行大量的室内和原位试验，以确定土的力学性质（例如抗剪强度和压缩性）。实际上，土工试验可能会存在一些不足之处：首先，现场取样并运输到实验室进行测试的过程中，土样很容易受到扰动，从而导致土体结构乃至力学特性改变。对于结构性土体，试样扰动对其力学特性的影响尤为显著。Lunne等[1] 研究表明，试样扰动对软土抗剪强度有较大影响。其次，完成一系列土工试验可能需要几个月的时间，如多级固结试验、黏性土渗透试验和三轴试验等。这不仅非常耗时[2]，而且经济效益不高。此外，试验结果可能对仪器精度和试验人员熟练程度与技术水平有较大依赖性，测量误差不可控。

由于这些不足之处，岩土工程师不断寻求基于土体物理性质建立快速评估土体力学特性的经验方法。Koppula[3] 利用最小二乘法回归得出软黏土压缩指数与其物理参数之间的关系。该经验回归方程可用于黏性土上基础结构的沉降计算。文献 [4-8] 中将侧壁摩阻力、锥尖阻力和孔隙水压力数据经验地关联到黏聚力、内摩擦角、剪切波速、土性和超固结比等土体属性参数。Amiri Khaboushan 等[9] 建立了几种土体物理属性与非饱和土抗剪强度参数的多元线性回归关系。Cao 等[10] 利用静力触探数据，基于贝叶斯方法进行地层划分。

建立土的物理和力学特性之间的经验关系在很大程度上促进了岩土工程分析。然而，由于自然土体物理力学性质的不确定性和复杂性[11]，精确量化两者之间关系仍具有非常大的挑战性。近年来,机器学习方法如人工神经网络(ANN)、支持向量机(SVM)、随机森林(RF)等在岩土工程领域受到了极大关注,因为它们能够高效、准确地拟合高度非线性的问题[12-13]。成功的实例包括桩基础设计[14-15],条形基础承载力估算[16-17],边坡稳定性[18-19]和变形分析[20-22],土体本构建模[23],有支撑开挖的侧墙变形和基底隆起稳定性分析[24-25],砂土抗液化性能评估[26],基于可靠度的荷载和阻力系数设计方法中的阻力系数校准[27],隧道衬砌响应分析[28],盾构隧道引起的地面沉降分析[29]等。

除了解决岩土分析问题,机器学习方法在利用土体物理试验数据拟合其力学参数方面也取得了成功(表7.1)。Çelik 和 Tan[30],Samui 等[31]分别采用 SVM 方法确定预固结压力。Das 等[32]、Kanungo 等[33]、Kiran 等[34]、Pham 等[35]和 Zhang 等[36]应用机器学习技术估算了不同条件下土体的抗剪强度参数。Park 和 Lee[37],Pham 等[38],Pham等[39]和 Zhang 等[40]则建立了土体压缩特性机器学习模型。感兴趣的读者可参考文献[41-46]等岩土和地质工程领域的最新综述,更深入地了解机器学习方法及其应用。

虽然研发土体力学参数机器学习模型一直是人们关注的热点,但有两个问题显著削弱了机器学习模型的工程实用性。首先,大多数研究使用平均绝对误差(MAE)、均方根误差(RMSE)和决定系数(R^2)进行模型训练和精度评估,极少有研究采用模型因子来量化模型的不确定性。模型因子统计参数通常指的是模型因子的均值、变异系数和概率密度函数。由于缺少模型因子的量化表征,很难将机器学习模型应用于岩土工程可靠度分析和设计。另一个问题是,已建立的机器学习模型常常过于复杂,没有明确的解析表达式,这在很大程度上阻碍了工程师在实践中应用这些高级模型。

本章提出了一种基于简单物理参数且具有解析表达式的人工神经网络模型,用于快速而较为准确地估算我国粤港澳大湾区广泛分布的软土抗剪强度和压缩特性。大湾区软土的特点是含水量极高、孔隙比大、压缩性高、渗透系数低[47-48]。当前,粤港澳大湾区正处于高速发展时期,很大一部分基础设施建设将不可避免地建于软土之上,并面临它们带来的承载力和地基沉降问题[49]。因此,建立简单、高效而又足够准确的模型来迅速评估该地区软土的力学性质是有较大的工程实际需求的。

围绕上述需求,本章基于大湾区主要城市珠海软土工程实践,首先建立了实测软土物理力学参数大数据库。接着,采用人工神经网络技术建立高效、准确的从物理参数映射到力学参数的解析模型。最后,利用模型因子对所建立的神经网络模型不确定性进行定量评估,并探讨了其概率分布函数。本研究的创新之处在于给出具有解析形式的人工神经网络模型及其模型不确定性的量化结果。该项成果能够根据简单的土体物理参数快速评估其力学特性,为开发高效、准确的岩土工程人工神经网络模型应用提供了借鉴案例。

土体物理力学参数经验拟合研究汇总 表7.1

序号	物理参数	力学参数	方法	参考文献
1	液限、孔隙比、含水量	压缩模量、压缩系数	最小二乘法	[3]
2	静力触探数据	黏聚力、内摩擦角	理论推导	[4]
3	静力触探数据	剪切波速	多维线性回归	[5]
4	标准化压电锥尖阻力、孔隙水压力	土体分类	经验公式	[6]

续表

序号	物理参数	力学参数	方法	参考文献
5	静力触探数据	场地表征	贝叶斯方法	[7,10]
6	静力触探数据	内摩擦角、超固结比	多维非线性回归	[8]
7	粒径分布、有机物含量、碳酸钙含量、压实度、骨料平均重量直径、结构稳定指标	土黏聚力、内摩擦角、基质吸力	多维线性回归	[9]
8	孔隙比、荷载、再压缩曲线斜率、初始压缩曲线斜率	前期固结压力	ANN	[30]
9	压电锥尖阻力	超固结比	SVM	[31]
10	液限、塑性指数、黏粒占比	残余强度	ANN, SVM	[32]
11	砾石、砂、粉土、黏土含量,干密度,塑性指数	非饱和抗剪强度	ANN, CART	[33]
12	含水量,塑性指数,干密度,砾石、砂、粉土、黏土含量	土黏聚力、内摩擦角	PNN	[34]
13	含水量、黏土含量、液限、塑限、塑限指标、一致性指数	土黏聚力、内摩擦角	PANFIS, SVR, GAN-FIS, ANN	[35]
14	先期固结应力、竖向有效应力、液限、塑限、天然含水率	非饱和抗剪强度	XGBoost and RF	[36]
15	含水量、液限、塑限指数、相对密度、土类	压缩模量、压缩系数	ANN	[37]
16	取样深度、体密度、塑限指数、含水量、黏粒含量、相对密度、孔隙比、液限、干密度、孔隙率、塑限、饱和度、液限指数	压缩系数	ANN, ANFIS, SVM	[39]
17	静力触探数据、含水量	压缩模量	GA-GBRT	[40]

本章组织如下：第 7.2 节介绍了人工神经网络映射方法，第 7.3 节介绍了用于训练和验证人工神经网络模型的软土力学指标数据库，人工神经网络模型的构建和评估见第 7.4 节，第 7.5 节确定了模型因子的概率分布函数，第 7.6 节为本章小结。

7.2　研究方法

本章采用的研究方法包括模型开发和模型评估两部分。模型开发部分采用人工神经网络进行。人工神经网络以物理属性参数为输入值，以力学性能指标为目标（输出值）。物理属性参数主要包括取样深度、塑限、液限、塑性指数、液性指数、含水率、孔隙比、密度、相对密度等，这将在 7.3 节中介绍。其力学性能指标为土体黏聚力、土体内摩擦角、压缩模量和压缩系数。前两者是通过直剪（DS）、固结（CS）、不固结不排水（UU）、总应力固结不排水（CU1）和有效应力固结不排水（CU2）等一系列试验获得的；后两者是通过压缩（MC）试验得到的。

神经网络的结构和神经元的数量应遵循简单和实用的原则。理想的情况是建立具有解析形式的人工神经网络。最后，使用建立的数据库对神经网络模型进行训练、验证和测试。为方便起见，以试验类型命名人工神经网络模型，即 DS 人工神经网络、CS 人工神经网络、UU 人工神经网络、CU1 人工神经网络、CU2 人工神经网络和 MC 人工神经网络。

在人工神经网络训练过程中，利用 MSE 作为模型精度的指标。虽然这是常用方法，但 MSE 不足以全面描述模型的不确定性。为解决这一问题，采用模型因子法表征人工神经网络的模型不确定性。人工神经网络和模型因子法的技术细节分别在 7.2.1 节和 7.2.2 节中介绍。

7.2.1 神经网络技术

人工神经网络通常由三部分组成：输入层、隐藏层和输出层，如图 7.1(a) 所示。层与层之间是完全连接的，每个圆圈代表一个神经元。神经网络的学习过程包括正向传播和反向传播[50]。对于正向传播，外界的信息通过输入层流入网络，再经过隐藏层处理，最后通过输出层流出网络作为输出（也称为预测值）。图 7.1(b) 展示了神经元的信息传递过程。设隐层 p 中有 q 个神经元，记为 $n_1^p, n_2^p, \cdots, n_q^p$；其中输入层的神经元可以记为 n_i^0。则隐层 $p+1$ 中的第 t 个神经元记为 n_t^{p+1}，计算公式为[51]：

$$n_t^{p+1} = f(z_t^{p+1}) = f\left(\sum_{r=1}^{q} w_{t,r}^p n_r^p + b_t^{p+1}\right) \tag{7.1}$$

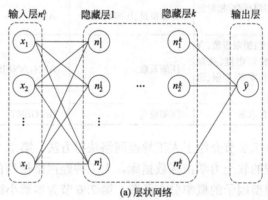

(a) 层状网络

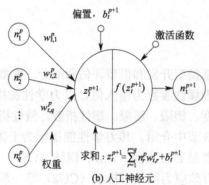

(b) 人工神经元

图 7.1 神经网络模型 ANN 的架构

计算 n_t^{p+1} 有两个步骤：第一步是计算求和函数 $z_t^{p+1} = \sum_{r=1}^{r=q} w_{t,r}^p n_r^p + b_t^{p+1}$，其中

$w_{t,r}^p$ 是两个神经元 n_r^p 和 n_t^{p+1} 之间连接的权重。权重越大，联系就越紧密。参数 b_t^{p+1} 是偏置。第二步是将 z_t^{p+1} 代入非线性函数 $f(x)$，即 $f(z_t^{p+1})$。非线性函数 $f(x)$ 称为激活函数。通常采用的 $f(x)$ 包括 Sigmoid 函数、Tanh 函数和 ReLU 函数。当 x 从负无穷增加到正无穷时，Sigmoid 函数将从 0 单调递增到 1，Tanh 函数从 -1 单调递增到 1。从数学上讲，Tanh 函数是 Sigmoid 函数的平移形式。ReLU 函数是一个分段函数，当 x ≤0 时等于 0，但当 x>0 时等于 x。关于不同的神经网络和映射情景下选择激活函数的讨论可参考文献 [51]。

将输出 ($\hat{y}$) 与目标 (y) 进行比较，其差值称为误差（即 $\varepsilon = \hat{y} - y$）。反向传播算法用来调整权重 w 和偏置 b，使得 ε^2 达到其最小平均值，ε^2 叫做均方误差或 MSE。

为了开发一个人工神经网络模型，输入数据被随机分成三个子集：训练集、验证集和测试集，对实测数据进行相同的处理。训练集用来训练网络，即确定神经元的权重和偏差。验证集用于防止训练过程中出现过拟合问题。应当指出，只有训练过程执行反向传播，而验证集提供通过正向传播的输出结果调整参数（如权重和偏差）的参考。因此，最优权重和偏差是由训练集和验证集共同确定的。再利用测试集来检验训练模型的有效性。如果不满足要求，则需要通过改变神经网络的结构来进一步优化神经网络模型，如调整神经元或隐藏层的数量、使用不同的激活函数或算法等。关于 ANN 更全面的介绍可参考文献 [50-52]。

7.2.2　模型不确定性量化方法

模型因子统计量已广泛应用于定量描述模型的不确定性，其中模型因子定义为实测值与预测值的比值。在本章中，预测值由人工神经网络计算得到，实测值直接从数据库中读取。该方法利用模型因子的均值和变异系数（COV）以及模型因子概率分布函数来量化模型的不确定性，其中，均值代表模型的平均精度；变异系数代表预测精度的离散性；概率分布是人工神经网络可靠度分析与设计的必要输入。最后，还应验证模型因子的随机性，即是否可认为是一随机变量。

7.2.3　局限性

在 7.2.1 节介绍的神经网络模型本质上是一种数据拟合技术。即，人工神经网络非常依赖用于训练和验证的数据，包括数据量、数据类型和适用性。本研究的数据总量不多，少于1000 个；因此，不可能开发出在预测精度方面有很大优势的深度神经网络。另一个局限性是本章数据库只包含一部分的软土物理参数，无法考虑其他可能对力学行为有重大影响的参数（见 7.3 节）。最后，由于数据来源于珠海市，所建的人工神经网络模型仅适用于与珠海类似土质条件下的软土岩土工程，不可直接应用于其他城市或地区的软土工程。

7.3　软土物理力学指标数据库

本节介绍软土物理和力学特性数据库。软土的取样来自中国珠海西部中心市区。软土的物理参数和力学指标由一系列土工试验获得，其中物理参数包括含水量（ω）、密度（ρ）和孔隙比（e）；相应的抗剪强度指标（黏聚力 c 和内摩擦角 ϕ）由直剪、固结和三轴试验得到。土体压缩指数（压缩模量 E_S 和压缩系数 α）则由土体压缩试验得到。如前所述，这些试验在本章中分别简称为 DS 试验、CS 试验、UU 试验、CU1 试验、CU2 试验和 MC 试验。从这些试验中获得的数据分别有 553、402、177、161、161、743 组。由于最大的两个数据组来自 DS 试验和 MC 试验，这里主要以 DS 试验和 MC 试验为例，向读者展示更多的数据细节。

图 7.2 展示了来自 DS 试验和 MC 试验的物理参数的直方图和累积分布图。表 7.2 总结了 6 种试验得到的物理参数 ω、ρ 和 e 以及力学参数 c、ϕ、E_S 和 α 的最小值、平均值、中位数、最大值和变异系数（COV）。其中，含水率 ω 在 40%～100% 之间，平均约为 67%。天然密度 ρ 范围为 1.42～1.86g/cm³，平均为 1.60g/cm³。最小孔隙比 $e=1.00$，最大可达 2.56。对于这些参数，平均值和中位数几乎相同，与图 7.2 所示的对称直方图相符。ω 和 e 的变异系数值均约为 15%，这两个参数的离散性为中等[53]。ρ 的变异系数值为 4%，离散性很小。

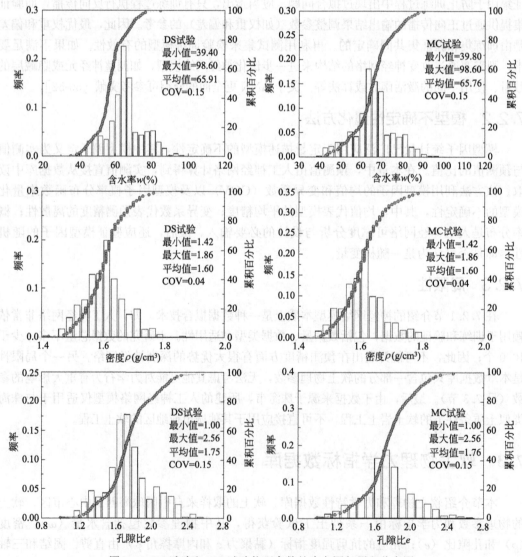

图 7.2 DS 试验和 MC 试验物理参数的直方图与累积分布图

数据库中物理参数（ω，ρ，e）和力学指标（c，ϕ，E_s，α）
的最小值、平均值、中位数、最大值与变异系数汇总　　　　表 7.2

试验类型	变量	最小值	平均值	中位数	最大值	变异系数（COV）
DS	$\omega(\%)$	39.40	65.91	65.50	98.60	0.15
	$\rho(\text{g/cm}^3)$	1.42	1.60	1.60	1.86	0.04
	e	1.00	1.75	1.73	2.56	0.15
	$c(\text{kPa})$	1.40	5.13	5.00	13.00	0.32
	$\phi(°)$	0.80	3.32	3.19	7.52	0.26
CS	$\omega(\%)$	40.80	66.16	65.80	98.60	0.15
	$\rho(\text{g/cm}^3)$	1.42	1.60	1.60	1.86	0.04
	e	1.03	1.77	1.75	2.56	0.15
	$c(\text{kPa})$	4.40	10.14	7.65	21.00	0.44
	$\phi(°)$	2.46	8.53	5.43	18.00	0.59
UU	$\omega(\%)$	44.80	67.21	65.80	95.20	0.12
	$\rho(\text{g/cm}^3)$	1.46	1.60	1.59	1.74	0.04
	e	1.26	1.77	1.74	2.43	0.13
	$c(\text{kPa})$	2.01	3.53	3.11	8.01	0.36
	$\phi(°)$	1.20	5.32	5.52	13.27	0.36
CU1	$\omega(\%)$	44.80	67.47	65.80	95.20	0.13
	$\rho(\text{g/cm}^3)$	1.46	1.60	1.59	1.74	0.04
	e	1.26	1.77	1.74	2.43	0.13
	$c(\text{kPa})$	2.41	8.38	8.06	16.00	0.26
	$\phi(°)$	6.05	11.23	11.01	30.80	0.24
CU2	$\omega(\%)$	44.80	67.47	65.80	95.20	0.13
	$\rho(\text{g/cm}^3)$	1.46	1.60	1.59	1.74	0.04
	e	1.26	1.77	1.74	2.43	0.13
	$c(\text{kPa})$	2.18	10.69	10.36	18.00	0.24
	$\phi(°)$	5.15	12.60	12.62	21.12	0.22
MC	$\omega(\%)$	39.80	65.76	65.70	98.60	0.15
	$\rho(\text{g/cm}^3)$	1.42	1.60	1.60	1.86	0.04
	e	1.00	1.76	1.75	2.56	0.15
	$E_s(\text{MPa})$	0.53	1.56	1.47	3.74	0.34
	$\alpha(\text{MPa}^{-1})$	0.77	1.75	1.67	3.52	0.28

　　而对于力学性能指标，黏聚力 c 一般小于 20kPa，内摩擦角 ϕ 一般小于 30°。此外还发现，不同试验类型得到的 c 和 ϕ 平均值和中位数差异显著；尽管如此，这两个值在同一试验类型中并没有太大的偏差。c 和 ϕ 的变异系数为 20%～40%，属于正常范围。E_s 和 α 范围分别为 0.53～3.74MPa 和 0.77MPa^{-1}～3.52MPa^{-1}；这两个参数的变异系数均约为 30%。

　　图 7.3 展示了 DS 和 MC 试验得到的力学参数（c、ϕ、E_s 和 α）与物理参数（ω、ρ

和 e）的变化关系图。直观上，力学指标与物理参数之间具有统计相关性。例如，c 和 ϕ 往往随着 ω 和 e 的增加而减少，而随着 ρ 的增大而增大。压缩系数 α 也有相同的变化趋势。然而，E_S 的变化趋势则相反。所有试验得到的物理和力学参数之间的关系都进行了 Spearman 秩相关检验，结果汇总在表 7.3 中。可以看到，CS 和 UU 试验遵循上述描述的相同趋势。而对于 CU1 和 CU2 试验，除了其中 CU2 试验的 ϕ 外，在 0.05 的显著性水平上，并未发现力学和物理参数之间的统计相关性。这可能是由于在进行 CU 试验时难以保持样品不受干扰的缘故。

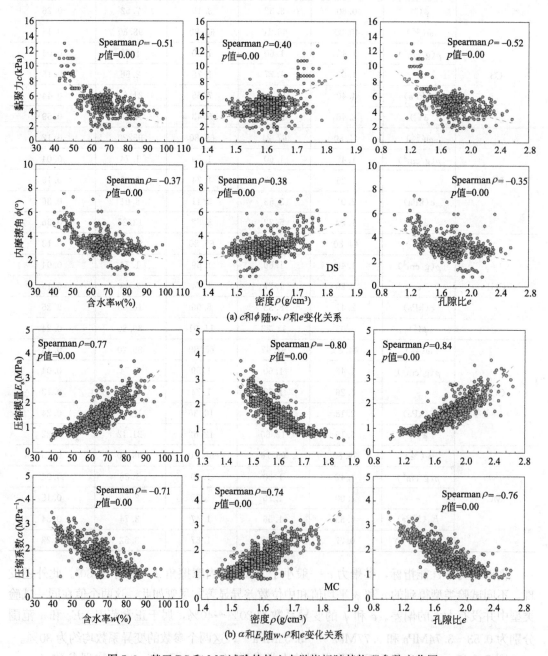

图 7.3　基于 DS 和 MC 试验的软土力学指标随其物理参数变化图

力学和物理参数之间 Spearman 秩相关检验结果汇总　　　　表 7.3

参数	试验类型	c 或 E_s		ϕ 或 α	
		Spearman ρ	p 值	Spearman ρ	p 值
ω	DS	−0.51	0.000	−0.37	0.000
ρ		0.40	0.000	0.38	0.000
e		−0.52	0.000	−0.35	0.000
ω	CS	−0.46	0.000	−0.41	0.000
ρ		0.39	0.000	0.37	0.000
e		−0.34	0.000	−0.27	0.000
ω	UU	−0.29	0.000	−0.14	0.068
ρ		0.22	0.002	0.17	0.028
e		−0.25	0.000	−0.19	0.013
ω	CU1	−0.08	0.306	−0.04	0.633
ρ		0.10	0.214	0.10	0.220
e		−0.10	0.221	−0.06	0.437
ω	CU2	0.08	0.293	−0.19	0.018
ρ		−0.06	0.467	0.21	0.006
e		0.09	0.271	−0.21	0.007
ω	MC	0.77	0.000	−0.71	0.000
ρ		−0.80	0.000	0.74	0.000
e		0.84	0.000	−0.76	0.000

注：E_s 和 α 对应 MC 试验；c 和 ϕ 对应其他试验。

需要注意的是，软土的抗剪强度参数和压缩性能指标还受饱和度、塑限、液限、有机质含量、应力历史、沉积环境等多种因素的影响。这些数据的一部分在源数据库中也可用。本研究中所有软土土样的饱和度均为 100%。此外，土样均取自同一土层，具有相似的沉积环境和应力历史。因此，本章没有明确研究这两个因素的影响。为了保持 ANN 模型的简洁性、可解析与实用性，本章将塑限、液限和取样深度等参数排除于模型表达式之外。尽管如此，这些参数的影响将在后文进行研究。

7.4　结果分析

本节首先展示了从物理参数（即 ω、ρ、e）映射软土力学特性（即 c、ϕ、E_s 和 α）的人工神经网络模型开发细节。所建立的人工神经网络模型根据试验类型分别标记为 DS 人工神经网络模型、CS 人工神经网络模型、UU 人工神经网络模型、CU1 人工神经网络模型、CU2 人工神经网络模型和 MC 人工神经网络模型。接着，本节确定了神经网络中的未知量，并给出神经网络的解析表达式。而后，通过模型因子 λ（如 λ_c、λ_ϕ、λ_{E_s}、λ_α）评估人工神经网络模型的准确性。模型因子 λ 在这里定义为力学参数实测值与其模型预测值的比值。最后，对模型因子概率分布进行了表征。

7.4.1 模型结构

如前所述，对于人工神经网络模型，其输入是 ω、ρ、e，其输出是剪切试验得到的 c 和 ϕ 或压缩试验得到的 E_s 和 α。需要注意的是，不同类型的剪切试验得到 c 和 ϕ 值不同。利用 Levenberg-Marquardt（LM）和贝叶斯正则化（BR）训练算法，在 MATLAB 平台上构建、训练和测试神经网络模型。初步分析发现，使用单一隐藏层便足以产生令人满意的预测准确度，同时保持了模型结构的简单性。隐藏层神经元的数量则采用试错法确定，分别尝试了 3、5、8、10 个神经元的结构[54]。表 7.4 总结了分别基于 LM 和 BR 训练算法得到的隐藏层不同神经元数目条件下 ANN 模型的决定系数 R^2。结果表明：对于 DS 人工神经网络模型、CS 人工神经网络模型、UU 人工神经网络模型和 MC 人工神经网络模型，BR 算法的训练效果略优于 LM 算法；而 LM 算法在 CU1 人工神经网络模型和 CU2 神经网络模型中则更具优越性。用相对更优的算法训练得到的 R^2 随隐藏层神经元数量的变化关系如图 7.4 所示（即 LM 算法训练的 CU1 和 CU2 模型，BR 算法训练的其余模型）。显然，R^2 随着隐藏层神经元数量的增加而增大。然而，对于 DS 人工神经网络模型、CS 人工神经网络模型、UU 人工神经网络模型和 MC 人工神经网络模型情况，3 个神经元足以产生与更多神经元类似的映射精度。对于 CU1 人工神经网络模型和 CU2 神经网络模型，5 个神经元数量似乎足够。因此，DS 人工神经网络模型、CS 人工神经网络模型、UU 人工神经网络模型和 MC 人工神经网络模型采用 3 个神经元的单一隐藏层，CU1 人工神经网络模型和 CU2 人工神经网络模型采用 5 个神经元的单一隐藏层。图 7.5 展示了 CU1 和 CU2 案例提出的神经网络模型。

基于 LM 和 BR 算法分别训练得到的隐藏层中不同神经元数目条件下的模型决定系数R^2 汇总　　　　　　　表 7.4

模型	神经元数目	决定系数R^2		模型	神经元数目	决定系数R^2	
		LM	BR			LM	BR
DS	1	0.797	0.801	CS	1	0.823	0.820
	3	0.864	0.872		3	0.929	0.931
	5	0.873	0.877		5	0.928	0.931
	8	0.877	0.881		8	0.931	0.936
	10	0.878	0.886		10	0.932	0.931
UU	1	0.545	0.561	CU1	1	0.514	0.501
	3	0.711	0.729		3	0.591	0.507
	5	0.722	0.732		5	0.648	0.507
	8	0.726	0.747		8	0.666	0.508
	10	0.730	0.747		10	0.665	0.507
CU2	1	0.387	0.364	MC	1	0.813	0.812
	3	0.474	0.368		3	0.826	0.827
	5	0.525	0.367		5	0.828	0.826
	8	0.538	0.365		8	0.834	0.832
	10	0.552	0.367		10	0.841	0.835

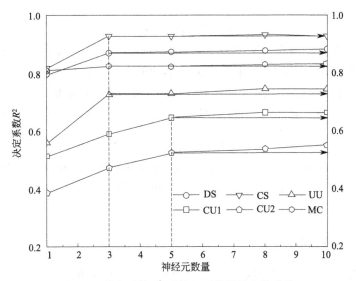

图 7.4　决定系数 R^2 随神经元数量的变化曲线

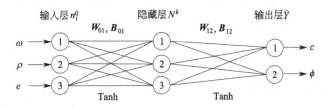

图 7.5　预测软土力学参数的 ANN 模型结构图（注意：对于 CU1 和 CU2 的情况，
单一隐藏层中采用了 5 个神经元；对于其他情况，则采用了 3 个神经元）

将参数通过向量化的形式进行表达，能更方便地描述神经网络模型的建立过程。将输入层记为 $N^0 = [\omega, \rho, e]^T$，是一个 $3 \times d$ 的输入矩阵；这里 d 为样本数（例如 DS 人工神经网络模型的 N^0 是 3×553 矩阵）。权重矩阵和偏置矩阵分别表示为 $W^k = [n^k, n^{k-1}]$ 和 $B^k = [n^k, 1]$；n^k 是隐藏层中神经元的数量。所有输入参数都被归一化到 $0 \sim 1$ 之间。输入变量的归一化是为了消除维度效应，保证训练时所有变量都得到同等的重视[55]。归一化通过以下公式完成：

$$x_{\mathrm{t}} = \frac{x - x_{\min}}{x_{\max} - x_{\min}} \tag{7.2}$$

式中，$x_{\min}$ 和 $x_{\max}$ 分别为输入变量 x 的最小值和最大值。

如图 7.5 所示，采用 Tanh 激活函数，其表达式为 $f(x) = 1 - \dfrac{2}{\exp(x) + 1}$，则隐藏层神经元的计算公式为：

$$N^1 = \tanh(\boldsymbol{W}_{01} \boldsymbol{N}^0 + \boldsymbol{B}_{01}) = \left\{ 1 - \frac{2}{\exp\left[2(\boldsymbol{W}_{01} \boldsymbol{N}^0 + \boldsymbol{B}_{01})\right] + 1} \right\} \tag{7.3}$$

其中，$\boldsymbol{W}_{01}$ 为输入层和隐藏层之间的 3×3 或 5×3 的权重矩阵 3×1，$\boldsymbol{B}_{01}$ 为 5×1 的偏置矩阵。如此，基于 Tanh 激活函数对力学参数的输出层可以映射为：

$$\hat{Y}_{p,k} = Y_{m,min} + \left\{1 - \frac{2}{\exp[2(\boldsymbol{W}_{12}\boldsymbol{N}^1 + \boldsymbol{B}_{12})] + 1}\right\}(Y_{m,max} - Y_{m,min}) \tag{7.4}$$

式中，$Y_{m,max}$ 和 $Y_{m,min}$ 分别为实测力学参数（即 c_m、ϕ_m、E_{s_m} 或 α_m)的最大值和最小值，可直接从数据库中读取，下标 p 用于标记变量的值来自于模型预测（与来自实测的值相区分），下标 m 用于标记数据是通过测量得到的。参数 $\boldsymbol{W}_{12}$ 是隐藏层和输出层之间的 2×3 或 2×5 权重矩阵，$\boldsymbol{B}_{12}$ 是 2×1 偏差矩阵。通过实测值与相应的预测值比较，平方误差可以计算为 $\varepsilon_k^2 = (\hat{Y}_{p,k} - Y_{m,k})^2$。通过遍历 N^0 中的所有样本并计算所有的平方误差，可以很容易地得到均方误差（MSE）$\varepsilon^2 = \sum_{k=1}^{k=d} \varepsilon_k^2 / d$（如对于 DS 神经网络模型，$d = 553$)。将 MSE 作为训练后神经网络的性能指标，并使该指标最小化以确定最优的 $\boldsymbol{W}_{01}$，$\boldsymbol{W}_{12}$，$\boldsymbol{B}_{01}$ 和 $\boldsymbol{B}_{12}$。

7.4.2 模型参数确定

将输入矩阵 N^0 分为 3 个子矩阵，分别是训练集、验证集和测试集。由于 MATLAB 中内置的 BR 反向传播算法同时训练和验证权重和偏置，因此不需要设置额外的验证集。因此，使用 BR 训练算法时将数据子集分为训练集和测试集，分别占比 70% 和 30%；使用 LM 训练算法时则分为训练集、验证集和测试集，分别占比 70%、15% 和 15%。例如 DS 人工神经网络模型案例（553 个样本），将输入矩阵 N^0（3×553）随机分为两个子矩阵，即包含 70% 来自 N^0 数据的训练集矩阵 N^0_{train}（3×387）和包含其余数据的测试集矩阵 N^0_{test}（3×166）。同理，输出矩阵 Y 由 Y_{train} 和 Y_{test} 两个子集组成，分别包含 Y 的 70% 和 30%。值得注意的是，N^0_{train} 和 Y_{train} 应该相互匹配。训练集、验证集和测试集也可按其他比例分割。对于本章案例，由于数据相对丰富，不同分割比例对所建 ANN 模型精度的影响并不显著（如图 7.5 所示）。

图 7.6 显示了均方误差 MSE 随训练周期增加而减少的过程。这里，一个完整的训练周期是指其中所有的子集都使用过一次，权重和偏置被更新并产生最小的 MSE[27]。DS 神经网络模型、CS 神经网络模型、UU 神经网络模型、CU1 神经网络模型、CU2 神经网络模型和 MC 神经网络模型的最佳训练表现分别为第 793 周期的 0.5794、第 87 周期的 3.1896、第 41 周期的 1.6238、第 26 周期的 6.6726、第 14 周期的 7.5581 和第 85 周期的 0.0857。这些周期对应的便是最优的 $\boldsymbol{W}_{01}$，$\boldsymbol{W}_{12}$，$\boldsymbol{B}_{01}$ 和 $\boldsymbol{B}_{12}$。

以 DS 神经网络模型为例，确定最佳的 $\boldsymbol{W}_{01}$，$\boldsymbol{W}_{12}$，$\boldsymbol{B}_{01}$ 和 $\boldsymbol{B}_{12}$ 为：

$$\boldsymbol{W}_{01} = \begin{bmatrix} 1.059 & 5.520 & 7.061 \\ -15.10 & 9.009 & 23.02 \\ 15.35 & 2.718 & 2.355 \end{bmatrix}, \boldsymbol{B}_{01} = \begin{bmatrix} 1.316 \\ -1.547 \\ 10.40 \end{bmatrix}$$

$$\boldsymbol{W}_{02} = \begin{bmatrix} -0.096 & -0.253 & 0.383 \\ -0.063 & 0.312 & -0.261 \end{bmatrix}, \boldsymbol{B}_{12} = \begin{bmatrix} -0.261 \\ 0.253 \end{bmatrix}$$

根据表 7.2 中给出的物理参数和力学指标的最小值和最大值，并根据式（7.2）～式（7.4），可计算出 N^1、c_p 和 ϕ_p 的值为：

$$n_1^1 = \tanh\left[\frac{1.059\times(\omega - 39.4)}{(98.60 - 39.40)} + \frac{5.520\times(\rho - 1.42)}{(1.86 - 1.42)} + \frac{7.061\times(e - 1.00)}{(2.56 - 1.00)} + 1.316\right]$$

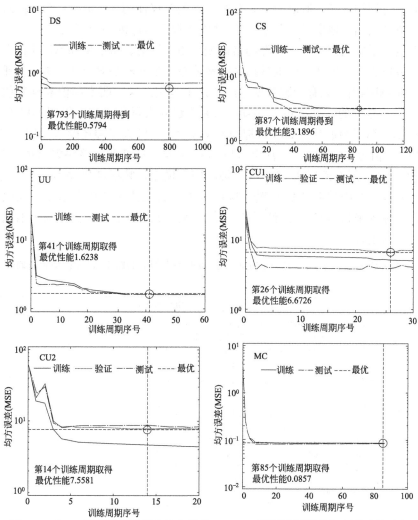

图 7.6　ANN 模型训练过程中均方误差（MSE）随训练周期增加而递减的过程

$$\boldsymbol{N}^1 = \begin{bmatrix} n_1^1 \\ n_2^1 \\ n_3^1 \end{bmatrix} = \begin{bmatrix} \tanh(0.018\omega + 12.55\rho + 4.53e - 21.73) \\ \tanh(-0.255\omega + 20.48\rho + 14.76e - 35.33) \\ \tanh(0.259\omega + 6.177\rho + 1.510e - 10.10) \end{bmatrix} \tag{7.5}$$

$$\hat{\boldsymbol{Y}}_{p,k} = \begin{bmatrix} c_{\mathrm{p}} \\ \phi_{\mathrm{p}} \end{bmatrix} = \begin{bmatrix} 1.4 + (1 - \dfrac{2}{\exp^{2 \times (-0.096n_1^1 - 0.253n_2^1 + 0.383n_3^1 - 0.261)} + 1}) \times (13.00 - 1.40) \\ 0.80 + (1 - \dfrac{2}{\exp^{2 \times (-0.063n_1^1 + 0.312n_2^1 - 0.261n_3^1 + 0.253)} + 1}) \times (7.52 - 0.80) \end{bmatrix}$$

六种神经网络模型的最终表达式汇总于表 7.5。参数实测值与基于 DS 人工神经网络模型、CS 人工神经网络模型、UU 人工神经网络模型、CU1 人工神经网络模型、CU2 人工神经网络模型和 MC 人工神经网络模型的预测值之间的 R^2 分别为 0.872、0.931、0.729、0.648、0.525 和 0.827。一方面，DS、CS 和 MC 3 种情况下的 R^2 值均超过 0.80，表明人工神经网络映射模型能够较好地反映软土物理和力学参数之间的联系；另一方面，在 CU2 情况下，R^2 值仅为 0.5 左右，这表明仅使用 ω、ρ 和 e 作为输入可能是不够的，应该考虑增加其他变量。关于 CU2 案例的探索有待进一步研究。

图 7.7 展示了实测值与 6 种神经网络模型使用训练集、验证集和测试集的预测值之间的关系图。可以看出，图 7.7 中的数据紧密地分布于 $Y=X$ 的对应线周围；几乎所有数据都在 0.5~2 的范围内，只有少数数据超出了这个范围。这表明实测值和预测值之间有较好的一致性，一致性的程度通过 Pearson 相关系数 ρ 来量化，其结果同样可见于图 7.7。对于 DS 人工神经网络模型、CS 人工神经网络模型、UU 人工神经网络模型、MC 人工神经网络模型，ρ 值通常超过 0.6，甚至可以达到 0.94。这证明，该映射是成功的。然而，对于 CU1 人工神经网络模型和 CU2 人工神经网络模型，映射结果并不令人满意，因为 ρ 值非常小，例如，其中映射 ϕ 的情况。这可能预示着无法仅使用含水率、孔隙比和天然土体密度作为输入来映射 CU2 条件下的土体抗剪强度。为了进一步提高映射精度，必须引入更多的输入变量。

基于 3 个物理参数（ω，ρ，e）映射抗剪和压缩性能力学指标的软土 ANN 模型解析表达式汇总

表 7.5

模型	解析表达式
DS	$$\begin{bmatrix} n_1^1 \\ n_2^1 \\ n_3^1 \end{bmatrix} = \begin{bmatrix} \tanh(0.018\omega+12.55\rho+4.53e-21.73) \\ \tanh(-0.255\omega+20.48\rho+14.76e-35.33) \\ \tanh(0.259\omega+6.177\rho+1.510e-10.10) \end{bmatrix}$$ $$c_p = 13.00 - \frac{23.2}{\exp^{(-0.193n_1^1-0.506n_2^1+0.767n_3^1-0.522)}+1}$$ $$\phi_p = 7.52 - \frac{13.44}{\exp^{(-0.127n_1^1+0.623n_2^1-0.522n_3^1+0.505)}+1}$$
CS	$$\begin{bmatrix} n_1^1 \\ n_2^1 \\ n_3^1 \end{bmatrix} = \begin{bmatrix} \tanh(-0.617\omega+38.06\rho+35.32e-63.89) \\ \tanh(-0.159\omega+37.49\rho+11.94e-55.52) \\ \tanh(-0.306\omega+15.16\rho+17.49e-26.83) \end{bmatrix}$$ $$c_p = 21.00 - \frac{33.2}{\exp^{(1.897n_1^1+0.956n_2^1-1.068n_3^1-1.466)}+1}$$ $$\phi_p = 18.00 - \frac{31.08}{\exp^{(1.635n_1^1+1.458n_2^1-0.332n_3^1-1.529)}+1}$$
UU	$$\begin{bmatrix} n_1^1 \\ n_2^1 \\ n_3^1 \end{bmatrix} = \begin{bmatrix} \tanh(0.036\omega-6.815\rho-2.043e+10.57) \\ \tanh(-0.055\omega-3.488\rho-0.656e+5.419) \\ \tanh(0.031\omega+0.222\rho-2.108e+0.598) \end{bmatrix}$$ $$c_p = 8.01 - \frac{12}{\exp^{(-4.517n_1^1+2.726n_2^1-3.926n_3^1+0.257)}+1}$$ $$\phi_p = 13.27 - \frac{24.14}{\exp^{(5.169n_1^1+3.091n_2^1+4.616n_3^1+3.894)}+1}$$
CU1	$$\begin{bmatrix} n_1^1 \\ n_2^1 \\ n_3^1 \\ n_4^1 \\ n_5^1 \end{bmatrix} = \begin{bmatrix} \tanh(-0.037\omega+26.44\rho-13.87e-14.43) \\ \tanh(0.072\omega+7.381\rho-5.555e-7.877) \\ \tanh(-0.392\omega+26.06\rho-7.797e-16.37) \\ \tanh(-0.094\omega+37.45\rho-9.783e-32.48) \\ \tanh(-0.099\omega+25.24\rho+5.930e-39.54) \end{bmatrix}$$ $$c_p = 16.00 - \frac{27.18}{\exp^{(-6.442n_1^1-4.561n_2^1+0.442n_3^1+6.461n_4^1+4.061n_5^1-0.312)}+1}$$ $$\phi_p = 30.80 - \frac{49.5}{\exp^{(14.26n_1^1-0.681n_2^1-0.087n_3^1-14.31n_4^1+0.844n_5^1-1.159)}+1}$$

续表

模型	解析表达式
CU2	$$\begin{bmatrix} n_1^1 \\ n_2^1 \\ n_3^1 \\ n_4^1 \\ n_5^1 \end{bmatrix} = \begin{bmatrix} \tanh(-0.026\omega+1.077\rho-1.304e+3.167) \\ \tanh(0.044\omega+16.83\rho-3.896e-26.10) \\ \tanh(0.0592\omega-19.77\rho-3.159e+30.05) \\ \tanh(0.088\omega+3.180\rho-6.226e-1.443) \\ \tanh(0.042\omega+0.337\rho-1.067e+1.608) \end{bmatrix}$$ $$c_p = 18.00 - \frac{31.64}{\exp^{(0.134n_1^1-0.303n_2^1-4.393n_3^1-4.359n_4^1-1.689n_5^1+1.604)}+1}$$ $$\phi_p = 21.12 - \frac{31.94}{\exp^{(0.264n_1^1+0.291n_2^1-2.183n_3^1-2.159n_4^1-0.961n_5^1+0.937)}+1}$$
MC	$$\begin{bmatrix} n_1^1 \\ n_2^1 \\ n_3^1 \end{bmatrix} = \begin{bmatrix} \tanh(0.006\omega+2.707\rho+0.334e-3.720) \\ \tanh(-0.006\omega-2.421\rho-1.114e+4.512) \\ \tanh(-0.007\omega+0.398\rho-0.730e-0.353) \end{bmatrix}$$ $$E_{s,p} = 3.74 - \frac{6.42}{\exp^{(-2.451n_1^1-2.086n_2^1+0.786n_3^1+0.717)}+1}$$ $$\alpha_p = 3.52 - \frac{5.5}{\exp^{(1.376n_1^1+0.742n_2^1+0.729n_3^1-0.749)}+1}$$

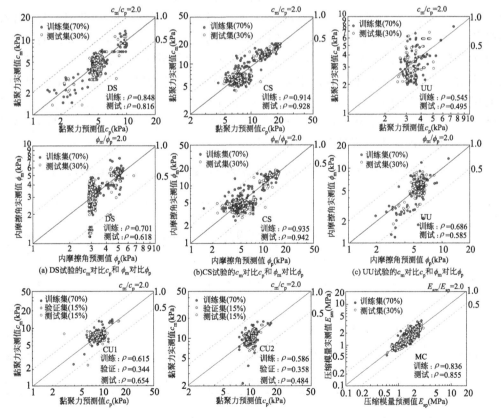

图 7.7　基于不同数据子集的软土力学指标实测值与训练后得到的 ANN 模型预测值对比（一）

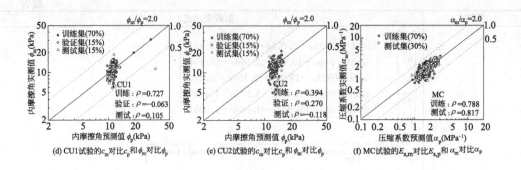

图 7.7　基于不同数据子集的软土力学指标实测值与训练后得到的 ANN 模型预测值对比（二）

7.4.3　模型评价

通过计算模型因子统计量，进一步量化所建立的人工神经网络模型的准确性。在这里，模型因子 λ 定义为实测值与预测值的比值。所有人工神经网络模型的 λ 均值和变异系数汇总于表 7.6。平均值均接近 1.00（范围从 0.97 至 1.01），变异系数基本不大于 0.30（0.17～0.31）。这意味着根据文献 [56] 提出的模型精度等级划分框架，所有的人工神经网络模型平均预测精度高，预测精度离散性低。因此，这些神经网络模型对于快速评价珠海地区软土的力学性能具有较好的实用价值。以 DS 人工神经网络模型和 MC 人工神经网络模型为例，其 λ 随预测值的变化关系如图 7.8 所示。直观上，模型因子和预测值之间没有统计相关性。开展 Spearman 秩相关检验，结果显示，图中 λ_c 与 c_p、λ_{E_s} 与 $E_{s,p}$、λ_α 与 α_p 均在 0.05 显著水平上无统计相关性；对于 DS 人工神经网络模型案例，λ_ϕ 与 ϕ_p 存在弱相关性。对 λ 与每个输入参数进行 Spearman 相关性检验，结果汇总于表 7.7。CU1 神经网络模型的 λ_c 与 c_p 和 ρ 具有统计相关性；CS 人工神经网络模型的 λ_ϕ 与 ϕ_p 统计相关。对于其他情况，未发现具有统计相关性。

三输入参数 (ω, ρ, e) 人工神经网络的模型因子均值、变异系数和概率分布函数汇总

表 7.6

ANN 模型	λ_c 或 λ_{E_s}			λ_ϕ 或 λ_α		
	均值	变异系数	概率分布	均值	变异系数	概率分布
DS	1.00	0.17	对数正态	1.00	0.19	见表 7.8
CS	1.00	0.20	见表 7.8	1.01	0.29	见表 7.8
UU	1.01	0.31	对数正态	1.01	0.30	对数正态
CU1	1.01	0.27	对数正态	0.99	0.19	对数正态
CU2	0.97	0.21	对数正态	0.98	0.21	对数正态
MC	1.00	0.17	对数正态	1.00	0.17	见表 7.8

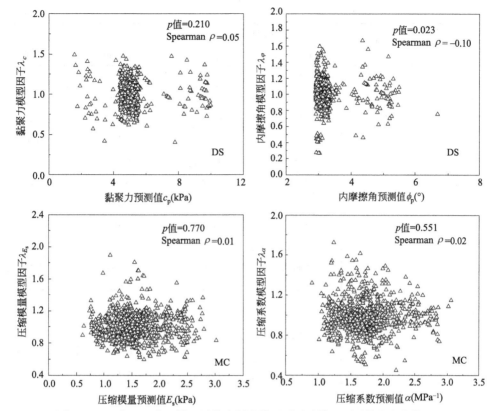

图 7.8　DS 和 MC 人工神经网络案例中模型因子随模型预测值的变化情况图

模型因子与输入参数或模型预测值之间 Spearman 秩相关检验结果汇总　　　表 7.7

参数	模型	λ_c 或λ_{E_S}		λ_ϕ 或λ_α	
		Spearman ρ	p 值	Spearman ρ	p 值
ω	DS	−0.05	0.252	0.05	0.272
ρ		0.04	0.342	0.07	0.087
e		−0.05	0.271	−0.02	0.710
c_p		0.05	0.210	不适用	N/A
ϕ_p		不适用	不适用	−0.10	0.023
ω	CS	0.01	0.841	0.02	0.665
ρ		0.00	0.991	0.00	0.992
e		0.01	0.882	0.04	0.455
c_p		−0.07	0.189	不适用	不适用
ϕ_p		不适用	不适用	−0.12	0.015
ω	UU	−0.05	0.486	−0.06	0.402
ρ		0.05	0.509	0.08	0.284
e		−0.05	0.513	−0.09	0.259
c_p		−0.01	0.914	不适用	不适用
ϕ_p		不适用	不适用	0.02	0.791

续表

参数	模型	λ_c 或 λ_{E_S}		λ_ϕ 或 λ_α	
		Spearman ρ	p 值	Spearman ρ	p 值
ω	CU1	−0.07	0.400	−0.10	0.217
ρ		0.25	0.001	0.09	0.263
e		−0.19	0.019	−0.10	0.211
c_p		−0.31	0.000	不适用	不适用
ϕ_p		不适用	不适用	−0.01	0.878
ω	CU2	0.03	0.641	0.04	0.607
ρ		−0.02	0.829	−0.03	0.693
e		0.04	0.621	0.03	0.710
c_p		−0.13	0.093	不适用	不适用
ϕ_p		不适用	不适用	−0.13	0.106
ω	MC	−0.01	0.912	−0.02	0.631
ρ		−0.03	0.360	0.01	0.708
e		0.01	0.765	−0.03	0.454
$E_{s,p}$		0.01	0.770	不适用	不适用
α_p		不适用	不适用	0.02	0.551

7.4.4 模型因子概率分布

在使用蒙特卡洛模拟法生成实际模型因子样本之前，必须先对模型因子的概率分布函数进行表征。所有模型因子的累积分布如图 7.9 所示。在本研究中，我们对模型因子的对

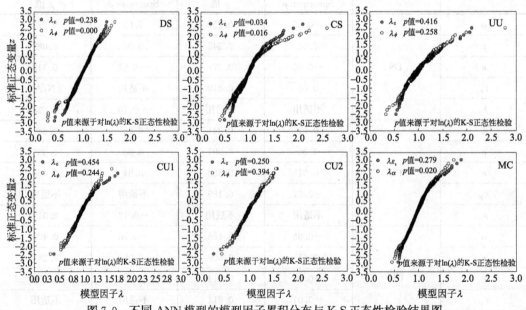

图 7.9 不同 ANN 模型的模型因子累积分布与 K-S 正态性检验结果图

数值采用 Kolmogorov-Smirnov 正态性检验（K-S），即 5 组 $\ln\lambda_c$，5 组 $\ln\lambda_\phi$，1 组 $\ln\lambda_{E_s}$ 和 1 组 $\ln\lambda_a$。结果显示，有 8 组结果的 p 值超过 0.05，表明这 8 组的 $\ln\lambda$ 可以认为在 0.05 显著水平上呈正态分布。也即，人工神经网络模型的 λ 可以假设为一个对数正态随机变量。事实上，在已有的许多研究中，岩土模型因子也通常被作为对数正态随机变量[56-59]。其余 4 组 $\ln\lambda$ 的 K-S 检验 p 值小于 0.05，重新提取其数据并绘制在图 7.10 中。这 4 组是 DS 和 CS 人工神经网络模型的 $\ln\lambda_\phi$，CS 人工神经网络模型的 $\ln\lambda_c$ 和 MC 人工神经网络模型的 $\ln\lambda_a$。因此，这 4 种情况的模型因子不能假设为对数正态随机变量。对其进行了额外的拟合优度检验（K-S 修正检验和 A-D 检验）；然而，结果表明，4 种模型的模型因子同样不服从威布尔分布、指数分布和伽马分布。

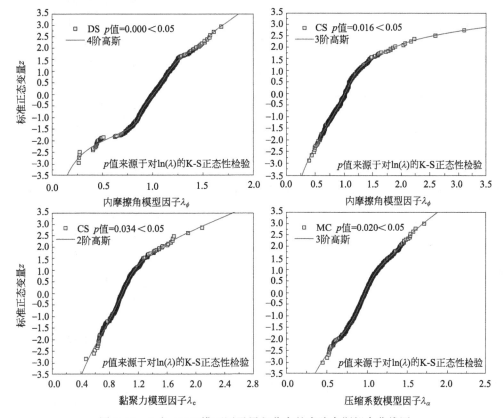

图 7.10　4 个 ANN 模型因子累积分布的多阶高斯拟合曲线图

多阶高斯拟合的数学表达式及其参数取值和决定系数　　　　　　　表 7.8

ANN 模型	拟合模型	数学表达式	参数	取值	R^2
$\Delta\Sigma$	4 阶高斯	$\lambda_\varphi = \sum\limits_{k=1}^{4} a_k \exp\left[-\left(\dfrac{z-b_k}{c_k}\right)^2\right]$	a_1	0.058	0.996
			b_1	2.158	
			c_1	0.344	
			a_2	2.391	
			b_2	6.474	
			c_2	5.876	

ANN 模型	拟合模型	数学表达式	参数	取值	R^2
$\Delta\Sigma$	4 阶高斯	$\lambda_\varphi = \sum\limits_{k=1}^{4} a_k \exp\left[-\left(\dfrac{z-b_k}{c_k}\right)^2\right]$	a_3	0.307	0.996
			b_3	-0.434	
			c_3	1.710	
			a_4	0.156	
			b_4	-1.395	
			c_4	0.635	
$X\Sigma$	2 阶高斯	$\lambda_c = \sum\limits_{k=1}^{2} a_k \exp\left[-\left(\dfrac{z-b_k}{c_k}\right)^2\right]$	a_1	-0.403	0.996
			b_1	1.700	
			c_1	1.854	
			a_2	14.01	
			b_2	18.46	
			c_2	11.68	
$X\Sigma$	3 阶高斯	$\lambda_\varphi = \sum\limits_{k=1}^{3} a_k \exp\left[-\left(\dfrac{z-b_k}{c_k}\right)^2\right]$	a_1	0.305	0.998
			b_1	2.093	
			c_1	0.836	
			a_2	6.312	
			b_2	4.267	
			c_2	1.312	
			a_3	1.172	
			b_3	1.782	
			c_3	4.237	
MX	3 阶高斯	$\lambda_\alpha = \sum\limits_{k=1}^{3} a_k \exp\left[-\left(\dfrac{z-b_k}{c_k}\right)^2\right]$	a_1	7.454	0.999
			b_1	17.39	
			c_1	11.87	
			a_2	0.036	
			b_2	1.845	
			c_2	0.487	
			a_3	0.177	
			b_3	-1.152	
			c_3	1.717	

注：z 是标准正态变量。

采用多阶高斯拟合技术对上述 4 种不遵循常见分布形式的 λ 进行数据趋势追踪。这种方法的有效性在逼近高度非线性 λ 分布时得到了验证[63]。表 7.8 总结了多阶高斯模型的数学表达式及其参数取值。图 7.10 展示了拟合 λ 数据的高斯曲线。拟合的确定系数 R^2 也在表 7.8 中给出。可以发现，图中 4 种案例的 R^2 值几乎都等于 1.00。因此，这些拟合曲线在捕捉数据趋势方面满足需求。最后，为方便起见，全部 6 种神经网络模型 λ 的概率分布也在表 7.7 中给出。

7.4.5 其他物理参数的影响

软土数据库中除了含水量、密度、孔隙比外，还有取样深度、相对密度、饱和度、液限、塑限、塑性指数、液性指数等物理属性参数。土颗粒相对密度可以用含水率、密度、孔隙比计算得到；因此，它不作为人工神经网络的输入参数。塑性指数和液性指数均可由含水率、塑限和液限计算得到。因此，这两个指标在构建网络时都没有考虑。在所采用的数据库中，珠海市软土的饱和度均在 100% 左右，即土处于完全饱和状态。因此，饱和度也不被用作输入变量。

在初步筛选之后，除了前文选择的 3 个参数作为输入变量外，只剩下 3 个潜在变量，即取样深度、塑限和液限，可用于构建更先进的软土人工神经网络。这 3 个额外物理参数的直方图如图 7.11 所示。其中，取样深度变化较大，从 0 米到 50 米以上。塑限和液限分别为 15%～55% 和 30%～90%。图 7.12 以压缩系数 α 为例，展示了其随上述 3 个额外参数的变化情况。α 不随取样深度的增加而呈现明显的变化趋势，但随塑限和液限的增大而增大。对 α 与这三个参数开展 Spearman 秩相关性检验，证实了上述观察结果的正确性。对其他的力学性能指标也开展了类似分析，结果大同小异。因此，排除取样深度作为输入参数之一的必要性。本研究进一步对塑限和液限进行了 Spearman 秩相关检验，其相关系数高达 0.90。这意味着这两个变量是高度相关的，因此在人工神经网络中同时包含这两个变量是冗余的。

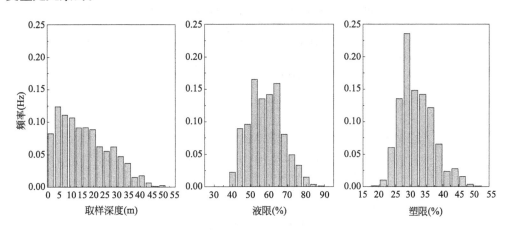

图 7.11 软土取样深度、液限和塑限直方图

由于细颗粒含量对软土的强度和变形特性有显著影响，而塑限是一个体现细粒含量的主要相关变量。因此，选择塑限作为额外输入参数，对所建立的神经网络进行结构优化。现在，ANN 模型共有 4 个输入参数，即含水率（ω），密度（ρ），孔隙比（e），塑限（PL）。表 7.9 汇总了上述 4 个输入参数的神经网络解析表达式，而其模型精度评估结果则如表 7.10 所示。

在输入向量中加入塑限使得神经网络的解析形式更加复杂，如对比表 7.5 和表 7.9，然而，模型精度没有明显提高，如对比表 7.6 和表 7.10。尽管如此，将塑限作为输入参数仍然是有意义的，因为它是关系到软土强度和变形特征的关键参数之一。以该关键参数

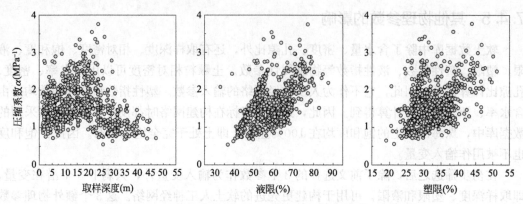

图 7.12　压缩系数随取样深度、塑限和液限的变化情况散点图

为输入，可将人工神经网络的适用范围扩展到其他地区的软土，从而进一步提高了人工神经网络的实用价值。即便如此，在将表 7.9 中的人工神经网络应用到其他地区的软土之前，仍需小心谨慎考察其适用性。

基于 4 个输入参数 $(\omega, \rho, e, \mathrm{PL})$ 的软土力学指标神经网络模型解析表达式汇总

表 7.9

模型	解析表达式
DS	$$\begin{bmatrix} n_1^1 \\ n_2^1 \\ n_3^1 \end{bmatrix} = \begin{bmatrix} \tanh(0.014\omega + 1.316\rho - 0.143e + 0.082\mathrm{PL} - 1.182) \\ \tanh(-0.036\omega + 3.836\rho + 2.132e + 0.004\mathrm{PL} - 6.973) \\ \tanh(0.034\omega + 0.916\rho - 0.304e + 0.065\mathrm{PL} - 1.189) \end{bmatrix}$$
	$$c_p = 13.00 - \frac{23.2}{e^{(5.240n_1^1 - 2.458n_2^1 - 3.998n_3^1 - 3.947)} + 1}$$
	$$\phi_p = 7.52 - \frac{13.44}{e^{(3.363n_1^1 + 2.982n_2^1 - 1.993n_3^1 + 0.253)} + 1}$$
CS	$$\begin{bmatrix} n_1^1 \\ n_2^1 \\ n_3^1 \end{bmatrix} = \begin{bmatrix} \tanh(0.337\omega - 14.61\rho - 19.32e + 0.244\mathrm{PL} + 26.86) \\ \tanh(0.169\omega - 13.49\rho - 9.956e + 0.110\mathrm{PL} + 21.51) \\ \tanh(-0.176\omega + 14.31\rho + 12.06e + 0.077\mathrm{PL} - 23.60) \end{bmatrix}$$
	$$c_p = 21.00 - \frac{33.2}{e^{(1.186n_1^1 - 2.117n_2^1 + 1.791n_3^1 - 2.365)} + 1}$$
	$$\phi_p = 18.00 - \frac{31.08}{e^{(0.867n_1^1 - 2.259n_2^1 + 2.206n_3^1 - 2.361)} + 1}$$
UU	$$\begin{bmatrix} n_1^1 \\ n_2^1 \\ n_3^1 \end{bmatrix} = \begin{bmatrix} \tanh(0.033\omega - 1.439\rho - 1.029e + 0.070\mathrm{PL} + 1.273) \\ \tanh(0.002\omega - 2.129\rho - 1.224e - 0.033\mathrm{PL} + 4.117) \\ \tanh(0.008\omega + 0.313\rho - 0.081e + 0.027\mathrm{PL} - 1.783) \end{bmatrix}$$
	$$c_p = 8.01 - \frac{12}{e^{(-1.091n_1^1 - 0.145n_2^1 + 0.559n_3^1 - 0.280)} + 1}$$
	$$\phi_p = 13.27 - \frac{24.14}{e^{(2.870n_1^1 + 5.747n_2^1 + 0.876n_3^1 + 2.207)} + 1}$$

模型	解析表达式
CU1	$$\begin{bmatrix} n_1^1 \\ n_2^1 \\ n_3^1 \\ n_4^1 \\ n_5^1 \end{bmatrix} = \begin{bmatrix} \tanh(0.111\omega+21.25\rho+2.433e+0.015\mathrm{PL}-42.67) \\ \tanh(0.049\omega-10.37\rho-3.960e-0.029\mathrm{PL}+19.21) \\ \tanh(0.048\omega+4.869\rho-2.901e-0.088\mathrm{PL}-6.116) \\ \tanh(-0.105\omega-7.616\rho-1.604e-0.104\mathrm{PL}+24.58) \\ \tanh(-0.132\omega+15.08\rho+8.813e-0.204\mathrm{PL}-23.91) \end{bmatrix}$$
	$$c_p = 16.00 - \frac{27.18}{e^{(0.135n_1^1-0.931n_2^1-0.653n_3^1+0.353n_4^1+0.817n_5^1+0.282)}+1}$$
	$$\phi_p = 30.80 - \frac{49.5}{e^{(-0.442n_1^1-0.273n_2^1+0.011n_3^1-0.156n_4^1+0.105n_5^1-1.148)}+1}$$
CU2	$$\begin{bmatrix} n_1^1 \\ n_2^1 \\ n_3^1 \\ n_4^1 \\ n_5^1 \end{bmatrix} = \begin{bmatrix} \tanh(-0.006\omega+4.674\rho+1.219e-0.004\mathrm{PL}-10.34) \\ \tanh(-0.017\omega+4.838\rho-1.526e+0.076\mathrm{PL}-2.671) \\ \tanh(0.065\omega+0.812\rho+3.603e-0.347\mathrm{PL}-2.726) \\ \tanh(-0.063\omega-6.002\rho-2.225e+0.117\mathrm{PL}+8.530) \\ \tanh(-0.029\omega+0.556\rho-0.5544e+0.061\mathrm{PL}-2.192) \end{bmatrix}$$
	$$c_p = 18.00 - \frac{31.64}{e^{(0.262n_1^1+1.365n_2^1+0.710n_3^1+0.064n_4^1-0.120n_5^1-0.444)}+1}$$
	$$\phi_p = 21.12 - \frac{31.94}{e^{(-0.069n_1^1+1.536n_2^1+0.469n_3^1-2.979n_4^1+4.018n_5^1-0.513)}+1}$$
MC	$$\begin{bmatrix} n_1^1 \\ n_2^1 \\ n_3^1 \end{bmatrix} = \begin{bmatrix} \tanh(-0.005\omega-1.099\rho-0.221e+0.040\mathrm{PL}+0.831) \\ \tanh(-0.007\omega+0.390\rho-0.466e+0.030\mathrm{PL}-0.293) \\ \tanh(0.006\omega-2.136\rho+0.493e+0.005\mathrm{PL}+1.278) \end{bmatrix}$$
	$$E_{s_p} = 3.74 - \frac{6.42}{e^{(0.677n_1^1-1.228n_2^1+0.611n_3^1-0.078)}+1}$$
	$$\alpha_p = 3.52 - \frac{5.5}{e^{(-1.967n_1^1+2.344n_2^1+0.611n_3^1-1.024)}+1}$$

基于 4 个输入参数 (ω, ρ, e, PL) 的 ANN 模型因子平均值、变异系数,决定系数 R^2 和均方误差 MSE 汇总　表 7.10

模型	λ_c 或 λ_{E_s}		λ_ϕ 或 λ_α		R^2	MSE
	平均值	变异系数	平均值	变异系数		
DS	0.99	0.18	0.99	0.19	0.866	0.6341
CS	0.99	0.17	1.00	0.23	0.930	3.1288
UU	0.98	0.32	1.03	0.38	0.736	1.6986
CU1	0.99	0.20	0.99	0.24	0.606	4.7428
CU2	1.00	0.21	1.00	0.20	0.521	4.9122
MC	1.00	0.17	1.01	0.17	0.832	0.0786

7.5 讨论

本研究首次提出具有简单解析解形式的粤港澳大湾区软土从物理属性参数映射到力学性质指标的人工神经网络模型。文献中已建立的大多数机器学习（ML）模型要么过于复杂而没有解析形式，要么过于简单而不能保证准确性。而本研究设法在简单实用性与模型精度之间取得平衡。人工神经网络能以解析形式呈现，工程一线从业人员可以在 Excel 表格中轻松应用它们，这极大地提高了其工程实用价值。传统的 ML 模型以 MSE 作为映射精度的唯一指标，而本研究还给出了模型因子统计量，为人工神经网络模型的性能评价提供了更多的思考与选择。在实际应用中，本章所提出的人工神经网络可用于初始规划和设计阶段，节省大量的时间和成本，展现了应用神经网络映射技术来解决实际岩土工程问题的可行性。所有这些均是本研究的创新之处。

需要强调的是，本研究所建立的人工神经网络模型完全基于珠海地区的软土数据库。它们既不适用于其他地区的软土，也不适用于大湾区珠海的其他土层类型。在将本章所建立 ANN 模型应用于其他具体工程案例之前，工程师必须谨慎行事并评估其适用性。最后，本章所建立的人工神经网络模型并不能完全替代珠海地区软土强度和压缩指标的相关土工试验。在其他具体的工程项目中，仍需开展一定数量的试验，以确认、验证和提高数据预测的准确性。

7.6 结论

本章开发了简单的人工神经网络来映射我国粤港澳大湾区珠海软土的抗剪强度和压缩性能指标。人工神经网络的输入参数为含水率、土体密度和孔隙比。输出参数为土体黏聚力、土体内摩擦角、压缩模量和压缩系数。其中，前两者对应直剪、固结、不固结不排水、总应力固结不排水和有效应力固结不排水试验；而后两者则对应于压缩试验。所建立的神经网络以解析形式给出，并对模型的不确定性进行定量表征。研究结果表明，该神经网络平均预测精度高，预测误差离散性低。模型因子为随机变量且遵循对数正态或多阶高斯分布。本章采用的研究方法为岩土工程界基于容易获得的土体物理属性参数开发高效且高精度的人工神经网络模型以快速估算土体力学性质指标提供了有价值的参考。需要特别指出的是，研究成果对于软土地基工程的规划和初始设计阶段节省时间和经济成本也有较大帮助。

参考文献

[1] Lunne T，Berre T，Andersen K H，et al. Effects of sample disturbance and consolidation proce-
dures on measured shear strength of soft marine Norwegian clays [J]. Canadian Geotechnical Jour-
nal，2006，43 (7)：726-750.

[2] Holtz R D，Kovacs W D，Sheahan T C. An introduction to geotechnical engineering [M]. 2nd ed-
tion. Upper Saddle River，N J：PEARSON，2010.

［3］ Koppula S D. Statistical estimation of compression index ［J］. Geotechnical Testing Journal，1981，4（2）：68-73.

［4］ Motaghedi H，Eslami A. Analytical approach for determination of soil shear strength parameters from CPT and CPTu data ［J］. Arabian Journal for Science and Engineering，2014，39（6）：4363-4376.

［5］ Mcgann C R，Bradley B A，Taylor M L，et al. Development of an empirical correlation for predicting shear wave velocity of Christchurch soils from cone penetration test data ［J］. Soil Dynamics & Earthquake Engineering，2015.

［6］ Schneider James A，Randolph Mark F，Mayne Paul W，et al. Analysis of Factors Influencing Soil Classification Using Normalized Piezocone Tip Resistance and Pore Pressure Parameters ［J］. Journal of Geotechnical and Geoenvironmental Engineering，2008，134（11）：1569-1586.

［7］ Cao Zijun，Wang Yu. Bayesian approach for probabilistic site characterization using cone penetration tests ［J］. Journal of Geotechnical and Geoenvironmental Engineering，2013，139（2）：267-276.

［8］ Lim Yi Xian，Tan Siew Ann，Phoon Kok-Kwang. Friction angle and overconsolidation ratio of soft clays from cone penetration test ［J］. Engineering Geology，2020，274：105730.

［9］ Amiri Khaboushan Elham，Emami Hojat，Mosaddeghi Mohammad Reza，et al. Estimation of unsaturated shear strength parameters using easily-available soil properties ［J］. Soil and Tillage Research，2018，184：118-127.

［10］ Cao Zi Jun，Zheng Shuo，Li Dian Qing，et al. Bayesian identification of soil stratigraphy based on soil behaviour type index ［J］. canadian geotechnical journal，2019，56（4）：570-586.

［11］ Ching J，Phoon K K. Correlations among some clay parameters-the multivariate distribution ［J］. Canadian Geotechnical Journal，2014，51（6）：686-704.

［12］ Arditi D，Pulket T. Predicting the outcome of construction litigation using an integrated artificial intelligence model ［J］. Journal of Computing in Civil Engineering，2010，24（1）：73-80.

［13］ Chen Jinbo，Vissinga Marianne，Shen Yi，et al. Machine learning-based digital integration of geotechnical and ultrahigh-frequency geophysical data for offshore site characterizations ［J］. Journal of Geotechnical and Geoenvironmental Engineering，2021，147（12）：04021160.

［14］ Makasis Nikolas，Narsilio Guillermo A，Bidarmaghz Asal. A machine learning approach to energy pile design ［J］. Computers and Geotechnics，2018，97：189-203.

［15］ Zhang Jie，Hu Jinzheng，Li Xu，et al. Bayesian network based machine learning for design of pile foundations ［J］. Automation in Construction，2020，118：103295.

［16］ Sadegh Es-Haghi Mohammad，Abbaspour Mohsen，Abbasianjahromi Hamidreza，et al. Machine learning-based prediction of the seismic bearing capacity of a shallow strip footing over a void in heterogeneous soils ［J］. Algorithms，2021，14（10）：288.

［17］ Acharyya R. Finite element investigation and ANN-based prediction of the bearing capacity of strip footings resting on sloping ground ［J］. International Journal of Geo-Engineering，2019，10（5）.

［18］ Kardani Navid，Zhou Annan，Nazem Majidreza，et al. Improved prediction of slope stability using a hybrid stacking ensemble method based on finite element analysis and field data ［J］. Journal of Rock Mechanics and Geotechnical Engineering，2021，13（1）：188-201.

［19］ Meng Jingjing，Mattsson Hans，Laue Jan. Three-dimensional slope stability predictions using artificial neural networks ［J］. International Journal for Numerical and Analytical Methods in Geomechanics，2021：10. 1002/nag. 3252.

［20］ Zhang Lei，Shi Bin，Zhu Honghu，et al. A machine learning method for inclinometer lateral deflection calculation based on distributed strain sensing technology [J]. Bulletin of Engineering Geology and the Environment, 2020, 79 (7): 3383-3401.

[21] Zhang Lei, Shi Bin, Zhu Honghu, et al. PSO-SVM-based deep displacement prediction of Majiagou landslide considering the deformation hysteresis effect [J]. Landslides, 2021, 18 (1): 179-193.

[22] Zhang Wei, Xiao Rui, Shi Bin, et al. Forecasting slope deformation field using correlated grey model updated with time correction factor and background value optimization [J]. Engineering Geology, 2019, 260: 105215.

[23] Najjar Y M, Huang C. Simulating the stress-strain behavior of Georgia kaolin via recurrent neuronet approach [J]. Computers & Geotechnics, 2007, 34 (5): 346-361.

[24] Goh A T C, Wong K S, Broms B B. Estimation of lateral wall movements in braced excavations using neural networks [J]. Canadian Geotechnical Journal, 1995, 32 (6): 1059-1064.

[25] Zhang Wengang, Zhang Runhong, Wu Chongzhi, et al. Assessment of basal heave stability for braced excavations in anisotropic clay using extreme gradient boosting and random forest regression [J]. Underground Space, 2020.

[26] Kim Y-S, Kim B-T. Use of artificial neural networks in the predictionof liquefaction resistance of sands [J]. Journal of Geotechnical and Geoenviron mental Engineering, 2006, 132 (11): 1502 - 1504.

[27] Hu Hui, Lin Peiyuan. Analysis of resistance factors for LRFD of soil nail pullout limit state using default FHWA load and resistance models [J]. Marine Georesources & Geotechnology, 2019: 1-17.

[28] Zhang Wengang, Li Yongqin, Wu Chongzhi, et al. Prediction of lining response for twin tunnels constructed in anisotropic clay using machine learning techniques [J]. Underground Space, 2020.

[29] Zhang W G, Li H R, Wu C Z, et al. Soft computing approach for prediction of surface settlement induced by earth pressure balance shield tunneling [J]. Underground Space, 2020.

[30] Çelik Semet, Tan Özcan. Determination of preconsolidation pressure with artificial neural network [J]. Civil Engineering and Environmental Systems, 2005, 22 (4): 217-231.

[31] Samui Pijush, Sitharam T G, Kurup Pradeep U. OCR prediction using support vector machine based on piezocone data [J]. Journal of Geotechnical and Geoenvironmental Engineering, 2008, 134 (6): 894-898.

[32] Das S K, Samui P, Khan S Z, et al. Machine learning techniques applied to prediction of residual strength of clay [J]. Open Geosciences, 2011, 3 (4): 449-461.

[33] Kanungo D P, Sharma S, Pain A. Artificial neural network (ANN) and regression tree (CART) applications for the indirect estimation of unsaturated soil shear strength parameters [J]. Frontiers of Earth Science, 2014, 8 (3): 439-456.

[34] Kiran S, Lal B, Tripathy S. Shear strength prediction of soil based on probabilistic neural network [J]. Technol, 2016, 9.

[35] Pham B T, Son L H, Hoang Tuan Anh, et al. Prediction of shear strength of soft soil using machine learning methods [J]. Catena, 2018, 166: 181-191.

[36] Zhang Wengang, Wu Chongzhi, Zhong Haiyi, et al. Prediction of undrained shear strength using extreme gradient boosting and random forest based on Bayesian optimization [J]. Geoscience Frontiers, 2021, 12 (01): 469-477.

[37] Park Hyun Il, Lee Seung Rae. Evaluation of the compression index of soils using an artificial neural

network [J]. Computers and Geotechnics, 2011, 38 (4): 472-481.

[38] Pham B T, Nguyen M D, Ly H B, et al. Development of artificial neural networks for prediction of compression coefficient of soft soil [M]. Singapore: Lecture Notes in Civil Engineering, 2019.

[39] Pham B T, Nguyen M D, Dao D V, et al. Development of artificial intelligence models for the prediction of Compression Coefficient of soil: An application of Monte Carlo sensitivity analysis [J]. Science of The Total Environment, 2019, 679: 172-184.

[40] Zhang D M, Zhang J Z, Huang H W, et al. Machine learning-based prediction of soil compression modulus with application of 1D settlement [J]. Journal of Zhejiang University-SCIENCE A, 2020, 21 (6): 430-444.

[41] Shahin Mohamed A, Jaksa Mark B, Maier Holger R. State of the art of artificial neural networks in geotechnical engineering [J]. Electronic Journal of Geotechnical Engineering, 2008, 8 (1): 1-26.

[42] Shahin Mohamed A. A review of artificial intelligence applications in shallow foundations [J]. International Journal of Geotechnical Engineering, 2015, 9 (1): 49-60.

[43] Shahin Mohamed A. State-of-the-art review of some artificial intelligence applications in pile foundations [J]. Geoscience Frontiers, 2016, 7 (1): 33-44.

[44] Moayedi H, Mosallanezhad M, Rashid Asa, et al. A systematic review and meta-analysis of artificial neural network application in geotechnical engineering: theory and applications [J]. Neural Computing and Applications, 2019.

[45] Zhang Wengang, Ching Jianye, Goh Anthony, et al. Big data and machine learning in geoscience and geoengineering: introduction [J]. Geoscience Frontiers, 2020, 12.

[46] Zhang Wengang, Zhang Runhong, Wu Chongzhi, et al. State-of-the-art review of soft computing applications in underground excavations [J]. Geoscience Frontiers, 2020, 11 (4): 1095-1106.

[47] Song Xu-gen, Wang Zhi-yong, Bai Wei-wei, et al. Spatial heterogeneity of engineering properties of Zhuhai soft soils [J]. Chinese J Geot Eng, 2019, 41 (S1): 25-28.

[48] Song Xu-gen, Wang Zhi-yong, Bai Wei-wei, et al. Study on engineering characteristics of large scale deep soft soil in the central area of western Zhuhai [J]. Chinese Journal of Rock Mechanics and Engineering, 2019, 38 (7): 1434-1451.

[49] Huang H. W., Xiao L., Zhang D. M., et al. Influence of spatial variability of soil Young's modulus on tunnel convergence in soft soils [J]. Engineering Geology, 2017, 228: 357-370.

[50] Rafiq M Y, Bugmann G, Easterbrook D J. Neural network design for engineering applications [J]. Computers & Structures, 2001, 79 (17): 1541-1552.

[51] Haykin Simon. Neural networks and learning machines [M]. Pearson education Upper Saddle River, 2009.

[52] Demuth Howard B, Beale Mark H, De Jess Orlando, et al. Neural network design [M]. Martin Hagan, 2014.

[53] Phoon Kok-Kwang, Kulhawy Fred H. Characterization of geotechnical variability [J]. Canadian Geotechnical Journal, 1999, 36 (4): 612-624.

[54] Shahin, Mohamed, Jaksa, et al. Artificial neural network-based settlement prediction formula for shallow foundations on granular soils [J]. Australian Geomechanics, 2002.

[55] Shahin Mohamed A, Maier Holger R, Jaksa Mark B. Predicting settlement of shallow foundations using neural networks [J]. Journal of Geotechnical & Geoenvironmental Engineering, 2002, 128 (9): 785-793.

［56］ Phoon Kok-Kwang, Tang Chong. Characterisation of geotechnical model uncertainty ［J］. Georisk: Assessment Management of Risk for Engineered Systems Geohazards, 2019: 1-30.

［57］ Bathurst Richard J, Javankhoshdel Sina. Influence of model type, bias and input parameter variability on reliability analysis for simple limit states in soil - structure interaction problems ［J］. Georisk: Assessment and Management of Risk for Engineered Systems and Geohazards, 2017, 11 (1): 42-54.

［58］ Phoon K K, Tang C. Effect of Extrapolation on interpreted capacity and model statistics of steel hpiles ［J］. Georisk-Assessment and Management of Risk for Engineered Systems and Geohazards, 2019, 13 (4): 291-302.

［59］ Phoon Kok-Kwang. The story of statistics in geotechnical engineering ［J］. Georisk: Assessment and Management of Risk for Engineered Systems and Geohazards, 2020: 1-23.

［60］ Yuan Jie, Lin Peiyuan. Reliability analysis of soil nail internal limit states using default FHWA load and resistance models ［J］. Marine Georesources & Geotechnology, 2019, 37 (7): 783-800.

第8章 软计算在地下工程建设中的应用

8.1 引言

由于人口增长和城市化进程加快，地下工程建设的需求越来越大，例如用于货物大规模快速运输的地下通道，以及地下购物中心、停车场和摩天大楼的深支撑/锚固开挖。地下工程系统在土/岩石中的力学响应复杂、高度非线性、不确定性以及许多力学行为机理尚有待深入探讨。近年来，随着科学计算软件的飞速发展，地下工程响应或行为的评价进入了一个新的阶段。工程师们现在更多地倾向于开展智能计算，特别是软计算分析，而不是进行大型的复杂数值分析或算力要求极高的运算。

软计算方法（SCM）允许计算机在没有明确力学理论支撑的情况下从现场监测数据或工程案例中学习总结规律或所谓的模式。这些软计算技术包括但不限于多变量自适应回归样条（MARS）、人工神经网络（ANNs）、支持向量机（SVMs）、随机森林方法（RF）、决策树（DT）、梯度增强机器（GBM）、逻辑回归（LR）、高斯过程（GP）、混合方法如自适应模糊神经推理系统（ANFIS）和基因表达式编程（GEP）等。为了方便读者，表8.1汇总了过去30年地下开挖工程中的部分软计算使用情况。表8.1还包含对SCM缩写的注释。

SCM 在地下挖掘工程中的部分应用一览表		表 8.1
SCM	应用	参考文献
ANFIS	盾构法隧道施工引起的沉降	[1]
ANFIS,PCA	盾构法隧道施工引起的沉降	[2]
ANFIS	岩土工程	[3]
ANFIS	超挖预测	[4]
ANFIS-PSO	超挖预测	[5]
ANFIS	地基振动预测	[6]

续表

SCM	应用	参考文献
ANFIS,GEP	隧道开挖引起的沉降	[7]
ANFIS,CAM	土压平衡盾构法诱发的地面沉降	[8]
ANN	自上而下开挖中墙的挠曲	[9]
ANN	有支撑开挖中的挡墙侧向位移	[10]
ANN	岩洞稳定性评估	[11]
ANN	新奥法隧道开挖引起的沉降	[12]
ANN	深开挖可靠度分析	[13]
ANN	深开挖	[14]
ANN	隧道开挖引起的地表沉降	[15]
ANN	隧道施工中的土体变形	[16]
ANN	地下洞口可能出现的失效模式	[17]
ANN	隧道支护稳定性	[18]
ANN	基坑支护结构位移	[19]
ANN	深度开挖引起的地面沉降	[20]
ANN	隧道开挖问题	[21]
ANN	隧道开挖过程中的沉降	[22]
ANN	掘进性能	[23]
ANN	基坑开挖引起的沉降	[24]
ANFIS,SVM,FL	钻爆掘进中的超挖预测	[25]
ANN,FL	连接通道施工预控	[26]
ANN,GP,SVM	土压平衡盾构施工引起的地表沉降	[27]
ANN,TSP-203	掌子面地质危险区	[28]
ANN,KNN	爆破引起的地面振动	[29]
ANN,BP,RBF,GRNN	土压平衡盾构施工引起的沉降	[30]
BN	隧道挤压预测	[31]
BNN	深开挖中墙位移	[32]
BPNN	盾构施工引起的沉降	[33]
BPNN	沉降估算	[34]
BPNN	隧道沉降	[35]
BPNN	隧道开挖过程中的沉降	[36]
BPNN	土压平衡盾构施工引起的沉降	[37]
BPNN	隧道围岩的力学参数	[38]
BPNN	基坑沉降预测	[39]
BPNN,Wavenet	隧道引起的地面沉降	[40]
FFNN	桩完整性试验	[41]
ANN	土压平衡盾构施工引起的地表沉降	[42]

续表

SCM	应用	参考文献
GBM	露天矿爆破振动产生的危害	[43]
GP	岩爆等级的确定	[44]
GRNN	桩的横向承载力	[7]
GRNN,SVM	桩承载力	[45]
ICA	盾构施工引起的沉降	[46]
ICA-ANN,ANN,MR	隧道开挖引起的地表沉降	[47]
KNN,DT	隧道挤压预测	[48]
LDA,BLR	隧道挤压预测	[49]
LDA,QDA,PLSDA,NB,KNN,MLPNN,CT,SVM,RF,GBM	岩爆分类	[50]
LR	地面沉降危险性分析	[51]
LR	岩爆风险	[52]
LR	岩体分类与开挖	[53]
LR,MARS	地震液化势评价	[54]
LR	地面沉降危害分析	[51]
DT based LR	挡土墙系统比选	[55]
MARS	土压平衡隧道	[56]
MARS	土压平衡盾构施工引起的最大地表沉降	[57]
MARS	双洞正常使用极限状态	[58]
MARS	有支撑开挖中的侧墙挠度	[59]
MARS	侧壁变形包络线的确定	[60]
MARS,ANN	隧道收敛预测	[61]
MARS	地震引起的隧道隆起位移	[62]
MARS,LR	地下入口开挖稳定性	[63]
MLP	新奥法开挖引起的地表沉降	[64]
MR,ANFIS,CAM	土压平衡盾构施工引起的沉降	[65]
MRA,ANN	超挖预测优化	[66]
NBC,BNs	隧道挤压预测	[31]
NGS,ANFIS,GEP	土压平衡盾构掘进引起的地表沉降	[67]
RBF,MVR	隧道收敛	[68]
RBFNN	渗透注浆	[69]
RBFNN	岩土工程	[70]
Review	岩爆评估方法	[71]
RF	挖掘损伤区域	[72]
RF	盾构开挖隧道诱发沉降	[73]
RF	深基坑风险预测	[74]

SCM	应用	参考文献
RF,SVM,ANN	岩爆分类	[75]
RF,PSO	土压平衡盾构机转向	[76]
RF,ZeroR,GP,LR,MLP	掘进机性能预测	[77]
SVM	隧道掘进机掘进速度	[78]
SVM	预测隧道掘进速度	[79]
SVM	隧道收敛	[80]
SVM	浅埋隧道围岩变形	[81]
SVM	隧道围岩位移	[82]
SVM	岩爆预测模型	[83]
SVM,ANN	隧道围岩位移	[84]
SVM	隧道诱发地面沉降	[85]
Improved SVM	预测隧道数据的岩体参数	[86]
TSAM	隧道掘进中的位移	[87]
RVM	隧道诱发地面沉降	[88]

注：

ANFIS—自适应模糊神经推理系统，
ANN—人工神经网络，
BLR—二元逻辑回归，
BN—贝叶斯网络，
BPNN—反向传播神经网络，
CART—分类与回归树，
CT—分类树，
DT—决策树，
FCM—模糊 C 聚类，
FFNN—前馈神经网络，
FL—模糊逻辑，
FORM——次二阶矩法，
GBM—梯度提升机，
GEP—基因表达式编程，
GP—高斯过程，
GRNN—广义回归神经网络，
ICA—帝国竞争算法，

KNN—K 近邻算法，
LDA—线性判别分析，
LR—逻辑回归，
MARS—多元自适应样条回归，
MLPNN—多层感知器神经网络，
MVR—多变量回归，
NB—朴素贝叶斯，
NGS—神经-遗传系统，
PCA—主成分分析，
PLSDA—偏最小二乘判别分析，
PSO—粒子群优化算法，
QDA—二次判别分析，
RBFNN—径向基函数神经网络，
RF—随机森林，
RNN—递归神经网络，
TSAM—时间序列分析法，
SVM—支持向量机。

软计算方法已广泛用于评估开挖过程中结构或岩土体的力学行为，如深基坑开挖引起的挡土墙变形（文献[9-10,32,55,59-60,89-92]）和隧道开挖引起的地表沉降（文献[1-2,7,12,15,20,22,27,30,35-37,40,42,64,67]）。一些研究人员致力于研究地质参数对地下工程结构稳定性评估的影响，如 Leu 等[18]，Mawdesley[53]，Goh 和 Zhang[11]，Goh 等[56,93]。Su 等[44] 和 Zhou 等[50,71,83] 对岩爆可能性评估和风险预测进行了探索。文献[50] 比较了 10 种机器学习算法，包括 LDA、QDA、PLSDA、NB、KNN、MLPNN、CT、SVM、GBM 和 RF，得出岩爆预测的最佳模型是 GBM 和 RF；文献 [71] 系统地讨论了数据统计和智能分类方法在岩爆预测中的应用。Jang 和 Sun[4]、Dong 等[75]、Jang

和 Topal[66] 和 Mottahedi 等[5,25] 研究了 SCM 在隧道和地下开采超挖预测中的应用。Mottahedi 等[25] 利用 267 个超挖预测的影响因素和相关响应数据集，应用多元线性和非线性回归分析、ANN、FL、ANFIS 和 SVM 对超挖预测进行深入研究。结果发现，FL 和 ANFIS 模型的预测精度优于其他模型。

本章的主要目的是阐述与 ANN、MARS、RF 和 SVM 建模及应用相关的特征，并对它们当前在地下挖掘中的应用进行总结。通过实例分析，比较了上述方法的预测性能，并讨论了每种方法的优缺点。本章还讨论了软计算技术在地下工程应用中面临的挑战及其未来的发展方向。

8.2　软计算方法概览

本节简要介绍了三类 SCM 模型的预测能力，包括机器学习（ANN 和 SVM）、基于树的模型（CART、DT、RF 和 XGBoost）和回归模型（LR 和 MARS），并对其中某些方法进行详细阐述。

8.2.1　神经网络

人工神经网络是发展最快的研究领域之一，吸引了众多岩土工程研究者的关注。人工神经网络是受生物神经系统和大脑工作方式启发的信息处理系统。它们通常为特定用途配置，包括模式识别（稳定与否）、图像处理、抗压（混凝土裂缝）以及常规承载力预测。如果输入和目标响应之间的关系是高度非线性的，则人工神经网络表现最佳，因此 ANN 特别适合于解决没有固有算法或特定规则集的问题，即预先假设或预先确定关系。

人工神经网络基本上由三层组成：输入层、隐藏层和输出层，其中每一层都可能有许多节点，这些节点被称为神经元，其功能是执行基本操作。整体操作则是这些基本操作的加权和。人工神经网络必须经过训练，以便从一组已知的输入中产生所需的输出。训练方式通常是将教学/指导模式输入网络，并让网络根据先前定义的学习规则调整其权重函数。学习可以是有监督的、半监督的或无监督的。

人工神经网络实际上有许多类型，如反向传播神经网络（BPNN）、贝叶斯神经网络（BNN）、广义回归神经网络（GRNN）、多层感知机神经网络（MLPNN）和 K-近邻（KNN），以及自适应神经模糊推理系统（ANFIS）的混合形式。其中，大多数人工神经网络采用反向传播算法作为网络训练方法。这里，对比期望输出与神经网络输出，如果结果不如预期，则修改层之间的权重。重复该过程直到满足预设的优化目标。影响人工神经网络性能的因素包括隐藏层中节点/神经元的数量、学习速率和训练容忍度。

8.2.2　决策树

在决策树（DT）中，通过递归划分数据空间，并在每个分区内拟合一个简单的预测模型，进而获得总的模型。因此，分区可以图形化地表示为决策树。决策树包括回归树和分类树。回归树适用于采用连续或有序离散值的因变量，预测误差通常由观察值和预测值之间的平方差来衡量[94]。分类树适用于采用分类值的因变量（例如隧道等级或岩爆严重程度）。在决策树建模中，一棵经验树表示应用一系列简单规则创建的一个数据分段。这些数据分段模型生成了一组规则，该规则组通过重复拆分过程实现预测功能[95]。DT 方法的隐含假设基础是特征和目标对象之间的关系是线性或非线性的。DT 方法会自动选择携带最大信息量的特征进行分类/回归，其余特征则被排除，这提高了计算效率，同时避免了主观不确定性。一棵树同样也是基于二进制递归划分法来进行构造。"二进制"意味着 DT 中的每组观察值由一个节点代表，该节点被分成两个子节点。通过这个过程，原始节点变成了母节点。"递归"指的是二进制分区过程可以重复应用。这是一个将数据分割成多个分区的迭代过程。最初，使用所有训练样本来确定树的结构。然后，该算法遍历每一个可能的数据二进制分割方式，并最终选择令离差平方和最小的数据分割方式。然后，将分割过程应用于每个新分支。持续该过程直到每个节点达到用户指定的最小节点为止[96]。因此，每个母节点可以产生两个子节点，反过来，这些子节点自身也可以被分割，形成额外的子节点。"划分"是指数据集被分割成多个部分或被分割。

8.2.3 CART

CART 是一种递归划分过程，它使用一组 if-then-else 规则对每个节点（例如，母节点）的分类（分类树）或连续（回归树）数据进行分类[97]。CART 从树顶部的根节点开始，它包含了训练模式的全部数据[98]。CART 模型中的节点要么是终端节点（没有子节点的节点），要么是非终端节点（有子节点的节点）。CART 通过检查不同预测器的数据值范围内的唯一值[99]，使用搜索算法将数据分为二进制甚至多个类别[100]。

8.2.4 MARS

MARS 最早由 Friedman[101] 提出，作为一种灵活的程序用于确立一组输入变量和目标相关变量之间的关系。这些变量大多是可相加的或涉及少数变量之间的相互作用。这是一种基于"分而治之"策略的非参数统计方法，其中训练数据集被划分为具有不同梯度（斜率）的独立线性分段（样条），这种方法也是可加回归、递归回归、样条回归和递归划分回归的集成。相对于其他方法，MARS 的预测精度较高，并且具有高度自适应性，因为它不需要预先假设自变量与因变量之间的潜在函数关系。一般来说，这些样条之间是平滑连接的，且分段曲线（即多项式），也称为基函数（BFs），构成了一个可以拟合线性和非线性行为的灵活模型。样条之间的连接点/界面点称为节点。候选节点放置于每个输入变量范围内的随机位置，用于标记一个数据区域的结束和另一个数据区域的开始。

一般来说，任何基于 MARS 的模型都遵循 3 个基本步骤，例如：

（1）构造阶段，也称为前向阶段；

（2）修剪阶段，也称为倒退阶段；

（3）选择最佳 MARS。

关于 MARS 算法的详细介绍、模型开发步骤以及在地下开挖中的应用。可参考文献[54，56-57，59，90，102-105]。

8.2.5 支持向量机

支持向量机最初由 Vapnik[106] 提出，起初用于分类，后来又被回归[107]。SVM 使用一种称为核的设备，例如高斯核和多项式核，将数据映射到高维特征空间，在该空间中的非线性问题变得可分离的线性问题[108]。支持向量机的分类和回归应用遵循相同的原则。它搜索可以最大化数据组之间的界限并最小化超预期误差的最佳超平面。

SVM 的主要目标是通过一个函数将两个数据类分开，该函数通过在两个不同的类之间设置一个边界并进行定向以达到最大化边距（即每个类的最近数据点之间的距离）的方式来实现。例如，在图 8.1(a) 中，有许多可能的线性分类器可以分离数据，但是只有一个可以最大化边距。这个线性分类器被称为最优分离超平面，最大边距具有良好的泛化能力。距离最近的数据点用于定义边距，并被称为支持向量（见图 8.1b）。

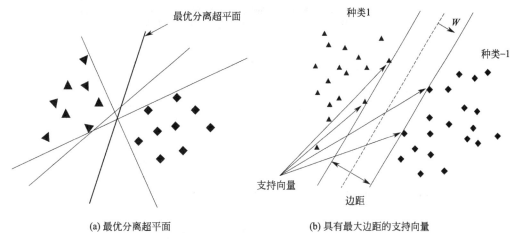

(a) 最优分离超平面　　　　　　　　　　(b) 具有最大边距的支持向量

图 8.1　最优分离超平面和支持向量[109]

8.2.6　随机森林

RF 是 Breiman[110] 提出的一种集成学习方法，是一种非参数的基于树的方法[73]。在该算法中，使用具有相同分布的多个决策树组建森林以训练和预测样本数据[105,111]。由于本章综述的主要目的是比较预测回归，所以本节只介绍回归树（RT）。在 RT 的每个分支处，计算叶节点上样本的平均值和每个样本之间形成的均方误差（MSE）。追求叶子节点 MSE 的最小值作为分支条件，直到没有更多的特征可用或者整体 MSE 达到最优，则 RT 停止生长。

为了获得泛化能力强的集成模型，集成模型中的基学习器 RT 应该尽可能不相关[112-113]。装袋算法（Bagging，即 bootstrap aggregating，又称引导聚集算法）是 Breiman[112] 提出的并行集成模型。Bagging 流程图如图 8.2 所示[114]。

用于回归的 RF 步骤如下：

步骤 1：从训练池中随机选取 n 个数据点。需要强调的是，之所以称为随机森林，是因为数据点是从池中随机取出的，因此生长的树是随机的。

步骤 2：基于这 n 个数据点构建 RT1。

步骤 3：对预定数量的 K 棵树重复步骤 1 和 2。

步骤 4：通过将 K 个子树并行添加在一起来生成森林。

步骤 5：每棵树的估计过程都是独立的，取平均值作为最终预测。随机森林回归预测器由以下等式描述：

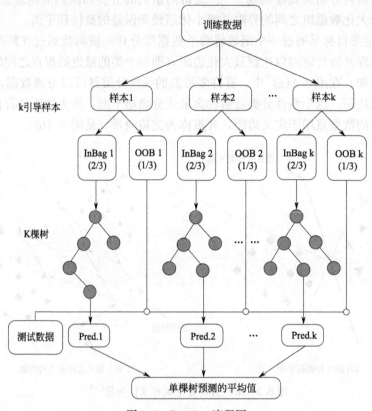

图 8.2 Bagging 流程图

$$\hat{f}_{\rm rf}^K(x) = \frac{1}{K}\sum_{k=1}^{K}T(x) \tag{8.1}$$

8.2.7 XGBoost

XGBoost 是由 Chen 和 Guestrin[115] 提出的一种优化的分布式梯度提升库，具有高效、灵活和便携等特点。它在梯度提升框架下实现机器学习算法。在提升中，树是按一定的顺序构建的，而后每个后续树则旨在最小化前一棵树的误差。每棵树都从它的前序树那里学习并更新残差。因此，序列中下一个生长的树将从残差的更新版本中学习。由于并行和分布式计算可确保更快的学习，因此可以更快地进行模型探索。XGBoost 模型的预测输出函数如下：

$$\hat{y}_i = \sum_{k=1}^{K}f_k(\boldsymbol{x}_i), \ \ \boldsymbol{f}_k \in \boldsymbol{F} \tag{8.2}$$

其中，K 是树的总数，k 代表第 k 棵树，$\boldsymbol{X}_i$ 是样本 i 对应的特征，$\hat{y_i}$ 对应于该树的预测得分，F 是回归树的空间。

通过权衡偏方差，在模型性能和运行速度之间取得平衡。定义如下正则化目标函数：

$$\mathrm{Obj} = \sum_{i=1}^{n}l(y_i, \hat{y}_i) + \sum_{k=1}^{K}\Omega(f_k) \tag{8.3}$$

其中，$\sum\limits_{i=1}^{n} l(y_i, \hat{y}_i)$ 是训练损失函数，量化了模型在训练数据上的拟合程度。第二项

$\Omega(f_k) = \gamma T + \dfrac{1}{2}\lambda\sum\limits_{j=1}^{T} w_j^2$ 是额外的正则化项，对模型的复杂性进行惩罚以避免过度拟合，

其中 γ 是引入额外叶子的复杂性成本。T 是叶子的数量，λ 是超参数，$\sum\limits_{j=1}^{T} w_j^2$ 用来衡量结构树的优劣，其值越大越好。因此，在这个目标函数下，拥有简单预测函数的模型被选为最佳模型。

从常量的预测开始，且每次添加一个新函数。因此，第一项损失函数也与所有已经建好的树有关。它已经包含了所有树的迭代结果，所以整个目标函数与树的总数有关。形式上，令 $\hat{y}_i^{(t)}$ 为第 i 个实例在第 t 次迭代时的预测值，引入 f_t 以最小化以下目标。

$$\mathrm{Obj}^{(t)} = \sum_{i=1}^{n} l(y_i, \hat{y}_i^{(t-1)} + f_t(x_i)) + \Omega(f_t) \tag{8.4}$$

为了达到在一般情况下快速优化第一项损失训练函数的目标，一般使用二阶泰勒扩展对其进行近似：

$$\mathrm{Obj}^{(t)} \simeq \sum_{i=1}^{n} \left[l(y_i, \hat{y}_i^{(t-1)}) + g_i f_t(x_i) + \frac{1}{2} h_i f_t^2(x_i) \right] + \Omega(f_t) \tag{8.5}$$

其中 $g_i = \partial_{\hat{y}}(t-1) l(y_i, \hat{y}^{(t-1)})$ 和 $h_i = \partial_{\hat{y}^{(t-1)}}^2 l(y_i, \hat{y}^{(t-1)})$ 分别是损失函数的一阶和二阶梯度统计。在步骤 t 时消除常数项，得到以下近似目标。

$$\mathrm{Obj}^{(t)} \simeq \sum_{i=1}^{n} \left[g_i f_t(x_i) + \frac{1}{2} h_i f_t^2(x_i) \right] + \Omega(f_t) \tag{8.6}$$

通过对公式(8.6) 的优化，可以确定与模型参数和预测相关的第 t 棵树。优化程序重复进行，直到满足预定的停止标准，同时得到最终的预测结果。关于 XGBoost 算法的更多详细解释，请参考文献 [115]。本章采用了基于 Python 的 XGBoost 算法进行建模。

8.2.8　软计算的主要特点、优势与劣势

表 8.2 总结了本章用于对比预测性能的软计算方法的主要特征、优点和缺点。

本章使用的 4 种软计算方法的主要特征、优点和缺点总结　　　　　　表 8.2

SCM	主要特征	优点	缺点
XGBoost	使用后续树的集成分组模型，从前一棵树中学习并最小化误差	每棵树都从它的前辈那里学习并更新残差；序列中接下来生长的树将从残差的更新版本中学习；分布式计算确保更快的学习	当仅有少量数据可供训练时，该方法无法处理异常值，因此易导致模型出现过拟合问题
MARS	集合了一系列线性样条从而实现非参数回归的灵活模型	生成一个灵活的模型，通过具有不同梯度的随机节点和分段样条来处理线性和非线性问题	容易过拟合并且仅限于处理大数据，对于稀疏数据不太准确
ANN	由输入层、隐藏层和输出层组成的网络模型，用于模拟生物神经系统	与传统的线性和简单的非线性分析相比，自适应模型在输入和目标响应之间的关系高度非线性时表现尤佳	容易出现局部最小值问题，优化过程通常在局部而非全局优化状态处停止
SVM	对数据进行最佳分组，并可以与最佳分组的回归模型相结合	通过使用内核函数最大化组之间的余量来支持数据的最佳分组	容易出现过拟合问题，这取决于优化分组中使用的核函数

8.3 案例分析

8.3.1 数据库

该数据库包括1120个深支撑开挖地下连续墙的平面应变有限元分析结果。文献[116]研究了各种参数，如开挖的几何形状、土体特性和墙体刚度等对墙体挠度的影响。为简单起见，简要介绍分析算例的土体和墙体剖面，如图8.3所示，设计参数的范围则列于表8.3。

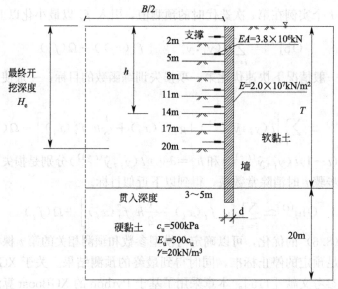

图8.3 土体和墙体剖面情况

参数说明和范围   表8.3

参数	范围
相对剪切强度比 c_u/σ'_v	0.21,0.25,0.29,0.34
相对土体刚度比 E_{50}/c_u	100,200,300
软黏土厚度 T(m)	25,30,35
墙体刚度 EI($\times 10^6$kN$\times$m^2/m)	0.36,1.21,2.88,5.63
开挖宽度 B(m)	20,30,40,50,60
土体重度 γ(kN/m)	15,17,19
开挖深度 H_e(m)	11,14,17,20

剖面图8.3中包含的参数有开挖宽度 B、开挖深度 H_e、软黏土厚度 T、土体重度 γ。表8.3所列参数包括系统刚度 $\ln(S)$ $[S = EI/(\gamma_w h_{avg}^4)]$，其中 E 为墙体材料的杨氏模量，I 为墙体截面的惯性矩，γ_w 为水的重度，支柱的平均间距 h_{avg}；c_u/σ'_v 为相对土体抗剪强度比，其中 c_u 为不排水抗剪强度，σ'_v 为竖向有效应力；E_{50}/c_u 是相对土体刚度比，其中 E_{50} 是标准排水三轴试验中的正切刚度。

为简洁起见，本章省略了数值模拟方案的论述以及参数分析。该数据库包含在附录3

中，用于与本研究中采用的软计算方法进行性能比较。

图 8.4 显示了墙体挠度的分布，它近似于对数正态分布，大部分墙体挠度在 50～200mm 之间，平均值和标准差分别为 137.53mm 和 69.36mm。在本研究中，根据墙体挠度的分布情况，采用 Spearman 秩相关检验方法来确定 B、H_e、T、$\ln(S)$、c_u/σ'_v、E_{50}/c_u 和墙体挠度每两个变量的相关系数，然后将这些系数后处理为热图，如图 8.5 所示。热图是一种数据的图形表示方法，矩阵中包含的各个数值用颜色表示。一般来说，参数的相关系数用热图来显示，因为它的效率高且简单。显然，墙体挠度受 $\ln(S)$ 的影响很大，其次是 E_{50}/c_u、γ、h、c_u/σ'_v、T 和 B。每个特征变量之间的相关性不明显，这意味着数据之间不是多元共线性的，其用于建模较为理想。该热图中显示的参数相关系数可以作为考察建模精度的参考。

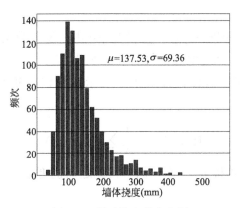

图 8.4　侧壁挠度的直方图

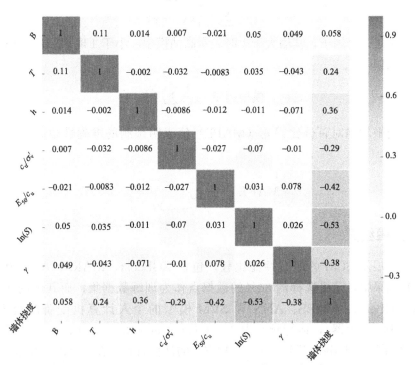

图 8.5　本研究中参数的 Spearman 等级相关系数

143

对于 ANN 和 SVM 算法，具有不同规模、分布和维度的数据集将显著影响优化时间。它们还会影响优化器的效率，有时会阻碍算法达到最佳点。此外，如果没有适当地考虑异常值的存在，则训练过程会受影响。为了解决这个问题，数据标准化或规范化预处理非常重要。通过均衡输入变量的范围和分布，可帮助优化器更有效地收敛到最佳点，并且它们还能避免异常值的存在。标准化将数据的均值和标准差分别转换为 0 和 1：

$$f_s(x_i) = \frac{x_i - \mu_i}{\sigma_i} \tag{8.7}$$

其中，f_s 是标准化函数，x_i 是输入特征变量 i 的系列值，μ_i 是输入变量 i 的平均值，σ_i 是输入变量 i 的标准差。但是，对于 XGBoost 和 MARS，标准化并非必要。

8.3.2　性能指标

基于指标对模型的性能进行评估。在以下等式中，N 是数据的总数；y_i 和 $\hat{y_i}$ 分别是 FEM 值和 SCM 预测值；$\bar{y}$ 是 FEM 结果的平均值。

均方根误差（RMSE）值接近或等于 0 表示预测误差很小[117]。RMSE 的计算公式为：

$$RMSE = \sqrt{\frac{1}{N}\sum_{i=1}^{n}(\hat{y_i} - y_i)^2} \tag{8.8}$$

若决定系数 R^2 的值更接近 1[118]，而且彼此之间也更接近，则表明该模型考虑了土体参数的大部分变异性。

$$R^2 = \frac{\sum_{i=1}^{n}(\hat{y_i} - \bar{y})^2 - \sum_{i=1}^{n}(\hat{y_i} - y_i)^2}{\sum_{i=1}^{n}(\hat{y_i} - \bar{y})^2} \tag{8.9}$$

模型因子是一个因子，其值大于 1 时表示高估模型，小于 1 时表示低估模型，等于 1 时表示预测无偏[119]。

$$模型因子 = \frac{1}{N}\sum_{i=1}^{n}\frac{y_i}{\hat{y_i}} \tag{8.10}$$

接近 0 的平均绝对百分比误差（MAPE）值表明预测的准确性很高[120]。其计算公式为：

$$MAPE = \frac{1}{N}\sum_{i=1}^{n}\left|\frac{\hat{y_i} - y_i}{\hat{y_i}}\right| \tag{8.11}$$

8.3.3　计算结果

本节主要展示 SCM 的综合性能比较，包括 XGBoost、MARS、ANN 和 SVM。在 1120 个 FE 结果中，随机选择约 80% 的数据点作为训练数据集，而其余的作为测试集。用于开发 XGBoost、MARS、ANN 和 SVM 模型的个人计算机配备酷睿 i5 处理器，8500CPU（中央处理器），运行频率为 3.00GHz 和 8GBRAM（随机存取处理器），Windows10 操作系统，Python 开发环境。4 种方法的计算时间都在一秒内，效率差异很小。

应当指出，4 种预测方法中关键设计参数的不确定性可能会被用于模型鲁棒性性能比

较，如此，则概率可靠度分析法更为合适。此外，为了避免数据选择的偏差，本研究采用
了最流行的验证方法之一（即 5 折交叉验证法[121]）进行数据模式确定和综合模型评估。

图 8.6 和图 8.7 分别显示了 XGBoost、MARS、ANN 和 SVM 预测墙体挠度的训练
和测试结果。显然，这 4 种方法都取得了合理的结果，因为不同软计算方法预测得到的数
据点均较好地散落在参考线周围。表 8.4 列出了上述性能指标的值。对于测试数据，基于
XGBoost 模型预测与 FEM 计算值之间的 RMSE、R^2、模型因子平均值和 MAPE 分别为
7.90、0.99、1.00 和 0.04。对于测试数据，MARS 模型给出的 RMSE、R^2、模型因子平
均值和 MAPE 分别为 11.10、0.97、1.02 和 0.07。ANN 模型的 RMSE、R^2、模型因子
平均值和 MAPE 分别为 11.73、0.97、1.00 和 0.07。最后，SVR 模型的 RMSE、R^2、
模型因子平均值和 MAPE 分别为 17.40、0.94、1.01 和 0.06。显然，与更传统的
MARS、ANN 和 SVR 相比，集成学习 XGBoost 方法的整体性能得到了提高。作为一个
基于树的强大工具，XGBoost 能够平衡预测准确性和可理解性要求之间的关系。

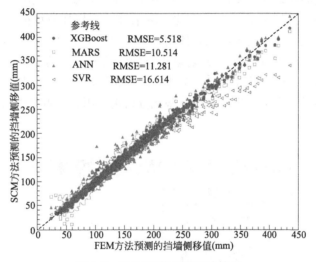

图 8.6 FEM 墙体挠度训练结果

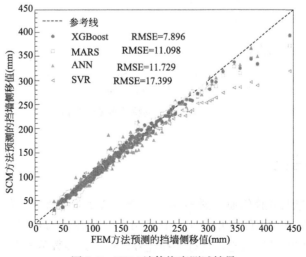

图 8.7 FEM 墙体挠度测试结果

软计算方法模型的性能指标 表 8.4

SCM	评价指标							
	RMSE		R^2		Bias		MAPE	
	训练集	测试集	训练集	测试集	训练集	测试集	训练集	测试集
XGBoost	5.52	7.90	0.99	0.99	1.00	1.00	0.03	0.04
MARS	10.51	11.10	0.98	0.97	1.02	1.02	0.07	0.07
ANN	11.28	11.73	0.97	0.97	1.00	1.00	0.06	0.07
SVR	16.61	17.40	0.94	0.94	1.01	1.01	0.05	0.06

8.3.4 特征重要性分析

训练后的 XGBoost 模型自动评估各输入特征的重要性，结果如图 8.8 所示。其中，特征分数可以通过界面特征重要性获得，即增益准则。增益表示相应特征对模型的相对贡献，通过评估模型中每棵树的每个特征的贡献来计算。与其他特征相比，该指标的值越高，生成预测就越重要。为简单起见，使用百分比对 7 个变量的特征分数从高到低进行排序，如图 8.8 所示。可以看出 $\ln(S)$ 是最重要的特征变量，其次是 E_{50}/c_u、h、c_u/σ'_v、T 和 B。这与图 8.5 中热图反映的相关系数一致。此外，XGBoost 模型能够在一秒内给出合理的特征分数结果，在某种程度上比有限元分析更适用，或者可以与有限元数值结果进行交叉验证。

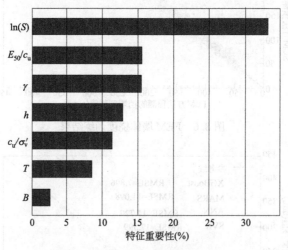

图 8.8 XGBoost 的特征重要性分析

8.4 讨论和结论

当前，地下开挖无可避免地会遇到非常复杂、高度非线性、多维以及难以理解的问题，尤其是复杂环境条件下的开挖施工。在这方面，软计算方法（SCM）与传统的理论解法、统计分析或数值模拟相比，具有多种优势。对于大多数传统数学模型，通常通过简化问题或在模型中引入更多假设来补充物理机制解释的欠缺。数值模拟方法还依赖于预先假定土/岩石本构模型。因此，这些方法难以全面模拟大多数地下工程系统的复杂情况。相比之下，SCM 是数据驱动的方法，其中模型开发主要基于输入-输出数据对的训练（学习）以确定模型的结构和参数或超参数。在这种情况下，不需要简化问题或纳入假设。还应该提到的是，随着新的观测结果产生，则可利用新的数据更新开发的软计算模型，使其获得更好的预测精度。

本章所展示的 SCM，包括 XGboost、MARS、SVM 和 ANN，均具有强大的学习能力，即使在各种因素（例如数据集的大小、特征的数量）影响下，仍然可以捕捉变量之间的复杂关系，并提供对支撑开挖引起的墙体变形的准确估计。应当指出，本研究的一个局限性是所使用的数据库是通过数值模拟生成的。这是由于开发 SCM 模型需要庞大的高质量监测数据，而目前可用的工程案例却非常有限。

需要强调的是，数据和特征决定了 SCM 模型的准确率上限，而各种模型和算法只是试图以不同的方式或角度来接近这个上限。从这方面讲，与结构响应密切相关的高质量数据集和所提取的特征对于 SCM 的成功应用至关重要。

尽管 SCM 取得了成功，但由于其固有的缺点，如模型可解释性、知识提取和模型不确定性，它们仍然面临传统学者的反对。因此，应特别注意将与底层物理过程有关的譬如工程判断或专家经验的先验知识纳入学习过程。此外，将基于物理的公式应用到数据驱动的特性中，可极大地增强 SCM 的实用性，并将该领域推向更高的复杂性和应用水平。

目前，SCM 应该更好地作为传统计算技术或现场监测的补充措施，而不是替代方案甚至作为最终解决方案；它还可用来快速检查基于更耗时和更深入的有限元分析得到的解决方案的正确性。

此外，近年来，集成学习技术已经成为一个热门的研究课题。它是一种将多种机器学习技术结合到一个代理模型中的元算法，通过装袋、提升和堆叠来减少方差和偏差，以提高预测精度。它对所有维度和大小的数据集采用了良好的策略，但尚未广泛应用于岩土工程中，其在地下岩土工程中的应用具有广阔前景。

参考文献

[1]　Hou J，Zhang Mx，Tu M. Prediction of surface settlements induced by shield tunneling：an ANFIS model [M] //Geotechnical Aspects of Underground Construction in Soft Ground. Taylor and Francis Group，London：CRC Press. 2009：551-554.

[2]　Bouayad D，Emeriault Fabrice. Modeling the relationship between ground surface settlements induced by shield tunneling and the operational and geological parameters based on the hybrid PCA/ANFIS method [J]. Tunnelling and Underground Space Technology，2017，68：142-152.

[3]　Cabalar Ali Firat，Cevik Abdulkadir，Gokceoglu Candan. Some applications of adaptive neuro-fuzzy inference system（ANFIS）in geotechnical engineering [J]. Computers and Geotechnics，2012，40：14-33.

[4]　Jang J-Sr，Sun Chuen-Tsai. Neuro-fuzzy modeling and control [J]. Proceedings of the IEEE，1995，83（3）：378-406.

[5]　Mottahedi Adel，Sereshki Farhang，Ataei Mohammad. Overbreak prediction in underground excavations using hybrid ANFIS-POS model [J]. Tunnelling and Underground Space Technology，

2018，80（05）：1-9.

［6］ Armaghani D. J., Momeni E., Abad S., et al. Feasibility of ANFIS model for prediction of ground vibrations resulting from quarry blasting ［M］. Environmental Earth Sciences，2015：2845-2860.

［7］ Ahangari Kaveh, Moeinossadat Sayed Rahim, Behnia Danial. Estimation of tunnelling-induced settlement by modern intelligent methods ［J］. Soils and Foundations，2015，55（4）：737-748.

［8］ Moeinossadat Sayed Rahim, Ahangari Kaveh, Shahriar Kourosh. Control of ground settlements caused by EPBS tunneling using an intelligent predictive model ［J］. Indian Geotechnical Journal，2018，48（3）：420-429.

［9］ Chern Shuhgi, Tsai Juei-Hsing, Chien Lien-Kwei, et al. Predicting lateral wall deflection in top-down excavation by neural network ［J］. International Journal of Offshore and Polar Engineering，2009，19（02）.

［10］ Goh A T C, Wong K S, Broms B B. Estimation of lateral wall movements in braced excavations using neural networks ［J］. Canadian Geotechnical Journal，1995，32（6）：1059-1064.

［11］ Goh Anthony Tc, Zhang Wengang. Reliability assessment of stability of underground rock caverns ［J］. International Journal of Rock Mechanics and Mining Sciences，2012，55：157-163.

［12］ Hajihassani Mohsen, Marto Aminaton, Namazi Eshagh, et al. Prediction of surface settlements induced by NATM tunnelling based on artificial neural networks ［J］. Electro J Geotech Eng，2011，16.

［13］ Huang Fu-Kuo, Wang Grace S. ANN-based reliability analysis for deep excavation ［C］ // proceedings of the EUROCON 2007-The International Conference on Computer as a Tool，IEEE，2007.

［14］ Jan Jc, Hung Shih-Lin, Chi Sy, et al. Neural network forecast model in deep excavation ［J］. Journal of Computing in Civil Engineering，2002，16（1）：59-65.

［15］ Kim C Y, Bae G J, Hong S W, et al. Neural network based prediction of ground surface settlements due to tunnelling ［J］. Computers and Geotechnics，2001，28（6-7）：517-547.

［16］ Lai Jinxing, Qiu Junling, Feng Zhihua, et al. Prediction of soil deformation in tunnelling using artificial neural networks ［J］. Computational Intelligence and Neuroscience，2016.

［17］ Lee C, Sterling R. Identifying probable failure modes for underground openings using a neural network ［C］ // proceedings of the International journal of rock mechanics and mining sciences & geomechanics abstracts. Elsevier，1992.

［18］ Leu Sou-Sen, Chen Chee-Nan, Chang Shiu-Lin. Data mining for tunnel support stability: neural network approach ［J］. Automation in construction，2001，10（4）：429-441.

［19］ Li Yz, Yao Qf, Qin Lk. The application of neural network to deep foundation pit retaining structure displacement prediction ［J］. World Acad Union-World Acad Press, Liverpool，2008.

［20］ Sou-Sen Leu, Hsien-Chuang Lo. Neural-network-based regression model of ground surface settlement induced by deep excavation ［J］. Automation in construction，2004，13（3）：279-289.

［21］ Tsekouras George J. Application of artificial neural networks method in tunneling problems ［D］. National Technical University，2004.

［22］ Tsekouras George J, Koukoulis John, Mastorakis Nikos E. An optimized neural network for predicting settlements during tunneling excavation ［J］. WSEAS Transactions on Systems，2010，9（12）：1153-1167.

［23］ Yoo Chungsik, Kim Joo-Mi. Tunneling performance prediction using an integrated GIS and neural network ［J］. Computers and Geotechnics，2007，34（1）：19-30.

［24］ Jun Yu, Haiming Chen. Artificial neural network's application in intelligent prediction of surface settlement induced by foundation pit excavation ［C］// proceedings of the 2009 Second International Conference on Intelligent Computation Technology and Automation. IEEE, 2009.

［25］ Mottahedi Adel, Sereshki Farhang, Ataei Mohammad. Development of overbreak prediction models in drill and blast Tunnelling using soft computing methods ［J］. Engineering with computers, 2017, 34 (1): 45-58.

［26］ Chen You-Liang, Azzam Rafig, Fernandez-Steeger Tomas M, et al. Studies on construction pre-control of a connection aisle between two neighbouring tunnels in Shanghai by means of 3D FEM, neural networks and fuzzy logic ［J］. Geotechnical and Geological Engineering, 2009, 27 (1): 155-167.

［27］ Ocak I, Seker S E. Calculation of surface settlements caused by EPBM tunneling using artificial neural network, SVM, and Gaussian processes ［J］. Environmental earth sciences, 2013, 70 (3): 1263-1276.

［28］ Alimoradi Andisheh, Moradzadeh Ali, Naderi Reza, et al. Prediction of geological hazardous zones in front of a tunnel face using TSP-203 and artificial neural networks ［J］. Tunnelling and underground space technology, 2008, 23 (6): 711-717.

［29］ Amiri Maryam, Bakhshandeh Amnieh Hassan, Hasanipanah Mahdi, et al. A new combination of artificial neural network and K-nearest neighbors models to predict blast-induced ground vibration and air-overpressure ［J］. Engineering with Computers, 2016, 32 (4): 631-644.

［30］ Chen Ren-Peng, Zhang Pin, Kang Xin, et al. Prediction of maximum surface settlement caused by earth pressure balance (EPB) shield tunneling with ANN methods ［J］. Soils and Foundations, 2019, 59 (2): 284-295.

［31］ Feng Xianda, Jimenez Rafael. Predicting tunnel squeezing with incomplete data using Bayesian networks ［J］. Engineering Geology, 2015, 195: 214-224.

［32］ Chua Cg, Goh Anthony Tc. Estimating wall deflections in deep excavations using Bayesian neural networks ［J］. Tunnelling and underground space technology, 2005, 20 (4): 400-9.

［33］ Boubou Rim, Emeriault Fabrice, Kastner Richard. Artificial neural network application for the prediction of ground surface movements induced by shield tunnelling ［J］. Canadian Geotechnical Journal, 2010, 47 (11): 1214-1233.

［34］ Darabi Abouzar, Ahangari Kaveh, Noorzad Ali, et al. Subsidence estimation utilizing various approaches – A case study: Tehran No. 3 subway line ［J］. Tunnelling and Underground Space Technology, 2012, 31: 117-127.

［35］ Santos Jr Ovídio J, Celestino Tarcísio B. Artificial neural networks analysis of Sao Paulo subway tunnel settlement data ［J］. Tunnelling and underground space technology, 2008, 23 (5): 481-491.

［36］ Shi Jingsheng, Ortigao Jar, Bai Junli. Modular neural networks for predicting settlements during tunneling ［J］. Journal of Geotechnical and Geoenvironmental Engineering, 1998, 124 (5): 389-395.

［37］ Suwansawat Suchatvee, Einstein Herbert H. Artificial neural networks for predicting the maximum surface settlement caused by EPB shield tunneling ［J］. Tunnelling and underground space technology, 2006, 21 (2): 133-150.

［38］ Yun Yongfeng, Fan Yonghui, Sun Yang. Back-analysis of mechanical parameters of tunnel surrounding rock by BP neural network method ［J］. Journal of Shenyang Jianzhu University (Natural

Science)，2011，27 (2)．

[39] Zhang Chuang, Li Jian Zhong, He Yong. Application of optimized grey discrete Verhulst - BP neural network model in settlement prediction of foundation pit [J]. Environmental Earth Sciences，2019，78 (15)：1-15.

[40] Pourtaghi A, Lotfollahi-Yaghin Ma. Wavenet ability assessment in comparison to ANN for predicting the maximum surface settlement caused by tunneling [J]. Tunnelling and Underground Space Technology，2012，28：257-271.

[41] Protopapadakis Eftychios, Schauer Marco, Pierri Erika, et al. A genetically optimized neural classifier applied to numerical pile integrity tests considering concrete piles [J]. Computers & Structures，2016，162：68-79.

[42] Goh Anthony T, Hefney A. Reliability assessment of EPB tunnel-related settlement [J]. Geomech Eng，2010，2 (1)：57-69.

[43] Zhou Jian, Shi Xiuzhi, Li Xibing. Utilizing gradient boosted machine for the prediction of damage to residential structures owing to blasting vibrations of open pit mining [J]. Journal of Vibration and Control，2016，22 (19)：3986-3997.

[44] Su Guoshao, Zhang Yan, Chen Guoqing. Identify rockburst grades for Jinping II hydropower station using Gaussian process for binary classification [C] //proceedings of the 2010 International Conference on Computer, Mechatronics, Control and Electronic Engineering, IEEE, 2010.

[45] Pal Mahesh, Deswal Surinder. Modeling pile capacity using support vector machines and generalized regression neural network [J]. Journal of geotechnical and geoenvironmental engineering，2008，134 (7)：1021-1024.

[46] Atashpaz-Gargari Esmaeil, Lucas Caro. Imperialist competitive algorithm: an algorithm for optimization inspired by imperialistic competition [C] //proceedings of the 2007 IEEE congress on evolutionary computation, IEEE, 2007.

[47] Moghaddasi Mohammad Reza, Noorian-Bidgoli Majid. ICA-ANN, ANN and multiple regression models for prediction of surface settlement caused by tunneling [J]. Tunnelling and Underground Space Technology，2018，79：197-209.

[48] Ghasemi Ebrahim, Gholizadeh Hasan. Prediction of squeezing potential in tunneling projects using data mining-based techniques [J]. Geotechnical and Geological Engineering，2019，37 (3)：1523-1532.

[49] Ghasemi Ebrahim, Gholizadeh Hasan. Development of two empirical correlations for tunnel squeezing prediction using binary logistic regression and linear discriminant analysis [J]. Geotechnical and Geological Engineering，2019，37 (4)：3435-3446.

[50] Zhou Jian, Li Xibing, Mitri Hani S. Classification of rockburst in underground projects: comparison of ten supervised learning methods [J]. Journal of Computing in Civil Engineering，2016，30 (5)：04016003.

[51] Lee Saro, Kim Kidong, Oh H-J, et al. Ground subsidence hazard analysis in an abandoned underground coal mine area using probabisltic and logistic regression models [C] // proceedings of the 2006 IEEE International Symposium on Geoscience and Remote Sensing, IEEE, 2006.

[52] Li Ning, Jimenez R. A logistic regression classifier for long-term probabilistic prediction of rock burst hazard [J]. Natural Hazards，2018，90 (1)：197-215.

[53] Mawdesley Ca. Using logistic regression to investigate and improve an empirical design method [J]. International Journal of Rock Mechanics and Mining Sciences，2004，41：756-761.

［54］　Zhang Wengang, Goh Anthony Tc. Evaluating seismic liquefaction potential using multivariate adaptive regression splines and logistic regression ［J］. Geomechanics & engineering, 2016, 10 (3)：269-284.

［55］　Choi Myungseok, Lee Ghang. Decision tree for selecting retaining wall systems based on logistic regression analysis ［J］. Automation in Construction, 2010, 19 (7)：917-928.

［56］　Goh Atc, Zhang Fan, Zhang Wengang, et al. A simple estimation model for 3D braced excavation wall deflection ［J］. Computers and Geotechnics, 2017, 83：106-113.

［57］　Goh A T C, Zhang W, Zhang Y, et al. Determination of earth pressure balance tunnel-related maximum surface settlement：a multivariate adaptive regression splines approach ［J］. Bulletin of Engineering Geology and the Environment, 2018, 77 (2)：489-500.

［58］　Zhang Wengang, Goh Anthony Tc. Multivariate adaptive regression splines model for reliability assessment of serviceability limit state of twin caverns ［J］. Geomechanics & engineering, 2014, 7 (4)：431-458.

［59］　Zhang Wengang, Zhang Yanmei, Goh Anthony Tc. Multivariate adaptive regression splines for inverse analysis of soil and wall properties in braced excavation ［J］. Tunnelling and Underground Space Technology, 2017, 64：24-33.

［60］　Zhang Wengang, Zhang Runhong, Wang Wei, et al. A multivariate adaptive regression splines model for determining horizontal wall deflection envelope for braced excavations in clays ［J］. Tunnelling and Underground Space Technology, 2019, 84：461-471.

［61］　Adoko Amoussou-Coffi, Jiao Yu-Yong, Wu Li, et al. Predicting tunnel convergence using multivariate adaptive regression spline and artificial neural network ［J］. Tunnelling and Underground Space Technology, 2013, 38：368-376.

［62］　Zheng Gang, Yang Pengbo, Zhou Haizuo, et al. Evaluation of the earthquake induced uplift displacement of tunnels using multivariate adaptive regression splines ［J］. Computers and Geotechnics, 2019, 113：103099.

［63］　Goh Atc, Zhang Y. , Zhang R. , et al. Evaluating stability of underground entry-type excavations using multivariate adaptive regression splines and logistic regression ［J］. Tunnelling & Underground Space Technology, 2017, 70：148-154.

［64］　Neaupane Krishna Murari, Adhikari Nr. Prediction of tunneling-induced ground movement with the multi-layer perceptron ［J］. Tunnelling and underground space technology, 2006, 21 (2)：151-159.

［65］　Moeinossadat Sayed Rahim, Ahangari Kaveh, Shahriar Kourosh. Calculation of maximum surface settlement induced by EPB shield tunnelling and introducing most effective parameter ［J］. Journal of Central South University, 2016, 23 (12)：3273-3283.

［66］　Jang Hyongdoo, Topal Erkan. Optimizing overbreak prediction based on geological parameters comparing multiple regression analysis and artificial neural network ［J］. Tunnelling and Underground Space Technology, 2013, 38：161-169.

［67］　Moeinossadat Sayed Rahim, Ahangari Kaveh, Shahriar Kourosh. Modeling maximum surface settlement due to EPBM tunneling by various soft computing techniques ［J］. 2017.

［68］　Mahdevari Satar, Torabi Seyed Rahman. Prediction of tunnel convergence using artificial neural networks ［J］. Tunnelling and Underground Space Technology, 2012, 28：218-228.

［69］　Liao Kuo-Wei, Fan Jen-Chen, Huang Chien-Lin. An artificial neural network for groutability prediction of permeation grouting with microfine cement grouts ［J］. Computers and Geotechnics,

2011，38（8）：978-986.

[70] Wang Q，Lin J，Ji J，et al. Reliability analysis of geotechnical engineering problems based on an RBF metamodeling technique [J]. Civil Engineering and Urban Planning Ⅲ，2014：297.

[71] Zhou Jian，Li Xibing，Mitri Hani S. Evaluation method of rockburst：state-of-the-art literature review [J]. Tunnelling and Underground Space Technology，2018，81：632-659.

[72] Xie Qiang，Peng Kang. Space-time distribution laws of tunnel excavation damaged zones (EDZs) in deep mines and EDZ prediction modeling by random forest regression [J]. Advances in Civil Engineering，2019.

[73] Zhou Jian，Shi Xiuzhi，Du Kun，et al. Feasibility of random-forest approach for prediction of ground settlements induced by the construction of a shield-driven tunnel [J]. International Journal of Geomechanics，2017，17（6）：04016129.

[74] Zhou Ying，Li Shiqi，Zhou Cheng，et al. Intelligent approach based on random forest for safety risk prediction of deep foundation pit in subway stations [J]. Journal of Computing in Civil Engineering，2019，33（1）：05018004.

[75] Dong Long-Jun，Li Xi-Bing，Kang Peng. Prediction of rockburst classification using Random Forest [J]. Transactions of Nonferrous Metals Society of China，2013，23（2）：472-477.

[76] Zhang Pin，Chen Ren-Peng，Wu Huai-Na. Real-time analysis and regulation of EPB shield steering using Random Forest [J]. Automation in Construction，2019，106：102860.

[77] Seker Sadi Evren，Ocak Ibrahim. Performance prediction of roadheaders using ensemble machine learning techniques [J]. Neural Computing and Applications，2019，31（4）：1103-1116.

[78] Armaghani Danial Jahed，Mohamad Edy Tonnizam，Narayanasamy Mogana Sundaram，et al. Development of hybrid intelligent models for predicting TBM penetration rate in hard rock condition [J]. Tunnelling and Underground Space Technology，2017，63：29-43.

[79] Mahdevari Satar，Shahriar Kourosh，Yagiz Saffet，et al. A support vector regression model for predicting tunnel boring machine penetration rates [J]. International Journal of Rock Mechanics and Mining Sciences，2014，72：214-229.

[80] Mahdevari Satar，Haghighat Hamid Shirzad，Torabi Seyed Rahman. A dynamically approach based on SVM algorithm for prediction of tunnel convergence during excavation [J]. Tunnelling and Underground Space Technology，2013，38：59-68.

[81] Shi Shaoshuai，Zhao Ruijie，Li Shucai，et al. Intelligent prediction of surrounding rock deformation of shallow buried highway tunnel and its engineering application [J]. Tunnelling and Underground Space Technology，2019，90：1-11.

[82] Yao Bao Zhen，Yang Cheng Yong，Yu Bing，et al. Applying support vector machines to predict tunnel surrounding rock displacement [C] //proceedings of the Applied Mechanics and Materials. Trans Tech Publ.

[83] Zhou Jian，Li Xibing，Shi Xiuzhi. Long-term prediction model of rockburst in underground openings using heuristic algorithms and support vector machines [J]. Safety science，2012，50（4）：629-644.

[84] Wu Qingdong，Yan Bo，Zhang Chao，et al. Displacement prediction of tunnel surrounding rock：a comparison of support vector machine and artificial neural network [J]. Mathematical Problems in Engineering，2014.

[85] Zhang Limao，Wu Xianguo，Ji Wenying，et al. Intelligent approach to estimation of tunnel-induced ground settlement using wavelet packet and support vector machines [J]. Journal of Compu-

ting in Civil Engineering，2017，31（2）：04016053.

[86] Liu Bin，Wang Ruirui，Guan Zengda，et al. Improved support vector regression models for predicting rock mass parameters using tunnel boring machine driving data [J]. Tunnelling and Underground Space Technology，2019，91：102958.

[87] Zhu Yong-Quan，Jing St，Zhang Qing. Application of time series analysis method to measured displacement in tunneling [J]. Chinese Journal of Rock Mechanics and Engineering，1996，15：353-9.

[88] Wang Fan，Gou Biancai，Qin Yawei. Modeling tunneling-induced ground surface settlement development using a wavelet smooth relevance vector machine [J]. Computers and Geotechnics，2013，54：125-132.

[89] Kung Gordon Tc，Hsiao Evan Cl，Schuster Matt，et al. A neural network approach to estimating deflection of diaphragm walls caused by excavation in clays [J]. Computers and Geotechnics，2007，34（5）：385-396.

[90] Zhang Wengang，Zhang Runhong，Goh Anthony T C. Multivariate Adaptive Regression Splines Approach to Estimate Lateral Wall Deflection Profiles Caused by Braced Excavations in Clays [J]. Geotechnical and Geological Engineering，2018，36（2）：1349-1363.

[91] Zhang Wengang，Zhang Runhong，Goh Anthony T C. MARS inverse analysis of soil and wall properties for braced excavations in clays [J]. Geomechanics and Engineering，2018，16（6）：577-588.

[92] Xiang Yuzhou，Goh Anthony Teck Chee，Zhang Wengang，et al. A multivariate adaptive regression splines model for estimation of maximum wall deflections induced by braced excavation [J]. Geomechanics & engineering，2018，14（4）：315-324.

[93] Goh Anthony Tc，Zhang Fan，Zhang Wengang，et al. Assessment of strut forces for braced excavation in clays from numerical analysis and field measurements [J]. Computers and Geotechnics，2017，86：141-149.

[94] Loh Wei - Yin. Classification and regression trees [J]. Wiley interdisciplinary reviews：data mining and knowledge discovery，2011，1（1）：14-23.

[95] Tso Geoffrey Kf，Yau Kelvin Kw. Predicting electricity energy consumption：A comparison of regression analysis，decision tree and neural networks [J]. Energy，2007，32（9）：1761-1768.

[96] Xu Min，Watanachaturaporn Pakorn，Varshney Pramod K，et al. Decision tree regression for soft classification of remote sensing data [J]. Remote Sensing of Environment，2005，97（3）：322-336.

[97] Timofeev Roman. Classification and regression trees (CART) theory and applications [J]. Humboldt University，Berlin，2004，54：

[98] Yap Bee Wah，Ong Seng Huat，Husain Nor Huselina Mohamed. Using data mining to improve assessment of credit worthiness via credit scoring models [J]. Expert Systems with Applications，2011，38（10）：13274-13283.

[99] Ayoubloo Mohammad Karim，Azamathulla H Md，Jabbari Ebrahim，et al. Predictive model-based for the critical submergence of horizontal intakes in open channel flows with different clearance bottoms using CART，ANN and linear regression approaches [J]. Expert Systems with Applications，2011，38（8）：10114-10123.

[100] Breiman L，Friedman Jh，Olshen R，et al. Classification and Regression Trees [J]. 1984.

[101] Friedman Jerome H. Multivariate adaptive regression splines [J]. The annals of statistics，1991，

19 (1): 1-67.

[102] Zhang Wengang, Goh Anthony Tc. Multivariate adaptive regression splines and neural network models for prediction of pile drivability [J]. Geoscience Frontiers, 2016, 7 (1): 45-52.

[103] Zhang Wg, Goh Anthony Teck Chee. Multivariate adaptive regression splines for analysis of geotechnical engineering systems [J]. Computers and Geotechnics, 2013, 48: 82-95.

[104] Goh Anthony Tc, Zhang Wg. An improvement to MLR model for predicting liquefaction-induced lateral spread using multivariate adaptive regression splines [J]. Engineering geology, 2014, 170: 1-10.

[105] Zhang Wg, Wu Cz, Li Yq, et al. Assessment of pile drivability using random forest regression and multivariate adaptive regression splines. [J]. Georisk, 2019.

[106] Vapnik Vladimir N. Introduction: Four Periods in the Research of the Learning Problem [M] // The Nature of Statistical Learning Theory. Springer, 1995: 1-14.

[107] Smola Alex J, Schölkopf Bernhard. A Tutorial on Support Vector Regression [J]. 1998.

[108] Zhang Li, Zhou Weida, Jiao Licheng. Wavelet support vector machine [J]. IEEE Transactions on Systems, Man, and Cybernetics, Part B (Cybernetics), 2004, 34 (1): 34-39.

[109] Sitharam Tg, Samui Pijush, Anbazhagan P. Spatial variability of rock depth in Bangalore using geostatistical, neural network and support vector machine models [J]. Geotechnical and Geological Engineering, 2008, 26 (5): 503-517.

[110] Breiman Leo. Random forests [J]. Machine learning, 2001, 45 (1): 5-32.

[111] Kuhn Max, Johnson Kjell. Applied predictive modeling [M]. Springer, 2013.

[112] Breiman Leo. Bagging predictors [J]. Machine learning, 1996, 24 (2): 123-140.

[113] Breiman Leo. Using iterated bagging to debias regressions [J]. Machine Learning, 2001, 45 (3): 261-277.

[114] Rodriguez-Galiano Victor, Mendes Maria Paula, Garcia-Soldado Maria Jose, et al. Predictive modeling of groundwater nitrate pollution using Random Forest and multisource variables related to intrinsic and specific vulnerability: A case study in an agricultural setting (Southern Spain) [J]. Science of the Total Environment, 2014, 476: 189-206.

[115] Chen Tianqi, Guestrin Carlos. Xgboost: A scalable tree boosting system [C] //proceedings of the Proceedings of the 22nd acm sigkdd international conference on knowledge discovery and data mining, 2016.

[116] Zhang Wengang, Goh Anthony Tc, Xuan Feng. A simple prediction model for wall deflection caused by braced excavation in clays [J]. Computers and Geotechnics, 2015, 63: 67-72.

[117] Kisi Ozgur, Shiri Jalal, Tombul Mustafa. Modeling rainfall-runoff process using soft computing techniques [J]. Computers & Geosciences, 2013, 51: 108-17.

[118] Nagelkerke Nico Jd. A note on a general definition of the coefficient of determination [J]. biometrika, 1991, 78 (3): 691-2.

[119] Prasomphan Sathit, Mase Shigeru. Generating prediction map for geostatistical data based on an adaptive neural network using only nearest neighbors [J]. International Journal of Machine Learning and Computing, 2013, 3 (1): 98.

[120] Armstrong J Scott, Collopy Fred. Error measures for generalizing about forecasting methods: Empirical comparisons [J]. International journal of forecasting, 1992, 8 (1): 69-80.

[121] Kohavi Ron. A study of cross-validation and bootstrap for accuracy estimation and model selection [C] // proceedings of the Ijcai. Montreal, Canada, 1995.

第9章
基于机器学习的各向异性黏土双隧道衬砌响应预测

9.1 引言

　　地下设施建设规模的不断扩大且间距急剧缩小，形成了目前各大城市地下空间开发利用的复杂现状，限制了交通体系的穿越空间。随着对空间利用率高的交通建设需求的增加，平行双隧道在城市地铁建设中愈发受到欢迎。一些研究论文报道了世界范围内双隧道建设的成功案例[1-5]。

　　已有研究基于模型试验和简化数值模型分析，对双隧道相互作用的机制、施工相关因素对地面运动的影响以及隧道结构反应（主要包括衬砌内的应力和弯矩）进行了深入的阐述。作为隧道施工中最直观的反应，地表沉降一直是许多研究的重点，因为它直接影响到邻近隧道的基础设施的结构安全与正常运营能力。通过参考现场测量数据或实际案例，可以总结出不同施工步骤条件下隧道的服役性能，相关研究可参考文献[1,6-9]。然而，规模大的工程中尚未确定隧道衬砌内产生的内力变化，通常只通过理论计算或数值分析估算来获得结构的响应和可视化。在对土体类型、场地情况以及土和结构材料参数的合理假设下，数值模型可方便地应用。较低的时间和经济成本令数值模拟方法在全球范围内广泛使用。例如，Chehade 和 Shahrour[10] 构建了有限元模型来评估 3 种不同的几何配置对双隧道诱发表面沉降和衬砌内力的影响，并讨论了 3 种隧道布设方案的优点和缺点。最近，Vinod 和 Khabbaz（2019）[11] 研究了圆形和矩形双隧道建设的不同结构响应，发现尽管矩形盾构在浅埋隧道且周围土体较弱时并非常规考量，但令人惊讶的是，它是一种值得推荐的选择。不仅是隧道的布局，周围土体的特性亦是影响平行隧道衬砌内力的主要因素之一，在某些情况下，随着土体强度的不断增大隧道衬砌内力可减少一半[12]。

　　现有的研究大多数是基于常规的非线弹塑性土模型开展双线隧道施工数值模拟，如 Mohr-Coulomb、Cam-Clay 模型等。在一定程度上，这些模型在模拟天然黏土的力学性质时不可避免地存在局限性；例如，忽略了天然黏土的各向异性特性。因此，采用能够考虑各向异性的土体模型进行数值分析，可以更准确地预测黏土中的双隧道力学响应。作为一种解决方案，采用了基于不排水抗剪强度法的弹塑性本构模型 NGI-ADP 来模拟土体力学行为。该模型是由挪威岩土工程研究所（NGI）基于文献 [13] 提出的主动-直剪-被动（ADP）理念开发出来的。基于各向异性总应力的 NGI-ADP 模型可在 Plaxis 中作为用户自定义的有限元代码应用[14]。

机器学习方法，得益于其强大的多变量学习与非线性拟合能力，已广泛应用于估算各种各样的岩土工程性能指标[15-28]。为了进一步提高计算效率，许多研究利用已有的隧道施工数据，采用一系列机器学习（ML）算法来预测各种隧道开挖响应[26,29-32]。长期以来，最大地表沉降预测一直是 ML 领域的一个热门话题。Bouayad 和 Emeriault[33] 提出的主成分分析与自适应神经模糊系统相结合的集合方法，Zhang 等[33] 采用的常用算法随机森林，以及 Suwansawat 和 Einstein[34] 采用的人工神经网络，都是为了捕捉地面沉降与几个运营和地质参数之间复杂的潜在关联。虽然机器学习在隧道建设中的研究非常丰富，但由于缺乏原位测量，双隧道的衬砌内力在该领域几乎没有相关研究。

本章聚焦解决双线隧道的施工问题。首先，根据杭州地铁一号线的实际施工情况，利用 Plaxis2D 进行有限元分析，模拟了两座平行隧道引起的地表沉降。通过充分的验证，NGI-ADP 模型的实用性和准确性可以得到保证。然后进行了一系列的二维分析，考虑 5 个因素对隧道结构响应的影响，包括：双隧道的掘进深度和它们之间的距离、土的各向异性程度、土体强度以及刚度。共收集了 682 组数值计算结果，采用了两种机器学习方法，即多变量自适应回归曲线和决策树，来预测双隧道衬砌内最大弯矩。

9.2　数值模拟与验证

9.2.1　案例

本节以华东地区杭州地铁一号线的某段为验证案例。该项目采用土压平衡盾构技术在较软土层中建造了两条平行隧道。从地表面到开挖底部为 7.93m 厚的粉土覆盖层，其次为 15.84m 厚的粉砂层，下面为另一层 5.12m 厚的粉土层，双隧道施工主要在该土层进行。该粉土层下伏相当厚的低塑性黏土层。地下水位线埋深 4m。地质概况和土层的主要特性如图 9.1 所示；其中，γ、ω、e 和 s_u^A 依次表示相应土层土的重度、含水量、孔隙比和土体强度。

两条隧道采用 EPB 盾构机施工，切削轮几何形状近似于圆形，两条隧道的外径约 6.2m，在掘进后安装 35cm 厚的预制混凝土衬砌。如图 9.1 所示，两条平行隧道的轴线相距 12m，开挖位置较深，上覆土厚度约为 15.9m。在实际施工过程中，首先逐步开挖隧道 A（右线），每一步开挖对应隧道面推进一个衬砌环宽度。而隧道 B（左线）是在隧道 A 后面经过相当长的时间和掘进距离后才开始施工，目的是使超静孔隙水压力消散，土体沉降保持稳定。

9.2.2　数值模型

采用有限元软件 Plaxis2D 进行平面应变分析。模型边界延伸至远离双隧道，以避免

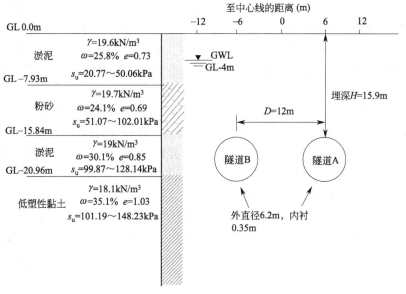

图 9.1　土层剖面和隧道布置

边界效应，模型尺寸为 $200\text{m} \times 80\text{m}$（$x$-$y$ 轴）。该模型限制沿垂直边界的水平运动和沿底部的水平、垂直运动，且不考虑地面上的载荷，总共使用了 1242 个十五节点的三角形单元来模拟地基土和结构材料，如图 9.2 所示。

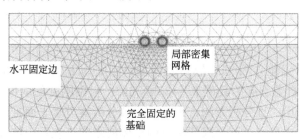

图 9.2　模型网格和隧道位置

NGI-ADP 模型的输入参数　　　　表 9.1

类型	参数	描述	单位
刚度	G_u/S_u^A	卸载/重新加载剪切模量与（平面应变）主动剪切强度的比率	—
	γ_f^C	三轴压缩破坏时的剪切应变	%
	γ_f^E	三轴拉伸破坏时的剪切应变	%
	γ_f^{DSS}	直接简单剪切破坏时的剪切应变	%
	v_0	泊松比	—
强度	$s_{u,\text{ref}}^A$	参考（平面应变）主动剪切强度	kPa/m
	y_{ref}	参考深度	m
	$s_{u,\text{inc}}$	剪切强度随深度增加	kPa/m
	s_u^P/s_u^A	（平面应变）被动剪切强度与（平面应变）主动剪切强度的比率	—
	s_u^{DSS}/s_u^A	直接简单剪切强度与（平面应变）主动剪切强度之比	—

本章采用 NGI-ADP 模型来表征土体响应特性，它是一种使用非线性应力路径相关硬化关系的各向异性抗剪强度模型，通过直接输入 3 个方向上的剪切破坏应变来进行定义，即三轴压缩、直剪和三轴拉伸条件下的破坏应变。主动（A）、直剪（D）和被动（P）载荷（应力路径）条件下的土体不排水抗剪强度 s_u^A 为输入数据。NGI-ADP 模型的主要用户定义参数总结如表 9.1 所示。

在这些输入参数中，最重要的是 s_u^P/s_u^A，即 s_u 比。该参数代表土体的各向异性程度，取值范围为 0～1，当该值等于 1 时，代表土体假设为理想各向同性。

采用 NGI-ADP 模型来模拟四个土层的各向异性特征，主要相关参数如表 9.2 所示。根据文献［3］，四个土层的渗透系数均很小，可以视为低渗透性土层，因此土体强度采用不排水剪切强度 s_u^A。图 9.1 的 s_u^A 值来自文献［3］，其中列出了有效抗剪强度参数 c' 和 φ'，再按照文献［35］所提出的方法从有效应力条件转换为总应力条件，得出不排水剪切强度 s_u^A。为了提高计算效率，将土层强度 s_u^A 简化为图 9.1 变化范围内的常数，因此参考深度 y_{ref} 可以取较大的值，$s_{u,inc}$ 可以取 0，对应每个土层的固定 s_u^A 值。其他参数是从文献［14,36-37］和 Plaxis 手册［38］中确定的。

土体特性参数 表 9.2

深度(m)	土体类型	γ(kN/m³)	s_u^A(kPa)	G_u/s_u^A	γ_f^C(%)	γ_f^E(%)	γ_f^{DSS}(%)	v_0
0～7.93	粉土	19.6	35	700	4.4	8.7	6.67	0.495
7.93～15.84	粉砂	19.7	76	700	4.4	8.7	6.67	0.495
15.84～20.96	粉土	19	114	700	4.4	8.7	6.67	0.495
20.96～39.40	低塑性黏土	18.1	120	700	4.4	8.7	6.67	0.495

采用线弹性板单元建立 0.35m 厚衬砌模型，刚度为 $EI = 1.1 \times 10^5 \text{kN} \cdot \text{m}^2$，$EA = 1.08 \times 10^7 \text{kN}$。衬砌自重引起的载荷 $\gamma_L = 25 \text{kN/m}^3$。衬砌刚度的取值考虑注浆区的影响。对于施工过程，如采用二维分析方法，则无法充分分析隧道掌子面推进情况，因此采用软包裹体法替代。该方法是通过逐渐降低隧道内土体的刚度来表示土体开挖的逐步进行。整个数值建模过程按以下步骤进行：

（1）模拟土体由于自重、K_0 固结引起的沉降。后期将忽略该阶段的沉降。

（2）建造第一条隧道，即隧道 A（右线）。首先激活结构组件、体积损失以及负界面以模拟土体-结构相互作用。然后逐渐软化隧道 A 内的土体至 70%—40%—10%—0，表示相应的土层已完成开挖。

（3）隧道 A 完成 2 周后，开始建造隧道 B，施工顺序与隧道 A 相同。

其他施工因素造成的影响，如不同刀具类型或盾构机导致的超挖程度，管片组装引起的超载以及 EPB 操作因素不予考虑。根据已有研究结果［39-41］，体积损失大多数设置为 1%～3%，本章选择最大值 3%。

9.2.3　结果验证

由于现场监测布设的仪器并未记录结构应力和变形，故本章仅给出某一断面的地面沉降剖面图，该剖面图由 15 个地面沉降仪的数据组成，与二维模拟结果进行对比。如图 9.3 所示，有限元分析能够较好地再现沉降曲线形状，说明数值模型得到的地面沉降规律与实际情况吻合较好。双隧道引起的上覆土体沉降并非严格符合叠加理论[42]，即两个沉降仪监测数据的简单加和。第一条隧道施工对曲线中心线的偏移起主要影响作用，第二条隧道的施工也对其有影响，因为最大地面沉降点从 $x=6\mathrm{m}$ 处向左侧轻微移动，地面沉降剖面特征与已有研究一致[9,39]。

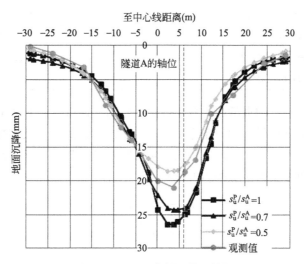

图 9.3　地面沉降剖面模拟结果

采用 3 个 $s_\mathrm{u}^\mathrm{P}/s_\mathrm{u}^\mathrm{A}$ 值来包络实际沉降剖面，以合理评价土体的各向异性程度。应当强调，如前人研究所指出的，土体的各向异性特征不应忽视。$s_\mathrm{u}^\mathrm{P}/s_\mathrm{u}^\mathrm{A}$ 值从 1 降低到 0.5，最大沉降值可降低 30% 左右。由监测曲线可得，杭州地铁 1 号线某段的各向异性水平近似估计为 0.5～0.7，属于正常的各向异性水平。数值模拟结果与现场实测结果的良好一致性表明，NGI-ADP 模型能较好地模拟土体的自然力学特性，可用于较好地预测双隧道的开挖响应，因此本章进一步开展参数分析。

9.3　参数敏感性分析

9.3.1　参数设置

为了系统地研究相关因素对双隧道施工响应的影响，黏土层简化为单层软土。表 9.3 展示了采用 NGI-ADP 方法定义的该黏土层的相关参数。

用于参数分析的黏土参数特性　　表 9.3

土体类型	$\gamma(\mathrm{kN/m^3})$	$s_\mathrm{u}^\mathrm{A}(\mathrm{kPa})$	$G_\mathrm{u}/s_\mathrm{u}^\mathrm{A}$	$\gamma_\mathrm{f}^\mathrm{C}(\%)$	$\gamma_\mathrm{f}^\mathrm{E}(\%)$	$\gamma_\mathrm{f}^\mathrm{DSS}(\%)$	v_0	$y_\mathrm{ref}(\mathrm{m})$	$s_\mathrm{u,inc}(\mathrm{kPa/m})$
黏土	18.9	变化	变化	4	8	6.607	0.495	80	0

隧道直径约为 $d=6\mathrm{m}$，衬砌属性参数则未进行调整，仍与上述案例相同，即厚度 $t=0.35\mathrm{m}$，抗弯刚度 $EI=1.1\times10^5\mathrm{kN\cdot m^2/m}$，轴向刚度 $EA=1.08\times10^7\mathrm{kN/m}$。

参数分析所考虑的 5 个变量的变化范围如表 9.4 所示。双隧道布置参数 H 和 D 是用隧道直径 d 来表征。几组刚度和强度值一般可以概括软土的实际特性，而 6 个 0.01～1 的

s_u^P/s_u^A 值则表示完全各向同性到完全各向异性，涵盖了土体各向异性程度的整个范围。

参数研究中考虑的参数和范围 **表 9.4**

参数	值
隧道埋深 H	$1d$、$2d$、$3d$、$4d$
隧道中心线间距 D	$1.5d$、$2d$、$2.5d$、$3d$、$4d$
土体刚度 G_u/s_u^A	500、700、900
各向异性程度 s_u^P/s_u^A	1、0.8、0.6、0.4、0.2、0.01
土体强度 s_u^A(kPa)	40、50、60

本节分析了两个平行隧道的最大弯矩和最大推力。通过总共 682 组有限元分析的结果发现，大多数情况下隧道衬砌的最小弯矩（负弯矩）的数值大于最大弯矩（正弯矩）的数值，如图 9.4 所示。因此下文对最大弯矩（负弯矩）进行分析。隧道衬砌主要受压应力作用，因此下面的分析中给出了负推力的绝对值。

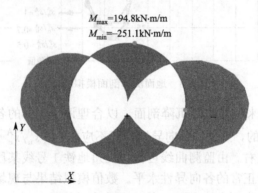

$M_{max}=194.8kN\cdot m/m$
$M_{min}=-251.1kN\cdot m/m$

图 9.4 隧道衬砌弯矩的典型分布

9.3.2 双隧道结构性能的影响因素

1. 埋深

在 682 个模型中，隧道埋深从 6m 增加到 24m，隧道 A 和隧道 B 衬砌的最大推力，即 $F_{max,A}$ 和 $F_{max,B}$ 呈线性增大趋势（见图 9.5）。$s_u^P/s_u^A=1$ 线和 $s_u^P/s_u^A=0.01$ 线之间仅有微小差异，表明土体的各向异性对双隧道的推力影响不大。

隧道埋深对衬砌最大弯矩的影响不明显。图 9.6 为一组典型模型的模拟结果，其中双隧道距离为 12m，土体不排水抗剪强度 $s_u^A=60kPa$，剪切模量 $G_u=700s_u^A$。令 H 持续增大，其引起的双隧道最大弯矩变化小于 10%，这在实际应用中一般可以忽略不计。$M_{max,A}$ 和 $M_{max,B}$ 虽然与埋深无关，但受土体各向异性程度的影响较大，如图 9.6 所示的 $M_{max,B}$ 曲线。对于完全各向异性的黏土，隧道最大弯矩是各向同性黏土条件下的两倍。

2. 隧道中心线间距

在其他影响因素不变的情况下，令 $H=2d$，$s_u^A=60kPa$，$G_u=700s_u^A$，土体各向异性程度 $s_u^P/s_u^A=0.6$，这些参数均在天然黏土的合理范围内，在此情况下得出隧道间距的影响如表 9.5 所示。对于先建成的隧道 A，随着双隧道间水平距离的增加，结构响应不断减

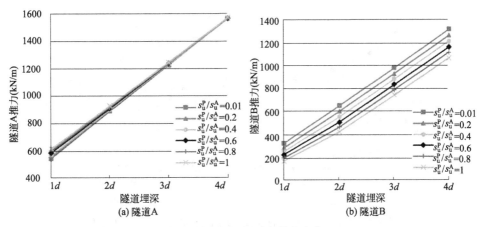

图9.5 不同埋深引起推力变化

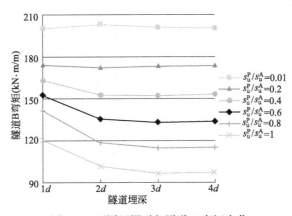

图9.6 不同埋深引起隧道B弯矩变化

弱，最大弯矩显著降低至40％，推力显著降低至75％。这个趋势表明，后建隧道（即隧道B）的近接施工会导致已建隧道衬砌的内力大幅度增大。对于隧道B，当两个隧道逐渐远离时，结构内力变化较小。

如上所述，s_u^P/s_u^A 参数不可避免地会对衬砌内力产生影响，图9.7显示了不同土体各向异性条件下隧道A的结构响应差异。在研究观测范围内，双隧道间距越大，土体各向异性程度的影响就越明显，此时土体各向同性假设会导致弯矩计算值几乎减半的严重误差。此外，当D从1.5d增至4d时，土体各向异性对隧道A最大推力的影响呈现相反的表现，但 s_u^P/s_u^A＝0.01线与 s_u^P/s_u^A＝1线的差值比例与弯矩结果相比仍然不显著。

不同隧道间距下的最大结构响应 表9.5

隧道间距 D	$M_{max,A}$(kN·m/m)	$F_{max,A}$(kN/m)	$M_{max,B}$(kN·m/m)	$F_{max,B}$(kN/m)
1.5d	290.002	915.448	147.921	493.433
2d	211.310	903.176	135.188	497.531
2.5d	164.315	859.034	133.880	509.476
3d	133.127	799.149	131.868	514.969
4d	115.861	688.688	127.019	528.087

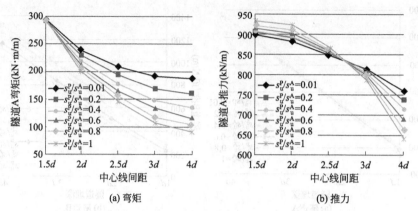

图 9.7 不同 s_{u}^{P}/s_{u}^{A} 值条件下隧道间距引起隧道 A 的内力变化

3. 土体剪切模量

本节分析参数为剪切模量与抗剪强度的比值，G_{u}/s_{u}^{A}。选取典型隧道埋深 $H=2d$，隧道间距相对保守 $D=2d$，土体强度 $s_{u}^{A}=60\mathrm{kPa}$ 为例进行分析。

表 9.6 列出了三个不同 G_{u}/s_{u}^{A} 值情况下的模拟结果，4 个参数都保持相对稳定水平。$M_{\mathrm{max},A}$ 的最大变幅仅为 7%，说明土体刚度的变化没有引起明显的差异。可以推断，土体刚度对双隧道结构响应的影响较小，这与 Vinod and Khabbaz（2019）[11] 的结论一致。

不同土壤刚度比的最大结构响应 表 9.6

G_{u}/s_{u}^{A}	$M_{\mathrm{max},A}(\mathrm{kN \cdot m/m})$	$F_{\mathrm{max},A}(\mathrm{kN/m})$	$M_{\mathrm{max},B}(\mathrm{kN \cdot m/m})$	$F_{\mathrm{max},B}(\mathrm{kN/m})$
500	201.767	888.812	132.720	506.251
700	211.310	903.176	135.188	497.531
900	215.057	909.473	135.344	496.250

4. 土体不排水抗剪强度

在关注土体强度的影响时，土体的刚度值原则上应统一设定。结合上面得出的结论，G_{u} 值变化范围广，但引起的结构响应却相似，因此，将 G_{u}/s_{u}^{A} 固定为 700 并给出不同的 s_{u}^{A} 强度值可以大体认为是探索 s_{u}^{A} 的影响，此时 G_{u} 的影响可以忽略。

从图 9.8 中可以看出，土体强度增大直接导致两个隧道衬砌弯矩增大。对于先建造的隧道 A，当 s_{u}^{A} 从 40kPa 增加到 60kPa 时，最大弯矩几乎增加了 50%，同时，隧道 B 的增加比例约为 25%，假定所研究的是典型案例 $H=12\mathrm{m}$，$D=12\mathrm{m}$，$s_{u}^{P}/s_{u}^{A}=0.6$。衬砌的推力情况复杂，如表 9.7 所示，隧道 A 的推力从 879kN/m 略微上升至 913kN/m，这在大多数情况下是可以忽略的。但与此相反的是，新隧道在土体强度增大时，推力明显减小，这可以解释为新隧道的施工引起的结构力类似于单个隧道的结构力，部分荷载已经转移到现有隧道，这与 Do 等人的研究结果相似。

如上所述，土体各向异性在结构响应分析中是主要影响因素，这可以在图 9.8 中得到进一步证实，隧道 A 和隧道 B 衬砌产生最大弯矩的变化如图 9.8（a）和图 9.8（b）所示。许多研究中普遍采用的土体是各向同性的，该假设低估了双隧道衬砌的内力，可能导致施工或施工后出现严重问题。

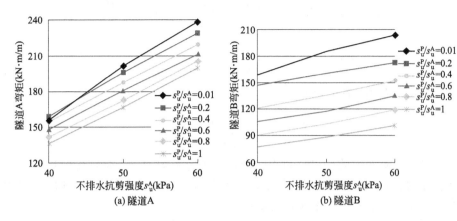

图 9.8　不同 s_u^P/s_u^A 值条件下土体强度引起双隧道的弯矩变化

不同土体强度的最大结构响应　　　　　　　　　　　　　　　　　表 9.7

s_u^A(kPa)	$M_{max,A}$(k·Nm/m)	$F_{max,A}$(kN/m)	$M_{max,B}$(k·Nm/m)	$F_{max,B}$(kN/m)
40	145.716	879.126	105.855	634.148
50	180.603	897.142	118.138	567.527
60	215.310	913.176	131.188	497.531

9.4　简单回归预测模型

在本节中，根据 9.3 的计算结果，使用两种简单的回归方法，即对数函数和多项式函数，来预测先建造的隧道 A 的衬砌中产生的最大弯矩。这两类回归模型的数学表达式如下：

$$\ln(M_{max},A) = 6.618 + 0.0341 \times \ln(H) - 0.9426 \\ \times \ln(D) + 0.726 \times \ln(G_u/s_u^A) + 0.2718 \qquad (9.1) \\ \times \ln(s_u^P/s_u^A) - 0.0246 \times \ln(s_u^A)$$

$$M_{max},A = 59.8 + 2.2249H + 7.8728D + 0.1604 \times (G_u/s_u^A)$$

$$-24.3899\left(\frac{s_u^P}{s_u^A}\right) - 67.6772 \times s_u^A - 0.0022H^2$$

$$-1.2484D^2 - 0.0001 \times \left(\frac{G_u}{s_u^A}\right)^2 + 0.1468 \times \left(\frac{s_u^P}{s_u^A}\right)^2$$

$$-41.6835 \times (s_u^A)^2 - 0.0580H \times D - 0.0005H$$

$$\times \left(\frac{G_u}{s_u^A}\right) - 0.0586H \times \left(\frac{s_u^P}{s_u^A}\right) + 1.0911H \times s_u^A \qquad (9.2)$$

$$-0.0045D \times \left(\frac{G_u}{s_u^A}\right) + 0.1098D \times \left(\frac{s_u^P}{s_u^A}\right) + 13.0474D$$

$$\times s_{\mathrm{u}}^{\mathrm{A}} - 0.0020 \times \left(\frac{G_{\mathrm{u}}}{s_{\mathrm{u}}^{\mathrm{A}}}\right) \times \left(\frac{s_{\mathrm{u}}^{\mathrm{P}}}{s_{\mathrm{u}}^{\mathrm{A}}}\right) + 0.0154 \times \left(\frac{G_{\mathrm{u}}}{s_{\mathrm{u}}^{\mathrm{A}}}\right)$$

$$\times s_{\mathrm{u}}^{\mathrm{A}} - 0.9288 \times \left(\frac{s_{\mathrm{u}}^{\mathrm{P}}}{s_{\mathrm{u}}^{\mathrm{A}}}\right) \times s_{\mathrm{u}}^{\mathrm{A}}$$

其中，确定系数 R^2 表示如下：

$$R^2 = 1 - \frac{\sum (y_i - \hat{y}_i)^2}{\sum (y_i - \overline{y}_i)^2} \tag{9.3}$$

通过式(9.3)计算出式(9.1)和式(9.2)的确定系数 R^2 分别为 0.911 和 0.930，说明这两个模型可以用来准确预测隧道 A 的最大弯矩。不过准确度还可以通过机器学习预测模型进一步提高，将在下一节中进行叙述。

9.5　机器学习预测模型

本节使用两种机器学习（ML）算法，即 MARS 和 DT，来预测先建造的隧道 A 的衬砌中产生的最大弯矩。双隧道埋深、轴间距、土体强度、刚度以及各向异性程度则作为 ML 模型的输入参数。

9.5.1　多元自适应回归样条

MARS 是由 Friedman[43] 提出的具有大量独立自变量的显式且可解释的预测模型。基于分而治之的策略，通过统计回归技术建立输入变量与输出响应之间的非线性相关关系。

在模型构建过程中，训练数据集被分割成具有不同梯度的分段线段，即样条。这些段的端点称为结点，它表示一段数据的结束和另一段数据的开始。连接分段样条形成的分段曲线称为基函数（BF），可以给模型带来更大的适用性，对非线性的拟合可以通过节点弯曲转弯来实现[23]。因此，MARS 模型可以构造为 BF 及其相互作用的线性组合，可表示为：

$$f(x) = \beta_0 + \sum \beta_n \lambda_n(x) \tag{9.4}$$

其中，每个 $f(x)$ 是一个基函数。它可以是一个样条函数，也可以是模型中已经包含的两个或两个以上样条函数的乘积（BF 的交互作用可以超过 2，但本节没有采用）。所有系数均为常数，表示样条曲线斜率的变化。样条曲线采用最小二乘法估计确定。

MARS 模型的构建分为两个阶段。前向阶段是建立函数，定位潜在节点以完善自适应性能，这可能会导致模型出现过拟合的结果。为了避免过拟合现象，需要增加后向阶段，对拟合度最小的 BF 进行修正。对于每个具体的回归和预测案例，不需要预先假设输入变量和输出变量之间的潜在函数关系。不同工程案例的目标结果的达成完全由数据驱动[24]。本章使用 Jekabsons[44] 的 MARS 开放源代码进行预测分析。

9.5.2　决策树回归器

决策树回归器是决策树算法的一部分，除了分类问题外，还特别用于处理回归和预测类问题。作为一种广泛使用的机器学习方法,决策树是一种决策支持工具,它使用树形图解模型来决策及评估可能产生的后果,包括偶然事件结果、资源成本和效用。决策树是一个强大的工具,用于展示只由条件控制语句组成的算法。决策树构建了多个分支/节点层来对样本进行分类和预测,并被广泛用于根据连续和分类的独立预测变量来确定因变量。决策树过程根据树中每个分支(或节点)形成的连续测试,将数据集递归为更小的分区[45]。根节点包含测试样本,而叶节点对应的是决策结果。每个内部根都有一个属性测试[46]。树的结构可以参考图 9.9。

当用于解决回归类问题时,决策树回归器通常会根据均方误差(MSE)决定将一个节点分成两个或多个子节点。一般来说,分割的处理方法是,首先在一个节点(根或内部)中自动选择一个变量的值,然后利用特定变量的具体数值将该节点中的数据分成几个子节点。对于每个子节点,单独计算 MSE,最小的结果代表最佳的分割方案。在分割过程中,每个节点均有自己的值。一旦达到子层的数量极限,由于叶子节点中仅剩单一数据,分割不可能进一步进行,树将停止分割。对于后一种情况,训练的 MSE 将为零,但会形成过拟合模型。可增加一个自动修剪过程来去除树中相对不必要的节点,从而优化树的大小[47]。通过将输出的预测值与实际数据进行比较,确保决策树的准确性和通用性。因此,可以使用决策树对新的数据集进行分类和预测[48]。

$$MSE(\hat{\theta}) = E(\hat{\theta} - \theta)^2 \tag{9.5}$$

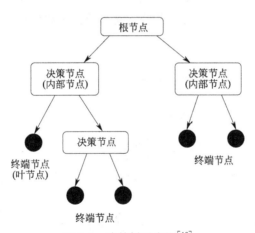

图 9.9　决策树示意图[46]

9.5.3　性能比较

图 9.10 显示了两种机器学习算法对随机选取的 25% 测试数据集的拟合能力。可以看出,MARS 和 DTR 的预测数据点均紧密围绕在参考线周围,表明都取得了合理的预测结果。确定系数 R^2 的值为 0.994 和 0.968,表明输入变量(包括土体性质和双隧道布置)与输出隧道 A 最大弯矩之间的良好相关性。同时,MARS 和 DTR 模型的均方根误差(RMSE)分别为 25.86 和 11.5,表明 MARS 模型的预测更加分散。

考虑到两种方法的可解释性,为了简单说明,本节显示了每个输入变量的相关规则和隶属函数;表 9.8 列出了 MARS 构造函数,图 9.11 显示了 DTR 的部分子树。表 9.8 中

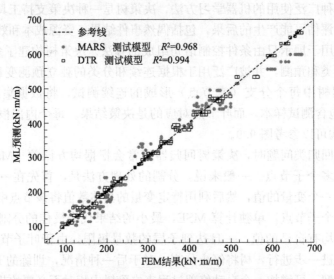

图 9.10　测试数据集的两种算法的性能

$x_0 \sim x_4$ 的变量分别指隧道深度、间距、土体刚度比、土体强度和各向异性程度。根据 MARS 模型构建中的广义交叉验证计算结果，评估参数相对重要性。对于先建隧道 A 的最大弯矩计算结果，关键的影响因素是双隧道距离，其次是周围土体强度。需要说明的是，各向异性程度也显著影响 $M_{\max, A}$ 的值，这与前文参数分析的结果一致。

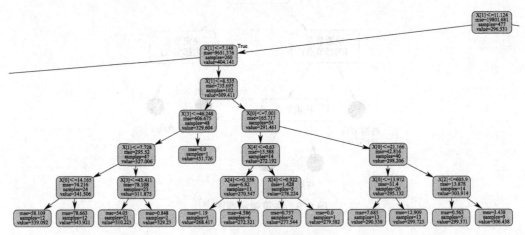

图 9.11　决策树的部分分支

MARS 中 $M_{\max, A}$ 的表达	表 9.8
基函数	系数 β_n
截距	1348.22
$\lambda_1 = x_0$	-233.844
$\lambda_2 = x_0 \times x_1$	14.2893
$\lambda_3 = x_0 \times x_0 \times x_1$	-0.27851
$\lambda_4 = x_3$	1.44286

基函数	系数 β_n
$\lambda_5 = x_0 \times x_3 \times x_4$	-0.377938
$\lambda_6 = x_3 \times x_3 \times x_4$	0.0650742
$\lambda_7 = x_0 \times x_1 \times x_4$	0.270347
$\lambda_8 = x_1 \times x_3$	0.0124132
表达式	$f(x) = \beta_0 + \sum \beta_n \lambda_n(x)$

9.6　结论

本章基于考虑各向异性的土体模型 NGI-ADP，开展了一系列有限元分析，以探索双隧道施工过程中衬砌内力的发展规律。首先，通过工程案例验证了 NGI-ADP 土体模型的实用性。然后，通过变化隧道施工安排和隧道周围土体性质来研究它们对最大弯矩和推力的影响。采用 682 组计算数据建立两种机器学习算法模型，用于预测隧道 A 的最大弯矩 $M_{\max,\mathrm{A}}$。主要结论如下：

1. 平行双隧道埋深越大，衬砌推力越大；而隧道间距则主要影响最大弯矩。

2. 土体刚度几乎不影响双隧道的结构响应。随着土体强度的提高，隧道 A 的衬砌承受更大的弯矩，但隧道 B 的衬砌推力呈现不断下降的趋势。

3. 天然土体的各向异性对隧道响应特征有较大影响。各向同性土体的假设可能会严重低估双隧道衬砌内最大弯矩和推力，进而导致隧道设计存在安全隐患。

4. 可利用简单的具有解析形式的回归模型预测双隧道的结构力学响应，但总体精度不高。本章构建的两个机器学习预测模型，多元自适应回归样条和决策树回归器，可以对双隧道结构内力进行准确评估，具有工程实用价值。由于输入土体各向异性程度的存在，模型的全面性应该更高。对于其他的设计工况，可以根据具体的施工细节来使用上述机器学习模型。

参考文献

［1］ Afifipour Mohammad, Sharifzadeh Mostafa, Shahriar Kourosh, et al. Interaction of twin tunnels and shallow foundation at Zand underpass, Shiraz metro, Iran ［J］. Tunnelling and Underground Space Technology, 2011, 26 (2): 356-363.

［2］ Chen Fuyong, Wang Lin, Zhang Wengang. Reliability assessment on stability of tunnelling perpendicularly beneath an existing tunnel considering spatial variabilities of rock mass properties ［J］. Tunnelling and Underground Space Technology, 2019, 88: 276-289.

［3］ Chen Rp, Zhu Ji, Liu Wei, et al. Ground movement induced by parallel EPB tunnels in silty soils ［J］. Tunnelling and Underground Space Technology, 2011, 26 (1): 163-171.

［4］ Fang Qian, Tai Qimin, Zhang Dingli, et al. Ground surface settlements due to construction of closely-spaced twin tunnels with different geometric arrangements ［J］. Tunnelling and Underground Space Technology, 2016, 51: 144-151.

［5］ Wang Zhe, Yao Wangjing, Cai Yuanqiang, et al. Analysis of ground surface settlement induced by the construction of a large-diameter shallow-buried twin-tunnel in soft ground ［J］. Tunnelling and underground space technology, 2019, 83: 520-532.

［6］ Shirlaw Jn, Ong Jcw, Rosser Hb, et al. Local settlements and sinkholes due to EPB tunnelling ［J］. Proceedings of the Institution of Civil Engineers-Geotechnical Engineering, 2003, 156 (4): 193-211.

［7］ Mirhabibi A, Soroush A. Effects of surface buildings on twin tunnelling-induced ground settlements ［J］. Tunnelling and Underground Space Technology, 2012, 29: 40-51.

［8］ Huang Qiang, Huang Hongwei, Ye Bin, et al. Evaluation of train-induced settlement for metro tunnel in saturated clay based on an elastoplastic constitutive model ［J］. Underground Space, 2018, 3 (2): 109-124.

［9］ 李娴, 王思瑶, 张标, 等. 双孔隧道的地表沉降预测及其可靠度分析 ［J］. 地下空间与工程学报, 2019, 15 (S1): 428-435.

［10］ Chehade F Hage, Shahrour Isam. Numerical analysis of the interaction between twin-tunnels: Influence of the relative position and construction procedure ［J］. Tunnelling and underground space technology, 2008, 23 (2): 210-214.

［11］ Vinod Michael, Khabbaz Hadi. Comparison of rectangular and circular bored twin tunnels in weak ground ［J］. Underground Space, 2019, 4 (4): 328-339.

［12］ Shaban Hesham Mohamed Fawzy Ibrahiem. Behavior of different shapes of twin tunnels in soft clay soil ［J］. International Journal of Engineering and Innovative Technology (IJEIT), 2013.

［13］ Bjerrum Laurits. Problems of soil mechanics and construction on soft clays ［J］, 1974.

［14］ Grimstad Gustav, Andresen Lars, Jostad Hans P. NGI - ADP: Anisotropic shear strength model for clay ［J］. International journal for numerical and analytical methods in geomechanics, 2012, 36 (4): 483-497.

［15］ Do Dieu Tt, Lee Jaehong, Nguyen-Xuan H. Fast evaluation of crack growth path using time series forecasting ［J］. Engineering Fracture Mechanics, 2019, 218: 106567.

［16］ Goh Anthony Tc, Zhang Wg. An improvement to MLR model for predicting liquefaction-induced lateral spread using multivariate adaptive regression splines ［J］. Engineering geology, 2014, 170: 1-10.

［17］ Goh Anthony Tc, Zhang Yanmei, Zhang Runhong, et al. Evaluating stability of underground entry-type excavations using multivariate adaptive regression splines and logistic regression ［J］. Tunnelling and Underground Space Technology, 2017, 70: 148-154.

［18］ Nguyen Duyen Le Hien, Do Dieu Thi Thanh, Lee Jaehong, et al. Forecasting damage mechanics by deep learning ［J］. CMC-COMPUTERS MATERIALS & CONTINUA, 2019, 61 (3): 951-977.

［19］ Samui Pijush, Kurup Pradeep. Multivariate adaptive regression spline and least square support vector machine for prediction of undrained shear strength of clay ［J］. International Journal of Applied Metaheuristic Computing (IJAMC), 2012, 3 (2): 33-42.

［20］ Wang Lin, Wu Chongzhi, Gu Xin, et al. Probabilistic stability analysis of earth dam slope under transient seepage using multivariate adaptive regression splines ［J］. Bulletin of Engineering Geology and the Environment, 2020, 79 (6): 2763-2775.

［21］ Goh A T C, Zhang W, Zhang Y, et al. Determination of earth pressure balance tunnel-related maximum surface settlement: a multivariate adaptive regression splines approach ［J］. Bulletin of

Engineering Geology and the Environment，2018，77（2）：489-500.

［22］ Zhang Wg，Goh Anthony Teck Chee. Multivariate adaptive regression splines for analysis of geotechnical engineering systems［J］. Computers and Geotechnics，2013，48：82-95.

［23］ Zhang Wengang，Goh Anthony Tc. Multivariate adaptive regression splines and neural network models for prediction of pile drivability［J］. Geoscience Frontiers，2016，7（1）：45-52.

［24］ Zhang Wengang，Goh Anthony Tc，Zhang Yanmei，et al. Assessment of soil liquefaction based on capacity energy concept and multivariate adaptive regression splines［J］. Engineering Geology，2015，188：29-37.

［25］ Zhang Wengang，Zhang Yanmei，Goh Anthony Tc. Multivariate adaptive regression splines for inverse analysis of soil and wall properties in braced excavation［J］. Tunnelling and Underground Space Technology，2017，64：24-33.

［26］ Zhang Wengang，Zhang Runhong，Wu Chongzhi，et al. State-of-the-art review of soft computing applications in underground excavations［J］. Geoscience Frontiers，2020，11（4）：1095-1106.

［27］ Zhang Wengang，Zhang Runhong，Wang Wei，et al. A multivariate adaptive regression splines model for determining horizontal wall deflection envelope for braced excavations in clays［J］. Tunnelling and Underground Space Technology，2019，84：461-471.

［28］ Zhang Wg，Li Hr，Wu Cz，et al. Soft computing approach for prediction of surface settlement induced by earth pressure balance shield tunneling［J］. Underground Space，2021，6（4）：353-363.

［29］ Yun Yeboon，Kaneko Genki，Kusumi Harushige，et al. Design for Support Patterns of NATM Tunnel Using Machine Learning［C］//International Conference on Inforatmion technology in Geo-Engineering. 2019：376-382.

［30］ Shao Chengjun，Li Xiuliang，Su Hongye. Performance prediction of hard rock TBM based on extreme learning machine［C］. International conference on intelligent robotics and applications，2013：409-416.

［31］ Ahangari Kaveh，Moeinossadat Sayed Rahim，Behnia Danial. Estimation of tunnelling-induced settlement by modern intelligent methods［J］. Soils and Foundations，2015，55（4）：737-748.

［32］ Jung Jee-Hee，Chung Heeyoung，Kwon Young-Sam，et al. An ANN to predict ground condition ahead of tunnel face using TBM operational data［J］. KSCE Journal of Civil Engineering，2019，23（7）：3200-3206.

［33］ Bouayad D，Emeriault Fabrice. Modeling the relationship between ground surface settlements induced by shield tunneling and the operational and geological parameters based on the hybrid PCA/ANFIS method［J］. Tunnelling and Underground Space Technology，2017，68：142-152.

［34］ Suwansawat Suchatvee，Einstein Herbert H. Artificial neural networks for predicting the maximum surface settlement caused by EPB shield tunneling［J］. Tunnelling and underground space technology，2006，21（2）：133-150.

［35］ 程相华. 有效应力强度指标与总应力强度指标之间的换算关系［J］. 重庆建筑大学学报，2001，（2）：22-25.

［36］ Ukritchon Boonchai，Boonyatee Tirawat. Soil parameter optimization of the NGI-ADP constitutive model for Bangkok soft clay［J］. Geotech Eng，2015，46（1）：28-36.

［37］ Panagoulias S，Hosseini S，Brinkgreve Rbj，et al. Design of laterally-loaded monopiles in layered soils［C］. National Technical University of Athens，2019.

［38］ Brinkgreve R B J，Kumarswamy S，Swolfs W M. Plaxis 3D 2017 user's manual［M］. Netherlands：Plaxis bv，2017.

［39］ Do Ngoc-Anh, Dias Daniel, Oreste Pierpaolo, et al. Three-dimensional numerical simulation of a mechanized twin tunnels in soft ground ［J］. Tunnelling and Underground Space Technology, 2014, 42: 40-51.

［40］ Do Ngoc Anh, Dias Daniel, Oreste Pierpaolo, et al. 2D numerical investigations of twin tunnel interaction ［J］. Geomech Eng, 2014, 6 (3): 263-275.

［41］ Jin Yin Fu, Zhu Bing Qing, Yin Zhen Yu, et al. Three-dimensional numerical analysis of the interaction of two crossing tunnels in soft clay ［J］. Underground Space, 2019, 4 (4): 310-327.

［42］ Suwansawat Suchatvee, Einstein Herbert H. Describing settlement troughs over twin tunnels using a superposition technique ［J］. Journal of geotechnical and geoenvironmental engineering, 2007, 133 (4): 445-468.

［43］ Friedman Jerome H. Multivariate adaptive regression splines ［J］. The annals of statistics, 1991, 19 (1): 1-67.

［44］ Jekabsons G. VariReg: a software tool for regression modeling using various modeling methods ［D］. Riga Technical University, 2010.

［45］ Friedl Mark A, Brodley Carla E. Decision tree classification of land cover from remotely sensed data ［J］. Remote sensing of environment, 1997, 61 (3): 399-409.

［46］ Pu Yuanyuan, Apel Derek B, Lingga Bob. Rockburst prediction in kimberlite using decision tree with incomplete data ［J］. Journal of Sustainable Mining, 2018, 17 (3): 158-165.

［47］ Deepnarain Nashia, Nasr Mahmoud, Kumari Sheena, et al. Decision tree for identification and prediction of filamentous bulking at full-scale activated sludge wastewater treatment plant ［J］. Process Safety and Environmental Protection, 2019, 126: 25-34.

［48］ Yu Zhun, Haghighat Fariborz, Fung Benjamin Cm, et al. A decision tree method for building energy demand modeling ［J］. Energy and Buildings, 2010, 42 (10): 1637-1646.

基于贝叶斯优化的极端梯度提升和随机森林方法预测不排水抗剪强度

10.1 引言

软黏土在近海环境中广泛分布，一般具有低剪切强度和高压缩性的特点。因此，涉及软黏土的岩土设计颇具挑战性[1]。考虑到港口基础设施和连通工程的发展趋势，软黏土地基上的建筑工程需求越来越大。因此，采用可靠的方法对土体不排水抗剪强度进行准确评估是岩土工程师面临的关键问题。

软黏土的不排水抗剪强度可以通过室内试验和原位试验测定。最常见的现场原位测试包括十字板剪切试验（FVT）和静力触探试验（CPTU），但现场测试花费高、耗时长。此外，大量试验表明，不排水抗剪强度与主要 CPTU 参数之间的关联性存在不可避免的不确定性。至于室内试验，通常需要相对复杂和昂贵的取样及实验测试技术[1-2]。必要的岩土设计参数并非都能直接在实验中测得，而通常需要通过回归拟合到指定数据集的经验公式或者数值关系来估计。

自 1957 年 Hansbo[3] 的开创性工作以来，许多学者基于经验或半经验的回归分析提出了转换模型，基于土体特性对相关设计参数进行评估[4-6]。然而，转换模型通常包含来自土体特性、现场地质条件等的大量不确定性。这些可能与校准转换模型所用的源数据不一致[1]。因此，我们需要认识到此类模型的局限性，否则结果可能会出现偏差。为了增强工程师的判断力，许多学者提出了基于贝叶斯方法的转换模型[2,7-13]。人工智能（AI）技术近年来发展迅速，许多新的机器学习（ML）算法被提出并广泛应用于各个领域。这与国际土力学与岩土工程学会（ISSMGE's）探索机器学习方法在岩土工程中应用的最新倡议是一致的[2]。

机器学习算法，如人工神经网络（ANN）[14-16]、贝叶斯网络（BN）[17-18]、支持向量机（SVM）[19-21]、多元自适应回归样条（MARS）[22-24] 等，逐渐成为岩土问题的备选解决方案。

但是，单一的精巧算法可能不是构建代理模型的最佳选择，因为不同现场对应的数据库具有不同的土体特性和地质条件。因此，有必要在岩土工程中采用集成学习方法。该方法结合了多个处理不同假设的算法，以形成更合理的假设，从而具有良好的预测性能[25-26]。文献[27] 以及文献 [28] 指出集成学习方法优于单一机器学习方法及其他统计方法。

集成学习方法按其结构可大致分为两种：bagging（并行）方法和 boosting（顺序）方法。bagging 方法是不同学习算法的组合，每一种算法并行生成一个独立模型[26]。随机森林（RF）是典型的套袋集成学习方法，它可以看作是共识决策树的生成过程，即每个决策树独立地对某个具体问题进行决策，然后将结果组合起来进行最终决策[29]。一些学者也将 RF 应用于岩土工程问题，如 Zhou 等[30] 探讨了利用 RF 预测隧道施工引起地表位移的可行性；Zhang 等[16] 利用大量实测数据，构建了 RF 和 MARS 模型预测桩的可贯入性。在 boosting 方法中，每个后续的决策树的建立都旨在减少前面决策树的误差，即每个决策树都从前辈那里学习提升并减小残差。极端梯度 Boosting（XGBoost）是 Chen 和 Guestrin[31] 在 Boost 框架下提出的一种先进的监督学习算法，由于其稳定性高、灵活性强，在 Kaggle 机器学习竞赛中得到了广泛的认可。不过目前 XGBoost 算法在岩土工程中应用较少。

基于以上讨论，本章提出了基于 XGBoost 和 RF 的集成学习方法，以获取不排水抗剪强度与土体基本参数之间的关系。为了减少对经验和蛮力搜索的依赖，本章采用贝叶斯优化方法寻找最优的模型超参数。

10.2　研究方法

10.2.1　极限梯度提升

极限梯度提升（XGBoost），是 Chen 和 Guestrin（2016）在梯度提升框架下提出的一种更先进的监督学习算法，由于其高效和高灵活性等优点，在 Kaggle 机器学习竞赛中得到广泛认可。对于目标函数，XGBoost 的损失函数增加了额外的正则化项，有助于平滑最终学习的权值，避免过度拟合，并利用一阶和二阶梯度统计量对损失函数进行优化。下面简要介绍 XGBoost 的框架。

梯度提升树模型的估计输出 $\hat{y}_i$ 可以表示为所有树的预测值 $f_k(\boldsymbol{x}_i)$ 之和：

$$\hat{y}_i = \sum_{k=1}^{K} f_k(\boldsymbol{x}_i), f_k \in \Gamma \tag{10.1}$$

其中 Γ 为回归树的空间，K 为回归树的个数，$\boldsymbol{x}_i$ 表示样本 i 对应的特征。对于给定的数据集，每个叶子节点有一个预测得分 $f_k(\boldsymbol{x}_i)$。叶子权重 ω_j 为该树在该节点 j 处所有样本的回归值，其中 $j \in \{1, 2, \cdots T\}$，T 为该树的叶片数。

目标函数是机器学习算法中的重要组成部分，提升过程一直持续到目标函数趋于稳定，本节正则化目标函数定义为：

$$\Phi = \sum_{i=1}^{n} l(y_i, \hat{y}_i) + \gamma T + \frac{1}{2}\lambda \sum_{j=1}^{T} \omega_j^2 \tag{10.2}$$

其中 n 为给定的数据样本，$\sum_{i=1}^{n} l(y_i, \hat{y}_i)$ 为描述模型与训练数据拟合程度的训练损失函数。$\gamma T + \frac{1}{2} \lambda \sum_{j=1}^{T} \omega_j^2$ 是惩罚模型复杂度的正则项。在正则项中，γ 为引入额外叶子的复杂度代价，λ 为正则化参数，ω_j^2 为叶子节点 j 个权重的 L2 范数。

所有的树都是在添加学习过程中顺序构建的，每个新添加的树都从之前的树中学习并更新残差。因此 $\hat{y}_i^{(k-1)}$ 已经包含了所有树的迭代结果。对于第 k 次迭代，$\hat{y}_i^{(k)}$ 可以表示 $\hat{y}_i^{(k-1)} + f_k(x_i)$，目标函数 $\Phi_{(k)}$ 改写为：

$$\Phi_{(k)} = \sum_{i=1}^{n} l(y_i, \hat{y}_i^{(k-1)} + f_k(x_i)) + \gamma T + \frac{1}{2} \lambda \sum_{j=1}^{T} \omega_j^2 \qquad (10.3)$$

为了有效地优化第一项损失函数，通常采用二阶泰勒对其进行近似展开。

$$\Phi_{(k)} \simeq \sum_{i=1}^{n} \left[l(y_i, \hat{y}_i^{(k-1)}) + g_i f_k(x_i) + \frac{1}{2} h_i f_k^2(x_i) \right] + \gamma T + \frac{1}{2} \lambda \sum_{j=1}^{T} \omega_j^2 \quad (10.4)$$

其中 $g_i = \partial_{\hat{y}^{(k-1)}} l(y_i, \hat{y}^{(k-1)})$ 和 $h_i = \partial_{\hat{y}^{(k-1)}}^2 l(y_i, \hat{y}^{(k-1)})$ 分别是损失函数的一阶和二阶梯度统计量。常数项可以在第 k 步移除以进而得到下式：

$$\Phi_{(k)} \simeq \sum_{i=1}^{n} \left[g_i f_k(x_i) + \frac{1}{2} h_i f_k^2(x_i) \right] + \gamma T + \frac{1}{2} \lambda \sum_{j=1}^{T} \omega_j^2 \qquad (10.5)$$

我们用叶子中的分数向量来定义树，并使用叶子索引映射函数来映射实例到叶子 j，这个过程可以表示为 $\sum_{i=1}^{n} f_k(x) = \sum_{j=1}^{T} \omega_j$，式(10.5) 可以改写为：

$$\Phi_{(k)} = \sum_{j=1}^{T} \left[\left(\sum_{i \in I_j} g_i \right) \omega_j + \frac{1}{2} \left(\sum_{i \in I_j} h_i + \lambda \right) \omega_j^2 \right] + \gamma T \qquad (10.6)$$

给定一个固定的树结构，通过简单的二次规划求解每个叶节点上的最优叶权重 ω_j^* 和极值 $\Phi_{(k)}^*$：

$$\omega_j^* = -\frac{\sum_{i \in I_j} g_i}{\sum_{i \in I_j} h_i + \lambda} \qquad (10.7)$$

$$\Phi_{(k)}^* = -\frac{1}{2} \sum_{j=1}^{T} \frac{\left(\sum_{i \in I_j} g_i \right)^2}{\sum_{i \in I_j} h_i + \lambda} + \gamma T \qquad (10.8)$$

式(10.8) 可以看作一个评分函数，用来衡量给定的叶子向量的合适程度。建议设定一个较小的值以更好地拟合数据。为了避免无限多个可能的树结构，在实际应用时可采用贪婪算法来寻找最优的树结构。更详细的 XGBoost 算法描述参见文献 [31]。

10.2.2　随机森林

随机森林（RF）是一种基于分类回归树（CART）的强大集成学习方法。第一个随机决策森林算法由 Ho[32] 提出，算法的扩展由 Breiman[29] 完成。该方法在许多领域得到了广泛的应用，表现出令人满意的性能，可以应用于分类和回归问题。RF 是一种统计学习理论，它利用自举采样方法从原始样本中抽取多个样本，对每个自举样本建立决策树模型，然后将多个决策树的预测结果进行合并，得到最终的预测结果。该模型通过回放样本和在不同的树演化中随机改变预测因子的组合来增加决策树的多样性。

本节主要采用 RF 进行回归预测，在每一个回归树（RT）分支处计算叶子节点上样本的平均值和每个样本真实值之间的均方误差（MSE）。以追求 MSE 最小作为分支条件，直到没有更多的特征可用，或者整体 MSE 最优，回归树即停止生长。该算法包含两个关键参数：回归树的数量 N 和节点随机变量的数量（最大深度）[33]。这些参数必须进行优化以减少数据处理过程中的误差。

RF 算法的建模过程如下：采用自举抽样方法从原始数据集中抽取 N 个样本训练集。每个训练集约为原始数据集大小的 2/3。原始数据集大约有 1/3 的数据没有被抽取，这部分数据称为袋外数据。接下来为每个自举样本训练集创建一个回归树，合计 N 个训练集的回归树形成"森林"。需要注意，这些回归树没有进行修剪，在每棵树的生长过程中，不选取所有最优属性作为分枝的内部节点，而是在随机选取的最大深度属性中挑选最优属性进行分枝。因此，RF 算法通过构造不同的训练集来增加回归模型之间的差异，从而提高组合回归模型的外推预测能力。通过 k 次模型训练，得到回归模型序列 $\{t_1(x), t_2(x), \cdots, t_k(x)\}$，用于形成多元回归模型系统（Forest）。然后收集 N 个回归树的预测结果，采用简单的平均策略计算新样本的值。最终回归决策公式如下：

$$\hat{f}_{\mathrm{rf}}^{K}(x) = \frac{1}{K}\sum_{k=1}^{K}t_i(x) \tag{10.9}$$

其中，$\hat{f}_{\mathrm{rf}}^{K}(x)$ 表示组合回归模型，t_i 为单一决策树回归模型，K 为回归树的数量。随机森林算法建模过程如图 10.1 所示。

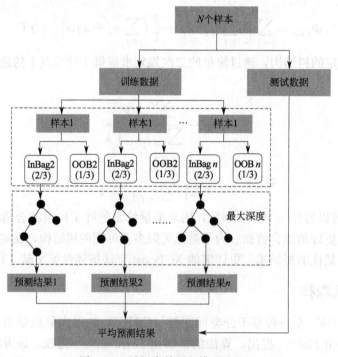

图 10.1　随机森林回归模型流程图

10.2.3　贝叶斯超参数优化

在机器学习中，超参数需要在学习之前预先设定。由于 XGBoost、RF 等算法都存在几个对模型预测精度影响较大的超参数，合理地调整这些超参数（超参数优化）非常重要。然而，超参数优化是一个组合优化问题，不能采用常规的梯度下降法进行优化。此外，由于超参数个别调整后需要重新训练模型来评估效果，因此评估一组超参数的配置非常耗时。

网格搜索（GS）和随机搜索（RS）方法常用于调整机器学习模型中的超参数。GS 是一种通过遍历所有超参数组合来搜索一组最优超参数配置的方法。然而，GS 容易受到维度约束，即在待定参数较多的情况下，在超参数优化过程中评估模型所需的次数呈指数级增长，这对 XGBoost 这种包含大量超参数算法是不现实的。RS 是一种通过尝试超参数的随机组合来选择一组合适的最优超参数配置的方法。RS 的缺点在于方差较高。需要指出，GS 和 RS 都没有考虑不同超参数组合之间的相关性。

现在越来越多的超参数调整过程是通过自动化的方法来完成的，这些方法利用基于策略的知情搜索，在较短的时间内搜索到最优的超参数配置。在这个过程中，除初始设置外不需要额外的手动调整。贝叶斯优化是优化目标函数的首选方法[26,34-35]。贝叶斯优化通过构建基于目标过去评价结果的代理重构（概率模型），找到使目标函数最小的解。近年来该方法被广泛应用于机器学习超参数优化，该方法在测试集上泛化能力更强，比 GS 和 RS 所需迭代次数更少[36]。

（1）基于序贯模型的优化算法（SMBO）

SMBO 是贝叶斯优化的简化形式[37-39]。首先，形式化 SMBO 构建模型 S_0 将超参数设置 λ 映射到损失函数 L（表 10.1 中的第 1 行），用于评估特定的超参数设置。然后将设置 λ 和相应的损失存储在 H 中，这有助于在贝叶斯超参数优化中进行检查，并显示参数设置和相应的评估。之后，SMBO 迭代以下 4 个步骤：在当前模型 S_{t-1} 的基础上查找局部最优超参数设置 λ^*；计算设置 λ^* 下的损失 c；基于 λ^* 的更新 H 和相应的损失 c；基于更新后的 H 构造新模型，SMBO 以最小损失 c 输出全局最优超参数设置，直至达到预先定义的最大迭代步数 T。

基于序贯模型的全局优化（SMBO）　　　　　　　　　　表 10.1

1：Initialization S_0；$H=\phi$

2：for $t=1$ *to* T do

3：$\lambda^*=\text{argmin}S_{t-1}(\lambda)$

4：$c=L(\lambda^*)$

5：$H=H\bigcup(\lambda^*,c)$

6：fit new model S_t according to updated H

7：end for

8：Return λ with minimum c in H

（2）树形结构 Parzen 估计器（TPE）

超参数优化本质上是在图形结构配置空间上优化特定映射函数的问题。为了在标准的

SMBO 算法中运行，可以在贝叶斯优化环境中使用各种概率回归模型，例如高斯过程、随机森林和树形结构 Parzen 估计（TPE）等。如 Bergstra 等[38]建议，配置空间仅限于 TPE 中的树形结构，该结构提供了确定模型 S（表 10.1 中第 6 行）和寻找局部最优超参数设置（表 10.1 中第 3 行）的简化方案。该模型不在目标函数上定义预测分布，相反，它创建两个分层过程，$l(\lambda)$ 和 $g(\lambda)$ 充当所有域变量的输出模型。当目标函数低于和高于指定数值 c^* 时，这个过程对域变量进行建模。

$$p_S(c \mid \lambda) = \begin{cases} l(\lambda), & c < c^* \\ g(\lambda), & c \geqslant c^* \end{cases} \tag{10.10}$$

其中 $l(\lambda)$ 是由观测值构造的关于损失值的密度估计，在 H 中小于 c^*，而 $g(\lambda)$ 由剩余观测值生成。

另一个重要问题是根据当前 t 次迭代后的模型 S_t 确定局部最优超参数设定 λ^*。SMBO 采用获取函数处理此步骤，在任何可能的超参数设置下收集 S_t 的预测信息，直到取得最大值，然后获取最优的设置。获取函数的两种形式被广泛采用，即期望改进和概率改进。本文选择期望改进形式[38]，表达式为：

$$I(\lambda) = \max(c_{\min} - c(\lambda), 0) \tag{10.11}$$

实际上，很难直接估计改进，因为只有基于损失函数对参数设置进行评估之后才能得到 $c(\lambda)$。期望改进的表达式为：

$$EI(\lambda) = \int_{-\infty}^{C_{\min}} \max(c_{\min} - c(\lambda), 0) \cdot p_{S_t}(c \mid \lambda) dc \tag{10.12}$$

其中，$c_{\min}$ 表示 H 中的当前最小损失，$c(\lambda)$ 表示超参数设置下的损失。通过上述方法，上述两种集成学习算法和三种比较算法的超参数都可以通过贝叶斯优化来确定，参数调整的详细过程可以参考[36]。

10.3 数据库

本节采用了 TC304 数据库中的 F-CLAY/7/216 和 S-CLAY/7/168 数据集[1]。第一份 F-CLAY/7/216 是根据 216 份现场试验结果编制的，该试验在芬兰的 24 个试验地点进行。第二个黏土数据集 S-CLAY/7/168 包括来自瑞典 12 个地点和挪威 7 个地点的 168 份现场试验数据。两个数据集中的每个数据点包括 6 个参数，即不排水抗剪强度（USS）、竖向有效应力（VES）、前期固结应力（PS）、液限（LL）、塑限（PL）和天然含水量（W）。本节将这两个数据集结合起来进行研究，图 10.2 显示了不排水抗剪强度（USS）和相关输入特征的直方图及其平均值和标准差，这 6 个参数的分布近似呈正态或对数正态分布。表 10.2 列出了这些参数平均值、最大值（Max）、最小值（Min）、变异系数（COV）和样本数（n）的统计结果，其中 VES 和 PS 的变化最大。

						表 10.2
5 个特征变量和标签的基本统计信息						
	LL(%)	PL(%)	W(%)	VES(kPa)	PS(kPa)	USS(kPa)
均值	68.37	28.49	76.47	48.72	79.81	19.21
协方差	0.35	0.28	0.31	0.56	0.61	0.52

续表

	LL(%)	PL(%)	W(%)	VES(kPa)	PS(kPa)	USS(kPa)
最大值	201.81	73.92	180.11	212.87	315.64	75.00
最小值	22.00	2.73	17.27	6.86	15.20	5.00
样本数	384	384	384	384	384	384

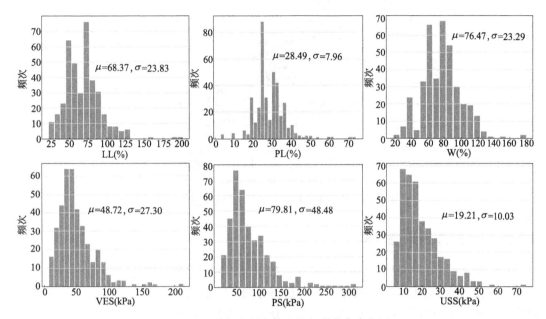

图 10.2　特征变量和标签的频率分布直方图

10.3.1　相关性分析

　　一般来说，多源数据的相关性可以通过热图展示。本节使用斯皮尔曼等级相关系数（r_s）来确定每对变量之间的相关性，然后形成包含所有相关系数的热图。表 10.3 根据 r_s 绝对值所在区间清楚地总结了所有参数之间的相关性。依据图 10.3，不难发现 PS 与 USS 强相关（$r_s = 0.75$），同时 VES 与 USS 中等相关（$r_s = 0.53$），而 USS 几乎独立于 LL 和 PL（$|r_s| \leqslant 0.11$）。

基于 r_s 的参数相关性分区　　　　　　　　　　表 10.3

r_s	等级	参数组合
0~0.19	非常弱	USS vs LL,USS vs PL
0.2~0.39	弱	USS vs W,PS vs LL,PS vs PL,VES vs LL,VES vs PL
0.4~0.59	中等	USS vs VES,PS vs W,VES vs W
0.6~0.79	强	USS vs PS,PS vs VES,W vs PL,PL vs LL
0.80~1.00	非常强	W vs LL

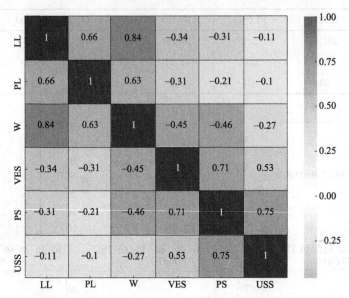

图 10.3　特征变量和标签的相关性系数矩阵热图

10.3.2　USS 异常值剔除

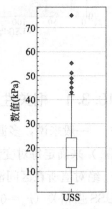

USS 数据中的一些异常值通常需要通过数据清理进行过滤，因为这些异常值可能会给模型开发带来偏差。从直方图（图 10.2）中可以观察到，输入变量的分布没有严格遵从正态分布。因此，3σ 法则不能准确反映数据结构。更普遍的选择是箱形图（box plot），这是一种图形化描绘数据库的方法。它包含了一组数据的最大值、最小值、中位数、上四分位数和下四分位数。最大值定义为 min{3rd Quartile＋1.5×四分位数间距}，数据集中的实际最大值。同样，最小值定义为 max{1st Quartile−1.5×四分位数间距，数据集中实际最小值}，其中四分位数间距＝上四分位数−下四分位数。如图 10.4 所示，依据上述方法确定了 USS 箱形图的最大值（42.34）和最小值（5.00），进而删除了 12 个异常数据点。

图 10.4　USS 箱形图

10.4　实现过程

10.4.1　k-折交叉验证

理想情况下，如果我们拥有足够多的数据，最好的做法是将数据集随机分为三个部分：训练集、验证集和测试集。训练集用于拟合模型，采用验证集估计预测误差进行模型选择，而测试集则用于评估最终模型的泛化误差[40]。但通常数据是稀缺的（本研究只有 336 个数据点），因此无法真实反映模型的泛化能力。为了避免数据选择的偏差，本研究在超参数优化和模型评估过程中使用了最流行的验证方法之一，即 k-折交叉验证[33,41-43]。在 k-折交叉验证中，原始样本 D 被随机划分为 k 个大小相似的互斥子集，也就是 $D=D_1\bigcup D_2\bigcup\cdots\bigcup D_k, D_i\bigcap D_j=\varnothing (i\neq j)$ 每个子集 D_i 尽可能保持数据分布的一致性，即从 D 进行分层抽样，然后每次以 k_1 个子集的并集作为训练集，剩余子集作为测试集，这样就可以得到 k 组训练/测试集。虽然 k 值的确定没有严格的标准，但在应用机器学习领域通常选择 $k=5$（或 10）。本文首先采用 5 折交叉验证方法对模型进行验证（图 10.5）。

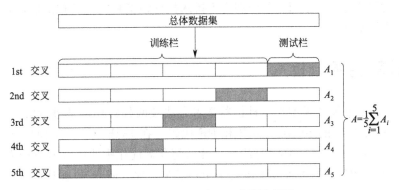

图 10.5　XGBoost 和 RF 建模示意图

10.4.2　转换模型

为了评估基于 XGBoost 和 RF 的土体设计参数代理模型的性能，将其与多元自适应回归样条（MARS）、支持向量机（SVM）、多层感知器（MLP，一类前馈人工神经网络）这 3 种机器学习算法进行比较。这里的所有机器学习模型均使用贝叶斯优化方法来调整超参数。此外，D'Ignazio 等[1] 提出的两个相对较好的转换模型，即式（10.13）和式（10.14），也作为基准模型与上述模型进行比较。

$$USS=0.296OCR^{0.788}W^{0.337}VES \tag{10.13}$$

$$USS=0.319OCR^{0.757}LL^{0.333}VES \tag{10.14}$$

其中 OCR 代表超固结比。

10.4.3　性能指标

本章采用以下性能指标对机器学习模型的预测结果进行评估：

RMSE（均方根误差），该值越接近 0 表明预测误差越小。

$$RMSE=\sqrt{\frac{1}{n}\sum_{i=1}^{n}(y_i-\widehat{y}_i)^2} \tag{10.15}$$

R^2（决定系数），该值越接近 1 表明该模型对数据拟合越好。

$$R^2=1-\frac{\sum(y_i-\widehat{y}_i)^2}{\sum(y_i-\overline{y})^2} \tag{10.16}$$

偏差因子 b，（实测值）/（预测值）的样本均值，若 $b=1$，则模型预测是无偏的[1,44]。

$$b = \frac{1}{n} \sum_{i=1}^{n} \frac{y_i}{\hat{y}_i} \tag{10.17}$$

MAPE（平均绝对百分比误差），该值越接近 0 表明预测精度越高。

$$\text{MAPE} = \frac{100\%}{n} \sum_{i=1}^{n} \left| \frac{y_i - \hat{y}_i}{y_i} \right| \tag{10.18}$$

其中 n 为样本总数，y_i 和 $\hat{y}_i$ 分别为不排水抗剪强度真实值和预测值，$\overline{y}$ 为不排水抗剪强度真实值的平均值。

10.5 计算结果分析

这一小节将所开发的模型与三种机器学习方法及两种转换模型进行对比。出于兴趣，本节采用 Sklearn 库中的 SVM、MLP 和 RF 代码，在 Python 3.6 上使用 XGBoost 包和 Earth 包运行 XGBoost 和 MARS 算法，贝叶斯超参数优化则使用 hyperopt 包执行。所有计算均在一台 3.0 GHz 的酷睿 i5 CPU、8GB RAM、Windows 10 操作系统的台式计算机上进行。

10.5.1 不同模型预测结果对比

图 10.6 和图 10.7 分别展示了 5 折交叉验证下 ML 模型在训练集和测试集上的 RMSE 结果。由图可知，两个集成学习模型的 RMSE 均小于其他三个 ML 模型，表明基于 XG-Boost 和 RF 的模型在训练集中的预测性能优于其他模型。图 10.7 测试集结果中的曲线波动较大，但所有模型表现出相同的趋势，在 $k=2$ 时预测精度最低，$k=3$ 时预测精度最高，这表明模型精度明显受到数据集质量的影响。此外，基于 XGBoost 的模型的预测性能明显优于其他模型，而基于 RF 的模型的优势不明显。

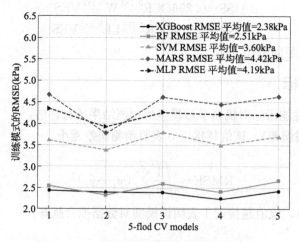

图 10.6　5 折交叉验证下训练集 RMSE 结果

表 10.4 总结了所有模型在 5 折交叉验证下的 RMSE、R^2、MAPE 和偏差系数 b 结

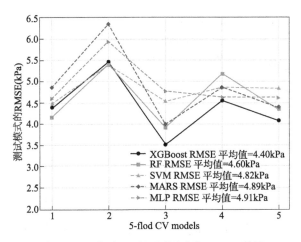

图 10.7　5 折交叉验证下测试集 RMSE 结果

果。需要指出，两种转换模型在计算 RMSE、R^2 时直接使用整个数据库，而非 5 折交叉验证。上述所有模型得出的偏差系数 b 均接近 1，表明这些模型都具有无偏性。其中基于 XGBoost 模型在测试集上的 RMSE、R^2、MAPE 的平均值分别为 4.40kPa、0.73％ 和 19.23％，优于其他 ML 模型和两种转换模型。预测精度的总体次序由高到低为 XG-Boost、RF、SVM、MLP、MARS、式(10.15)、式(10.16)。总体而言，针对多源数据，集成模型相比单一复杂算法在预测精度方面更具优势。

各模型预测结果对比　　　　　　　　　　　　　　　　　　　　　　　表 10.4

模型	RMSE(kPa)		R^2		MAPE(％)		b	
	训练	测试	训练	测试	训练	测试	训练	测试
XGBoost	2.38	4.40	0.92	0.73	10.85	19.23	0.99	1.01
RFR	2.51	4.60	0.91	0.70	10.93	19.63	0.99	1.00
SVR	3.60	4.82	0.82	0.67	13.69	20.56	1.02	1.04
MLPR	4.19	4.91	0.75	0.66	19.41	21.38	1.00	1.02
MARS	4.42	4.89	0.73	0.66	20.23	22.43	1.01	1.04
式(10.15)	5.88		0.52		23.39		1.07	
式(10.16)	6.11		0.48		23.60		1.04	

10.5.2　k＝3 时 XGBoost 和 RF 的拟合性能

由于 k＝3 时对应的测试集最接近整体数据的分布，因此该条件下的结果最具代表性，图 10.8 和图 10.9 分别展示了基于 XGBoost 和 RF 的模型在 k＝3 时的拟合性能。曲线表示带有样本编号的实际 USS 值，阴影区域代表±20％的置信区间，正方形和圆圈分别代表基于 XGBoost 和 RF 模型的预测值。很明显，大多数数据点均位于置信区间内，两个模型在测试集上的 MAPE 值分别为 16.92％ 和 18.19％。考虑到此类数据集包含多源数据及噪声，可以认为该 MAPE 值较小。

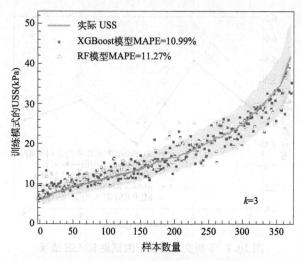

图 10.8　集成学习算法在训练集上的预测性能 （k＝3）

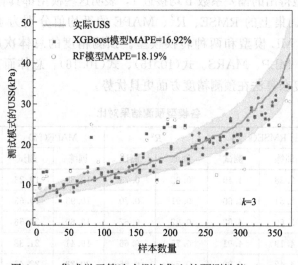

图 10.9　集成学习算法在测试集上的预测性能 （k＝3）

10.5.3　特征重要性分析

特征重要性是特征选择和模型可解释性的重要参考。经过训练的 XGBoost 模型可以自动计算特征重要性，该重要性可以通过接口特征重要性准则（增益准则）获得。通过获取模型中每个特征对每棵树的贡献来计算增益，即每个特征对模型的相对贡献。该值越高意味着该特征对于预测结果的影响越大。图 10.10 展示了 5 个特征变量在 5 折交叉验证下的特征相对重要性。在 XGBoost 模型中，PS（54.3%）是最重要的特征变量，其次是 VES（20.3%）、PL（12.5%）、W（6.8%）和 LL（6.1%）。该结果对确定软黏土的不排水抗剪强度特性具有重要指导意义。

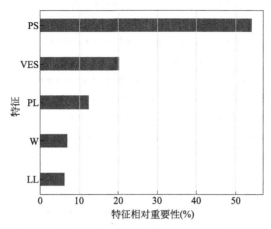

图 10.10　特征相对重要性排序

10.6　总结

集成学习方法是多元回归和分类问题中非常流行和强大的机器学习工具。与基于经验的转换模型不同，数据驱动的集成学习方法在岩土工程的应用较少。本章使用基于 XGBoost 和 RF 的集成学习方法预测软黏土的不排水抗剪强度。基于 F-CLAY/7/216 和 S-CLAY/7/168 的组合数据库，将集成学习方法与 3 种传统机器学习算法（即 SVM、MLP 和 MARS）以及 2 种转换模型进行了比较，主要结论如下：

（1）基于 XGBoost 和 RF 的模型在预测性能方面具有优势，预测精度的总体顺序由高到低依次为 XGBoost RF、SVM、MLP 和 MARS。

（2）ML 方法相比转换模型，预测精度具有明显优势。对于测试集，两个集成学习模型的 MAPE 平均值分别为 19.23% 和 19.63%，对于包含噪声的多源数据集，可以认为该 MAPE 值较小。

（3）本章采用贝叶斯超参数优化方法对 ML 算法的超参数进行优化，确保了所提出的模型能够充分挖掘预测潜力，并在获取 USS 和各种基本土体参数之间的相关性方面比现有的转换模型表现更优。

（4）所提出的 XGBoost 模型能够自动计算 USS 中土体参数的特征相对重要性，PS 为最重要的特征变量，其次是 VES、PL、W 和 LL，这对岩土工程从业人员在实际工程中确定土体不排水抗剪强度具有指导意义。

参考文献

［1］　D'ignazio Marco，Phoon Kok-Kwang，Tan Siew Ann，et al. Correlations for undrained shear strength of Finnish soft clays ［J］. Canadian Geotechnical Journal，2016，53（10）：1628-1645.

［2］　Ching Jianye，Phoon Kok-Kwang. Constructing site-specific multivariate probability distribution model using Bayesian machine learning ［J］. Journal of Engineering Mechanics，2018，145（1）：04018126.

［3］ Hansbo Sven. New approach to the determination of the shear strength of clay by the fall-cone test ［M］. 1957.

［4］ Ladd Charles C, Foott Roger. New design procedure for stability of soft clays ［J］. Journal of the Geotechnical Engineering Division, 1974, 100 (7): 763-786.

［5］ Jamiolkowski M, Ladd Cc, Germaine Jt, et al. New developments in field and laboratory testing of soils ［C］//Proceedings of the eleventh international conference on soil mechanics and foundation engineering, San Francisco. Balkema (AA), 1985: 12-16.

［6］ Kulhawy Fred H, Mayne Paul W. Manual on estimating soil properties for foundation design ［R］. Electric Power Research Inst., Palo Alto, CA (USA); Cornell Univ., Ithaca, NY (USA), 1990.

［7］ Ching Jianye, Phoon Kok-Kwang. Modeling parameters of structured clays as a multivariate normal distribution ［J］. Canadian Geotechnical Journal, 2012, 49 (5): 522-545.

［8］ Ching Jianye, Phoon Kok-Kwang, Chen Chih-Hao. Modeling piezocone cone penetration (CPTU) parameters of clays as a multivariate normal distribution ［J］. Canadian Geotechnical Journal, 2013, 51 (1): 77-91.

［9］ Wang Yu, Cao Zijun. Probabilistic characterization of Young's modulus of soil using equivalent samples ［J］. Engineering Geology, 2013, 159: 106-118.

［10］ Cao Zijun, Wang Yu. Bayesian model comparison and characterization of undrained shear strength ［J］. Journal of Geotechnical and Geoenvironmental Engineering, 2014, 140 (6): 04014018.

［11］ Wang Yu, Aladejare Adeyemi Emman. Bayesian characterization of correlation between uniaxial compressive strength and Young's modulus of rock ［J］. International Journal of Rock Mechanics and Mining Sciences, 2016, 85: 10-19.

［12］ Wang Lin, Cao Zi Jun, Li Dian Qing, et al. Determination of site-specific soil-water characteristic curve from a limited number of test data - A Bayesian perspective ［J］. Geoscience Frontiers, 2018, 9 (6): 1665-1677.

［13］ Wang Lin, Zhang Wengang, Chen Fuyong. Bayesian approach for predicting soil-water characteristic curve from particle-size distribution data ［J］. Energies, 2019, 12 (15): 2992.

［14］ Goh Atc. Empirical design in geotechnics using neural networks ［J］. Geotechnique, 1995, 45 (4): 709-714.

［15］ Yousefpour N, Medina-Cetina Z, Jahedkar K, et al. Determination of unknown foundation of bridges for scour evaluation using artificial neural networks ［M］. Geo-Frontiers 2011: Advances in Geotechnical Engineering. 2011: 1514-1523.

［16］ Zhang Wengang, Wu Chongzhi, Li Yongqin, et al. Assessment of pile drivability using random forest regression and multivariate adaptive regression splines ［J］. Georisk: Assessment and Management of Risk for Engineered Systems and Geohazards, 2019, 15 (1): 27-40.

［17］ Li Xueyou, Zhang Limin, Zhang Shuai. Efficient Bayesian networks for slope safety evaluation with large quantity monitoring information ［J］. Geoscience Frontiers, 2018, 9 (6): 1679-1687.

［18］ Koduru Smitha. A Bayesian network for slope geohazard management of buried energy pipelines ［J］. 2019.

［19］ Rodriguez-Galiano V, Sanchez-Castillo M, Chica-Olmo M, et al. Machine learning predictive models for mineral prospectivity: An evaluation of neural networks, random forest, regression trees and support vector machines ［J］. Ore Geology Reviews, 2015, 71: 804-818.

［20］ Zhou Jian, Li Xibing, Mitri Hani S. Classification of rockburst in underground projects: comparison of ten supervised learning methods [J]. Journal of Computing in Civil Engineering, 2016, 30 (5): 04016003.

[21] Zhang Wengang, Goh Anthony Tc. Multivariate adaptive regression splines and neural network models for prediction of pile drivability [J]. Geoscience Frontiers, 2016, 7 (1): 45-52.

[22] Zhang Wg, Goh Anthony Teck Chee. Multivariate adaptive regression splines for analysis of geotechnical engineering systems [J]. Computers and Geotechnics, 2013, 48: 82-95.

[23] Zhang Wengang, Goh Anthony Tc, Zhang Yanmei, et al. Assessment of soil liquefaction based on capacity energy concept and multivariate adaptive regression splines [J]. Engineering Geology, 2015, 188: 29-37.

[24] Liu Leilei, Zhang Shaohe, Cheng Yung-Ming, et al. Advanced reliability analysis of slopes in spatially variable soils using multivariate adaptive regression splines [J]. Geoscience Frontiers, 2019, 10 (2): 671-682.

[25] Nascimento Diego Sc, Coelho André Lv, Canuto Anne Mp. Integrating complementary techniques for promoting diversity in classifier ensembles: A systematic study [J]. Neurocomputing, 2014, 138: 347-357.

[26] Xia Yufei, Liu Chuanzhe, Li Yuying, et al. A boosted decision tree approach using Bayesian hyper-parameter optimization for credit scoring [J]. Expert systems with applications, 2017, 78: 225-241.

[27] Nanni Loris, Lumini Alessandra. An experimental comparison of ensemble of classifiers for bankruptcy prediction and credit scoring [J]. Expert systems with applications, 2009, 36 (2): 3028-3033.

[28] Lessmann Stefan, Baesens Bart, Seow Hsin-Vonn, et al. Benchmarking state-of-the-art classification algorithms for credit scoring: An update of research [J]. European Journal of Operational Research, 2015, 247 (1): 124-136.

[29] Breiman Leo. Random forests [J]. Machine learning, 2001, 45 (1): 5-32.

[30] Zhou Jian, Shi Xiuzhi, Du Kun, et al. Feasibility of random-forest approach for prediction of ground settlements induced by the construction of a shield-driven tunnel [J]. International Journal of Geomechanics, 2017, 17 (6): 04016129.

[31] Chen Tianqi, Guestrin Carlos. Xgboost: A scalable tree boosting system [C] //Proceedings of the 22nd acm sigkdd international conference on knowledge discovery and data mining. 2016: 785-794.

[32] Ho Tin Kam. Random decision forests [C]. Proceedings of 3rd international conference on document analysis and recognition, 1995: 278-282.

[33] Zhou Jian, Li Enming, Wei Haixia, et al. Random forests and cubist algorithms for predicting shear strengths of rockfill materials [J]. Applied sciences, 2019, 9 (8): 1621.

[34] Snoek Jasper, Larochelle Hugo, Adams Ryan P. Practical bayesian optimization of machine learning algorithms [J]. Advances in neural information processing systems, 2012, 25.

[35] Ghahramani Zoubin. Probabilistic machine learning and artificial intelligence [J]. Nature, 2015, 521 (7553): 452-459.

[36] Bergstra James, Yamins Dan, Cox David D. Hyperopt: A python library for optimizing the hyperparameters of machine learning algorithms [C]. Proceedings of the 12th Python in science conference, 2013: 20.

[37] Hutter Frank, Hoos Holger H, Leyton-Brown Kevin. Sequential model-based optimization for

general algorithm configuration [C]. International conference on learning and intelligent optimization, 2011: 507-523.

[38] Bergstra James, Bardenet Rémi, Bengio Yoshua, et al. Algorithms for hyper-parameter optimization [J]. Advances in neural information processing systems, 2011, 24.

[39] Hoffman Matthew W, Shahriari Bobak. Modular mechanisms for Bayesian optimization [C]. NIPS workshop on Bayesian optimization, 2014: 1-5.

[40] Hastie Trevor, Tibshirani Robert, Friedman Jerome H, et al. The elements of statistical learning: data mining, inference, and prediction [M]. 2nd edition. Springer, 2009.

[41] Kohavi Ron. A study of cross-validation and bootstrap for accuracy estimation and model selection [C]. IJCAI, 1995: 1137-1145.

[42] Rodriguez Juan D, Perez Aritz, Lozano Jose A. Sensitivity analysis of k-fold cross validation in prediction error estimation [J]. IEEE transactions on pattern analysis and machine intelligence, 2010, 32 (3): 569-575.

[43] Wong Tzu-Tsung. Performance evaluation of classification algorithms by k-fold and leave-one-out cross validation [J]. Pattern Recognition, 2015, 48 (9): 2839-2846.

[44] Ching Jianye, Phoon Kok-Kwang. Transformations and correlations among some clay parameters—the global database [J]. Canadian Geotechnical Journal, 2014, 51 (6): 663-685.

第11章 基于随机森林回归和多元自适应回归样条的预制桩可打性评估

11.1 引言

作为深层地基支撑的一部分，桩被用来将建筑物的上部荷载转移到地基土层。桩型的选择需要考虑多方面的因素，包括上层建筑的类型、地层条件、耐久性（如应对腐蚀）以及安装成本等[1]。对于本文研究的桩，落锤的冲击可能会在打桩过程中产生巨大的应力，桩的承载力是否满足要求是设计桩时必须要考虑的。计算桩可贯入性的传统方法包括经验公式法和基于应力波理论的计算程序[2-3]。由于现场条件的差异性，经验公式不能涵盖各种打桩条件。至于基于应力波理论的计算机程序，涉及锤-桩-土系统的离散理想化，需要为每个项目制定不同的打桩标准，这增加了问题的复杂性，相当耗时，且需要高度专业的波浪方程理论知识[4]。

由于问题内在的复杂性、不确定性和非线性的特点，在分析桩可贯入性时应考虑众多的变量，以及它们之间的非线性关联。常用的基于原位数据预测桩可贯入性的方法，大多采用单一的回归模型，实用性较差，因此建立一个准确的预测模型尤为重要。根据前面章节的描述，机器学习是一个指示机器做什么并使其从过去的经验中学习的过程[5]。机器学习的结果是基于历史数据计算得到，由于它不依赖于预先确定的方程模型，得到的结果是独一无二的。Goh 使用反向传播神经网络（BPNN）模型来评估黏性土中贯入的桩的阻力[6]。Jeon 和 Rahman 开发了 BPNN 模型和自适应神经模糊推理系统（ANFIS）模型来预测桩的可贯入性[7]。这些研究得出的结论是机器学习算法的表现优于经验方法。此外，Zhang 和 Goh 利用大量数据构建了多变量自适应回归样条模型（MARS）和 BPNN 模型来预测桩的可贯入性[4]，两种算法预测性能相近，但 MARS 计算效率更高。

机器学习算法，如人工神经网络（ANN）、贝叶斯网络（BN）、支持向量机（SVM）和随机森林（RF），近年来已逐渐成为解决岩土工程问题的主流替代方法[8]。其中 ANN

187

由于最佳配置计算之前不知道，训练过程冗长[9]。SVM 和 BN 适用于样本数据量大的问题，可以达到相对较高的预测精度[10]，但它们在解决复杂问题时耗时较长[11]。MARS 具有捕捉多维数据变量之间复杂的内在关系和生成简单模型的优势，MARS 算法在土木工程中的应用包括预测路面沉降[12]，估计砂土中桩的轴向阻力[13] 和沥青混合料的变形[14]，评估黏土中吸力沉箱的容量[15]，预测液化引起的横向扩散[16] 等。射频算法的出现有助于解决复杂的工程问题，因为它能在没有统计学假设的情况下发现自变量和因变量之间的复杂非线性关系[17]。Zhou 等对 10 种监督学习方法进行了比较分析[18]，用于 246 个岩爆事件的数据集分类，结果表明 RF 的表现最好。此外，Tao 等[19] 应用 RF 方法预测硬岩隧道掘进机的渗透率。Zhou 等[20] 使用 RF 来预测隧道施工引起的地层位移。

基于以上优势，本文开发了随机森林回归（RFR）和 MARS 模型，用于最大压应力（MCS）和每英尺打击次数（BPF）相关的桩的可贯入性预测，这是第一次采用随机森林回归来解决桩的可贯入性问题。尽管构建了 MARS 模型[45]，但由于缺乏完整的分析过程，包括相关性分析、特征选择、交叉验证等，其建模结果在严格性和精确性方面仍需改进。本研究的主要内容如下：第 2 节介绍了这两种算法，第 3 节介绍了数据库的相关分析和特征选择，第 4 节中针对 10 折交叉验证比较了 RFR 和 MARS 模型的预测结果，通过比较有规则化和无规则化的结果，也得到了 Lasso 规则化的效果。最后一部分通过比较拟合度、运行时间和可解释性，对 RFR 和 MARS 模型进行了总体评价。

11.2　机器学习方法

本研究采用随机森林回归和多变量自适应回归样条来构建预测模型，其算法介绍如下：

11.2.1　随机森林回归算法

RF 算法是由 Breiman 提出的一种集合学习方法[21]。在这种算法中，使用多个具有相同分布的决策树来建立一个森林来训练和预测样本数据[22]。决策树是一种非参数化的监督学习方法，它可以从一系列具有特征和标签的数据中总结出决策规则，并利用树的结构来呈现这些规则，以解决分类和回归问题。本研究的主要目的是预测回归，所以本节将只介绍回归树（RT）。在 RT 的每个分支，需要计算叶子节点上样本的平均值和每个样本之间形成的均方误差（MSE），以 MSE 最小作为分支条件，直到没有更多的特征可用，或者整体 MSE 达到最佳，回归树将停止生长。

随机森林回归算法流程图见图 11.1，为了获得具有较强泛化能力的集合模型，集合模型中的基础学习者（回归树）应该尽可能不相关[23-24]。为了实现更好的稳定性，同时增加预测的准确性，本研究结合了 Bagging 算法，详细描述请参阅第 4 章。

此外，RFR 还可以提供不同特征的相对重要性，由于数据维度高，这在多源数据研究中非常有用。更重要的是，明确每个特征对模型预测结果的影响有利于建立最佳模型[25-27]。为了评估每个特征变量的重要性，采用如下方法：（1）对于每个回归树，选择相应的袋外（OOB）数据来计算袋外的数据误差，记录为 errOOB1；（2）在 OOB 数据的所有样本的特征 X 中随机加入噪声干扰，再次计算袋外数据的误差，记为 errOOB2；

（3）假设森林中有 N 棵树，则特征 X 的重要性 $X=\sum(\text{errOOB2}-\text{errOOB1})/N$。之所以 X 可以代表特征的重要性，是因为如果加入随机噪声，袋外数据的准确度会大大降低（即 errOOB2 上升），说明该特征对样本的预测结果有很大影响，从而说明该特征非常重要[24]。在本研究中，采用了 scikit-learn 库中基于 Python 的随机森林回归算法进行建模。

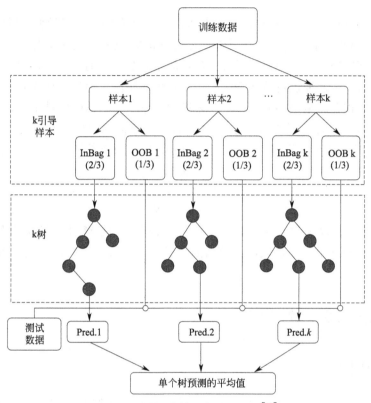

图 11.1　随机森林回归的流程图[17]

11.2.2　MARS 算法

多变量自适应回归样条曲线（MARS）[28] 是一种非线性非参数回归分析，完全由数据驱动，可以认为是线性模型的扩展，产生的分片曲线被称为基函数（BFs），给模型带来灵活性，允许弯曲、阈值和其他偏离线性函数的情况。它通过逐步搜索的方式生成基函数，并在所有可能的单变量结点位置和所有变量之间的相互作用上进行搜索。同时，MARS 在"后向修剪"阶段去除"前向修剪"阶段产生的过拟合项，从而提高模型的泛化能力。本文采用文献［29］中的开源 scikit-learn-contrib 库内 py-earth 代码进行分析。

目标输出为 y，$X=(X_1,\cdots,X_P)$ 是 p 个输入变量的矩阵。假设数据是由一个未知的"真实"模型产生，在连续响应的情况下可以表述为：

$$y=f(X_1,\cdots,X_P)+e=f(X)+e \tag{11.1}$$

其中，e 是误差分布。MARS 通过应用基函数（BFs）来逼近函数 f。线性函数的形式是 $\max(0,x-t)$，结点出现在值 t 处。方程 $\max(\cdot)$ 意味着只使用（·）的正数部分，否则赋零值，即：

189

$$\max(0, x-t) = \begin{cases} x-t, x \geq t \\ 0, 其他 \end{cases} \tag{11.2}$$

MARS 模型 $f(x)$，被构造为 BF 及其相互作用的线性组合，表示为：

$$f(x) = \beta_0 + \sum_{n=1}^{n=N} \beta_n BF(x) \tag{11.3}$$

其中，每个 BF(x) 都是一个基函数，它可以是一个样条函数或模型中已经包含的两个或多个样条函数的乘积。系数 β_0 是一个常数，β_n 是第 n 个基函数的系数，用最小二乘法估计。

在正向构建阶段，模型中包含了最大数量的基函数。在前向阶段之后，会产生一个典型的过拟合模型，因此要进行后向删除阶段。在后向阶段，通过每次删除一个最不重要的基函数（对训练误差影响最小的基函数）来简化模型。在后退阶段结束时，从每个大小的"最佳"模型中，选择具有广义交叉验证（GCV）值最低的模型，并将其作为最终模型输出。对于有 N 个观测值的训练数据，GCV 的计算公式为[28,30-31]：

$$GCV = \frac{MSE_{train}}{\left(1 - \dfrac{enp}{N}\right)^2} \tag{11.4}$$

其中，enp 是有效参数，$enp = k + c \times (k-1)/2$，$k$ 是 MARS 模型中基函数的数量（包括截距项），$(k-1)/2$ 是铰链函数结的数量，该公式主要针对结点的增加进行修正，c 在 2～4 之间[28]。

11.3 桩的可贯入性分析

11.3.1 数据库

基于美国北卡罗来纳州 57 个项目的桥梁安装信息，本研究使用了一个包含 4072 根桩的数据库，共有 17 个变量[7]。17 个变量包括桩锤、垫层材料、桩和土体参数、桩的极限承载力和冲程等设为输入参数（见表 11.1），以预测最大压应力（MCS）和每英尺打击次数（BPF），图 11.2 中显示了 MCS 和 BPF 的频率分布直方图。

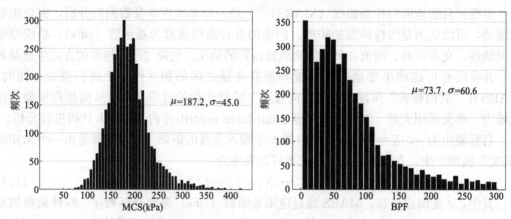

图 11.2 MCS 和 BPF 的频率分布直方图

	模型输入参数	表 11.1
	输入变量	分类
x_1	桩锤重量(kN)	桩锤参数
x_2	锤击能量(kN·m)	
x_3	截面积(m^2)	垫层参数
x_4	弹性模量(GPa)	
x_5	厚度(m)	
x_6	锤帽重量(kN)	
x_7	长度(m)	桩参数
x_8	贯入深度(m)	
x_9	直径(m)	
x_{10}	截面积(m^2)	
x_{11}	L/D	
x_{12}	桩尖震动(m)	土参数
x_{13}	桩侧阻尼(s/m)	
x_{14}	桩尖阻尼(s/m)	
x_{15}	桩侧阻力(%)	
x_{16}	桩极限承载力(kN)	—
x_{17}	冲程(m)	—

11.3.2 相关性分析

在运行回归分析之前，有必要检查特征变量之间是否存在关联性。参数间较强的共线性将导致建模结果不稳定。图 11.3 是特征变量和标签变量的 Spearman 等级相关系数矩阵热图（$|R|=0$ 为不相关关系；$|R|<0.4$ 为弱相关关系；$0.4<|R|<0.75$ 为相关关系；$0.75<|R|<1$ 为强相关关系；$|R|=1$ 为完全相关关系）。当特征变量之间的相关性很强（接近 1）时，称为多重共线性，将导致模型出现偏差。正如图 11.3 中的（x_1 与 x_2）、（x_7、x_8 与 x_{11}）和（x_9 和 x_{10}），这些特征变量的同时存在将影响建模的效率，因此有必要进行特征选取。

11.3.3 特征选取

在岩土工程的机器学习领域，特征选择是非常关键和具有挑战性的，它可以帮助我们降低学习结果的复杂性，使我们更好地理解基本过程。在处理高维数据集的时候，这项任务变得更加具有挑战性。在输入特征过多时，虽然一小部分特征子集足以很好地近似标签，x_i 的额外特征会导致较小的训练误差，但在测试集中，它们会干扰对 y 的预测。在这种情况下。在统计学和机器学习中，最小绝对收缩和选择算子（Lasso）这种回归分析方法，可以同时完成特征选择和正则化，以提高预测精度和产生的统计模型的可解释性。Lasso 的引入是为了提高回归模型的预测准确性和可解释性[32]，它改变了模型的拟合过程，只挑选所提供的协变量中的一个子集用于最终模型，而不是使用所有的协变量。

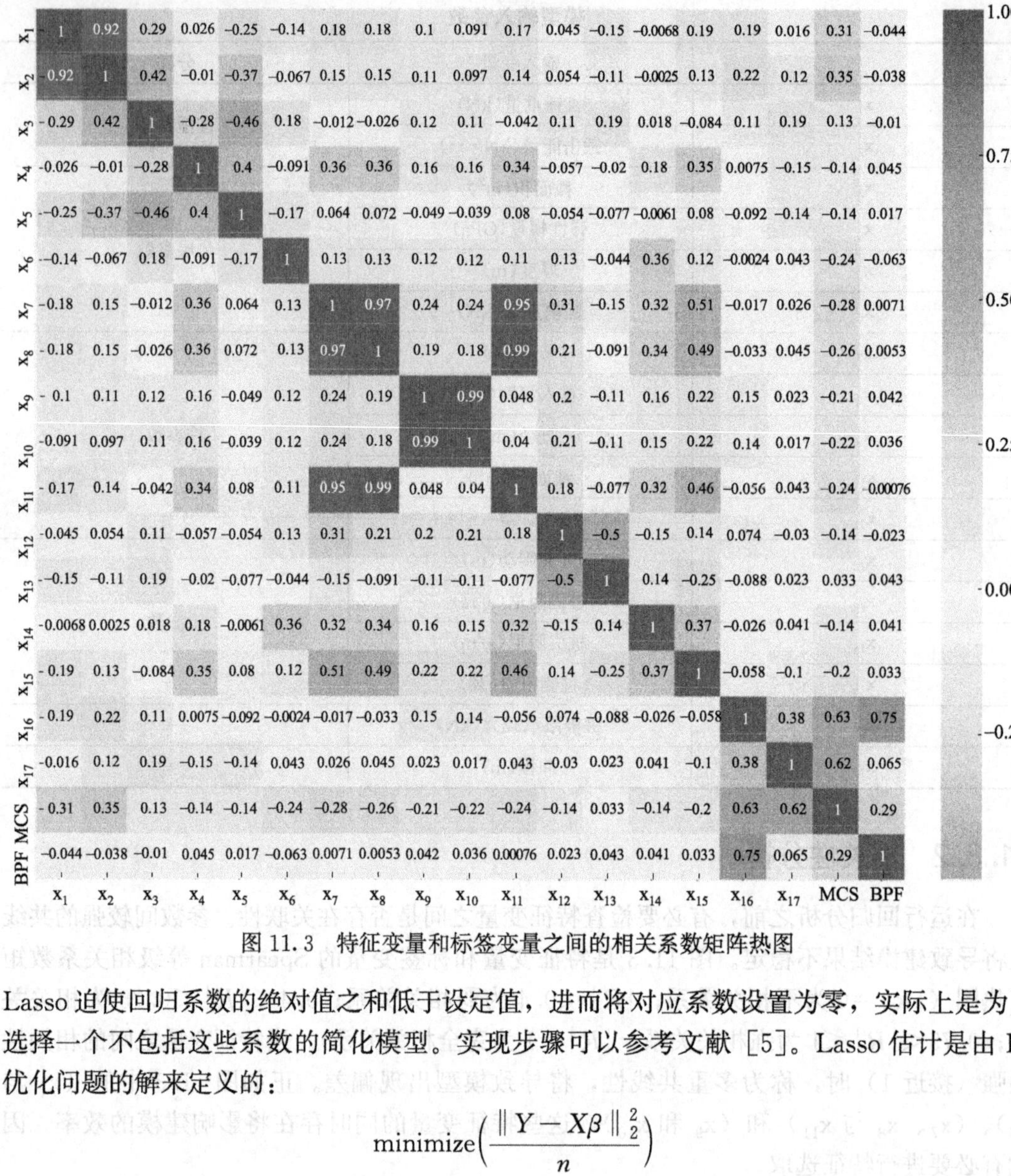

	x_1	x_2	x_3	x_4	x_5	x_6	x_7	x_8	x_9	x_{10}	x_{11}	x_{12}	x_{13}	x_{14}	x_{15}	x_{16}	x_{17}	MCS	BPF
x_1	1	0.92	0.29	0.026	-0.25	-0.14	0.18	0.18	0.1	0.091	0.17	0.045	-0.15	-0.0068	0.19	0.19	0.016	0.31	-0.044
x_2	0.92	1	0.42	-0.01	-0.37	-0.067	0.15	0.15	0.11	0.097	0.14	0.054	-0.11	-0.0025	0.13	0.22	0.12	0.35	-0.038
x_3	0.29	0.42	1	-0.28	-0.46	0.18	-0.012	-0.026	0.12	0.11	-0.042	0.11	0.19	0.018	-0.084	0.11	0.19	0.13	-0.01
x_4	-0.026	-0.01	-0.28	1	0.4	-0.091	0.36	0.36	0.16	0.16	0.34	-0.057	-0.02	0.18	0.35	0.0075	-0.15	-0.14	0.045
x_5	-0.25	-0.37	-0.46	0.4	1	-0.17	0.064	0.072	-0.049	-0.039	0.08	-0.054	-0.077	-0.0061	0.08	-0.092	-0.14	-0.14	0.017
x_6	-0.14	-0.067	0.18	-0.091	-0.17	1	0.13	0.12	0.12	0.12	0.11	0.13	-0.044	0.36	0.12	-0.0024	0.043	-0.24	-0.063
x_7	-0.18	0.15	-0.012	0.36	0.064	0.13	1	0.97	0.24	0.24	0.95	0.31	-0.15	0.32	0.51	-0.017	0.026	-0.28	0.0071
x_8	-0.18	0.15	-0.026	0.36	0.072	0.12	0.97	1	0.19	0.18	0.99	0.21	-0.091	0.34	0.49	-0.033	0.045	-0.26	0.0053
x_9	-0.1	0.11	0.12	0.16	-0.049	0.12	0.24	0.19	1	0.99	0.048	0.2	-0.11	0.16	0.22	0.15	0.023	-0.21	0.042
x_{10}	-0.091	0.097	0.11	0.16	-0.039	0.12	0.24	0.18	0.99	1	0.04	0.21	-0.11	0.15	0.22	0.14	0.017	-0.22	0.036
x_{11}	-0.17	0.14	-0.042	0.34	0.08	0.11	0.95	0.99	0.048	0.04	1	0.18	-0.077	0.32	0.46	-0.056	0.043	-0.24	-0.00076
x_{12}	-0.045	0.054	0.11	-0.057	-0.054	0.13	0.31	0.21	0.2	0.21	0.18	1	-0.5	-0.15	0.14	0.074	-0.03	-0.14	-0.023
x_{13}	-0.15	-0.11	0.19	-0.02	-0.077	-0.044	-0.15	-0.091	-0.11	-0.11	-0.077	-0.5	1	0.14	-0.25	-0.088	0.023	0.033	0.043
x_{14}	-0.0068	0.0025	0.018	0.18	-0.0061	0.36	0.32	0.34	0.16	0.15	0.32	-0.15	0.14	1	0.37	-0.026	0.041	-0.14	0.041
x_{15}	0.19	0.13	-0.084	0.35	0.08	0.12	0.51	0.49	0.22	0.22	0.46	0.14	-0.25	0.37	1	-0.058	-0.1	-0.2	0.033
x_{16}	-0.19	0.22	0.11	0.0075	-0.092	-0.0024	-0.017	-0.033	0.15	0.14	-0.056	0.074	-0.088	-0.026	-0.058	1	0.38	0.63	0.75
x_{17}	-0.016	0.12	0.19	-0.15	-0.14	0.043	0.026	0.045	0.023	0.017	0.043	-0.03	0.023	0.041	-0.1	0.38	1	0.62	0.065
MCS	-0.31	0.35	0.13	-0.14	-0.24	-0.24	-0.28	-0.26	-0.21	-0.22	-0.24	-0.14	0.033	-0.2	-0.2	0.63	0.62	1	0.29
BPF	-0.044	-0.038	-0.01	0.045	0.017	-0.063	0.0071	0.0053	0.042	0.036	0.00076	0.023	0.043	0.041	0.033	0.75	0.065	0.29	1

图 11.3　特征变量和标签变量之间的相关系数矩阵热图

Lasso 迫使回归系数的绝对值之和低于设定值，进而将对应系数设置为零，实际上是为了选择一个不包括这些系数的简化模型。实现步骤可以参考文献 [5]。Lasso 估计是由 L1 优化问题的解来定义的：

$$\text{minimize}\left(\frac{\|Y-X\beta\|_2^2}{n}\right)$$

$$\text{s.t.} \sum_{j=1}^{k} \|\beta\|_1 < t \tag{11.5}$$

其中 t 是系数之和的上限。该优化问题等同于以下参数估计：

$$\hat{\beta}(\lambda) = \underset{\beta}{\text{argmin}}\left(\frac{\|Y-X\beta\|_2^2}{n} + \lambda\|\beta\|_1\right) \tag{11.6}$$

其中 $\|Y-X\beta\|_2^2 = \sum_{i=0}^{n}(Y_i - (X\beta)_i)^2$，$\|\beta\|_1 = \sum_{j=1}^{k}|\beta_j|$，$\lambda$ 的值越大，缩减量越大。

在全部 17 个输入变量中，锤击能量（x_2）、锤垫厚度（x_5）、桩穿透力（x_8）、桩截面积（x_{10}）、桩的长径比 L/D（x_{11}）、桩尖阻尼（x_{14}）和轴阻力（x_{15}）这 7 个特征变量被 Lasso 正则化的 x_i－MSC 删除。此外，x_i－BDF，锤击能量（x_2）、桩锤截面积

（x_3）、锤垫厚度（x_5）、桩长（x_7）、桩穿透力（x_8）和桩截面积（x_{10}）这 6 个特征变量被 Lasso 正则化去除。为了进行比较，还获取了原始 17 个输入变量的相应结果，以分析去除这些变量是否会影响结果。

运行 RFR 和 MARS 模型的电脑配置：英特尔（R）酷睿 i5 8500 处理器，频率为 3.00GHz，8GB 内存，Windows 10 操作系统。

11.3.4　评价标准

以下性能指标被用来评估 RFR 和 MARS 模型的性能，包括决定系数 R^2、均方根误差 RMSE 和偏差因子 b（表 11.2）。其中偏差因子 b 是实际目标值 y_i 与预测目标值 $\hat{y_i}$ 比值的样本平均值，如果 $b=1$，表明模型预测是无偏差的文献［33-35］。

表 11.2

性能衡量标准

性能指标	计算公式
决定系数（R^2）	$R^2=1-\dfrac{\sum(y_i-\hat{y_i})^2}{\sum(y_i-\overline{y})^2}$
均方根误差（RMSE）	$\mathrm{RMSE}=\sqrt{\dfrac{1}{n}\sum\limits_{i=1}^{n}(y_i-\hat{y_i})^2}$
偏置系数（b）	$b=\dfrac{1}{n}\sum\limits_{i=1}^{n}\dfrac{y_i}{\hat{y_i}}$

11.4　计算结果分析

11.4.1　10 折交叉验证

在模型的选择和评估方面，交叉验证法由于具有简洁性和普遍性，成为一种有效的方法。通过对数据的生产性再利用，交叉验证法在模型选择中充分体现了其优势。Geisser 和 Eddy[36] 提出了 k-折交叉验证法，这是一种常用的样本再利用方法。在 k-折验证中，原始样本 D 被随机分成 k 个大小相近的互斥子集，即 $D=D_1\bigcup D_2\bigcup\cdots\bigcup D_k$，$D_i\bigcap D_j=\varnothing$（$i\neq j$）。每个子集 D_i 尽量保持数据分布的一致性，即由 D 进行分层抽样，然后每次将 k_1 个子集的联合作为训练集，其余的子集作为测试集；这样就可以得到 k 组训练/测试集，从而进行 k 次训练和测试。在 k-折交叉验证中，较小的 k 会导致较大的方差，从而导致模型的预测效果不佳。通过使用大量的数据集，统计学家使用不同的方法进行了大量的实验，表明 10 折交叉验证没有过多的偏差或方差，效果最佳[21]。因此，本研究中采用 10 折交叉验证法，计算流程见图 11.4。

11.4.2　预测模型的结果

（1）Lasso 正则化之前

图 11.5 显示了 Lasso 正则化之前，MARS 和 RFR 模型在 10 折交叉验证下，训练和测试数据集的 R^2 变化趋势。从图 11.5(a) 可以看出，在 MCS 预测中，所有的曲线的 R^2

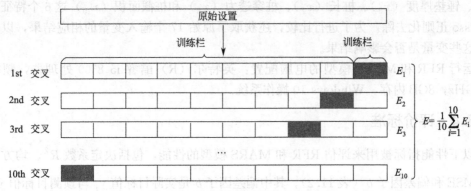

图 11.4   10 折交叉验证法的流程图

都在 0.9 以上，两个模型的预测结果均较好。此外，曲线的波动范围也比较小，说明建立的这两个模型鲁棒性较好。在训练集和测试集上，RFR 模型的表现都优于 MARS 模型。无论 K 如何变化，RFR 模型在训练集的 R^2 都在 0.99 左右，测试集的 R^2 平均值为 0.96。而 MARS 模型在训练集和测试集的表现相似，其平均值分别为 0.94 和 0.93。从中可以看出，RFR 模型相比于 MARS 模型有轻微的过拟合现象。图 11.5(b) 显示，基于 BPF 的 RFR 模型在训练集的 R^2 值约为 0.98，而在测试集的表现仅为 0.88。MARS 模型表现类似，其平均值分别为 0.90 和 0.87。因此，MARS 和 RFR 模型在 MCS 上的表现优于 BPF。

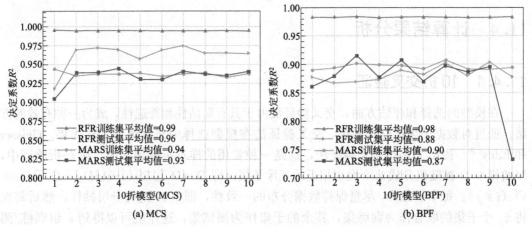

图 11.5   MARS 和 RFR 模型在 10 折交叉验证下的 R^2 变化曲线（L1 正则化前）

（2）Lasso 正则化后

在 Lasso 正则化之后，如图 11.6 所示，我们得到了类似图 11.5 的趋势和对应的数值的结果，这说明被删除的不相关变量在 Lasso 正则化之后并不影响建模。这有利于降低学习结果的复杂性，能够更好地理解基本过程，提高学习效率。此外，这也符合奥卡姆剃刀原则：实体不应该被无谓地增加。从贝叶斯估计的角度来看，正则化项对应于模型的先验概率[37]。因此，选取 L1 正则化特征变量为建模数据。表 11.3 列出了 10 折交叉验证下性能指标的平均值（包括决定系数 R^2、均方根误差 RMSE 和偏差因子 b）。R^2 和 b 分别表示预测值和实际值之间的相似程度和无偏差程度，R^2 和 b 值越趋近 1，预测值和实际值更相似和无偏差。RMSE 值越低，对应模型预测值的置信度越高。表 11.3 中 RFR 和 MARS 模型的比较表明，无论是训练集还是测试集，RFR 模型都比 MARS 模型精度高，但 RFR 模型有轻微的过拟合现象。

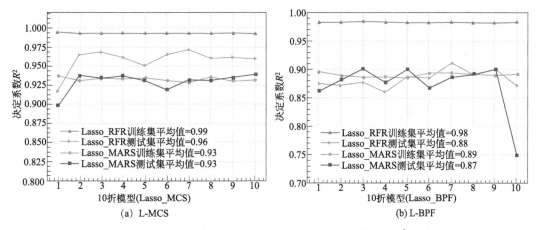

(a) L-MCS　　　　　　　　　　　(b) L-BPF

图 11.6　MARS 和 RFR 模型在 10 折交叉验证下的R^2
变化曲线（L1 正则化后）

RFR 和 MARS 模型性能指标对比　　　　　　　　　　表 11.3

性能指标		R^2 均值		RMSE 均值		b 均值	
模式		训练集	测试集	训练集	测试集	训练集	测试集
RFR	MCS	0.99	0.96	3.32	8.61	1.00	1.00
	L-MCS	0.99	0.96	3.85	9.16	1.00	1.00
	BPF	0.98	0.88	7.76	20.77	0.99	0.99
	L-BPF	0.98	0.88	7.81	20.65	0.99	0.99
MARS	MCS	0.94	0.93	11.24	11.52	1.00	1.00
	L-MCS	0.93	0.93	11.63	11.93	1.00	1.00
	BPF	0.90	0.87	20.16	21.49	1.13	1.04
	L-BPF	0.89	0.87	20.04	21.45	1.11	1.05

图 11.7 显示了 MARS 模型和 RFR 模型分别在 MCS 和 BPF 上的运行时间（L-MCS 和 L-BPF 分别代表 L1 正则化后的相应 MCS 和 BPF）。很明显，RFR 模型的收敛速度比 MARS 快了近 10 倍，这表明 RFR 模型的运行效率相比 MARS 有巨大的优势。同时，可以注意到两个模型的运行时间在 L1 正则化后都有所缩短，说明去除冗余特征后，模型的学习效率有所提高。

11.4.3　模型的可解释性

从 10 折交叉验证中选择性能相对较好的模型作为最终模型，即对应于 L-MCS 和 L-BPF 的 $K=3$ 模型。L-MCS 和 L-BPF 的 RFR 和 MARS 模型的性能可以通过比较预测结果和实测结果来评估。图 11.8 和图 11.9 说明了 L-MCS 和 L-BPF 的 RFR 和 MARS 模型

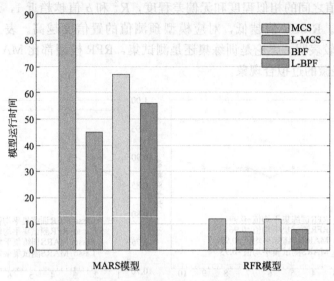

图 11.7　MARS 模型和 RFR 模型的运行时间

的预测结果，两种方法都获得了较高的 R^2，而且训练集和测试集的表现没有明显差异，说明该模型没有过拟合或欠拟合，是一个具有较强泛化能力的模型。此外，L-MCS 的训练值和测试值比 L-BPF 更接近参考线，说明 L-MCS 比 L-BPF 更适合本项目。原因可以从 MCS 和 BPF 的频率分布直方图中看出（图 11.2）。L-MCS 显示出正态分布，而 L-BPF 表现出正偏态分布，峰值在左，尾部在右。这导致模型偏向于学习数值较小区域的信息（高频部分），从图 11.9 可以看出，在拟合的后半部分出现的点会出现在参考线以下。总得来说，可以看到 RFR 的点更接近参考线，这意味着 RFR 模型比 MARS 模型更适合。然而，与 RFR 的黑箱模型相比，MARS 的优势在于输出表达式的能力。表 11.4 和表 11.5 列出了 L-MCS 和 L-BPF 的 BF 和它们相应的系数（都可以合并成一个公式）。这表明 MARS 能够捕捉到非线性的复杂关系，而不需要对输入变量和模型结果之间的相关性做出任何具体的假设。

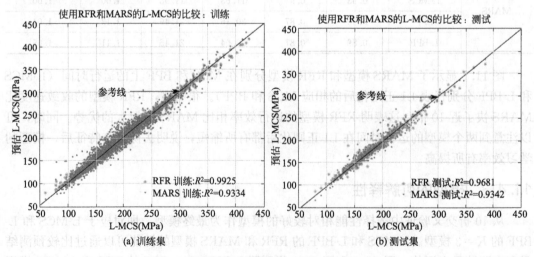

图 11.8　使用 RFR 和 MARS 的 L-MCS 对比

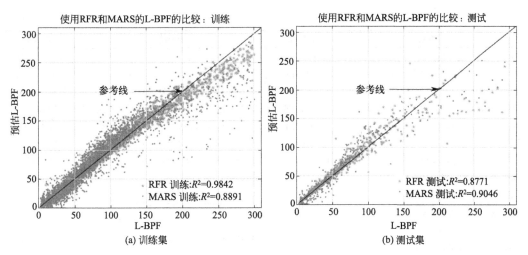

图 11.9 使用 RFR 和 MARS 的 L-BPF 对比

L-MCS 的 MARS 公式 表 11.4

基函数	系数 β_n	基函数	系数 β_n
Intercept	514.27	$BF15=\max(x_7,27.4307)\times x_7$	0.464499
$BF1=\max(2649.67,x_{16})$	0.0276822	$BF16=\max(27.4307,x_7)\times x_7$	1.13067
$BF2=\max(x_{17},2.78269)$	1543.28	$BF17=x_7\times\max(2649.67,x_{16})\times x_7$	0.000422236
$BF3=x_9$	577.632	$BF18=x_1\times\max(27.4307,x_7)\times x_7$	0.020658
$BF4=x_1$	3.31742	$BF19=x_6\times x_7$	0.195321
$BF5=x_7$	2.59535	$BF20=x_6\times x_7\times\max(2649.67,x_{16})\times x_7$	6.68625E06
$BF6=\max(x_{16},2649.67)\times x_7$	0.0254694	$BF21=x_{17}\times x_6\times x_7$	0.0906395
$BF7=\max(2649.67,x_{16})\times x_7$	0.00528345	$BF22=x_1\times\max(2.85279,x_{17})\times x_1$	0.0962414
$BF8=x_6\times\max(2649.67,x_{16})$	0.0126958	$BF23=x_{16}\times x_1\times\max(27.4307,x_7)\times x_7$	6.87454E06
$BF9=x_6\times x_6\times\max(2649.67,x_{16})$	0.00061641	$BF24=x_{12}\times\max(x_{17},2.78269)$	891755
$BF10=x_6\times x_6\times x_6\times\max(2649.67,x_{16})$	1.03555E05	$BF25=\max(x_{17},2.78269)\times x_9$	2649.73
$BF11=x_4\times\max(2649.67,x_{16})\times x_7$	0.00020845	$BF26=\max(2.78269,x_{17})\times x_9$	220.59
$BF12=x_9\times\max(2649.67,x_{16})\times x_7$	0.0214921	$BF27=x_9\times x_{17}\times x_6\times x_7$	0.517587
$BF13=\max(x_{17},1.39592)\times x_1$	1.30299	$BF28=x_{17}\times\max(2.78269,x_{17})\times x_9$	31.3076
$BF14=x_6$	5.82854		
结果表达式		$y=\beta_0+\sum\beta_n BF(x)$	

L-BPF 的 MARS 公式 表 11.5

基函数	系数 β_n	基函数	系数 β_n
Intercept	32.2834	$BF4=\max(x_{16},2649.67)\times x_{16}$	7.93767E05
$BF1=x_{16}$	0.244562	$BF5=\max(2649.67,x_{16})\times x_{16}$	0.000174483
$BF2=\max(x_{17},1.44163)\times x_{16}$	0.138415	$BF6=x_6\times x_1\times x_{16}$	0.000184206
$BF3=x_1\times x_{16}$	0.0069405	$BF7=x_{13}\times x_{16}$	0.122813

基函数	系数 β_n	基函数	系数 β_n
BF8＝$x_{15} \times x_{13} \times x_{16}$	0.00156996	BF22＝$x_{15} \times x_{16}$	0.00116568
BF9＝$x_4 \times \max(2649.67, x_{16}) \times x_{16}$	3.74498E06	BF23＝$\max(90, x_{11}) \times x_{13} \times x_{16}$	0.00137562
BF10＝$x_9 \times x_1 \times x_{16}$	0.00621906	BF24＝$x_{11} \times \max(2649.67, x_{16}) \times x_{16}$	1.6751E06
BF11＝$x_{15} \times \max(2649.67, x_{16}) \times x_{16}$	3.87049E07	BF25＝$x_{17} \times \max(2649.67, x_{16}) \times x_{16}$	7.81668E05
BF12＝$x_{15} \times \max(x_{17}, 1.44163) \times x_{16}$	0.000321484	BF26＝$x_{16} \times \max(2649.67, x_{16}) \times x_{16}$	4.1824E08
BF13＝$x_{13} \times x_1 \times x_{16}$	0.0159275	BF27＝$\max(x_{17}, 3.01128) \times x_{13} \times x_{16}$	0.267835
BF14＝$\max(x_{17}, 2.78878)$	156.091	BF28＝$\max(3.01128, x_{17}) \times x_{13} \times x_{16}$	0.0643984
BF15＝$\max(2.78878, x_{17})$	12.1516	BF29＝$x_{11} \times x_{16}$	0.00621603
BF16＝$\max(x_{17}, 2.78878) \times \max(x_{17}, 1.44163) \times x_{16}$	0.128467	BF30＝$\max(2.78878, x_{17}) \times x_1 \times x_{16}$	0.00273209
BF17＝$\max(2.78878, x_{17}) \times \max(x_{17}, 1.44163) \times x_{16}$	0.0450892	BF31＝$x_9 \times x_{11} \times x_{16}$	0.0151105
BF18＝$x_{16} \times x_{13} \times x_{16}$	0.00010771	BF32＝x_{11}	2.09842
BF19＝$x_{15} \times x_1 \times x_{16}$	7.1491E05	BF33＝$x_9 \times x_{11}$	8.88844
BF20＝$x_{16} \times x_1 \times x_{16}$	4.7888E06	BF34＝$x_6 \times x_{15} \times x_{16}$	1.16848E05
BF21＝$x_1 \times x_1 \times x_{16}$	0.000248372		
结果表达式		$y = \beta_0 + \sum \beta_n BF(\mathbf{x})$	

11.4.4 特征重要性分析

MARS 模型和 RFR 模型都可以计算特征重要性，它们的分析结果在本质特征上是一致的。这里使用 RFR 模型的 feature_importance 接口，用来输出每个特征的重要性（它们的总和等于 1）。图 11.10 给出了显示桩的可贯入性模型的输入变量的特征重要性。可以看出，L-MCS 和 L-BPF 主要受桩极限承载力（x_{16}）的影响，其次是冲程（x_{17}），桩帽

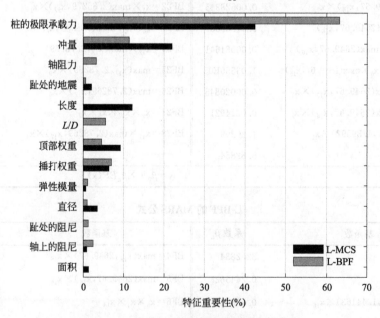

图 11.10 通过 RFR 进行的特征重要性分析

重量（x_6）和桩锤重量（x_1）等。这一结果也可以在图 11.2 中得到验证。从相关系数矩阵热图来看，x_{16} 与 MCS 和 BPF 的相关系数分别为 0.63 和 0.75，是所有特征变量中与标签变量相关系数最高的一个。

11.5　讨论

RFR 和 MARS 方法在预测打桩性能方面的应用需要在未来的研究中进一步探索。（1）在实际工程中多采用群桩而非单桩，然而本研究没有考虑邻近桩之间的相互作用（群桩效应）；（2）实际打桩过程需要遵循相应的规范标准，以满足每个桥梁基础的承载力要求。实际工程采用一个基于波浪方程的计算程序来生成每个项目的打桩标准。尽管与GRLWEAP 结果的对比肯定会增加本研究的价值，但相关的程序软件对于打桩分析是相当专业的。因此，本研究主要基于该项目来说明几种机器学习算法在理想情况下的效果，而并非详细探讨这些问题的潜在机制；（3）与其他机器学习方法类似，随机森林模型的主要缺点是产生的树状结构往往对数据集的适用性比较敏感。由于其黑箱特性，对输出和输入之间复杂关系的解释是比较困难的，而且经常出现过拟合的情况。有必要对该方法进一步改进。此外，从贝叶斯的角度重新分析这个数据库是很有意义的[38-40]。

11.6　小结

本章提出了随机森林回归（RFR）和多元自适应回归样条（MARS）模型在交叉验证法和 Lasso 正则化基础上对桩可贯入性的预测方法。采用的数据集包含 4072 个桩基，共有 17 个特征输入变量，以预测桩基的最大压应力和每英尺打击次数为模型输出结果，主要结论如下。

（1）采用 10 折交叉验证策略检验 RFR 和 MARS 模型对桩可贯入性的预测性能。它可以更好地评估模型在完整数据集中的整体表现，从而获得具有更强泛化能力和可解释性的模型。

（2）通过 Lasso 正则化，x_i－MSC 中的 7 个特征变量和 x_i－BDF 中的 6 个特征变量被移除。通过 Lasso 正则化去除的那些冗余特征对模型的影响较小，该方法可以提高学习效率，减少原始数据信息的需求量，降低学习结果的复杂性，使人们更好地理解基本过程。

（3）本研究从拟合度、运行时间和可解释性这三个方面系统地比较了 RFR 和 MARS模型。拟合性能方面，RFR 模型的表现略好于 MARS 模型；运行时间方面，RFR 模型具有明显的优势，比 MARS 模型快近 10 倍；可解释性方面，MARS 模型比 RFR 模型强，因为它可以输出拟合公式。RFR 模型是一个典型的黑箱模型，缺乏可解释性。但基于有限数据的拟合表达式可能缺乏鲁棒性，所以应该接受更精确和有效的黑箱模型，而不是通用表达式。值得注意的是，只要有新的试验数据，就可以很方便地通过本文提出的方法得到一个新的用于预测桩的可贯入性的模型。

参考文献

[1] Phoon K K, Tang C. Effect of extrapolation on interpreted capacity and model statistics of steel H-piles [J]. Georisk: Assessment and Management of Risk for Engineered Systems and Geohazards, 2019, 13 (4): 291-302.

[2] Smith E A L. Pile-driving analysis by the wave equation [J]. Journal of the soil mechanics and foundations division, 1960, 86 (4): 35-61.

[3] Lee S L, Chow Y K, Karunaratne G P, et al. Rational wave equation model for pile-driving analysis [J]. Journal of Geotechnical Engineering, 1988, 114 (3): 306-325.

[4] Zhang W, Goh A T C. Multivariate adaptive regression splines and neural network models for prediction of pile drivability [J]. Geoscience Frontiers, 2014, 30: 1e8.

[5] Ching J, Phoon K K. Constructing site-specific multivariate probability distribution model using Bayesian machine learning [J]. Journal of Engineering Mechanics, 2019, 145 (1): 04018126.

[6] Goh A T C. Empirical design in geotechnics using neural networks [J]. Geotechnique, 1995, 45 (4): 709-714.

[7] Jeon J K, Rahman M S. Fuzzy neural network models for geotechnical problems [J]. 2008.

[8] Zhou Y, Li S, Zhou C, et al. Intelligent approach based on random forest for safety risk prediction of deep foundation pit in subway stations [J]. Journal of Computing in Civil Engineering, 2019, 33 (1): 05018004.

[9] Zhang W G, Goh A T C. Multivariate adaptive regression splines for analysis of geotechnical engineering systems [J]. Computers and Geotechnics, 2013, 48: 82-95.

[10] Hu J L, Tang X W, Qiu J N. A Bayesian network approach for predicting seismic liquefaction based on interpretive structural modeling [J]. Georisk: Assessment and Management of Risk for Engineered Systems and Geohazards, 2015, 9 (3): 200-217.

[11] Martens D, De Backer M, Haesen R, et al. Classification with ant colony optimization [J]. IEEE Transactions on Evolutionary Computation, 2007, 11 (5): 651-665.

[12] Attoh-Okine N O, Cooger K, Mensah S. Multivariate adaptive regression (MARS) and hinged hyperplanes (HHP) for doweled pavement performance modeling [J]. Construction and Building Materials, 2009, 23 (9): 3020-3023.

[13] Lashkari A. Prediction of the shaft resistance of nondisplacement piles in sand [J]. International Journal for numerical and analytical methods in geomechanics, 2013, 37 (8): 904-931.

[14] Mirzahosseini M R, Aghaeifar A, Alavi A H, et al. Permanent deformation analysis of asphalt mixtures using soft computing techniques [J]. Expert Systems with Applications, 2011, 38 (5): 6081-6100.

[15] Samui P, Das S, Kim D. Uplift capacity of suction caisson in clay using multivariate adaptive regression spline [J]. Ocean Engineering, 2011, 38 (17-18): 2123-2127.

[16] Goh A T C, Zhang W G. An improvement to MLR model for predicting liquefaction-induced lateral spread using multivariate adaptive regression splines [J]. Engineering geology, 2014, 170: 1-10.

[17] Rodriguez-Galiano V, Mendes M P, Garcia-Soldado M J, et al. Predictive modeling of groundwater nitrate pollution using Random Forest and multisource variables related to intrinsic and specific vulnerability: A case study in an agricultural setting (Southern Spain) [J]. Science of the Total Environment, 2014, 476: 189-206.

[18] Zhou Jian，Li Xibing，Mitri Hani S. Classification of rockburst in underground projects：comparison of ten supervised learning methods [J]. Journal of Computing in Civil Engineering，2016，30 (5)：04016003.

[19] Tao H，Jingcheng W，Langwen Z. Prediction of hard rock TBM penetration rate using random forests [C] //The 27th Chinese Control and Decision Conference (2015 CCDC). IEEE，2015：3716-3720.

[20] Zhou J，Shi X，Du K，et al. Development of ground movements due to a shield tunnelling prediction model using random forests [M] //Geo-China 2016. 2016：108-115.

[21] Breiman L. Random forests [J]. Machine learning，2001，45 (1)：5-32.

[22] Kuhn M，Johnson K. Applied predictive modeling [M]. New York：Springer，2013.

[23] Breiman L. Bagging predictors [J]. Machine learning，1996，24 (2)：123-140.

[24] Breiman L. Using iterated bagging to debias regressions [J]. Machine Learning，2001，45 (3)：261-277.

[25] Gislason P O，Benediktsson J A，Sveinsson J R. Random forests for land cover classification [J]. Pattern recognition letters，2006，27 (4)：294-300.

[26] Pal M. Random forest classifier for remote sensing classification [J]. International journal of remote sensing，2005，26 (1)：217-222.

[27] Rodriguez-Galiano V，Sanchez-Castillo M，Chica-Olmo M，et al. Machine learning predictive models for mineral prospectivity：An evaluation of neural networks，random forest，regression trees and support vector machines [J]. Ore Geology Reviews，2015，71：804-818.

[28] Friedman J H. Multivariate adaptive regression splines [J]. The annals of statistics，1991，19 (1)：1-67.

[29] Rudy J. py-earth：a Python implementation of Jerome Friedman's multivariate adaptive regression splines [J]. 2016.

[30] Jekabsons G. ARESLab：Adaptive regression splines toolbox for Matlab/Octave (ver. 1. 10. 3) [J]. Institute of Applied Computer Systems Riga Technical University，Latvia. 2016.

[31] Milborrow S，Hastie T，Tibshirani R. Earth：multivariate adaptive regression spline models [J]. R package version，2014，3 (7).

[32] Tibshirani R. Regression shrinkage and selection via the lasso [J]. Journal of the Royal Statistical Society：Series B (Methodological)，1996，58 (1)：267-288.

[33] Ching J，Phoon K K. Correlations among some clay parameters—the multivariate distribution [J]. Canadian Geotechnical Journal，2014，51 (6)：686-704.

[34] D'Ignazio M，Phoon K K，Tan S A，et al. Correlations for undrained shear strength of Finnish soft clays [J]. Canadian Geotechnical Journal，2016，53 (10)：1628-1645.

[35] Phoon K K，Tang C. Characterisation of geotechnical model uncertainty [J]. Georisk：Assessment and Management of Risk for Engineered Systems and Geohazards，2019，13 (2)：101-130.

[36] Geisser S，Eddy W F. A predictive approach to model selection [J]. Journal of the American Statistical Association，1979，74 (365)：153-160.

[37] Jefferys W H，Berger J O. Ockham's razor and Bayesian analysis [J]. American scientist，1992，80 (1)：64-72.

[38] Cao Z，Wang Y. Bayesian model comparison and characterization of undrained shear strength [J]. Journal of Geotechnical and Geoenvironmental Engineering，2014，140 (6)：04014018.

[39] Wang Y，Akeju O V，Cao Z. Bayesian Equivalent Sample Toolkit (BEST)：an Excel VBA pro-

gram for probabilistic characterisation of geotechnical properties from limited observation data [J]. Georisk: Assessment and Management of Risk for Engineered Systems and Geohazards, 2016, 10 (4): 251-268.

[40] Wang L, Zhang W, Chen F. Bayesian approach for predicting soil-water characteristic curve from particle-size distribution data [J]. Energies, 2019, 12 (15): 2992.

第12章

基于极限梯度提升和随机森林回归的各向异性黏土开挖支撑基底隆起稳定性评估

建造城市地下商场、地铁车站和高层建筑地下室需要进行深支护基坑开挖，通常采用挡土墙系统保持开挖的稳定性。对于软黏土中的深基坑，考虑到软黏土的低强度和高地下水位，通常需要使用支护系统。开挖和支护系统的稳定性是设计者关注的核心问题之一，尤其是基底隆起稳定性。传统的隆起稳定性评估方法没有考虑挡土墙的刚度、基坑底部以下墙体的穿透深度、软黏土的各向异性等因素的影响。近年来，基于现场实测和有限元（Finite Element，FE）分析，已经开展了许多软黏土中基坑开挖基底隆起稳定性方面的研究[1-12]。

然而，大多数基底隆起稳定性分析使用极限平衡法，均假设土体为各向同性材料。软黏土通常在强度和刚度方面具有各向异性，土体受剪时随着主应力方向的变换，土体抗剪强度和刚度随之发生变化。许多专家学者已经研究了这种各向异性行为。文献［13-15］考虑土体强度和刚度的非线性和各向异性，研究了安全系数（Factor of Safety，FS）对软黏土中不排水开挖的支撑荷载、弯矩和位移的影响。文献［16-22］的研究指出了土体各向异性对岩土工程问题的重要性。然而，目前的研究尚未系统地分析黏土各向异性特性对支护开挖基底隆起的影响规律。

近年来，软计算和机器学习越来越多地用于岩土工程[23]。例如，Kim 等[24] 提出了基于神经网络的隧道开挖导致的地表沉降预测方法。Kung 等[25] 提出了一种神经网络方法，用于预测黏土地层开挖引起的连续墙挠度。Pourtaghi 和 Lotfollahiyaghin[26] 将 WaveNet 与人工神经网络进行了比较，并用于预测隧道造成的最大地表沉降。Shi 等[27] 提出了一种基于支持向量机（SVM）的深基坑变形预测方法。多元自适应回归样条方法

（MARS）在岩土工程中也得到了广泛的应用和发展，如文献［11，28-31］提出了基于MARS 的黏土地层基坑开挖地层和墙体参数反分析方法。Goh 等[32] 提出了基于 MARS方法的土压平衡隧道引起的最大地表沉降预测方法。Zhang 等[33] 采用 MARS 来确定黏土中支撑开挖的墙体水平挠度包络线。

本研究采用的极端梯度提升（XGBoost）和随机森林回归（RFR）集合学习方法最近分别由 Chen 和 Guestrin[34]、Cutler 等[35] 提出。目前还没有使用 XGBoost 和 RFR 方法对深基坑开挖的基底稳定性进行评估的研究。

本研究中，为了模拟海相黏土不排水抗剪强度的各向异性，采用基于总应力的各向异性模型 NGI-ADP[17] 模拟软黏土。主要参数包括考虑平面应变被动抗剪强度与平面应变主动抗剪强度的比值 s_u^P/s_u^A、卸载/重新加载剪切模量与平面应变主动抗剪强度的比值 G_{ur}/s_u^A、平面应变主动抗剪强度 s_u^A、重度 γ，基坑宽度 B、壁厚 b 和穿墙深度 D。根据 1778 个假设案例的数值结果，采用集成学习方法（XGBoost 和 RFR）同时考虑了上述 7个关键参数估计 FS。结果表明，XGBoost 和 RFR 均能准确预测各向异性黏土中支撑开挖安全系数（FS）对基底隆起的影响。

12.1　NGI-ADP 土体模型

NGI-ADP 模型是一个可描述黏土各向异性剪切强度的模型，由挪威岩土所（NGI）基于 ADP 概念提出，目前已内置在有限元商业软件 Plaxis 中[17]。

NGI-ADP 模型的主要土体参数为 G_{ur}/s_u^A（卸载/再加载剪切模量与平面应变主动剪切强度之比）、γ_f^C（三轴压缩破坏时的剪切应变）、γ_f^E（三轴拉伸破坏时的剪切应变）和 γ_f^{DSS}（直接剪切下破坏时的剪切应变）。土体强度包括 $s_{u,ref}^A$（参考平面应变主动抗剪强度）、$s_u^{C,TX}/s_u^A$（三轴抗压抗剪强度与平面应变主动抗剪强度的比值）、y_{ref}（参考深度），$s_{u,inc}$（随着深度增加剪切强度增加率）、s_u^P/s_u^A（平面应变被动剪切强度与平面应变主动剪切强度的比值）、τ_0/s_u^A（初始比值）、s_u^{DSS}/s_u^A（直接简单剪切强度与平面应变有效剪切强度的比值）和泊松比 ν_u。更详细的内容可参考文献［36］。

12.2　有限元分析

12.2.1　数值模拟方案

使用 Plaxis 建立平面应变条件有限元模型，土体分软黏土层和硬黏土层两层，单元由 15 节点的三角形单元模拟。连续墙假定为线弹性材料，由 5 节点梁单元模拟，4 级支撑由 3 节点条形单元模拟。垂直边界上约束水平位移，底部边界同时约束水平和垂直约束。

图 12.1 显示了开挖系统的横截面示意图。在本研究中，$s_u^{C,TX}/s_u^A$ 被设定为 0.99，τ_0/s_u^A被设定为默认值 0.7，接触界面系数 R_{inter} 设为 1.0。y_{ref} 设为 60m（地表对应于 $y=60$m）。支撑的深度分别为原地表下 1m、3m、5m、7m 处，水平支撑间距（$L_{spacing}$）为 4m，每米支

撑刚度为常数（$EA=6.1\times10^5\,\mathrm{kN/m}$），连续墙的弹性模量为 $E_{\mathrm{conc}}=2.8\times10^7\,\mathrm{kPa}$。

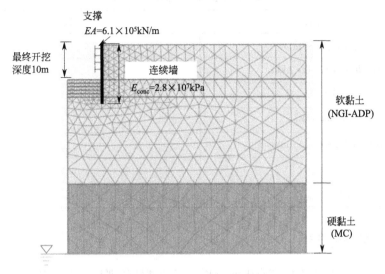

图 12.1　有限元模型网格

分别使用摩尔-库仑模型和 NGI-ADP 模型模拟硬黏土和软黏土，重点针对开挖过程中基底隆起安全系数进行参数分析，表 12.1 和表 12.2 分别列出了软黏土和硬黏土的土体参数。由于本研究中抗剪强度与深度之比 $s_{\mathrm{u,inc}}$ 为 0，所以 $s_{\mathrm{u,ref}}^{\mathrm{A}}=s_{\mathrm{u}}^{\mathrm{A}}$，下文采用 $s_{\mathrm{u}}^{\mathrm{A}}$。根据参数组合，分析了 1778 个假设案例。

软黏土 NGI-ADP 模型参数（固结不排水）　　　　　　　　　表 12.1

参数和单位	数值
三轴抗压抗剪强度与主动抗剪强度之比 $s_{\mathrm{u}}^{\mathrm{C,TX}}/s_{\mathrm{u}}^{\mathrm{A}}$	0.99
三轴压缩破坏时的剪切应变 $\gamma_{\mathrm{f}}^{\mathrm{C}}(\%)$	0.75
三轴拉伸破坏时的剪切应变 $\gamma_{\mathrm{f}}^{\mathrm{E}}(\%)$	3.5
在直接简单剪切下破坏时的剪切应变 $\gamma_{\mathrm{f}}^{\mathrm{DSS}}(\%)$	1.735
界面比 R_{inter}	1.0
直接简单抗剪强度与主动抗剪强度之比 $s_{\mathrm{u}}^{\mathrm{DSS}}/s_{\mathrm{u}}^{\mathrm{A}}$	$(1+s_{\mathrm{u}}^{\mathrm{P}}/s_{\mathrm{u}}^{\mathrm{A}})/2$
初始比例 $\tau_0/s_{\mathrm{u}}^{\mathrm{A}}$	0.7
泊松比 ν_{u}	0.495
参考深度 $y_{\mathrm{ref}}(\mathrm{m})$	60
抗剪强度与深度之比 $s_{\mathrm{u,inc}}(\mathrm{kPa/m})$	0
土壤重度 $\gamma(\mathrm{kN/m^3})$	15,16,18
平面应变被动抗剪强度与平面应变主动抗剪强度之比 $s_{\mathrm{u}}^{\mathrm{P}}/s_{\mathrm{u}}^{\mathrm{A}}$	0.4,0.5,0.6,0.8,1.0
参考平面应变主动剪切强度 $s_{\mathrm{u,ref}}^{\mathrm{A}}(\mathrm{kPa})$	40,50,60
卸载/再加载剪切模量与平面应变主动剪切强度之比 $G_{\mathrm{ur}}/s_{\mathrm{u}}^{\mathrm{A}}$	300,600,900
墙厚 $b(\mathrm{m})$	0.2,0.45,0.6,0.8,1.2
开挖宽度 $B(\mathrm{m})$	20,30
墙体贯入深度 $D(\mathrm{m})$	3,5,10

硬黏土的模型参数（固结不排水） 表 12.2

参数和单位	数值
土壤重量 γ (kN/m³)	16
土的不排水抗剪强度 c_u (kPa)	100
土模量比 E/c_u	300
摩擦角 φ_u (°)	0
初始固结比 $K_0 = 1 - \sin\varphi$	1.0
泊松比 ν_u	0.495
界面比 R_{inter}	1.0

12.2.2 结果与分析

本节开展了大量的平面应变有限元分析，正如预期的那样，安全系数（FS）与 s_u^P/s_u^A 成正比，如图 12.2～图 12.7 所示。对于不同组合的 EI、D、B、s_u、G_{ur}/s_u^A 和 γ，FS 随着 s_u^P/s_u^A 的增加而近似线性增加。因此，理想的各向同性模型，即 $s_u^P/s_u^A = 1.0$，通常会高估安全系数。因此，s_u^P/s_u^A 是影响基坑开挖抵抗基底隆起破坏的一个关键因素，设计人员应适当考虑黏土的各向异性特性。

如图 12.2～图 12.4 所示，在各向异性的黏土中，墙体厚度 b、墙体穿透深度 D 和开挖宽度 B 对抗基底隆起 FS 影响不大。其中图 12.2 显示了不同墙体厚度的影响，EI 值分别为 5.0×10^5 kN·m²、1.2×10^6 kN·m²、4.0×10^6 kN·m²，分别对应墙体厚度 0.6m，0.8m 和 1.2m。当 EI 大于 1.2×10^6 kN·m² 时，地下连续墙刚度对 FS 抗基底倾覆的影响相对不大。图 12.3 展示了 D 对 FS 的影响，除了 $s_u^P/s_u^A = 1$、$D = 10$ 的情况，穿透深度对基底稳定性的影响并不明显。

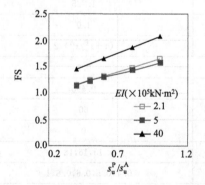

图 12.2　连续墙的不同 EI 值下对 FS 的影响

$B = 20$m，$b = 1.2$m，$D = 5$m，$\gamma = 16$kN/m³，$s_u^A = 40$kPa，$G_{ur}/s_u^A = 600$。

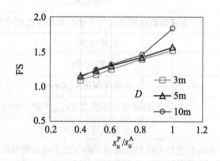

图 12.3　D 对 FS 的影响

$B = 20$m；$b = 0.2$m；$EI = 1.9 \times 10^4$kN·m²；$\gamma = 16$kN/m³；$s_u^A = 40$kPa；$G_{ur}/s_u^A = 600$。

如图 12.5～图 12.7 所示，平面应变主动抗剪强度 s_u^A、卸载/重载剪切模量与平面应变主动抗剪强度之比 G_{ur}/s_u^A 以及土体重量 γ 对 FS 有显著影响。如图 12.5 所示，同一

s_u^P / s_u^A 下，s_u^A 的增加引起 FS 显著增大。如图 12.6 所示，FS 随着 G_{ur}/s_u^A 的增加而减小，这表明 G_{ur}/s_u^A 对 FS 的影响很大，特别是在 $s_u^P / s_u^A > 0.6$ 的情况下。图 12.7 显示了 γ 对 FS 的影响，显然，FS 随着 γ 的增加而减小。

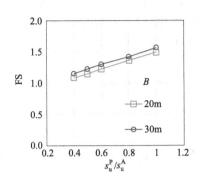

图 12.4　B 对 FS 的影响

$b = 0.2\text{m}$，$EI_{wall} = 1.9 \times 10^4 \text{kN} \cdot \text{m}^2$，$D = 5\text{m}$，

$\gamma = 16\text{kN/m}^3$，$s_u^A = 40\text{kPa}$，$G_{ur}/s_u^A = 600$。

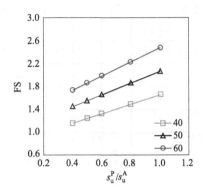

图 12.5　s_u^A 对 FS 的影响

$B = 20\text{m}$，$b = 0.6\text{m}$，$EI_{wall} = 5.0 \times 10^5 \text{kN} \cdot \text{m}^2$，

$D = 3\text{m}$，$\gamma = 15\text{kN/m}^3$，$G_{ur}/s_u^A = 300$。

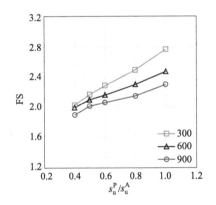
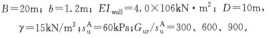

图 12.6　G_{ur}/s_u^A 对 FS 的影响

$B = 20\text{m}$；$b = 1.2\text{m}$；$EI_{wall} = 4.0 \times 10^6 \text{kN} \cdot \text{m}^2$；$D = 10\text{m}$，

$\gamma = 15\text{kN/m}^3$；$s_u^A = 60\text{kPa}$；$G_{ur}/s_u^A = 300$、600、900。

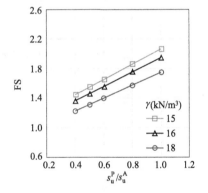

图 12.7　γ 对 FS 的影响

$B = 20\text{m}$；$b = 0.6\text{m}$；$EI_{wall} = 5.0 \times 10^5 \text{kN/m}^2$；$D = 3\text{m}$；

$\gamma = 15$，16，18kN/m^3；$s_u^A = 50\text{kPa}$；$G_{ur}/s_u^A = 300$。

12.3　安全系数估计模型

本节利用 XGBoost 和 RFR 基于 1778 个假设案例建立 FS 预测模型，以 FS 为输出，s_u^P / s_u^A、G_{ur}/s_u^A、s_u^A、γ、B、b 和 D 为输入。为了避免数据选择上的偏差，在模型评估过程中，本研究对两种方法都采用了五折交叉验证法。通过决定系数 R^2 评估 XGBoost 和 RFR 模型预测的准确性。训练过程在一台配备英特尔酷睿 i5 处理器、内存 8GB 的个人电脑上进行，每种方法的计算时间约 1s，两种算法之间的效率差异很小。

12.3.1 XGBoost 和建模结果

XGBoost 由 Chen 和 Guestrin 提出[34]，它通过整合决策树来提高模型预测的准确性。在样本分配方面，数据集一般被分为训练集和测试集，比例为 7：3、8：2 或 7.5：2.5。XGBoost 的过程包括：（1）训练一个初始树；（2）构建与初始树相结合的第二个树；（3）重复第二步，直到达到预期的树的数量。更详细的介绍可参考文献 [49-50]。

为了逼近目标，XGBoost 采用泰勒展开：

$$f(x+\Delta x) \approx f(x) + f'(x)\Delta x + f''(x)\Delta x^2 \tag{12.1}$$

其中 x 表示原始模型，Δx 表示新添加的模型。

目标函数可表示为：

$$\text{Obj}^{(t)} \simeq \sum_{i=1}^{n}\left[l(y_i, \hat{y}^{(t-1)}) + g_i f_t(x_i) + \frac{1}{2}h_i f_t^2(x_i)\right] + \Omega(f_t) + 常数 \tag{12.2}$$

其中 $g_i = \partial_{\hat{y}^{(t-1)}} l(y_i, \hat{y}^{(t-1)})$ 和 $h_i = \partial^2_{\hat{y}^{(t-1)}} l(y_i, \hat{y}^{(t-1)})$ 分别为一阶和二阶梯度统计损失函数。

本研究中，XGBoost 模型对安全系数 FS 训练和测试结果与有限元模型计算结果一致，分别如图 12.8 和图 12.9 所示。

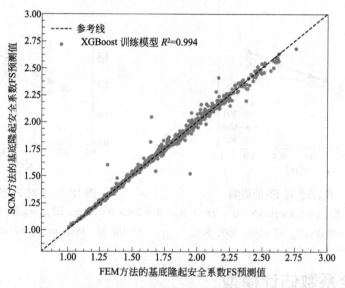

图 12.8　FS 的 FEM 训练结果与 XGBoost 结果比较

图 12.10 显示了 XGBoost 的敏感性分析结果，特征的重要性与有限元方法的结果一致。各向异性参数 s_u^P/s_u^A 和 $s_{u,\text{ref}}^A$ 对 FS 的影响很大。相比之下，γ 和 D 的重要性相对较低，而 b、B 和 G_{ur}/s_u^A 的影响可以忽略不计。

12.3.2 RFR 和建模结果

RFR 是指使用多棵树来训练和预测样本的回归。它是由 Breiman[37] 提出的 RF 分类器发展而来的，然后由 Cutler 等[35] 进一步发展完善。该模型以无需特征过滤即可处理

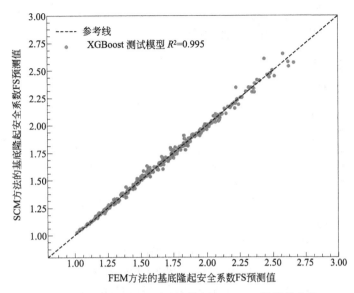

图 12.9　FS 的 FEM 测试结果与 XGBoost 结果的比较

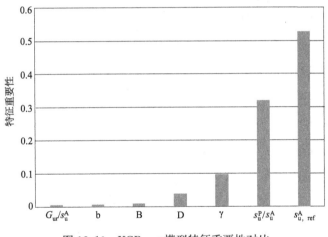

图 12.10　XGBoost 模型特征重要性对比

高维数据的能力、分布式处理的简单性和高效率而闻名。它通过随机抽取训练一组决策树，即分类和回归树。RFR 使用两次随机提取用于训练样本和变量。由于决策树仅使用部分变量和样本进行训练，单个树的准确率可能较低，但一组决策树可以达到较高的准确率。RF 的 "large-margin-like" 边界比较平滑，类似于 SVM 的边界，噪声干扰小，鲁棒性好。

本研究中，抗基底隆起稳定性 FS 的 RFR 模拟结果与 FE 结果非常吻合，如图 12.11 和图 12.12 所示。RFR 模型的测试结果对于较大的 FS 值表现出轻微的异方差性，表明具有稀疏数据的 RFR 模型的性能略有下降，但整体预测结果合理。

表 12.3 比较了 XGBoost 和 RFR 模型的性能指标。训练和测试的 R^2 和偏差值都趋于 1.0，均方根误差（RMSE）和平均绝对百分比误差（MAPE）都接近于 0，说明这两种机器学习模型的准确性较高。

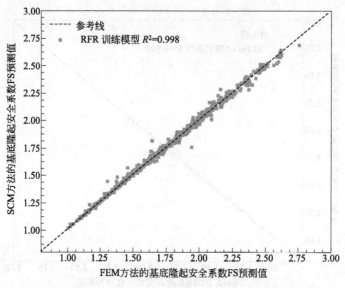

图 12.11　FS 的 FEM 训练结果和 RFR 结果的比较

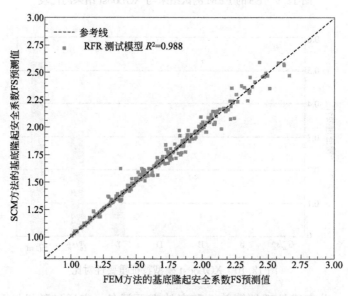

图 12.12　FS 的 FEM 测试结果和 RFR 结果的比较

XGBoost 和 RFR 模型的性能指标			表 12.3
R^2	训练	XGBoost	0.994
		RFR	0.998
	测试	XGBoost	0.995
		RFR	0.988
RMSE	训练	XGBoost	0.028
		RFR	0.017
	测试	XGBoost	0.024
		RFR	0.040

续表

Bias	训练	XGBoost	1.000
		RFR	1.000
	测试	XGBoost	0.999
		RFR	0.999
MAPE	训练	XGBoost	0.008
		RFR	0.005
	测试	XGBoost	0.009
		RFR	0.013

12.4　小结

本章有限元模拟采用 NGI-ADP 模拟软黏土的各向异性特性，进而分析基坑开挖时的基底隆起稳定性，评估了 7 个关键参数对隆起稳定性安全系数（FS）的影响。平面应变被动剪切强度与平面应变主动剪切强度之比 s_u^P/s_u^A，卸载/再加载剪切模量与平面应变主动剪切强度之比 G_{ur}/s_u^A，平面应变主动剪切强度 s_u^A 和土体重度 γ 显著影响 FS；而开挖宽度 B、壁厚 b 和地连墙穿透深度 D 对 FS 影响较小。总体而言，土体各向异性特性对 FS 的影响是不可忽视的。

根据 1778 个模拟结果，开发了 XGBoost 和 RFR 模型用于抗基地隆起稳定性 FS。结果表明，XGBoost 和 RFR 模型均具有较高的预测精度。实际上，决定机器学习方法准确率上限的是输入的数据和特征，各种模型和算法试图通过不同的方法或从不同的角度来接近这个极限。因此，高质量的数据集和良好的特征提取对于 XGBoost 和 RFR 的成功应用至关重要。在这方面，本研究的局限性在于所采用的数据库是通过数值模拟生成的。

参考文献

［1］　Bjerrum L，Eide O．Stability of strutted excavations in clay［J］．Geotechnique，1956，6（1）：32-47．

［2］　Chowdhury S S．Reliability analysis of excavation induced basal heave［J］．Geotechnical and Geological Engineering，2017，35（6）：2705-2714．

［3］　Goh A T C．Assessment of basal stability for braced excavation systems using the finite element method［J］．Computers and Geotechnics，1990，10（4）：325-338．

［4］　Goh A T C，Kulhawy F H，Wong K S．Reliability assessment of basal-heave stability for braced excavations in clay［J］．Journal of geotechnical and geoenvironmental engineering，2008，134（2）：145-153．

［5］　Goh A T C．Basal heave stability of supported circular excavations in clay［J］．Tunnelling and Underground Space Technology，2017，61：145-149．

［6］　Goh A T C，Zhang W G，Wong K S．Deterministic and reliability analysis of basal heave stability for excavation in spatial variable soils［J］．Computers and Geotechnics，2019，108：152-160．

［7］ Hsieh P G，Ou C Y，Liu H T. Basal heave analysis of excavations with consideration of anisotropic undrained strength of clay ［J］. Canadian Geotechnical Journal，2008，45（6）：788-799.

［8］ Tang Y G，Kung G T C. Probabilistic analysis of basal heave in deep excavation ［M］//Geo-Risk 2011：Risk Assessment and Management. 2011：217-224.

［9］ Terzaghi K. Theoretical Soil Mechanics John Wiley and Sons Inc ［J］. New York，1943，314.

［10］ Wu S H，Ou C Y，Ching J，et al. Reliability-based design for basal heave stability of deep excavations in spatially varying soils ［J］. Journal of Geotechnical and Geoenvironmental Engineering，2012，138（5）：594.

［11］ Zhang W，Goh A T C. Multivariate adaptive regression splines and neural network models for prediction of pile drivability ［J］. Geoscience Frontiers，2016，7（1）：45-52.

［12］ Zhou W H，Mu Y，Qi X H，et al. Reliability-Based Design of Basal Heave Stability for Braced Excavation Using Three Different Methods ［C］//Proceedings of the 2nd International Symposium on Asia Urban GeoEngineering. Springer，Singapore，2018：273-283.

［13］ Hanson L A，Clough G W. The significance of clay anisotropy in finite element analysis of supported excavations ［C］//Proceedings of symposium of implementation of computer procedure of stress strain laws in geotechnical engineering. 1981，1.

［14］ Zdravković L，Potts D M，Hight D W. The effect of strength anisotropy on the behaviour of embankments on soft ground ［J］. Géotechnique，2002，52（6）：447-457.

［15］ Andresen L. Parametric FE study of loads and displacements of braced excavations in soft clay ［C］//Proc.，6th European Conf. on Numerical Methods in Geotechnical Engineering，Taylor & Francis，London. 2006：399-403.

［16］ Kong D S，Men Y Q，Wang L H，et al. Basal heave stability analysis of deep foundation pits in anisotropic soft clays ［J］. J Cent South Univ（Science and Technology），2012，43（11）：4472-4476.

［17］ Grimstad G，Andresen L，Jostad H P. NGI-ADP：Anisotropic shear strength model for clay ［J］. International journal for numerical and analytical methods in geomechanics，2012，36（4）：483-497.

［18］ Teng F C，Ou C Y，Hsieh P G. Measurements and numerical simulations of inherent stiffness anisotropy in soft Taipei clay ［J］. Journal of Geotechnical and Geoenvironmental Engineering，2014，140（1）：237-250.

［19］ D'Ignazio M，Länsivaara T T，Jostad H P. Failure in anisotropic sensitive clays：finite element study of Perniö failure test ［J］. Canadian Geotechnical Journal，2017，54（7）：1013-1033.

［20］ Liu K，Chen S L，Voyiadjis G Z. Integration of anisotropic modified Cam Clay model in finite element analysis：Formulation，validation，and application ［J］. Computers and Geotechnics，2019，116：103198.

［21］ Ismael M，Konietzky H，Herbst M. A new continuum-based constitutive model for the simulation of the inherent anisotropy of Opalinus clay ［J］. Tunnelling and Underground Space Technology，2019，93：103106.

［22］ Chen G，Zou J，Chen J. Shallow tunnel face stability considering pore water pressure in non-homogeneous and anisotropic soils ［J］. Computers and Geotechnics，2019，116：103205.

［23］ Shahrour I，Zhang W. Use of soft computing techniques for tunneling optimization of tunnel boring machines ［J］. Underground Space，2021，6（3）：233-239.

［24］ Kim C Y，Bae G J，Hong S W，et al. Neural network based prediction of ground surface settlements due to tunnelling ［J］. Computers and Geotechnics，2001，28（6-7）：517-547

［25］　Kung G T C，Hsiao E C L，Schuster M，et al. A neural network approach to estimating deflection of diaphragm walls caused by excavation in clays ［J］. Computers and Geotechnics，2007，34（5）：385-396.

［26］　Pourtaghi A，Lotfollahi-Yaghin M A. Wavenet ability assessment in comparison to ANN for predicting the maximum surface settlement caused by tunneling ［J］. Tunnelling and Underground Space Technology，2012，28：257-271.

［27］　Shi X C，Chen W X，Lv X J. Deformation prediction of deep excavation using support vector machine ［C］//Applied Mechanics and Materials. Trans Tech Publications Ltd，2012，157：66-69.

［28］　Zhang W G，Goh A T C. Multivariate adaptive regression splines for analysis of geotechnical engineering systems ［J］. Computers and Geotechnics，2013，48：82-95.

［29］　Zhang W，Goh A T C，Xuan F. A simple prediction model for wall deflection caused by braced excavation in clays ［J］. Computers and Geotechnics，2015，63：67-72.

［30］　Goh A T C，Zhang Y，Zhang R，et al. Evaluating stability of underground entry-type excavations using multivariate adaptive regression splines and logistic regression ［J］. Tunnelling and Underground Space Technology，2017，70：148-154.

［31］　Zhang W，Zhang Y，Goh A T C. Multivariate adaptive regression splines for inverse analysis of soil and wall properties in braced excavation ［J］. Tunnelling and Underground Space Technology，2017，64：24-33.

［32］　Goh A T C，Zhang W，Zhang Y，et al. Determination of earth pressure balance tunnel-related maximum surface settlement: a multivariate adaptive regression splines approach ［J］. Bulletin of Engineering Geology and the Environment，2018，77（2）：489-500.

［33］　Zhang W G，Wu C Z，Li Y Q，et al. Assessment of pile drivability using random forest regression and multivariate adaptive regression splines. Georisk ［J］. 2019.

［34］　Chen T，Guestrin C. Xgboost: A scalable tree boosting system ［C］//Proceedings of the 22nd acm sigkdd international conference on knowledge discovery and data mining. 2016：785-794.

［35］　Cutler A，Cutler D R，Stevens J R. Random forests ［M］//Ensemble machine learning. Springer，Boston，MA，2012：157-175.

［36］　PLAXIS bv. Plaxis Manual ［Z］. 2017.

［37］　Breiman L. Random forests ［J］. Machine learning，2001，45（1）：5-32.

第13章
预测土压平衡盾构引起地表沉降的软计算方法

13.1 引言

近些年城市地下空间开发得到了快速发展，如城市地铁网络和地下商场的建设。在此过程中必须解决的一个关键问题是隧道建设对土体及邻近建筑物变形的影响，如果变形超过一个临界值，可能会给项目带来经济损失[1]。为了减少土体应力释放引起的地面沉降，在软土中经常使用土压平衡盾构，利用土仓压力来平衡隧道开挖面，以减少对周围土体变形的影响[2]，但确定地表沉降仍然是一个难题。

专家学者使用多种方法来计算地表变形，主要可分为理论计算、实验和数值模拟以及机器学习方法。由于理论计算通常比较复杂，涉及参数较多。为了简化计算，可以忽略一些次要因素，建立一个经验公式[3-7]。虽然可以通过实验预测地表沉降，但试验耗时长、成本高[8-11]。数值模拟功能强大、预测效果直观，通过数值模型预测隧道施工诱发变形的研究较多[12-21]。然而，很多模型参数没有物理意义，往往通过假设确定。此外，由于土体本构模型本身的缺陷，并不能准确地反映实际地层的变形特性。因此，数值计算结果和实测值之间不可避免地存在差距。

为了避免人为的假设干扰，本研究采用机器学习方法将所有输入变量映射到输出响应。这种方法的原理相当于专家学习大量的数据，了解结果和特征变量之间的关系，进而评估一个新的案例并获得预测结果。这个过程不会忽略任何信息，并能最大限度地利用所获得的数据集。因此，许多不同的机器学习方法被应用于此类岩土工程问题[22-38]。Adoko 等[39] 建立了基于多变量自适应回归样条线（MARS）和人工神经网络（ANN）的软岩高速铁路隧道直径收敛预测模型。Ocak 和 Seker[40] 使用了 3 种不同的方法（ANN、支持向量机 SVM 和高斯过程 GPs）来预测伊斯坦布尔地铁土压平衡盾构掘进引起的地表沉降。在法国图卢兹地铁 B 线隧道施工过程中，Bouayad 等[2] 针对两组观测数据，通过最小二乘回归模型将地表位移与盾构施工步参数关联起来。此外，Xie 等[41] 利用 K-means 聚类提出了混合盾构隧道的特征参数分析，讨论了南宁地铁线路的保护措施。

上述的方法大多是单一的复杂算法，Nanni 和 Lumini[42]、Lessmann 等[43] 的研究表明集成方法比单一的机器学习和其他统计方法更好，因为它们通过结合多种模型提高机器学习的速度和结果的可靠性，从而具有更好的预测结果。本文结合极端梯度提升（XGBoost）和三种经典的机器学习方法（ANN、SVM 和 MARS）提出集成学习方法，用于预测新加坡隧道掘进引起的最大地表沉降。

13.2　研究方法

13.2.1　XGBoost

XGBoost 是一种集成学习算法，属于三种典型的整合方法（bagging、boosting 和 stacking）中的提升算法。该算法的主要思想是将特征转化为树状图，并不断添加树。每增加一棵树，就会学习一个新的函数来适应上次预测的残差。当训练完成后，得到 k 棵树，随后可以预测样本的分数。根据样本的特征，在每棵树上都会得到一个相应的叶子节点，每个叶子节点都对应着一个分数，最后求和就是相应的总分，进而得到样本的预测值[44]。

XGBoost 算法的目标函数包括两部分，第一部分用于衡量预测值和真实值之间的差异，称为损失函数［式(13.1)］，另一部分是正则化项，用于降低目标函数的复杂性［式(13.2)］。同时，正则化项包括两部分，其中 T 代表叶子节点的数量，w 为叶子节点的得分，γ 用于控制叶子节点的数量，λ 用于控制叶子节点的得分，以防止过度拟合。

$$\mathrm{Obj} = \sum_{i=1}^{n} l(y_i, \hat{y}_i) \sum_{k=1}^{K} \Omega(f_k) \tag{13.1}$$

$$\Omega(f) = \gamma T + \frac{1}{2} \lambda \| w \|^2 \tag{13.2}$$

当生成 t 棵树时，新生成的树被用来拟合上次预测的残差。预测的分数可以写成式(13.3)。此外，目标函数可以改写为式(13.4)。

$$\hat{y}_i^{(t)} = \hat{y}_i^{(t-1)} f_t(x_i) \tag{13.3}$$

$$\mathrm{Obj} = \sum_{i=1}^{n} l(y_i, \hat{y}_i^{(t-1)} + f_t(x_i)) + \Omega(f_t) \tag{13.4}$$

$$\mathrm{Obj}^{(t)} = \sum_{i=1}^{n} l\left(g_i f_t(x_i) + \frac{1}{2} h_i f_t^2(x_i)\right) + \Omega(f_t) \tag{13.5}$$

下一步采用泰勒二阶展开逼近目标函数的最小值，简化的目标函数近似为：

通过上述变换，目标函数可以写成关于叶子节点得分的单项二次函数，每个叶子节点的得分可以通过下面的推导得到：

$$w_j^* = -\frac{G_j}{H_j + \lambda} \tag{13.6}$$

$$\mathrm{Obj} = -\frac{1}{2} \sum_{j=1}^{T} \frac{G_j^2}{H_j + \lambda} + \gamma T \tag{13.7}$$

XGBoost 的策略是利用上面的目标函数值作为评估函数，通过贪心算法遍历所有特征点。具体而言，将分割后的目标函数值与单个叶子节点在明显限制树生长阈值下的目标函数增益进行比较，只有当增益大于阈值时才进行分割。通过这种方法定义最佳特征和分裂点来确定树的结构。

13.2.2 三种监督学习方法

（1）ANN

由于 ANN 模型在非线性多变量问题建模方面的高性能，它是地质工程的一个有效工具[45-46]。多层感知器（MLP）是 ANN 的一个高级版本，在本研究中被采用。它已经成功地应用于解决许多困难和多样化的问题，通过训练它们使用一个非常流行的学习算法，即反向传播算法[40]。MLP 可以被看作是一个由多个节点层组成的有向图，这些节点层分别连接到下一层。除了输入节点外，每个节点都是一个具有非线性激活函数的神经元。有关 ANN 的详细描述参考第 2 章。

（2）SVM

SVM 是一种基于统计理论的学习算法[47]。SVM 可以用来解决线性或非线性分类和回归问题[40,48-50]。本节简要介绍用于回归问题的 SVMs 构造过程。

首先，假设有一个训练样本 $D = \{(\boldsymbol{x}_1, y_1), (\boldsymbol{x}_2, y_2), \cdots, (\boldsymbol{x}_m, y_m)\}, y_i \in R$。目的是将训练集的每个点尽可能地拟合到线性模型中。SVM 与传统的回归模型不同，它可以允许模型输出与实际值之间的最大差异 $\epsilon(\epsilon > 0)$，这意味着只有当 $f(\boldsymbol{x})$ 和 y 之间的差值的绝对值大于 ϵ 时，才会计算损失。因此，SVM 回归模型的损失函数指标可以表示为：

$\mathrm{Err}(\boldsymbol{x}_i, y_i) = 0 \quad \mathrm{for} |y_i - \boldsymbol{w}^{\mathrm{T}} \boldsymbol{x} - b| - b \leqslant \epsilon,$

否则 $\mathrm{Err}(\boldsymbol{x}_i, y_i) = |y_i - \boldsymbol{w}^{\mathrm{T}} \boldsymbol{x} - b| - \epsilon,$

其中，w 是一个可调整的权重向量，b 是标量阈值。相应地，SVM 回归问题需要 w 的最小化，即：

$$\mathrm{Minimize}: \frac{1}{2} \|\boldsymbol{w}\|^2 + C \sum_{i=1}^{m} l_\epsilon (f(x_i) - y_i) \tag{13.8}$$

其中，C 是正则化常数，l_ϵ 是对 ϵ 不敏感的损失函数。使用松弛变量 ξ_i 和 $\hat{\xi}_i$，上式可以改写为：

$$\mathrm{Minimize}: \frac{1}{2} \|\boldsymbol{w}\|^2 + C \sum_{i=1}^{m} (\xi_i + \hat{\xi}_i) \tag{13.9}$$

有关 SVM 的详细描述参考第 3 章。

（3）MARS

MARS 由 Friedman[51] 提出，是一种用于拟合一组输入变量和因变量之间关系的统计方法。在不假设输入和输出之间存在潜在关联的情况下，它具有非参数性的特点，被广泛用于土木工程问题[52-55]。这种方法通过一系列不同梯度的多段线来模拟系统变量之间的非线性响应。这些段（即每个样条），都由表示两个数据区域之间的细分的结点划定，这样就可以得到样条曲线。这些分片曲线被称为基函数（BFs）。MARS 通过逐步搜索的方式生成许多基函数。在这个过程中，自适应回归算法被用来选择结点位置。MARS 模型是通过两个阶段的程序构建的。前进阶段增加函数并找到潜在的结点以提高模拟性能，这导致了模型的过拟合。为了解决这个问题，后向阶段被用来修剪无效项。通过这两个构建阶段，MARS 模型可以构建为基函数及其相互耦合项的线性组合，即：

$$f(x)=\beta_0+\sum_{n=1}^{n}\beta_n\lambda_n(x) \tag{13.10}$$

其中每个 $\lambda_n(x)$ 为基函数，它可以是一个样条函数，或者是模型中已经包含的两个或多个样条函数的乘积，系数 β_n 是一个用最小二乘法估计的常数。

这是一种自适应技术，因为基函数和可变结点位置的选择是由数据驱动的，这需要根据实际问题确定。此外，也不需要提前知道输入变量和输出之间的函数关系，这使得建模过程具有更大的灵活性。本节采用 Jekabsons 的 MARS 开源代码[56] 进行分析。

13.3　案例研究

13.3.1　地层条件

所用的隧道沉降数据来自新加坡南北线和环线的 3 个快速交通项目。地理位置如图 13.1 所示，放大的部分表示各线路线以及车站的相对位置，其中 3 种不同颜色的点对应于 3 条线路的车站。各区间地层分布如图 13.2 所示，从多美歌站到宝门廊站表现出复杂的地质条件。现有文献已经对覆盖新加坡整个地区的 4 个主要地层进行了详细描述[57-60]。该区域分布最广的地层之一是老冲积层，由密集的冲积硅质砂和黏土组成。如图 13.2(a) 所示，Fort Canning 巨砾层包括在坚硬的黏土粉砂基质中石英岩巨石的胶质沉积。此外，句容地层主要由残积土、中等塑性的黏土质粉砂和砂质黏土，以及少量的黏土质/硅质砂组成。海洋黏土覆盖了整个研究区域，该地层被命名为加隆地层。除了主要的海洋黏土（其超固结比趋近 1），加隆地层还包括松散的河砂和中等硬度的河砂黏土层。

图 13.1　新加坡地铁网络路线图

根据现场数据，项目建设中以软土为主，所有建设地点的地下水位相似且稳定。因此，采用 EPB 盾构技术是可行的。此外，所有工地均没有进行降水，可以认为在施工过程中地下水位是恒定的。

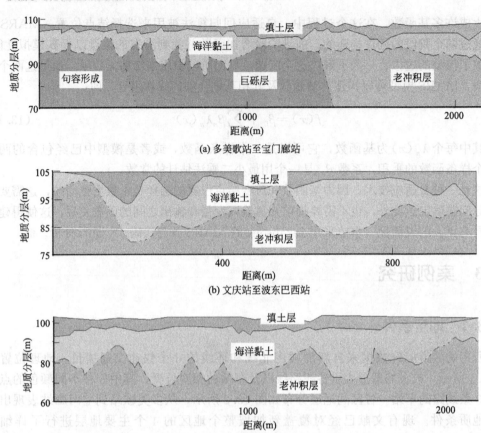

(a) 多美歌站至宝门廊站

(b) 文庆站至波东巴西站

(c) 蒙巴登站至巴耶利岩站

图 13.2　三个项目的地层分布[36]

13.3.2　数据收集和输入参数

本研究的数据是通过隧道沿线每隔约 25m 布置的地面沉降监测点获得的，合计 148 个监测点。如表 13.1 所示，模型参数包含 8 个主要的特征变量和最终的地面沉降值。

模型参数汇总[36]　　　　　　　　　　　　　　　　　　　　　　　表 13.1

分类	参数	单位	最小值	最大值	平均值	标准差
	埋深 H	m	8.5	30	17.5	4.3
EPB 掘进参数	掘进速度 R_A	mm/min	9.5	52.1	30.8	10.9
	土仓压力 P_E	kPa	11	370	193.6	81.5
	注浆压力 P_G	kPa	27.7	700	258.6	154.9
地质条件	平均含水量 C_M	%	5.95	66.48	27.1	18.7
	平均弹性模量 E	MPa	5	120	72.9	50.8
	拱顶以上平均贯入度 S_1	击/300mm	0.66	80.33	27.9	28.2
	隧道位置平均贯入度 S_2	击/300mm	0	100	57	41.8
输出	地表沉降 S_t	mm	0.2	98.5	13.6	17

这些参数可以分为 3 类：地质条件、隧道几何形状和 EPB 运行因素。地质条件主要涉及隧道拱顶以上土体的平均标准贯入试验（SPT）值 S_1，隧道拱顶、中心、底部三个位置的 SPT 平均值 S_2，盾构机所在土层的平均含水量 C_M，土体的平均弹性模量 E。

对于隧道的几何形状，隧道直径和埋深是影响地表变形的主要因素。由于 3 个项目的隧道内径相同（约 5.8m），所以没有考虑作为输入变量。在不同的监测点，隧道埋深不同，因此将其作为输入参数之一。

此外，EPB 盾构施工参数方面选择以下三个参数作为输入：隧道掘进速度 R_A，EPB 土仓压力 P_E，盾尾注浆压力 P_G。

一般来说，各种参数之间存在一定的相关性，这 9 个参数的相关系数 R 的热图见图 13.3。如图 13.3 所示，S_1、S_2、C_M、E、P_G 与最大地表沉降 S_t 表现出适度的相关性，而 P_E 与 S_t 的相关性较弱，R_A、H 几乎与 S_t 无关。

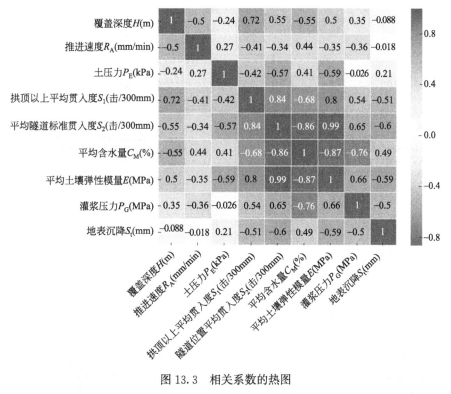

图 13.3　相关系数的热图

13.4　结果分析

13.4.1　四个模型的预测性能

为了评估模型的预测性能，通常采用 k-折交叉验证方法[61-63]。在该方法中，数据样本集被随机分成 k 个相等的子样本集，每个子样本集被用作测试模型的验证数据，而其余（$k-1$）个子样本集被用作训练数据。这个过程重复 k 次，每个子集都被用来验证一次。本节采用五折交叉验证法，所有模型的数据库被分为两部分，其中大约80％的数据集（118个数据集）被用作训练数据集，其余用于测试。

如图13.4所示，模型预测值与实测数据沿参考线散布，散点图的左列显示了机器学习方法的训练模型的准确性，而右列代表了测试模型的准确性。显然无论k值如何，训练模型的准确率都高于测试模型。XGBoost预测模型的大多数点都更接近于参考线，说明其模型预测效果更好。

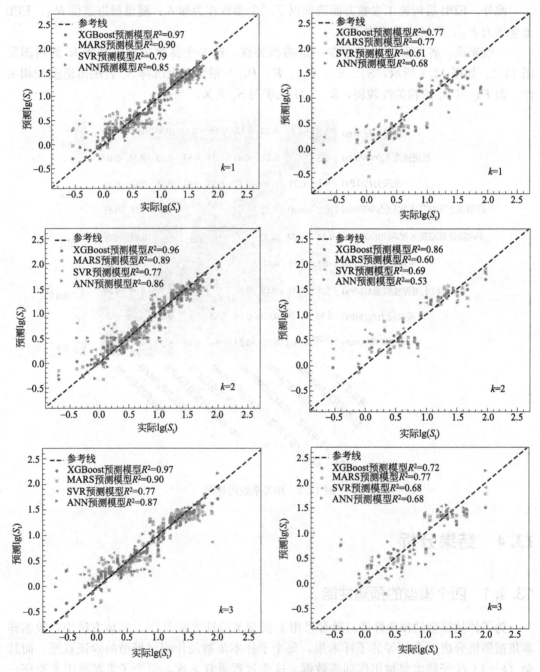

图13.4 五折交叉验证下的预测结果（一）

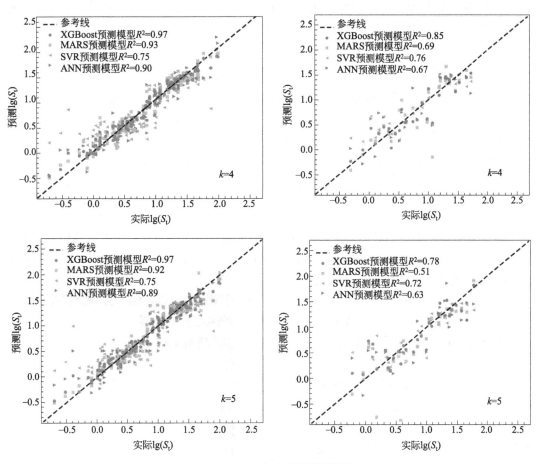

图 13.4 五折交叉验证下的预测结果（二）

13.4.2 比较分析和讨论

本节引入了 3 个评价指标来定量评价上述 XGBoost 模型的准确性。这 3 个指标分别是均方根误差（RMSE）、决定系数（R^2）和偏差因子 b，分别用式(13.11)、式(13.12)、式(13.13) 表示：

$$\text{RMSE} = \sqrt{\frac{1}{n} \sum_{i=1}^{n} (y_i - \hat{y}_i)^2} \tag{13.11}$$

$$R^2 = 1 - \frac{\sum (y_i - \hat{y}_i)^2}{\sum (y_i - \overline{y})^2} \tag{13.12}$$

$$b = \frac{1}{n} \sum_{i=1}^{n} \frac{y_i}{\hat{y}_i} \tag{13.13}$$

采用五折交叉验证（$k=5$）得到的训练和测试模型的各评价指标的平均值（μ）和标准差（σ）见表 13.2。从中可以发现，XGBoost 的均方根误差是 4 种算法中最小的，其决定系数 R^2 最接近 1。对于偏差因子 b，MARS 的整体表现更好，其值大约为 1，表明该模型具有无偏的特性。总的来说，XGBoost 的评价指数要比其他 3 种算法略好，其次是

MARS模型。基于 XGBoost 的模型在准确性和鲁棒性方面表现较好。此外，在多源数据方面，集成模型 XGBoost 优于单一的复杂算法。

模型的性能比较   表 13.2

评价指标	均方根误差（RMSE）				决定系数（R^2）				偏差因子（Bias）			
	训练模型		测试模型		训练模型		测试模型		训练模型		测试模型	
	μ	σ	μ	σ	μ	σ	μ	σ	μ	σ	μ	σ
XGBoost	0.11	0	0.26	0.03	0.97	0	0.79	0.05	1.09	0.23	0.81	0.4
MARS	0.17	0.01	0.32	0.04	0.91	0.01	0.67	0.09	1.04	0.13	0.97	0.2
SVM	0.28	0.01	0.32	0.03	0.77	0.01	0.69	0.05	0.92	0.07	1.14	0.22
ANN	0.23	0.01	0.31	0.04	0.84	0.02	0.71	0.06	1.37	0.32	1.11	0.35

特征重要性选择，即计算每个特征对结果的贡献率，对于建立一个有效的模型至关重要。不同的计算方法可以在预测模型建立后得出相应的特征重要性。根据预测结果，基于 XGBoost 的模型表现出最高的预测精度。基于 XGBoost 方法的各特征的重要性如图 13.5 所示，横坐标特征相对重要性数值越大表示该参数重要性越高。

由图 13.5 可知，隧道位置平均 SPT（S_2）的重要性最高，占 47%，其次是土体平均弹性模量（E）和平均含水量（C_M）；其他变量的重要性低于 3%。换而言之，地层条件对隧道开挖引起土体变形的影响是显著的。因此，有必要对隧道周围土体的 SPT 值和隧道开挖所在地层的土体含水量进行详细勘探。这一结果为地质勘查提供了宝贵的指导意见。

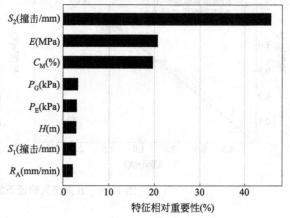

图 13.5　输入变量的特征重要性

13.5　小结

本文提出了一种基于五折交叉验证的 XGBoost、ANN、SVM 和 MARS 算法来预测隧道开挖引起的地表沉降的代理模型，数据来自新加坡环线三个快速交通项目。

XGBoost 预测模型的数据点更接近训练集的参考线，表现出最高的准确性，而 MARS 的准确性略低。为了更准确和定量地评估模型，采用 RMSE、R^2 和 b 三种指标评估计算模型的精度。XGBoost 算法表现出了优异的性能，这种集成方法的性能在多源数据方面优于单一算法。但基于 XGBoost 的模型可解释性低于其他三种模型。总的来说，这四个模型均适用于预测类似地质条件下隧道掘进引起的地表沉降。

此外，基于 XGBoost 算法的输入变量中 S_2 的相对重要性最高，其次是 E 和 C_M。这一结果与文献［36］得到的特征重要性不同，这是因为这两项研究的数据库不完全相同，这可能会改变特征的相对重要性。值得注意的是，数据和特征决定了软计算方法的准确度上限，而各种模型和算法只是试图以不同方式来接近这个极限。因此，高质量的数据集和良好的特征提取对于软计算方法的成功应用至关重要。

参考文献

[1] Bilgin N, Ozbayir T, Sozak N, et al. Factors affecting the economy and the efficiency of metro tunnel drivage with two TBM's in Istanbul in very fractured rock [C] //ITA-World Tunnel Congress. 2009.

[2] Bouayad D, Emeriault F, Maza M. Assessment of ground surface displacements induced by an earth pressure balance shield tunneling using partial least squares regression [J]. Environmental Earth Sciences, 2015, 73 (11): 7603-7616.

[3] Mair R J, Taylor R N, Bracegirdle A. Subsurface settlement profiles above tunnels in clays [J]. Geotechnique, 1993, 43 (2): 315-320.

[4] Loganathan N, Poulos H G. Analytical prediction for tunneling-induced ground movements in clays [J]. Journal of Geotechnical and geoenvironmental engineering, 1998, 124 (9): 846-856.

[5] Verruijt A, Booker J R. Surface settlements due to deformation of a tunnel in an elastic half plane [J]. Geotechnique, 1998, 48 (5): 709-713.

[6] Chou W I, Bobet A. Predictions of ground deformations in shallow tunnels in clay [J]. Tunnelling and underground space technology, 2002, 17 (1): 3-19.

[7] Park K H. Analytical solution for tunnelling-induced ground movement in clays [J]. Tunnelling and underground space technology, 2005, 20 (3): 249-261.

[8] Chapman D N, Ahn S K, Hunt D V L. Investigating ground movements caused by the construction of multiple tunnels in soft ground using laboratory model tests [J]. Canadian Geotechnical Journal, 2007, 44 (6): 631-643.

[9] Marshall A M, Farrell R P, Klar A, et al. Tunnels in sands: the effect of size, depth and volume loss on greenfield displacements [J]. Géotechnique, 2012, 62 (5): 385-399.

[10] Fang Y, Chen Z, Tao L, et al. Model tests on longitudinal surface settlement caused by shield tunnelling in sandy soil [J]. Sustainable Cities and Society, 2019, 47: 101504.

[11] Lu H, Shi J, Wang Y, et al. Centrifuge modeling of tunneling-induced ground surface settlement in sand [J]. Underground Space, 2019, 4 (4): 302-309.

[12] Mroueh H, Shahrour I. Three-dimensional finite element analysis of the interaction between tunneling and pile foundations [J]. International Journal for Numerical and Analytical Methods in Geomechanics, 2002, 26 (3): 217-230.

[13] Ng C W W, Lee G T K. Three-dimensional ground settlements and stress-transfer mechanisms due to open-face tunnelling [J]. Canadian Geotechnical Journal, 2005, 42 (4): 1015-1029.

[14] Ocak I. Environmental effects of tunnel excavation in soft and shallow ground with EPBM: the case of Istanbul [J]. Environmental Earth Sciences, 2009, 59 (2): 347-352.

[15] Ercelebi S G, Copur H, Ocak I. Surface settlement predictions for Istanbul Metro tunnels excavated by EPB-TBM [J]. Environmental Earth Sciences, 2011, 62 (2): 357-365.

[16] Chakeri H, Hasanpour R, Hindistan M A, et al. Analysis of interaction between tunnels in soft ground by 3D numerical modeling [J]. Bulletin of Engineering Geology and the Environment,

2011, 70 (3): 439-448.

[17] Lambrughi A, Rodríguez L M, Castellanza R. Development and validation of a 3D numerical model for TBM - EPB mechanised excavations [J]. Computers and Geotechnics, 2012, 40: 97-113.

[18] Gong W, Luo Z, Juang C H, et al. Optimization of site exploration program for improved prediction of tunneling-induced ground settlement in clays [J]. Computers and Geotechnics, 2014, 56: 69-79.

[19] Huang H, Gong W, Khoshnevisan S, et al. Simplified procedure for finite element analysis of the longitudinal performance of shield tunnels considering spatial soil variability in longitudinal direction [J]. Computers and Geotechnics, 2015, 64: 132-145.

[20] Huang Q, Huang H, Ye B, et al. Evaluation of train-induced settlement for metro tunnel in saturated clay based on an elastoplastic constitutive model [J]. Underground Space, 2018, 3 (2): 109-124.

[21] Xiang Y, Liu H, Zhang W, et al. Application of transparent soil model test and DEM simulation in study of tunnel failure mechanism [J]. Tunnelling and Underground Space Technology, 2018, 74: 178-184.

[22] Kim C Y, Bae G J, Hong S W, et al. Neural network based prediction of ground surface settlements due to tunnelling [J]. Computers and Geotechnics, 2001, 28 (6-7): 517-547.

[23] Neaupane K M, Adhikari N R. Prediction of tunneling-induced ground movement with the multi-layer perceptron [J]. Tunnelling and underground space technology, 2006, 21 (2): 151-159.

[24] Suwansawat S, Einstein H H. Artificial neural networks for predicting the maximum surface settlement caused by EPB shield tunneling [J]. Tunnelling and underground space technology, 2006, 21 (2): 133-150.

[25] Santos Jr O J, Celestino T B. Artificial neural networks analysis of Sao Paulo subway tunnel settlement data [J]. Tunnelling and underground space technology, 2008, 23 (5): 481-491.

[26] Cheng M Y, Tsai H C, Ko C H, et al. Evolutionary fuzzy neural inference system for decision making in geotechnical engineering [J]. Journal of Computing in Civil Engineering, 2008, 22 (4): 272-280.

[27] Yao B Z, Yang C Y, Yao J B, et al. Tunnel surrounding rock displacement prediction using support vector machine [J]. International Journal of Computational Intelligence Systems, 2010, 3 (6): 843-852.

[28] Xu J, Xu Y. Grey correlation-hierarchical analysis for metro-caused settlement [J]. Environmental Earth Sciences, 2011, 64 (5): 1249-1256.

[29] Adoko A C, Zuo Q J, Wu L. A fuzzy model for high-speed railway tunnel convergence prediction in weak rock [J]. Electronic Journal of Geotechnical Engineering, 2011, 16 (1): 1275-1295.

[30] Mahdevari S, Torabi S R. Prediction of tunnel convergence using artificial neural networks [J]. Tunnelling and Underground Space Technology, 2012, 28: 218-228.

[31] Mahdevari S, Torabi S R, Monjezi M. Application of artificial intelligence algorithms in predicting tunnel convergence to avoid TBM jamming phenomenon [J]. International Journal of Rock Mechanics and Mining Sciences, 2012, 55: 33-44.

[32] Wang D D, Qiu G Q, Xie W B, et al. Deformation prediction model of surrounding rock based on GA-LSSVM-markov [J]. 2012, 4 (2): 85-90.

[33] Ahangari K, Moeinossadat S R, Behnia D. Estimation of tunnelling-induced settlement by modern intelligent methods [J]. Soils and Foundations, 2015, 55 (4): 737-748.

[34] Kohestani V R，Bazarganlari M R，Asgari Marnani J. Prediction of maximum surface settlement caused by earth pressure balance shield tunneling using random forest [J]. Journal of AI and Data Mining，2017，5 (1)：127-135.

[35] Ding Z，Wei X，Wei G. Prediction methods on tunnel-excavation induced surface settlement around adjacent building [J]. Geomechanics and Engineering，2017，12 (2)：185-195.

[36] Goh A T C，Zhang W，Zhang Y，et al. Determination of earth pressure balance tunnel-related maximum surface settlement：a multivariate adaptive regression splines approach [J]. Bulletin of Engineering Geology and the Environment，2018，77 (2)：489-500.

[37] Zhang Wengang，Wu Chongzhi，Li Yongqin，et al. Assessment of pile drivability using random forest regression and multivariate adaptive regression splines [J]. Georisk：Assessment and Management of Risk for Engineered Systems and Geohazards，2019，15 (1)：27-40.

[38] Zhang W，Zhang R，Wu C，et al. State-of-the-art review of soft computing applications in underground excavations [J]. Geoscience Frontiers，2019c，11 (4)：1095-1106.

[39] Adoko A C，Jiao Y Y，Wu L，et al. Predicting tunnel convergence using multivariate adaptive regression spline and artificial neural network [J]. Tunnelling and Underground Space Technology，2013，38：368-376.

[40] Ocak I，Seker S E. Calculation of surface settlements caused by EPBM tunneling using artificial neural network，SVM，and Gaussian processes [J]. Environmental earth sciences，2013，70 (3)：1263-1276.

[41] Xie X，Wang Q，Huang Z，et al. Parametric analysis of mixshield tunnelling in mixed ground containing mudstone and protection of adjacent buildings：case study in Nanning metro [J]. European Journal of Environmental and Civil Engineering，2018，22 (sup1)：s130-s148.

[42] Nanni L，Lumini A. An experimental comparison of ensemble of classifiers for bankruptcy prediction and credit scoring [J]. Expert systems with applications，2009，36 (2)：3028-3033.

[43] Lessmann S，Baesens B，Seow H V，et al. Benchmarking state-of-the-art classification algorithms for credit scoring：An update of research [J]. European Journal of Operational Research，2015，247 (1)：124-136.

[44] Chen T，Guestrin C. Xgboost：A scalable tree boosting system [C] //Proceedings of the 22nd acm sigkdd international conference on knowledge discovery and data mining. 2016：785-794.

[45] Zhang W G，Goh A T C. Multivariate adaptive regression splines for analysis of geotechnical engineering systems [J]. Computers and Geotechnics，2013，48：82-95.

[46] Zhang W，Goh A T C. Multivariate adaptive regression splines and neural network models for prediction of pile drivability [J]. Geoscience Frontiers，2016，7 (1)：45-52.

[47] Cortes C，Vapnik V. Support-vector networks [J]. Machine learning，1995，20 (3)：273-297.

[48] Samui P. Prediction of friction capacity of driven piles in clay using the support vector machine [J]. Canadian Geotechnical Journal，2008a，45 (2)：288-295.

[49] Samui P. Support vector machine applied to settlement of shallow foundations on cohesionless soils [J]. Computers and Geotechnics，2008b，35 (3)：419-427.

[50] Zhou J，Li X，Mitri H S. Comparative performance of six supervised learning methods for the development of models of hard rock pillar stability prediction [J]. Natural Hazards，2015，79 (1)：291-316.

[51] Friedman J H. Multivariate adaptive regression splines [J]. The annals of statistics，1991，19 (1)：1-67.

［52］ Zhang W, Goh A T C, Zhang Y, et al. Assessment of soil liquefaction based on capacity energy concept and multivariate adaptive regression splines [J]. Engineering Geology, 2015, 188: 29-37.

［53］ Zhang W, Zhang Y, Goh A T C. Multivariate adaptive regression splines for inverse analysis of soil and wall properties in braced excavation [J]. Tunnelling and Underground Space Technology, 2017, 64: 24-33.

［54］ Goh A T C, Zhang Y, Zhang R, et al. Evaluating stability of underground entry-type excavations using multivariate adaptive regression splines and logistic regression [J]. Tunnelling and Underground Space Technology, 2017, 70: 148-154.

［55］ Zhang W, Zhang R, Wang W, et al. A multivariate adaptive regression splines model for determining horizontal wall deflection envelope for braced excavations in clays [J]. Tunnelling and Underground Space Technology, 2019b, 84: 461-471.

［56］ Jekabsons G. VariReg: a software tool for regression modeling using various modeling methods, Riga Technical University [J]. 2010.

［57］ Hulme T W, Burchell A J. Tunnelling projects in Singapore: An overview [J]. Tunnelling and Underground Space Technology, 1999, 14 (4): 409-418.

［58］ Sharma J S, Chu J, Zhao J. Geological and geotechnical features of Singapore: an overview [J]. Tunnelling and Underground Space Technology, 1999, 14 (4): 419-431.

［59］ Izumi C, Khatri N N, Norrish A, et al. Stability and settlement due to bored tunnelling for LTA, NEL [M] //Tunnels and Underground Structures. Routledge, 2017: 555-560.

［60］ Shirlaw J N, Ong J C W, Rosser H B, et al. Local settlements and sinkholes due to EPB tunnelling [J]. Proceedings of the Institution of Civil Engineers-Geotechnical Engineering, 2003, 156 (4): 193-211.

［61］ Kohavi R. A study of cross-validation and bootstrap for accuracy estimation and model selection [C] //Ijcai. 1995, 14 (2): 1137-1145.

［62］ Wong T T. Performance evaluation of classification algorithms by k-fold and leave-one-out cross validation [J]. Pattern Recognition, 2015, 48 (9): 2839-2846.

［63］ Rodriguez J D, Perez A, Lozano J A, Sensitivity analysis of k-fold cross validation in prediction error estimation [J]. IEEE transactions on pattern analysis and machine intelligence, 2009, 32 (3): 569-575.

第14章
盾构隧道地面沉降分析和预测

目前盾构隧道已广泛应用于城市地下空间开发、过江跨海通道等工程建设，由于盾构隧道施工过程复杂，很难通过理论解析准确描述隧道掘进引起的土体变形、结构受力等模型响应，随着计算机硬件和软件技术的发展，人们能够在数值模型中对复杂环境中隧道开挖过程实现不同尺度的精细化建模与分析，模型结果也能够较好地吻合实测数据，因此数值仿真方法逐渐被广泛应用于隧道开挖引起地层扰动的分析与预测[1-2]。但三维隧道模型比较复杂，单次运算时间较长，若要进行不确定性分析或系统可靠度分析，往往无法承担大量数值计算的时间和成本。

本章通过机器学习构建代理模型，进而大大提高敏感性分析和反分析的效率，使基于三维数值分析的精细化模型预测得以实现。具体方法如下[3]：基于地层分布和隧道几何尺寸等建立盾构隧道三维数值计算模型，选择合适的材料本构模型，初始土体参数依据地勘报告及工程经验确定，采用敏感性分析方法对具有不确定性的模型参数重要性进行排序，挑选影响模型响应最重要的参数结合现场监测数据进行反分析参数优化，进一步依据更多现场监测数据校验优化后的模型，最终利用该模型预测盾构掘进引起土体变形等模型响应。

14.1 工程背景

Western Scheldt 隧道是荷兰境内的一条浅埋双线公路隧道，长度约 6.6 km，地理位置如图 14.1 所示，地质剖面见图 14.2，穿越地层主要为黏土（K1、BK1、BK2、K2）和砂土（Z1、GZ1、GZ2）地层。

该隧道采用德国海瑞克公司设计制造的直径 11330mm 的泥水平衡式盾构进行掘进施工，盾构机长度 10950mm。隧道横断面见图 14.3，隧道衬砌为单层预制钢筋混凝土管片，管片外径 10100mm，管片厚度 450mm，环管 2000mm，每环管片由封顶块（1 块）及标准块（7 块）共 8 块管片构成。

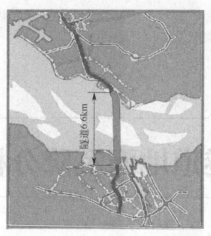

图 14.1 荷兰 Western Scheldt 隧道地理位置示意图[4]

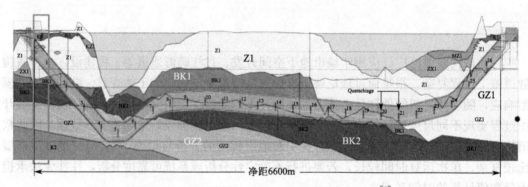

图 14.2 荷兰 Western Scheldt 隧道地质剖面图[5]

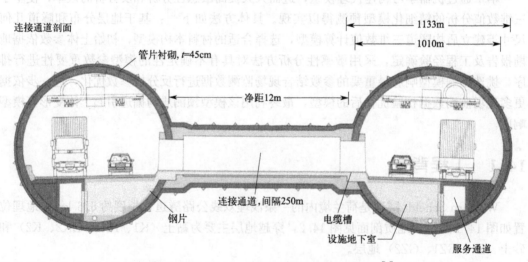

图 14.3 荷兰 Western Scheldt 隧道横断面示意图[4]

14.2　数值建模

采用有限元软件 PLAXIS 3D（版本 2013）模拟盾构隧道掘进过程，所选取隧道计算长度为 88m，相对位置见图 14.2 中方框所示，隧道直径 $D=11.33$m，隧道坡度约 4.3%，考虑到实际地层在水平方向均匀分布，在有限元模型中仅考虑一半实际模型尺寸，所建立的有限元模型见图 14.4，模型长、宽、高分别为 150m（约 13D）、100m（约 9D）、71m（约 7D）。依据实际工况，设定盾构施工期间地下水位距离地表 1.5m。

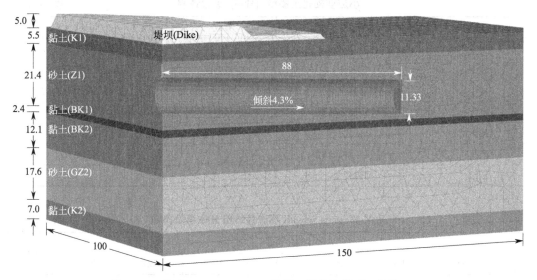

图 14.4　荷兰 Western Scheldt 隧道三维数值模型（单位：m）

确定模型网格划分的步骤如下：首先采用全局精细化网格划分并进行模型计算，基于该模型计算得到的观测点位移记为"精确解"，接着对隧道周围的土体逐步降低网格精细化程度，直至观测点位移计算结果与精确解误差超过 0.5%，选取此时的网格划分开展后续有限元分析，本模型网格数量为 78639，单元类型为 10 节点四面体。

在数值模型中，包含刀盘的盾构机长度假设为 12 m，管片环宽为 2 m，采用收缩法（contraction factor method）模拟隧道开挖过程中地层损失，结合盾构机几何尺寸及现场施工经验，假设盾构机头部刀盘处地层损失为 1.4%，盾尾处地层损失为 3.8%，从刀盘到盾尾地层损失线性增加。管片和周围地层之间的间隙通过盾尾注浆进行填充，以减小隧道施工对地层扰动的影响[6]，本数值模型采用均布荷载模拟注浆压力，依据施工日志，注浆压力简化为整环 150 kPa 且不随深度变化。为保证开挖掌子面的稳定性，需要施加合适的土仓压力，依据施工日志，设定隧道顶部和底部的土仓压力分别为 137 kPa 和 250 kPa，从顶部到底部线性增加。

本章采用小应变硬化土本构模型（HSS）[7]描述土体的受力变形，相比硬化土模型（HS）[8]，HSS 模型额外考虑了土体在小应变状态下应力水平依赖的剪切模量，土体参数说明见表 14.1，本文各地层所选用的本构参数见表 14.2。由于该区间隧道主要在砂土地层（Z1）中掘进，地层渗透系数较大（约 1.2E－4m/s）且掘进速率较低，故采用有效应力指标进行排水分析。同时，土体参数之间还需满足以下关系：（1）剪胀角控制塑性剪切变形过程中塑性体积应变，对于黏土，其剪胀角较小甚至为 0，而砂土的剪胀角与内摩擦角相关[9]，在本文中满足以下关系：当 $\varphi' > 30°$，$\psi' = \varphi' - 30°$，当 $\varphi' \leqslant 30°$，$\psi' = 0$；（2）排水三轴试验获得的割线模量 E_{50}^{ref} 和固结试验获得切线模量 $E_{\text{oed}}^{\text{ref}}$ 通常相互独立，Schanz[10] 的研究表明，针对砂土可以假设 $E_{50}^{\text{ref}} = E_{\text{oed}}^{\text{ref}}$。此外，Zhao 等[11] 开展的局部敏感性分析表明砂土和黏土地层 $E_{\text{oed}}^{\text{ref}}$ 对隧道施工引起的地表沉降影响有限，因此，后续分析均假设地层参数满足 $E_{50}^{\text{ref}} = E_{\text{oed}}^{\text{ref}}$。

小应变硬化土模型（HSS）参数说明　　　　　　　　　　　　　表 14.1

参数	说明	参数	说明
φ'	有效内摩擦角	ν_{ur}	回弹泊松比
ψ	剪胀角	G_0^{ref}	小应变剪切刚度
c'	有效黏聚力	$\gamma_{0.7}$	70%初始剪切刚度对应的应变
K_0^{NC}	静止土压力系数	p^{ref}	参考应力水平
E_{50}^{ref}	三轴试验割线模量	m	拟合参数
$E_{\text{oed}}^{\text{ref}}$	固结试验切线模量	R_{f}	破坏失效比
$E_{\text{ur}}^{\text{ref}}$	回弹模量		

荷兰 Western Scheldt 隧道各地层 HSS 模型参数　　　　　　　　表 14.2

参数	地层							单位
	Dike	K1	Z1	BK1	BK2	GZ2	K2	
γ_{unsat}	19	18	18	18	17	17	17	kN/m^3
γ_{sat}	20	20	19	21	19.3①	20.2①	20	kN/m^3
φ'	28②	22②	30	28②	28②	34	35	°
ψ	0	0	0	0	0	4	0	°
c'	5②	5②	6.4①	20②	20②	11.4①	40	kN/m^2
K_0^{NC}	0.53	0.63	0.50	0.53	0.53	0.40	0.36	—
E_{50}^{ref}	30,000②	24,000②	35,000②	25,000	30,000	30,000	50,000	kN/m^2
$E_{\text{oed}}^{\text{ref}}$	30,000②	24,000②	35,000②	25,000	30,000	30,000	50,000	kN/m^2
$E_{\text{ur}}^{\text{ref}}$	90,000②	60,000②	80,000②	60,000	100,000	90,000	180,000	kN/m^2
ν_{ur}	0.20	0.20	0.20	0.20	0.20	0.20	0.20	—
OCR	1.0②	1.0②	1.0②	2.7①	2.8	2.5①	3.0	—
G_0^{ref}	160,000②	150,000②	140,000②	65,000	100,000	110,000	150,000	kN/m^2
$\gamma_{0.7}$	0.0002	0.0002	0.0002	0.0002	0.0002	0.0002	0.00015	—
p^{ref}	100	100	100	100	100	100	100	kN/m^2
m	0.7	0.7	0.7	0.7	0.7	0.5	0.7	—
R_{f}	0.90	0.90	0.90	0.90	0.90	0.90	0.90	—

① 直接从地勘报告中获取；

② 依据工程经验确定。

荷兰 Western Scheldt 隧道盾构机和衬砌管片材料参数　　　　　　　　表 14.3

参数	管片	盾壳	单位
厚度 d	0.45	0.35	m
弹性模量 E	2.2E7	2.1E8	kN/m²
重度 γ	24	38	kN/m³
泊松比 ν	0.10	0.30	—

盾构机和衬砌管片均采用线弹性模型，材料参数见表 14.3。需要指出，本文采用对混凝土管片弹性模量进行等效折减的方式考虑管片之间连接螺栓的作用[12]。此外，本文采用接触面单元（interface element）的方式模拟隧道与周围土体之间的切向、法向接触，折减系数假设为 0.6。

盾构施工过程通过分步开挖实现，首先不考虑堤坝（Dike）进行地应力平衡；其次激活堤坝，平衡后重置土体变形；接着进行 44 阶段分步开挖，每步掘进长度对应环宽 2m，前 6 步代表 12m 长的盾构机，掘进过程如图 14.5 所示，盾构机前方宽度 2m 范围内的土体被冻结，代表盾构机的板单元被激活，同时激活代表土仓压力和盾尾注浆压力的均布荷载，并将盾尾注浆压力后方代表管片的板单元激活，如此循环模拟隧道掘进。

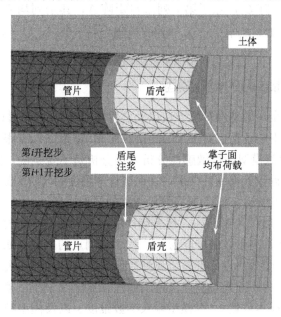

图 14.5　盾构分步开挖过程模拟示意

14.3　参数分析方法

14.3.1　全局敏感性分析

对一个复杂的非线性问题进行三维数值模拟通常计算时间较长，而进行反分析参数优化需要考虑不同参数组合对数值模型进行大量运算评估，因此有必要减少待定参数的数量以提高优化效率，而敏感性分析可有效评估各模型参数影响模型结果的重要性程度，据此可将重要性较低的参数剔除。

敏感性分析方法主要有两类，局部敏感性分析（Local Sensitivity Analysis，LSA）和全局敏感性分析（Global Sensitivity Analysis，GSA）。对于 LSA，通常在参数范围内选择某一参考点求输入参数变化对应模型响应变化的导数获得。但是当研究对象表现出非线性时，局部敏感性分析结果高度依赖所选取的参考点[13]，换而言之，参考点附近获得的参数敏感性排序不适用于整个参数变化范围。此外，在局部敏感性分析中每次只变化其中一个参数，无法考虑参数之间的耦合效应。

全局敏感性针对整个参数空间进行分析，结果不依赖所考虑问题是否呈现非线性，分析过程不仅考虑单个参数变化的影响，同时考虑相关的多个参数之间耦合作用对结果的影响。本节采用基于方差的全局敏感性分析方法（Variance-based method）[14]，一阶敏感性指数 S_i [15]和考虑参数耦合效应的总敏感性指数 S_{Ti} [16]分别通过下式计算：

$$S_i = \frac{\mathbf{y}_A^T \mathbf{y}_{Ci} - n(\bar{\mathbf{y}}_A)^2}{\mathbf{y}_A^T \mathbf{y}_A - n(\bar{\mathbf{y}}_A)^2}, S_{Ti} = \frac{(\mathbf{y}_B - \mathbf{y}_{Ci})^T (\mathbf{y}_B - \mathbf{y}_{Ci})}{2\mathbf{y}_B^T \mathbf{y}_B - 2n(\bar{\mathbf{y}}_B)^2} \quad (14.1)$$

其中 A 和 B 为两个相互独立的（N，k）的矩阵，包含 N 组输入参数（$Z = Z_1, Z_2, \cdots, Z_k$）样本。对于矩阵 C_i，除了第 i 列来自矩阵 A，其余列均来自矩阵 B。$\mathbf{y}_A$，$\mathbf{y}_B$，$\mathbf{y}_{Ci}$ 分别代表矩阵 A，B，C_i 代入计算得到的模型响应结果。$\bar{\mathbf{y}_A}$，$\bar{\mathbf{y}_B}$ 分别对应 $\mathbf{y}_A$，$\mathbf{y}_B$ 的均值。

14.3.2　基于机器学习的代理模型

上述基于方差的全局敏感性分析方法以及之后需要进行的反分析均需要对数值模型进行大量不同参数组合下的评估，对于 Western Scheldt 隧道三维有限元模型，单次运行时间约 6h，直接基于数值模型进行敏感性分析及反分析是不现实的，因此有必要构建代理模型通过回归函数逼近数值模型的结果，在保证计算精度的同时大幅度提高计算效率。将输入参数 x 映射为输出结果 $u(x)$ 的回归函数称为代理模型。

假设每一组输入参数的维度为 s，代表待评估的模型参数（如材料本构参数、盾构施工步参数等）；每一组输出参数的维度为 m，代表观测点的数量（如地表沉降观测点、孔压观测点等），当某一个观测点具有多个观测数据类型时（如某一观测点需同时观测水平位移和竖向位移），记为不同的观测点。为了训练机器学习模型，第一步采用拉丁超立方抽样方法进行抽样，样本数量 n_p 与模型输入参数维度 s 以及模型精度要求相关，原则上样本数量越多，机器学习模型精度越高，但样本数量过多易造成过拟合。上述生成的输入样本记为 $[n_p \times s]$，代入有限元模型可计算得到对应的模型输出，记为 $[n_p \times m]$。接着根据所研究的问题特性选择合适的回归方程（如多项式函数、径向基函数等）进行拟合，本章节选择本征正交分解（proper orthogonal decomposition，POD）结合径向基函数（radial basis function，RBF）方法构建代理模型[17]。具体分为两步，首先对模型输出矩阵进行本征正交分解：

$$[\mathbf{U}]_{m \times n_p} = [\boldsymbol{\phi}]_{m \times n_p} [\mathbf{A}]_{n_p \times n_p} \quad (14.2)$$

其中 $\mathbf{A}$ 为幅度矩阵，由 $\boldsymbol{\phi}$ 为正交基向量，满足正交性，因此上式可以改写为：

$$[\boldsymbol{A}]_{m \times n_p} = [\boldsymbol{\phi}^T]_{n_p \times m} [\boldsymbol{U}]_{m \times n_p} \tag{14.3}$$

当矩阵 $\boldsymbol{\phi}$ 中基向量对应的特征值较小可舍去时，此时修改后的正交基向量记为 $\bar{\boldsymbol{\phi}}$，维度减小后的幅度矩阵记为 $\bar{\boldsymbol{A}}(k \leqslant n_p)$：

$$[\bar{\boldsymbol{A}}]_{k \times m} = [\bar{\boldsymbol{\phi}}^T]_{k \times m} [\boldsymbol{U}]_{m \times n_p} \tag{14.4}$$

接着采用径向对称函数的线性组合拟合降维后的幅度矩阵 $\bar{\boldsymbol{A}}$，通过下式利用径向函数计算 $\bar{\boldsymbol{A}}$ 的各部分：

$$\bar{a}_l^j = \sum_{i=1}^{n_p} b_l^i g_i(\boldsymbol{x}^j), j = 1, \cdots, m; l = 1, \cdots, k \tag{14.5}$$

其中 b_l^i 为系数，$g_i(\boldsymbol{x}^j)$ 通过下式计算：

$$g_i(\boldsymbol{x}) = (\| \boldsymbol{x} - \boldsymbol{x}^i \|^2 + c^2)^{-0.5} \tag{14.6}$$

其中 $0 < c < 1$，用来调整径向基函数的拟合光滑度。

最终，利用式(14.7)对输入参数 x 对应的模型输出 $u(x)$ 进行估计，近似值记为 $\tilde{\boldsymbol{u}}(\boldsymbol{x})$：

$$[\tilde{\boldsymbol{u}}(\boldsymbol{x})]_{m \times 1} = [\bar{\boldsymbol{\phi}}]_{m \times k} [\boldsymbol{B}]_{k \times n_p} [g_i(\boldsymbol{x})]_{n_p \times 1} \tag{14.7}$$

其中矩阵 $\boldsymbol{B}$ 由前述系数 b_l^i 构成，关于 POD-RBF 代理模型更详细的阐述，参见文献[17]。

上述代理模型训练完成之后需要进行测试，测试精度达到要求才能用于后续预测。其模型精度可用均方根误差（normalized root mean squared error，NRMSE）描述，公式如下：

$$\text{NRMSE} = \left[\left(\sum_{i=1}^{n_p} \sum_{j=1}^{m} (u_j^i - \tilde{u}_j^i) \right) / \left(\sum_{i=1}^{n_p} \sum_{j=1}^{m} (u_j^i)^2 \right) \right]^{0.5} \tag{14.8}$$

其中 u_j^i 为输入参数 x^i 对应观测点 j 的精确解（本节通过有限元数值模型计算得到），$\tilde{u}_j^i$ 为通过代理模型得到的近似解。均方根误差越小，代表模型精度越高，本文建议代理模型的精度要至少达到均方根误差低于 5%。

14.3.3　反分析方法

反分析是参数优化的常用方法，采用优化参数的模型预测结果能够较好的吻合实测数据。图 14.6 展示了本节所采用反分析方法的基本思路，目标函数定义为：

$$f(\boldsymbol{x}) = \frac{1}{M} \sum_{i=1}^{M} [w_i (y_i^{\text{calc}}(\boldsymbol{X}) - y_i^{\text{meas}})^2] \tag{14.9}$$

其中 $\boldsymbol{X}$ 为待优化的输入参数组合，$y_i^{\text{calc}}(\boldsymbol{X})$ 和 y_i^{meas} 分别代表模型预测值和现场实测值，M 为观测点数量。

本节采用粒子群优化（Particle Swarm Optimization，PSO）算法进行参数优化，该算法能有效地处理数据量大、离散性高、非线性的优化问题[18]，且能够避免陷入局部最优。其中速度 $V_k(t)$ 和位置 $X_k(t)$ 这两个核心要素的迭代公式为：

$$V_k(t) = \underbrace{\eta V_k(t-1)}_{\text{自身速度项}} + \underbrace{c_1 r_1 (X_k^L - X_k(t-1))}_{\text{自身认知项}} + \underbrace{c_2 r_2 (X^G - X_k(t-1))}_{\text{群体认知项}} \tag{14.10}$$

$$X_k(t) = X_k(t-1) + V_k(t) \tag{14.11}$$

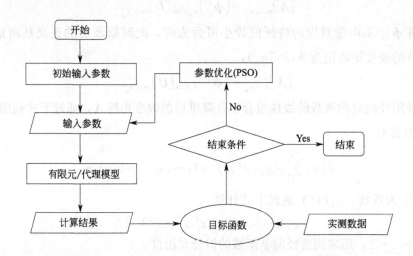

图 14.6　参数反分析基本思路

其中 $k = 1, 2, 3, \cdots, K_p$，K_p 为粒子数量，t 为时间，X_k^L 为第 k 个粒子在当前迭代步获得的最佳位置，X^G 为最佳粒子，c_1 和 c_2 分别为自身认知项和群体认知项参数，r_1 和 r_2 是两个相互独立的 0～1 之间的随机数，η 为平衡全局最优解和局部最优解的权重参数，本节所用 PSO 参数见表 14.4，更多 PSO 理论及应用见文献 [19]。

粒子群算法参数　　　　　　　　　　　　　　　　　　表 14.4

参数	数值	参数	数值
K_p	15	c_1	0.50
η_{max}	0.9	c_2	1.25
η_{min}	0.4	T_{max}	150
结束条件		$f(\boldsymbol{x}) < 10^{-10}$	

14.4　沉降变形分析与预测

14.4.1　初始预测

图 14.7 展示了隧道开挖完成后土体的竖向位移云图，所选取的土体参数见表 14.2（记为初始参数）。此外，图中还标注了沿隧道纵向的地表沉降观测点 A～E，沿隧道横截面的地表沉降观测点 1～8。由图可知，隧道上方土体表现为沉降变形，隧道下方土体表现为隆起变形，这与开挖过程引起的土体卸载行为一致。

图 14.8 展示了基于初始参数的模型预测结果与实测值的对比，由图可知，横截面观测点 2～5 及纵截面观测点 A、D、E 的预测值与实测值误差较大，可能的原因包括 HSS 本构模型没有考虑土体的各向异性[20]、监测数据可能存在误差、假设的地层损失和施工步参数与现场实际存在偏差等。本文假设上述观测点预测值与实测值的误差主要由土体参数的不确定性引起，因此，下面的研究主要考虑通过土体本构参数的优化实现模型预测结

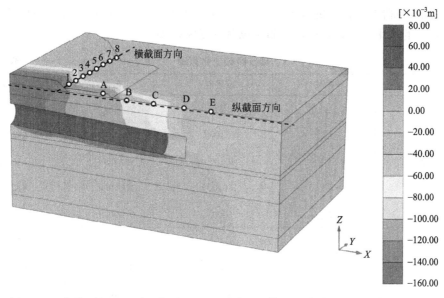

图 14.7　隧道开挖至 44 步（掘进 88 m）对应的土体竖向位移云图（负值代表沉降）

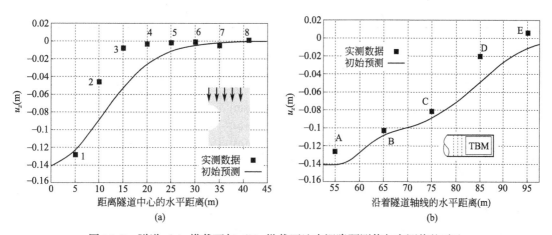

图 14.8　隧道（a）横截面与（b）纵截面地表沉降预测值与实测值的对比

果逐步吻合观测结果，进而利用某一开挖步优化得到的数值模型对不同开挖阶段土体变形进行预测。

14.4.2　全局敏感性分析

前期研究[11]针对堤坝（Dike）、K1 和 Z1 地层参数进行了局部敏感性分析，结果表明堤坝参数对隧道开挖引起的地表沉降影响不大，因此本节全局敏感性分析主要针对 K1 和 Z1 地层的刚度、剪切变形参数，对应参数的变化范围见表 14.5。

隧道施工引起的地表最大沉降是最重要的监测数据之一，隧道施工在横截面和纵截面上的影响范围也是现场比较关心的问题。基于此，图 14.9 定义了最重要的 4 项需要进行敏感性评估的模型响应，L_1 为最大地表沉降；L_2 为横断面隧道中心线到地表沉降不足

$0.05\ L_1$ 对应位置的水平距离，表征隧道施工横截面影响范围；L_3 为隧道纵向当前开挖面到最大地表沉降对应位置的水平距离；L_4 为隧道纵向当前开挖面到地表沉降不足 0.05 L_1 对应位置的水平距离，表征隧道施工纵截面影响范围。

HSS 参数变化范围   **表 14.5**

土层	参数	下限值	上限值	单位
黏土 K1	φ'	15	30	°
	$E_{\mathrm{oed}}^{\mathrm{ref}}$	15,000	28,000	kN/m²
	$E_{\mathrm{ur}}^{\mathrm{ref}}$	40,000	80,000	kN/m²
	G_0^{ref}	120,000	160,000	kN/m²
	$\gamma_{0.7}$	0.00015	0.00025	—
砂土 Z1	φ'	30	40	°
	$E_{\mathrm{oed}}^{\mathrm{ref}}$	28,000	50,000	kN/m²
	$E_{\mathrm{ur}}^{\mathrm{ref}}$	60,000	100,000	kN/m²
	G_0^{ref}	120,000	160,000	kN/m²
	$\gamma_{0.7}$	0.00015	0.00025	—

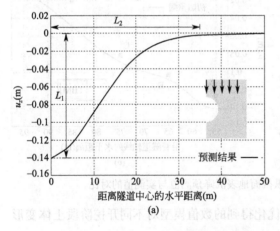
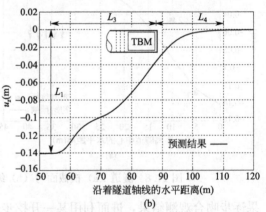

图 14.9 隧道（a）横截面与（b）纵截面模型响应示意图

图 14.10(a) 展示了 L_1 对输入参数的敏感性，Z1 地层的内摩擦角起决定性作用，这是因为发生最大沉降处土体有较大的塑性变形，而内摩擦角是影响塑性变形的重要参数。图 14.10(b) 展示了 L_2 对输入参数的敏感性，Z1 地层的刚度参数对 L_2 的影响最大，这是由于盾构通过后隧道下方土体处于回弹状态，回弹模量对远离隧道中心土体位移的影响较大。图 14.10(c) 和图 14.10(d) 分别展示了 L_3 和 L_4 对模型输入参数的敏感性，由于隧道主要在砂土 Z1 地层中掘进，总体上 Z1 地层参数相比黏土 K1 地层参数更重要，但所有参数的敏感性指标相差不大，敏感性指数最大不超过 0.25，这说明所有地层参数对隧

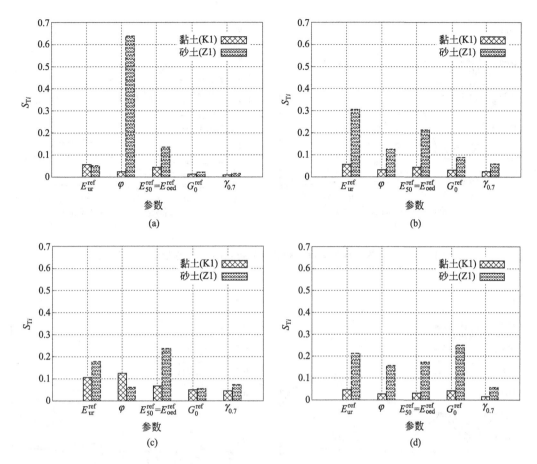

图 14.10　全局敏感性分析结果：(a) L_1，(b) L_2，(c) L_3，(d) L_4

道纵向影响范围均有较大的影响。

图 14.11 和图 14.12 分别隧道横截面和纵截面地表沉降对 K1、Z1 地层参数的敏感性。在横截面方向，K1 地层参数的重要性普遍较低，这主要是因为隧道掘进在 Z1 地层中完成。Z1 地层的内摩擦角对各个位置地表沉降的影响重要性最高，但随着观测点逐渐远离隧道轴线，其敏感性指数逐渐降低，这是因为在此过程中土体的塑性变形逐渐减小。相反，在这个过程中土体的小应变及弹性变形逐渐占主导地位，因而小应变剪切刚度和土体回弹模量的敏感性指数逐渐升高。隧道纵截面敏感性分析结果具有类似的结论，Z1 地层内摩擦角和土体刚度是相对更重要的参数，对于隧道开挖通过后的土体，内摩擦角的敏感性指数始终保持在 0.6 以上，而当观测点位于掌子面前方时，由于土体小应变变形占主导地位，对应土体参数 G_0^{ref} 的重要性逐渐提升。但土体内摩擦角仍对模型结果有较大影响，这是因为内摩擦角不仅控制土体的塑性剪切变形，同时决定了塑性变形与弹性变形的分界，因此其对土体弹性变形也有一定的影响。

基于上述全局敏感性分析结果可知，观测点的竖向位移主要由土体内摩擦角（φ'）和刚度（$E_{\text{oed}}^{\text{ref}}$，$E_{\text{ur}}^{\text{ref}}$）控制，因此，最终确定对 K1 和 Z1 地层合计 6 个参数进行反分析参数优化。

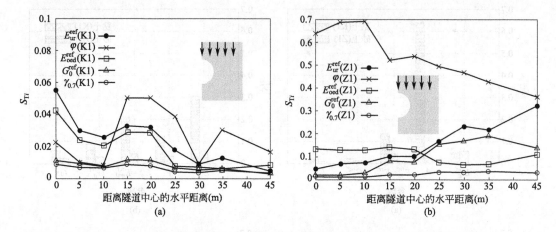

图 14.11　隧道横截面地表沉降敏感性分析：(a) K1 地层，(b) Z1 地层

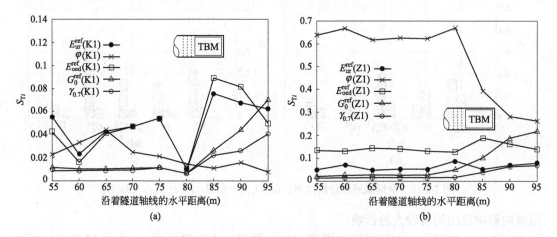

图 14.12　隧道纵截面地表沉降敏感性分析：(a) K1 地层，(b) Z1 地层

14.4.3　三维模型校验

图 14.13 展示了利用反分析优化得到的本构参数进行数值计算的结果，构建目标函数实际采用的实测数据为观测点 1～观测点 3 的竖向位移，优化得到的参数见表 14.6，由于优化得到的土体刚度和内摩擦角均有所增加，在隧道横截面方向优化后隧道上方地表沉降略降低，总体上模型预测结果相比初始预测结果更加吻合实测数据。

反分析优化得到的土体本构参数　　　　　　　　　　　　　　　表 14.6

土层	参数	优化结果	单位
黏土 K1	φ'	16.17	°
	E_{oed}^{ref}	24,082	kN/m²
	E_{ur}^{ref}	71,717	kN/m²

土层	参数	优化结果	单位
砂土 Z1	φ'	37.88	°
	E_{oed}^{ref}	33,508	kN/m^2
	E_{ur}^{ref}	67,015	kN/m^2

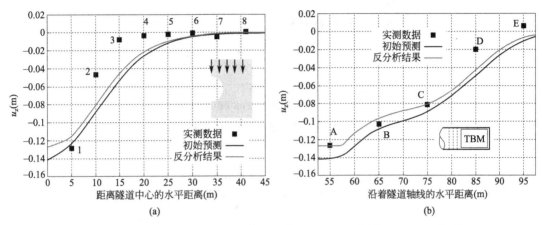

图 14.13　参数优化后数值模型在隧道（a）横截面和（b）纵截面上的预测结果对比

表 14.7 归纳了运行有限元模型、基于代理模型进行参数分析的计算耗时，单次盾构隧道有限元计算时间约 6h，因训练机器学习代理模型需要样本数较多（本文选用 200 组可满足精度要求），故该阶段进行有限元计算耗时较长（1200h），但这一步可以通过多台计算机并行计算完成，之后每次调用代理模型计算耗时不超过 1s，可快速进行敏感性分析以及反分析优化模型参数，最终有效降低模型参数的不确定性。

三维模型计算、参数分析计算时间统计（使用 1 台 8 核 CPU 桌面台式计算机）　　表 14.7

计算类别	时间(h)
有限元模型单次运行	6
构建代理模型	1200
代理模型单次运行	2E—4
基于代理模型的反分析参数优化	0.25

在本章数值模型中，由于模型是对称的，隧道左右两侧的模型响应是完全相同的。但实际工程中，由于地层分布的异质性，隧道两侧的土体变形通常不一致。图 14.14 展示了隧道开挖完成后隧道整个横截面上的地表沉降观测值，由图可知，距离隧道中心线相同位置处左侧地表沉降略大于右侧地表沉降，若不考虑测量误差的影响，这可能是由隧道两侧土体特性的差异引起。将前述基于观测点 1~3 实测值优化得到的模型预测结果与隧道左侧沉降实测值对比可得，模型预测值与实测值基本吻合，这说明前述参数优化的假设和方法是合理的。

上面主要讨论了隧道掘进 88m 时获得的地表沉降，基于这个阶段对应的实测数据对土体参数及数值模型进行优化，为进一步验证该数值模型的性能，图 14.15 对比了其他掘

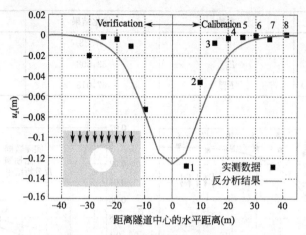

图 14.14　盾构隧道数值模型校验

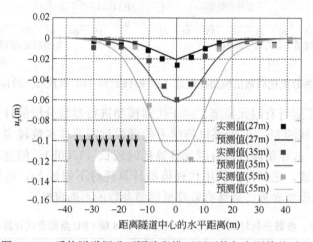

图 14.15　盾构隧道掘进不同阶段模型预测值与实测值的对比

进阶段整个横截面模型响应与实测值的对比，从中可以看出所建立并优化的有限元数值模型能较好地预测隧道施工不同阶段整个横断面上的地表沉降。

14.5　本章小结

　　数值模型是预测盾构隧道引起地层响应的重要工具，但存在缺少现场实测数据、影响因素复杂多变、高阶材料本构模型参数不完整等问题，无疑限制了数值方法在盾构隧道中的应用。本章首先基于地勘报告结合工程经验预估各模型参数，针对其中的不确定参数利用全局敏感性分析方法精确评估其对盾构引起地层位移的重要性影响程度，选择其中敏感性指数最高的待定参数进行反分析优化，在此过程中，利用机器学习算法训练基于回归方程的代理模型，解决敏感性分析和反分析因需要大量运行有限元模型而无法承担计算资源的难题。主要结论如下：

　　（1）采用本征正交分解结合径向基函数的机器学习算法能够较好地预测不同土体参数

组合（6 个输入参数）对应盾构开挖引起的土体变形，训练样本数量为 200、测试样本数量为 100 对应的模型均方根误差不超过 2%；

（2）敏感性分析结果表明本案例中影响地表最大沉降的核心参数是隧道开挖所在地层的内摩擦角；

（3）利用隧道开挖至某一阶段的位移实测数据进行参数优化得到的数值模型不仅能够较好地预测当前阶段整个隧道不同位置的土体位移，同时能够精确地预测隧道开挖不同阶段引起的土体变形。

参考文献

[1] Kasper T，Meschke G. A 3D finite element simulation model for TBM tunnelling in soft ground [J]. International journal for numerical and analytical methods in geomechanics，2004，28（14）：1441-1460.

[2] 李明睿，陈国平，范秀江，等. 盾构施工对临近桩基影响的数值模拟及参数分析 [J]. 土木与环境工程学报（中英文），2022，44（1）.

[3] Zhao C，Lavasan A A，Barciaga T，et al. Model validation and calibration via back analysis for mechanized tunnel simulations-The Western Scheldt tunnel case [J]. Computers and Geotechnics，2015，69：601-614.

[4] van de Linde W，Thewes M. Westerscheldetunnel：Zeitgleiche Ausfuehrung von Schildvortrieb，Querschlagserstellung und Tunnelausbau/Westerschelde Tunnel：simultaneous execution of shield drive，creating the cross-passages and tunnel supporting [J]. Forschung und Praxis，2001（39）.

[5] Grimm K. Innovations in Tunnelling and Compressed Air-The Westerschelde Tunnel：Saturation Diving [C] //Engineering and Health in Compressed Air Work：Proceedings of the 2nd International al Conference on Engineering and Health in Compressed Air Work held at St Catherine's College，Oxford，from 25th to 27th September，2002. Thomas Telford Publishing，2003：125-136.

[6] Talmon A M，Bezuijen A. Simulating the consolidation of TBM grout at Noordplaspolder [J]. Tunnelling and Underground Space Technology，2009，24（5）：493-499.

[7] Benz T. Small-strain stiffness of soils and its numerical consequences [D]. University of Stuttgart，2007.

[8] Schanz T. The hardening soil model：formulation and verification [J]. Beyond 2000 in Computational Geotechnics，1999：281-296.

[9] Bolton M D. The strength and dilatancy of sands [J]. Geotechnique，1986，36（1）：65-78.

[10] Schanz T. Zur Modellierung des mechanischen verhaltens von Reibungsmaterilien [M]. na，1998.

[11] Zhao C，Lavasan A A，Schanz T. Sensitivity analysis of the model response in mechanized tunnelling simulation-a case study assessment [C] //4th International conference on engineering optimization. Lisbon（Portugal），2014：491-496.

[12] Blom C B M. Design philosophy of concrete linings for tunnels in soft soils [J]. 2002.

[13] Rohmer J. Dynamic sensitivity analysis of long-running landslide models through basis set expansion and meta-modelling [J]. Natural hazards，2014，73（1）：5-22.

[14] Sobil' I. Sensitivity estimates for nonlinear mathematical models [J]. Math. Model. Comput. Exp，1993，1（4）：407-414.

[15] Saltelli A，Ratto M，Andres T，et al. Global sensitivity analysis：the primer [M]. John Wiley &

Sons，2008.

[16] Jansen M. Analysis of variance designs for model output [J]. Computer Physics Communications，1999，117 (1-2)：35-43.

[17] Khaledi K，Miro S，König M，et al. Robust and reliable metamodels for mechanized tunnel simulations [J]. Computers and Geotechnics，2014，61：1-12.

[18] Kang Y L，Lin X H，Qin Q H. Inverse/genetic method and its application in identification of mechanical parameters of interface in composite [J]. Composite structures，2004，66 (1-4)：449-458.

[19] Knabe T，Schweiger H F，Schanz T. Calibration of constitutive parameters by inverse analysis for a geotechnical boundary problem [J]. Canadian Geotechnical Journal，2012，49 (2)：170-183.

[20] Mašín D. 3D modeling of an NATM tunnel in high K 0 clay using two different constitutive models [J]. Journal of geotechnical and geoenvironmental engineering，2009，135 (9)：1326-1335.

第15章

盾构隧道衬砌表观病害图像自动识别

15.1 引言

在盾构隧道运营过程中，受施工水平、周边环境扰动、养护措施等因素的影响，隧道结构会出现不同程度的病害，主要包括衬砌裂缝、渗水、掉块、错台、衬砌背后空洞、纵向不均匀沉降等，其中渗水与裂缝是最为常见的结构表观病害，对隧道结构健康具有不利影响。为确保地铁运营安全，需要对隧道结构病害进行检测与评估。传统的检测方法以人工巡检为主，需在地铁停运后 2～3h 的窗口期内开展病害巡查工作，检测效率低，误检漏检率高。随着运营地铁里程的快速增加，传统的人工巡检方法越来越难以满足隧道运营安全需要，亟需一种新型自动化检测方法代替人工巡检。

近年来，随着深度学习理论的逐渐成熟，其在计算机视觉领域的快速发展为结构病害检测提供了一个新的方向。通过人工标注大量图像中的病害构建数据集，深度学习模型在训练过程中根据数据集对模型参数进行更新，削弱干扰物特征，提取病害特征，从而实现病害自动识别。而深度学习框架（Tensorflow，Pytorch 等）的不断发展使数据集构建、模型搭建、模型训练与评估等过程逐渐标准化，为各个领域学者应用深度学习模型进行研究创造了条件。

在土木工程领域，深度学习方法已被研究应用于电缆隧道、公路隧道、盾构隧道、铁路隧道、桥梁等结构病害识别中，表现出优于传统图像处理技术的识别速度与准确度。基于三维激光扫描和线阵 CCD 摄影等新型图像采集技术，不同研究也根据实际应用场景研制专用检测装置，为深度学习应用于结构病害检测提供了坚实的数据支撑。本章以盾构隧道衬砌表观渗水与裂缝病害为识别对象，首先介绍病害数据集的构建方法；之后构建病害检测模型，基于数据集特点开展模型优化研究，实现图像中病害位置准确识别；最后针对渗水病害搭建实例分割模型，在确定渗水病害位置的同时，分割病害轮廓，获取病害像素面积，从而量化渗水病害严重程度。

15.2 目标检测与实例分割

15.2.1 目标检测

在盾构隧道日常巡检作业时，专业人员在行进过程中不断扫视管片，检测其表面是否存在病害，这是一个动态的过程。如果把人眼每眨一次视作相机的一次快门，目标检测的目的是确定每张静态图像中目标（病害）的位置与类别，即模型的输入是一张图像，输出是目标的位置坐标与类别概率。目前研究主要采用矩形框确定目标位置，常用的表示方法有两种：对角线上两点坐标（图 15.1a）、中心点坐标和矩形框的宽高（图 15.1b）。检测模型的难点是如何"找到"目标并对其进行分类。在 2014 年，Girshick 等[1] 提出了 R-CNN 模型，将分类模型应用于检测任务。该模型在 PASCAL VOC 数据集上取得了较好的检测准确度，并给出了检测模型的研究方向，具有十分重要的意义。图 15.2 展示了 R-CNN 模型检测流程：

（1）根据一系列矩形框模板（图 15.2 中矩形框），采用逐像素遍历方式从原图中"抠图"，基于模板框与目标的重合程度初步筛选得到可能包含病害的图像区域，作为下一阶段的输入图像；

（2）将输入图像尺寸直接调整为一个固定值，训练分类模型从中提取目标特征，得到包含病害语义信息的高维特征图；

（3）对提取到的特征图进行展开操作，输入支持向量机（Support Vector Machine，SVM）进行图像目标类别概率与位置坐标偏移量预测，调整模板框使其更准确地包围目标，从而实现图像病害识别。

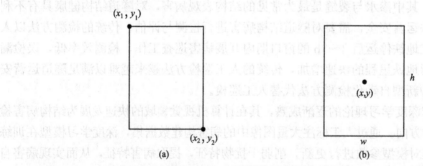

图 15.1 矩形框位置坐标表示方法

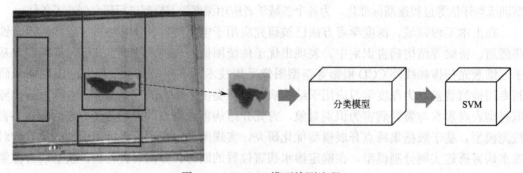

图 15.2 R-CNN 模型检测流程

由于 R-CNN 模型由三个独立的部分组成，模型训练过程中需要硬盘存储中间过程产生的大量数据，用作下一部分的输入，占用了大量的储存空间，降低了训练效率，且检测速度极慢（53s/张）。针对上述问题，Girshick 等[1] 提出了 Fast R-CNN 模型。研究认为"抠图"得到图像的尺寸相差较大，直接进行尺寸调整易造成图像失真，改为对分类模型输出的特征图进行"抠图"操作，并将其命名为感兴趣区域（Region of Interest，RoI）。研究还将 SVM 替换为两个全连接层，针对输入的每个 RoI 进行类别概率和位置坐标的预测，并与分类模型结合，大幅提升了模型检测速度与准确度。为实现数据在模型中端到端的传输，Ren 等[2] 提出以区域建议网络（Region Proposal Network，RPN）代替"抠图"生成 RoI，并与 Fast R-CNN 模型相结合，即 Faster R-CNN 模型，进一步提高了模型在 VOC、COCO 等数据集上的检测速度与准确度。该模型是目前深度学习领域应用最为广泛的检测模型之一，在 15.4 节用于实现病害检测。

15.2.2　实例分割

在发现盾构隧道管片表面存在病害时，除了记录病害的位置外，巡检人员也会估计病害面积，记录其严重程度。对于计算机视觉而言，人工巡检过程可表示为在确定渗水病害位置的同时对病害轮廓进行分割，即实例分割。分割任务的目的是输出图像内目标轮廓，即输入的是一张图像，输出是一张分割结果图。与分类模型预测一张图像的类别概率不同，分割模型预测图像每个像素点的类别概率。

Long 等[3] 在分类模型的基础上删除最后的全连接层，直接在提取到的特征图上预测每个点的类别概率。通过上采样将特征图还原至原图大小，得到分割结果。由于删除了全连接层，剩余网络层均属于卷积层，该网络又被称作全卷积神经网络（Fully Convolutional Network，FCN）。但当一张图像内包含多个目标时，同一个像素可能同时属于多个目标，FCN 模型难以精确分割其中的每一个目标。He 等[2] 在 Faster R-CNN 检测模型基础上添加一个额外的 FCN 分支，在确定目标位置的同时对目标轮廓进行分割。针对不同类别的目标分别预测分割结果，最终在原图上进行融合。该模型在 COCO 数据集上取得了较好的分割准确度，为分割模型的研究指明了方向。不同于 FCN 模型一次完成对所有目标的分割，Mask R-CNN 模型针对图像中每个目标分别进行分割，该模型在 15.5 节用于实现渗水病害分割以及量化。为便于区分，前者被称作语义分割模型，后者则被称作实例分割模型。三种任务对比如图 15.3 所示。

15.3　病害数据集构建

数据集，即大量带有标签的病害图像。在应用深度学习方法进行盾构隧道衬砌表观病害识别时，数据集构建是实现隧道表观病害智能检测的关键一环，对深度学习模型的训练效果与识别表现具有直接影响。为顺利开展基于深度学习的盾构隧道衬砌表观病害识别研究，首先应根据识别任务构建数据集，主要包含 5 个步骤。

（1）采用非接触式地铁隧道衬砌病害快速检测设备（Moving Tunnel Inspection，MTI-200a）对多条地铁线路的隧道区间开展衬砌表面图像采集工作；

（2）通过人工筛选的方式先将包含渗水、裂缝病害的图像挑选出来，提高标注人员病

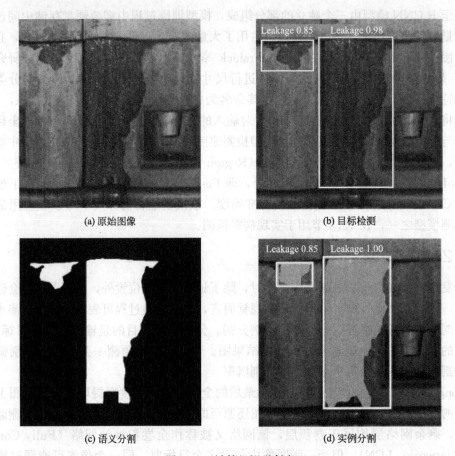

(a) 原始图像　　　　　　　　　　　　　　(b) 目标检测

(c) 语义分割　　　　　　　　　　　　　　(d) 实例分割

图 15.3　计算机视觉任务

害标注工作效率；

（3）针对渗水与裂缝病害，根据深度学习领域公开检测数据集格式，利用矩形框人工标注图像中的病害，获得图像检测的病害标签图；

（4）针对渗水病害，根据深度学习领域公开实例分割数据集格式，利用锚点的形式对图像病害区域进行标注，获得病害分割的病害标签图；

（5）将检测与分割数据集按照 8：2 的比例划分为训练集和测试集。

15.3.1　图像采集

同济大学隧道及地下工程研究所第五研究室联合上海通芮斯克自主研制了基于机器视觉的快速移动式地铁隧道结构病害检测分析系统（MTI）（图 15.4），该系统由图像采集层，操作控制层和行走层组成，可实现隧道衬砌表观图像的快速采集。该设备的采集系统由 12 个 LED 光源和 6 个 CCD（Charge-Coupled Device）工业线阵相机组成，能够达到扫描角度超过 290°，并且扫描长度超过 14m 的隧道扫描范围。利用 MTI 采集系统进行盾构隧道衬砌表面图像获取的工作流程主要包括现场勘查、设备运输、设备组装及调试、图像采集、设备拆卸、设备运回，如图 15.5 所示。

图 15.4　快速移动式地铁隧道结构病害　　　　图 15.5　快速移动式地铁隧道结构病害
　　　　　检测分析系统　　　　　　　　　　　　　　检测分析系统工作流程

　　每次开展现场图像采集作业时，需首先安排工作人员提前到隧道区间进行现场勘察，勘察目的包括熟悉隧道内的环境、病害位置以及设备运输通道等信息，保证在有限的地铁隧道检测时间内高效工作。然后将检测设备 MTI-200a 按单部件封装在几个移动运输箱内，由工作人员将其运输至隧道区间现场，将各个单部件组装起来，设备组装时间大约为5min。设备组装完成后，需对设备进行简单调试，主要包括镜头和线阵相机图像采集软件的调试及参数设置。之后，由工作人员手动推行检测设备 MTI-200a 在地铁隧道的轨道上前进，实现隧道衬砌表面的图像获取，采集过程如图 15.6 所示。图 15.7 展示了 MTI设备采集获得的部分隧道衬砌表观图像。

图 15.6　MTI-200a 隧道衬砌表面图像采集

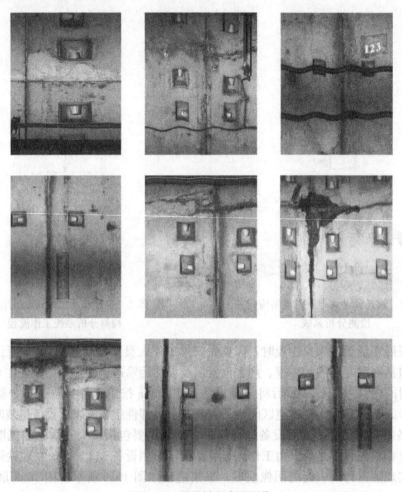

图 15.7　隧道衬砌表观图像

15.3.2　病害标注

15.3.2.1　检测数据集

病害检测任务中，需对样本库中每张图片进行标注，标注信息包括两部分：病害类别（渗水、裂缝）和位置信息。位置信息的标定通过一个长方形框（边界框，bounding box）来实现，长方形框要完整地包含整个病害，非病害区域要尽可能小。对于边界框的标定，使用两个坐标 (x_{min}, y_{min})，(x_{max}, y_{max})，即位置坐标的左上角和右下角。

目标检测中的样本库标注常借助于 Labelme 工具，通过一个包含左上角和右下角坐标的矩形框来记录目标边界框的信息。考虑到隧道病害周围背景复杂，干扰因素众多，且图像对比度低、相似度高，人眼辨识存在干扰，很多情况下肉眼很难将隧道与背景准确区别开来，尤其是裂缝，这会严重影响样本标注的质量和效率。对于这一问题，经查阅文献，本文选择借助对比度增强算法——直方图均衡化，通过增强图像对比度的方法，使病害特征更显著，与背景区分更明显，从而提高人工标注病害的效率和质量。直方图均衡化（Histogram Equalization，HE）是图像空间域增强点运算的一种方法，其核心思想是把原始图像的灰度直方图进行非线性拉伸，重新分配图像像素灰度值，即从比较集中的某个灰度区间更新为全部灰度范围内的均匀分布，且一定灰度范围内的像素数量大致相同。因此，可对原软件进行二次开发，将图像增强算法内置于标注工具内部，添加"switch"选项，在病害标注过程中，可快速实现对图片的直方图均衡化操作，方便标注人员快速找到病害。其操作界面及效果对比如图 15.8 所示。

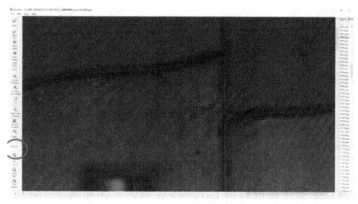

(a) 病害原图标注界面图

(b) 直方图均衡化处理后病害图像标注图

图 15.8　Labelme 标注软件操作界面及效果对比

　　标注工作结束后，最终获得的数据集中含有 4139 张图片，其中 3000 张图片作为训练样本，其余的 1139 张图片作为测试集。这一数据集中，一张图像可能包含多个病害的标签图（Ground Truth）。图 15.9 展示了此类标签的部分示例。病害检测样本中，一个样本可以含有多个标签。本数据集中包含 5496 组裂缝和渗水病害的标签图信息，其中裂缝2946 组，渗水 2550 组。

15.3.2.2　分割数据集

　　病害分割数据集与病害检测数据集共享结构病害原图，但两者在标注信息上存在差异，分割任务标注信息包括 3 部分：病害类别（渗水）、位置信息以及病害区域边缘。在制作渗水病害标签图的过程中，渗水边界的确定是非常重要的。隧道衬砌表面背景较复杂，渗水病害区域的边界很难明显界定。根据《地下防水工程质量验收规范》中 C.1.5条关于渗水的定义，判定渗水边界界定的标准。

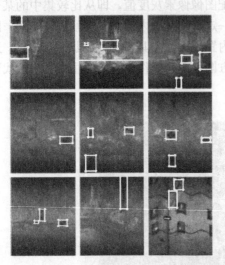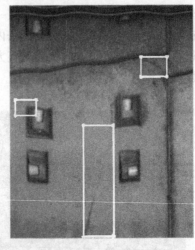

标记信息：

边界框(裂缝)：
X_{min}2136Y_{min}832
X_{max}2560Y_{max}1152

边界框(裂缝)：
X_{min}92Y_{min}1513
X_{max}430Y_{max}1760

边界框(划痕)：
X_{min}1192Y_{min}1925
X_{max}1680Y_{max}3698

图 15.9 检测数据集部分标签示例

病害分割任务标签制作也可利用 Labelme 工具，界面如图 15.10 所示。标注时，通过多个锚点以闭合不规则多边形的形式确定图像中的病害区域轮廓，利用标注完成后生成的 .json 格式文件将图像标签信息记录下来，再通过 Python 脚本将其转化成能供深度学习网络学习的数据格式，图像与标签信息组成了供深度学习网络学习的数据集。

图 15.10 Labelme 病害分割标注界面图

考虑到渗水病害主要发生在管片拼缝、螺栓孔、注浆缝、旁通道等处，隧道衬砌图像上常有其他实例目标干扰，而深度学习模型训练过程会受背景因素的干扰。为探究图像背景及其他实例对病害分割效果的影响，此处将渗水病害数据集分为两类。一类数据集中图片背景简单，获取方法为将用于病害检测任务的原隧道衬砌图像（3000×3724 像素）进行裁剪，裁剪后的图片中主要包含渗水及混凝土背景，基本不含有管线、螺栓孔等干扰物，以保证模型能学习到渗水病害的精确特征，样本标记案例如图 15.11 所示；而另一类数据集为用于检测任务的隧道衬砌图像（3000×3724 像素），图片背景较复杂，除渗水及混凝土背景外，还包含管线、螺栓孔等干扰物，样本标记案例如图 15.12 所示。

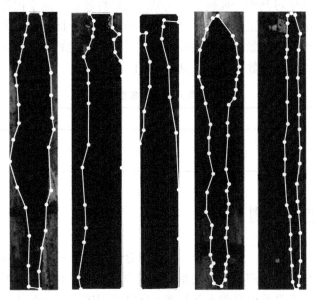

图 15.11　渗水病害分割样本示意图（裁剪后）

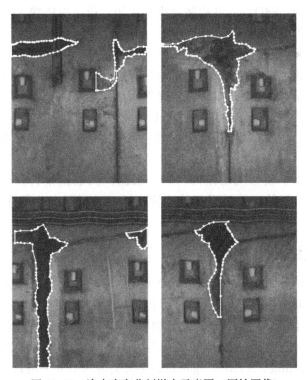

图 15.12　渗水病害分割样本示意图（原始图像）

两类数据集的标注过程基本相同，区别主要在于背景的复杂程度及图片信息的多样性。两类数据集的优缺点也较为明显。背景简单的数据集受背景噪声影响小，深度学习模型能更容易地学习病害特征，且图片尺寸较小，读写速度也更快，可以加快模型训练及测试速度。但由于网络学习到的特征较少，模型的鲁棒性较差，抗干扰能力不足，易出现过拟合。背景复杂的数据集则正好相反，其模型鲁棒性和抗干扰能力较为出色，但由于学习的图像信息较多，模型受背景噪声影响较大，容易出现误判的情况，且训练及测试时间要更长。最后得到的两类分割数据集信息见表 15.1。

两类分割数据集信息   表 15.1

数据集类型	训练集	测试集	总计
背景简单	2040	510	2550
背景复杂	1624	406	2030

15.4 病害自动检测

在病害检测定位任务中，深度学习方法可以分成两类：一类是以 R-CNN 系列为代表的方法，其核心思想包括两部分，首先在整张图像上进行搜索，获得可能为检测目标的区域候选框；然后把候选框的内容输入卷积神经网络模型中进行分类并回归其边界框；另一类则不依赖于候选框的选择，把整张图像输入卷积神经网络模型中进行全局处理并判断，其代表方式为 YOLO、SSD 等。从检测效果上比较，第一类依赖于候选框的方法可以取得更好的准确度，第二类方法检测速度较快。

在深度学习领域，数据集主要包含人、车、动物等确定性目标，即不论场景如何变化，目标始终保持相对固定的特征。但对于隧道表观病害，如渗水，水自身的流动性、衬砌表观的各种标记与污渍、管片接缝、裂缝等因素导致病害形态十分复杂且不规律。因此，有必要结合病害特征对已有检测模型进行优化改进，保证模型更好地适用于渗水病害检测任务。针对这一问题，基于前文构建的病害检测数据集，使用 K-means 聚类方法，从统计学上分析病害特征，并采用 Faster R-CNN 方法（候选框＋卷积神经网络）进行研究。本节首先介绍了模型网络结构，之后根据检测数据集特征确定模型改进方法，最后开展模型训练与评估，并根据相关评价指标，对不同实验条件下的模型进行了横向对比。

15.4.1 方法概述

在病害检测任务中，输入图像为完整的大尺度图像（3000×3724 像素）。R-CNN 系列算法核心思想是基于建议区域在整张图片上检测，筛选可能为病害区域的候选框，进而通过 CNN 提取每个候选区域的特征，之后利用分类器预测此区域中包含目标的类别概率（置信度），将检测问题转为分类问题，后面接的分类器可以是独立训练的支持向量机（Support Vector Machine，SVM），也可以是多分类的 Softmax 函数。

从结构上，可以将 Faster R-CNN 模型分为两部分。一部分为骨干结构（backbone architecture），另一部分为头结构（head architecture）。骨干结构负责对整张图像进行处理，获得其特征图像，头结构对特征图像进行处理，获得候选区域并进行类别的划分和目标边界的定位。

如图 15.13 所示，首先将整张图片送入 CNN，进行特征提取，在最后一层卷积层生成卷积特征图像（Feature Map），在此之后增加两个额外的卷积层，构造区域建议网络 RPN；RPN 网络可直接预测出候选区域建议框，所选出的候选框数量限定在 300 个，且预测过程绝大部分在 GPU 完成。Faster R-CNN 是 RPN 和 Fast R-CNN 相结合的结构，共享 RPN 和 Fast R-CNN 卷积层的参数，支持端到端的训练。

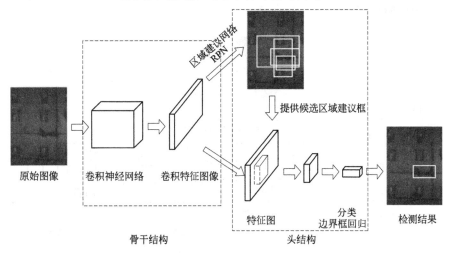

图 15.13　Faster R-CNN 模型组成

从整个方法的计算上，该模型有两个损失函数，可以分成两条计算路线，一条是候选区域计算，另一条是最终目标检测计算。两条计算路线有一部分相互重叠，即整个图像的深度卷积特征的提取，其他的部分计算相互独立，如图 15.14 所示。

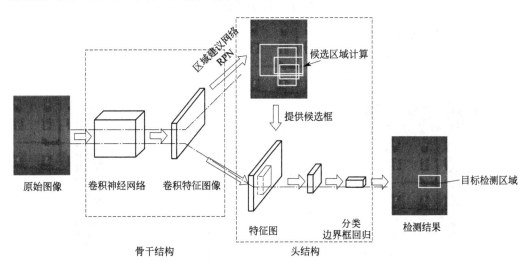

图 15.14　Faster R-CNN 模型计算路线

1. 区域建议网络

区域建议网络（Region Proposal Network，RPN）是提取目标候选框的一种方法，由 Ren 等[2]提出。区域建议网络可以接受任意大小的图像作为输入，输出一系列的矩形候选框，每一个候选框都附带一个目标得分（object score），目标得分的大小反映了每个矩形候选框中涵盖内容属于检测目标的概率，因此，通过设定一个目标得分的阈值，可以获得一定数量的矩形候选框。

区域建议网络示意图如图 15.15 所示。通过特征提取并计算区域建议网络，候选框计算路线即完成。在区域建议网络中，也有相关参数需要训练，故也分为训练阶段和测试阶段。在训练阶段，使用的算法仍然是反向传播算法，骨干结构中的相关参数和区域建议网络的相关参数同时更新。

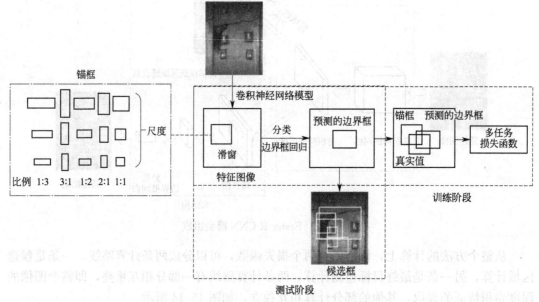

图 15.15　区域建议网络

候选框计算路线可以详细划分为以下部分：

首先，输入图像经过卷积神经网络骨干结构，通过运算得到卷积特征图像，其大小和维度为（$p \times q \times n$），如图 15.16 所示；

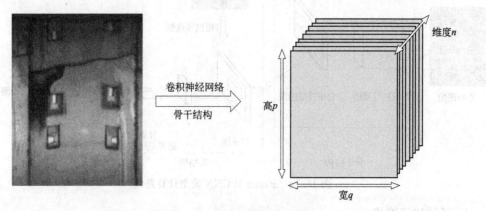

图 15.16　深度卷积特征的提取

在提取的卷积特征图像上，使用一个矩形图框进行滑动，每个滑动窗口将所在区域内的特征映射为一个具体的数值，这个滑动的矩形图框窗口被称为锚框，如图 15.17 所示。对于锚框有两个固定的属性，高宽比和尺度。高宽比指的是锚框的高度和宽度的比值，反映了检测目标的形状；尺度指的是检测目标区域占整张图像的比例，反映的是检测目标的大小，高宽比和尺度决定了锚框的个数。对于 n 维的卷积特征图像，k 个不同的锚框，每一次滑动都会产生一个 k 个 n 维的低维向量。

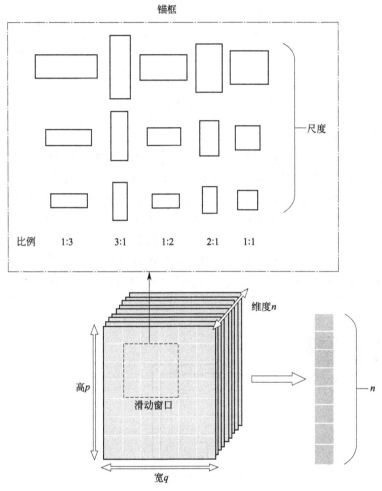

图 15.17　区域建议网络的锚框

此向量分别输入两个全连接层进行类别的划分和边界的回归。划分类别是为了判断锚框所在区域是否含有目标。在区域建议网络中只有两个类别，背景和前景，背景是非检测目标的背景信息，前景是检测任务里的目标，而对于边界框的回归，每个区域对应了 4 个未知数。所以对于 k 个 n 维的低维向量，与 $2k$ 个神经元全连接，使用 softmax 分类器进行 $2k$ 的分类，同时该向量还与 $4k$ 个神经元全连接，进行边界框的回归。如图 15.18 所示，图中所示不同灰度的连接线，代表了两个连接的完全独立，即二分类和边界框回归是在完全独立的条件下进行的。

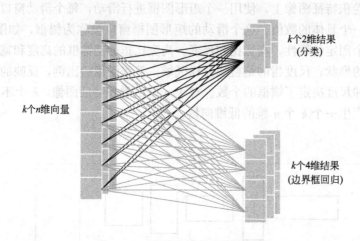

图 15.18　最终向量的全连接方式

2. 感兴趣区域池化

对于候选框联合卷积神经网络的目标检测方法，当得到候选框时，图像中的候选框通过位置对应关系得到在深度卷积特征图像中的对应区域，此区域可能尺度不同。感兴趣区域池化（RoI pooling）能够通过池化的方式将不同尺度的特征图像处理成相同尺度的参数，从而进行目标的分类和边界框的回归。感兴趣区域池化的思想源于空间金字塔池化，然而空间金字塔池化往往具有多个尺度，而感兴趣区域池化类似于单个尺度的空间金字塔池化。如图 15.19 所示，计算候选框后将其映射到特征图像上，得到了三个尺度形状都不同的图像，感兴趣区域池化将每个区域平均分成 4×4 区域，对每个区域分别池化，得到相同尺度的特征图像。

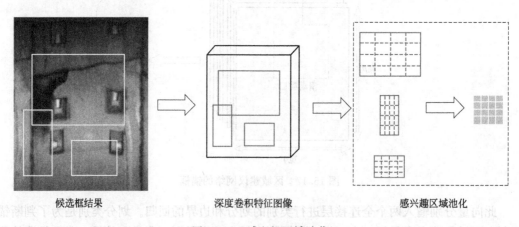

候选框结果　　　　　　　深度卷积特征图像　　　　　　感兴趣区域池化

图 15.19　感兴趣区域池化

15.4.2　数据集特征分析

为更好地描述病害特征，可基于病害标记得到的标签图信息对病害进行定量分析。前述所建立的检测数据集中，图片大小均为 3000×3724 像素。经统计，裂缝与渗水标记所得标签图面积分布如表 15.2 所示，所有病害面积处于（0，8×10^6）区间内。其中，

83.0%的病害面积处于（0，1×10^6）区间内，仅有 17.0%的病害面积处于（1×10^6，8×10^6）。裂缝和渗水面积在区间（0，1×10^6）上的分布如图 15.20 所示，大致呈对数正态分布。病害面积处于区间（0，4×10^5）的约占整个（0，1×10^6）区间的 67%。

裂缝及渗水面积数据分布表　　　　　表 15.2

区间分布（$\times 10^6$）	(0,1)	(1,2)	(2,3)	(3,4)	(4,5)	(5,6)	(6,7)	(7,8)
数量	4562	577	218	69	31	20	12	8

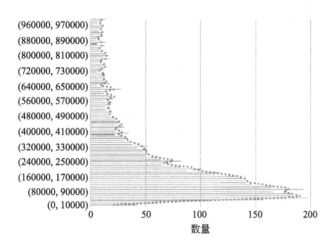

图 15.20　（0，1×10^6）裂缝和渗水面积分布图

单独分析裂缝病害得到，2946 个裂缝面积全部处于（0，4×10^6）区间内，其中约 90%的裂缝处于（0，3×10^5）区间内，见表 15.3。分析渗水病害得，2550 个渗水面积处于（0，8×10^6）区间内，其分布直方图见图 15.21，可见渗水面积主要分布于（0，3×10^6）区间内，其中区间（0，1×10^6）内渗水占 64.2%，（1×10^6，2×10^6）区间内渗水占 22.0%。

裂缝面积统计　　　　　　　表 15.3

区间分布（$\times 10^6$）	(0,1)	(1,2)	(2,3)	(3,4)	(4,5)	(5,6)	(6,7)	(7,8)	(8,9)
数量	1152	1040	428	161	70	35	20	7	9

高宽比同样是裂缝及渗水病害的重要特征之一。对数据库中裂缝及渗水的数据分析可知，如图 15.22 所示，高宽比处于（0，1）区间内的病害居多，大于 10 的病害占比较小。特别地，此处将处于（0，1）区间内病害的分布情况同样以直方图的形式呈现，由图 15.23 可知，整个区间内病害高宽比分布较均匀，处于区间两端的，如（0，0.2）和（0.9，1）内的病害占比较小。由此可分析得出，隧道衬砌病害相比生活中很多常见物体相对要细长，但过于细长的病害占比很小。

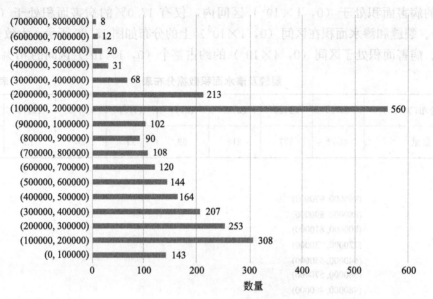

图 15.21 渗水面积分布图

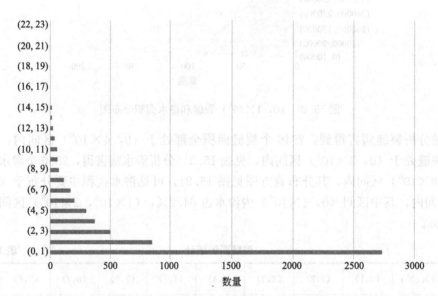

图 15.22 裂缝和渗水高宽比分布直方图

15.4.3 检测模型改进

原 Faster R-CNN 检测模型有较好的鲁棒性，模型中给出 9 类不同尺度及长宽比的锚框。其中包含 3 类不同大小的尺度（128^2，256^2，512^2），和 3 类不同的高宽比（1∶1，1∶2，2∶1）。这 9 个锚框是根据常用的深度学习样本库中的物体取得的经验值，有较好的泛化能力，能满足大部分图像处理工作。然而，对于隧道衬砌表面病害：裂缝及渗水。与通常的物体检测样本库中的物体样本特征不同，数据集中病害尺寸远大于常用数据集中的图片。因此，为使模型更好地适用于隧道病害检测工作，需对现有模型中锚框的比例及尺

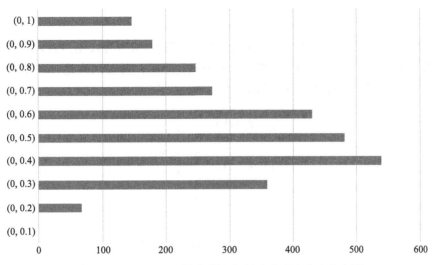

图 15.23　（0，1）区间内裂缝 & 渗水高宽比分布直方图

度参数进行必要的修正。

1. 区域建议网络与锚框

区域建议网络的任务包含两部分，前景和背景的分类以及边界框的回归，其损失函数同样是由这两部分组成。锚框的作用主要体现在边界框回归的过程中。对于边界框的回归（bounding box regression），其目的是获得目标的真实坐标范围，即通过一种函数映射关系，使得锚框的窗口经过函数映射，得到一个与目标范围真实值十分接近的窗口。

对于一个矩形的窗口，通常用 4 个参数描述，即 $(x，y，w，h)$，分别表示矩形中心点的横纵坐标、矩形图框的宽和高。如图 15.24 所示，细线矩形框代表一个前景目标的锚框，粗线矩形框代表目标的真实值，边界框回归目标是寻找一种关系，使得输入原始的锚框经过映射得到一个与真实窗口相接近的回归窗口。

用 $A=(x_a,y_a,w_a,h_a)$ 表示锚框，用 $G=(x^*,y^*,w^*,h^*)$ 表示前景目标的真实值，则映射为 $f(x_a,y_a,w_a,h_a)\approx(x^*,y^*,w^*,h^*)$，将锚框的窗口变换成为目标的真实窗口，其变换方式为平移和缩放。

首先将锚框的中心点平移至目标真实窗口的中心点，见式（15.1）、式（15.2）。

图 15.24　前景目标的锚框和真实值

$$x^*=w \cdot d_x(A)+x_a \qquad (15.1)$$
$$y^*=h \cdot d_x(A)+y_a \qquad (15.2)$$

然后，再将锚框的宽和高进行缩放，得到锚框与真实值宽高的偏移量，见式（15.3）、式（15.4）。

$$w^* = w \cdot e^{d_w(A)} \tag{15.3}$$

$$h^* = h \cdot e^{d_h(A)} \tag{15.4}$$

由上述公式所知，边界框回归的过程，需要学习的是 $d_x(A)$，$d_y(A)$，$d_w(A)$，d_h (A) 这四个变换。当锚框和目标的真实目标相差较小时，可以认为是一种线性变换。通过上述公式，可以获得边界框回归的平移量和尺度因子。

$$t_x = d_x(A) = \frac{x^* - x_a}{w} \tag{15.5}$$

$$t_y = d_y(A) = \frac{y^* - y_a}{h} \tag{15.6}$$

$$t_w = d_w(A) = \ln\left(\frac{w^*}{w_a}\right) \tag{15.7}$$

$$t_h = d_h(A) = \ln\left(\frac{h^*}{h_a}\right) \tag{15.8}$$

上述平移量和尺度因子用于区域建议网络边界框回归损失函数。

对于边界框的回归，其损失函数见式(15.9)。

$$L_{\mathrm{bbreg}}(t_i, t_i^*) = \sum \mathrm{smooth}_{L1}(t_i - t_i^*) \tag{15.9}$$

其中 smooth 函数见公式(15.10)，$t_i = (t_x, t_y, t_w, t_h)$，$t_i^* = (t_x^*, t_y^*, t_w^*, t_h^*)$，其为式(15.5)~式(15.8) 所推导的平移量和尺度因子，见式(15.11)~式(15.12)。

$$\mathrm{smooth}_{L1} = \begin{cases} 0.5x^2, & |x| < 1 \\ |x| - 0.5, & \text{其他} \end{cases} \tag{15.10}$$

$$t_x = \frac{(x - x_a)}{w_a}, t_y = \frac{(y - y_a)}{h_a}, t_w = \ln\left(\frac{w}{w_a}\right), t_h = \ln\left(\frac{h}{h_a}\right) \tag{15.11}$$

$$t_x^* = \frac{(x^* - x_a)}{w_a}, t_y^* = \frac{(y^* - y_a)}{h_a}, t_w^* = \ln\left(\frac{w^*}{w_a}\right), t_h^* = \ln\left(\frac{h^*}{h_a}\right) \tag{15.12}$$

式中，x，y，w，h 指的是矩形区域中心的横纵坐标、宽、高。变量 x，x_a，x^*，分别指网络预测的边界框、锚框的边界框、目标的真实边界框的 x 坐标（y，w，h 类同）。

当锚框的边界框与目标的真实边界框不断接近，尺度因子 t_w、t_h 趋近于 0，损失函数会越小，说明拟合程度也越好。因此，可采用 K-means 聚类算法，基于现有的裂缝及渗水数据集，对人工标记的目标框进行聚类，从统计学角度得到更接近病害真实值的锚框。

2. 锚框尺度值修正

根据前述针对病害数据集的定量分析可知，裂缝及渗水病害面积分布基本可由 3 个区间覆盖，分别为（0，400000）、（400000，1000000）以及（1000000，8000000）。由此，可以得到病害面积所处量级的主要分布区间。通常图像检测所用数据集的图片比本文所述病害数据库中图片（3000×3724 像素）要小得多，如 PASCAL VOC 数据集中，图片的像素尺寸大小不一，横向图的尺寸大约在 500×375，纵向图的尺寸大约在 375×500，基本偏差不会超过 100。因此，在做病害检测前，需根据病害数据库中的图片信息，对图像检测模型中的锚框尺度这一参数进行修正，由原先的（128^2，256^2，512^2）修正为

(512^2，1024^2，2048^2），分别与前文所述的 3 个区间相对应。

3. 锚框比例值修正

K-means 算法属于硬聚类算法，它是根据数据类别中心的目标函数进行聚类的，其中，目标函数是数据点到类别中心的广义距离和的优化函数，利用函数求极值的方法得到迭代运算的调整规则。

对于给定的一个包含 n 个 d 维数据点的数据集 $X = \{x_1, x_2, \cdots, x_i, \cdots, x_n\}$，其中 $x_i \in R^d$；假定聚类的数目为 K，需将所有数据对象划分为 K 个子集，$C = c_k$，$k = 1$，2，$\cdots$，K。每个子集代表一个类 c_k，每个类有一个聚类中心 μ_i。通常，取欧氏距离作为相似性和距离判断准则，计算该类内各点到聚类中心的距离平方和。

$$J(c_k) = \sum_{x_i \in c_k} \| x_i - \mu_k \|^2 \tag{15.13}$$

聚类目标是使各类总的距离平方和最小。

$$J(C) = \sum_{k=1}^{K} J(c_k) = \sum_{k=1}^{K} \sum_{x_i \in c_k} \| x_i - \mu_k \|^2 = \sum_{k=1}^{K} \sum_{x_i \in c_k} d_{ki} \| x_i - \mu_k \|^2 \tag{15.14}$$

标准的 K-means 聚类算法使用欧式距离函数，模型中的标签图越大，误差相应也会增大。然而此处需要的是具有高交并比得分的目标框，与框的大小无关。因此采用了如下距离度量：

$$d(\text{box}, \text{centroid}) = 1 - \text{IoU}(\text{box}, \text{centroid}) \tag{15.15}$$

其中图形交并比（Intersection-over-Union，IoU）为两个图像的交集和并集之间的比例，如图 15.25 所示。

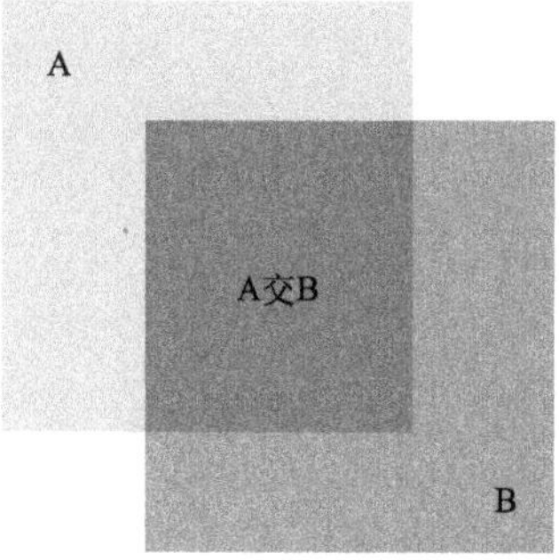

K-means 聚类算法具有易于实现且计算效率高等优点，但其有一定局限性，即聚类的类别数 K 值需人为给定，如果 K 值偏离真实聚类数太远，将大大影响聚类效果。为选取合理的 K 值，使其更接近数据真实聚类数，本文提出使用簇内误方差（sum of the squared errors，SSE）作为聚类分析的目标函数 [式(15.16)]。

$$\text{SSE} = \sum_{i=1}^{k} \sum_{p \in c_i} | p - m_i |^2 \tag{15.16}$$

图 15.25　图形交并比

式中，c_i 表示第 i 个簇，p 是 c_i 中的样本点，m_i 是 c_i 的质心（c_i 中所有样本的均值），SSE 表示样本的聚类误差，表示聚类效果的优劣。K 值越大，样本划分越精细，每个簇的聚合程度会越高，那么误差平方和 SSE 自然会逐渐变小。

此方法的核心思想为：当 K 小于真实聚类数时，由于 K 的增大会大幅增加每个簇的聚合程度，故 SSE 的下降幅度会很大，而当 K 到达真实聚类数时，再增加 K 所得到的聚合程度回报会迅速变小，所以 SSE 的下降幅度会骤减，然后随着 K 值的继续增大而趋于平缓，也就是说 SSE 和 K 的关系图是一个手肘的形状，而这个肘部对应的 K 值可视作数据的真实聚类数。

对裂缝及渗水病害高宽比数据集进行聚类分析，以 SSE 作为聚类分析的目标函数，K 值取 （1，9），得到 SSE 和 K 的关系如图 15.26 所示。肘部对应的 K 值为 3，即 $K = 3$ 时，更接近于真实聚类数。

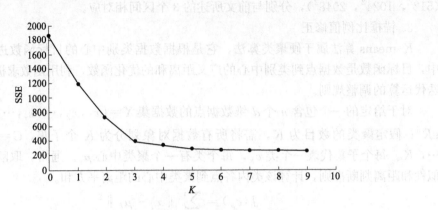

图 15.26 病害高宽比数据集 SSE-K 曲线图

基于标记得到 5496 组病害的标签图信息，聚类分析得到更接近这两种病害的目标真实值的锚框，聚类结果如表 15.4 及图 15.27 所示。

聚类分析结果　　　　　　　　表 15.4

名称	高宽比		
裂缝＋渗水	1：0.17	1：0.73	1：2.35

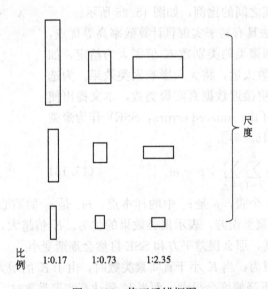

图 15.27 修正后锚框图

15.4.4 模型训练

在病害检测模型的训练中，使用训练好的卷积神经网络模型对骨干结构进行权重初始化，模型共进行了 3 万次迭代，在前 1 万次迭代过程中，学习率设定为 0.001，在后两万次的迭代过程中，学习率设定为 0.0001。训练方式使用了随机梯度下降法。

15.4.5　评价指标

1. 检测结果的评价

检测率（detection rate）：表示测试集中检测得到的正确结果数量和实际的结果数量的比值，在最终的结果检测中，设定了一个阈值为 0.8，当检测结果的得分超过阈值则输出该检测结果。检测准确度反映了病害检测的应用效果。

检测准确度（detection accuracy）表示病害检测结果得分的平均值，检测准确度反映了该方法的识别能力。

2. 检测效率的评价

训练时间（training time）：表示检测模型整个训练过程所用的时间。

检测效率（detection efficiency）：指每张图像的检测速度。

15.4.6　病害检测结果

模型训练完成后，对测试数据集上含有裂缝和渗水的目标进行检测。测试集包含 1139 幅图像，其中隧道病害目标共有 1867 个。表 15.5 对比了优化前后模型训练测试过程中各指标，结果表明，优化后模型准确率由 75.81% 提升至 80.91%。此外，训练时间缩短了 10min，平均单张图片测试时间也有略微缩短，一定程度上加快了检测效率。

优化前后模型训练测试指标　　　　　　　　表 15.5

指标	优化前	优化后
裂缝检测率	0.6809	0.7180
渗水检测率	0.8130	0.8428
平均检测率(mAP)	0.7581	0.8091
训练时间	14h/45min/35s	14h/34min/36s
每张图像测试时间(s)	0.284	0.280

图 15.28 展示了部分病害检测结果，方框为检测的最终结果。结果表明模型可准确检测图像中病害位置。

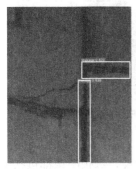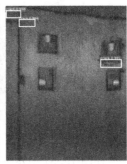

图 15.28　病害检测结果

15.4.7 模型鲁棒性与适应性

鲁棒性和适应性代表了模型的泛化能力。在其他地区的隧道衬砌病害，可能由于地质环境的不同，呈现出与本数据集中略有差异的病害。泛化能力好的模型经过略微的调整可以直接应用于其他地区隧道衬砌病害的检测。

为了验证该模型的泛化能力，对衬砌图像做出如下处理：病害位置的变化、病害尺度的变化、病害图像的高斯模糊以及病害的不规则变形。

在图 15.29 所示的图像中，图像大小均为 3000×3724 像素，包含了两条隧道裂缝，通过图像中裂缝位置进行验证。结果表明，无论病害位置如何移动，模型均可正确检测病害位置。

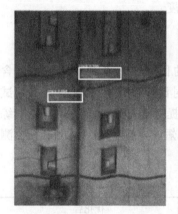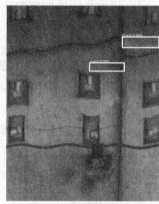

图 15.29 不同位置病害检测结果

在图 15.30 所示的图像中，图像大小经过了不同尺度的图像变换，每张图像含有一处相同的渗漏水病害。检测结果表明，在不同尺度的图像中，模型均可正确检测，同时其检测率均较高。

(a) 3000×3724像素   (b) 1700×2000像素   (c) 1200×1450像素

图 15.30 不同尺度图像病害检测结果

在图 15.31 所示的图像中，对图像进行高斯模糊处理。可以发现，每张图像都包括了两条裂缝，一条裂缝较宽，相对明显，另一条裂缝较窄，相对模糊。经过模糊半径为 5 的高斯模糊后，窄裂缝几乎肉眼难以分辨，模型仍然可以将其检测出来，而经过模糊半径为8 的高斯模糊后，模型仅检测出一条裂缝。检测结果表明，在相对模糊图像中，该模型具有良好的适应性。

(a) 模糊半径为0　　　　　　　(b) 模糊半径为5　　　　　　　(c) 模糊半径为8

图 15.31　高斯模糊图像病害检测结果

在图 15.32 所示的图像中，从视觉效果上看，经过变形的病害特征图像具备了不同的形态特征，但模型均可正确检测病害位置。结果表明，对于不规则变形的图像，该模型具有良好的适应性。

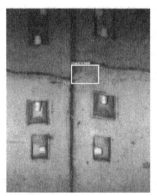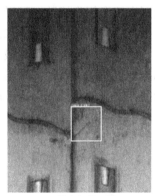

(a) 原始图像　　　　　　　　(b) 纵向拉伸图像　　　　　　　(c) 横向拉伸图像

图 15.32　横纵向变形图像病害检测结果

15.5　渗水病害分割与量化

病害检测任务可以获取病害位置，实现病害的定位，但不能获得病害区域的准确几何信息（如面积，形状等）。病害分割则在实现病害定位及分类的同时，实现病害区域与图像背景的分割，从而获取病害区域的准确几何信息。基于前文所述数据集中渗水病害，本节采用 Mask R-CNN 实例分割模型对隧道衬砌表面渗水病害几何特征进行分析。

15.5.1　Mask R-CNN 模型结构

在病害分割任务上，为保证深度学习模型学习到的信息更全面，输入图像包含背景简单和背景复杂两类病害图像，背景简单的病害大小不一，背景复杂的图像其大小均为 3000×3724 像素。Mask R-CNN 模型结构是从 Faster R-CNN 模型基础上发展得到，结构组成上与 Faster R-CNN 类似，也是由骨干结构和头结构组成（图 15.33）。输入的图像首先经过骨干结构进行一系列卷积池化操作，获取深度卷积特征图像（Feature map），之后经过头结构对特征图像进行处理，获取感兴趣区域，并对每个感兴趣区域进行分类、定位及分割。在这点上，Mask R-CNN 与其他找到掩码（Mask）然后进行分类的网络模型（如 FCN）是不同的，实现了分类与分割任务的解耦（Decouple），检测效率更高。

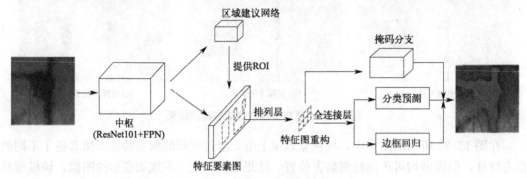

图 15.33　Mask R-CNN 模型组成

从整个方法的计算上，该模型有三个损失函数，可以分成三条计算路线：第一条是候选区域计算，负责得到可能包含目标的感兴趣区域；第二条是最终目标检测计算，负责预测感兴趣区域所属目标类别概率与边界坐标回归修正；最后一条是语义分割计算，负责预测感兴趣区域内特征点所属目标类别概率。三条计算路线相互独立，但都是基于整幅图像经由深度卷积操作提取得到的特征图进行的，如图 15.34 所示。

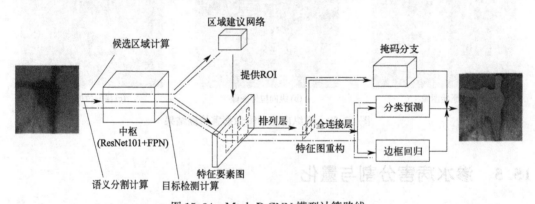

图 15.34　Mask R-CNN 模型计算路线

15.5.1.1　骨干结构

近几年，深度卷积神经网络在图像识别任务上表现抢眼，大量的实验证明，神经网络的深度至关重要，在 ImageNet 数据集识别任务上取得优异成绩的均为网络层次很深的网络模型。然而，随着网络层数的增加，训练方面的问题随之凸显。即网络深度增加到一定程度时，更深的网络也会带来更高的训练误差。训练误差升高的原因是"网络越深，梯度消失（gradient vanishing）的现象就越严重"。网络在后向传播的时候，无法有效地把梯度更新到前面的网络层，参数无法更新，导致模型训练和测试效果变差。为解决这一问题，2015 年何恺明团队提出深度残差网络（deep residual network），该模型在当年 ILS-VRC 大赛上取得冠军，其网络模型层数达到了 152 层，将 top-5 错误率降到了 3.57％。因此，选用网络较深、特征表达能力更强的 ResNet 网络作为 Mask R-CNN 模型的骨干网络。

ResNet 中解决深层网络梯度消失问题的核心结构是残差网络（residual network）。考虑一个浅层的网络架构，并在此基础上构建深层网络，在极端条件下，如果增加的所有层的输出均为输入（前一层输出）的直接复制（即 $y=x$），此时，深层网络的训练误差接近于不添加额外网络层的深层网络。ResNet 在浅层网络上叠加 $y=x$ 的层（identity mappings，恒等映射），称为捷径支路，它的作用是对每层的输入做一个"参考"（reference），这种残差函数更容易优化，可以让网络随深度增加而不发生梯度消失。假设原始的

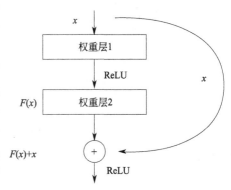

图 15.35　残差网络结构图

映射为 $H(x)$，残差网络拟合的映射为：$F(x)=H(x)-x$。这一结构称为残差块（building block），如图 15.35 所示，它比传统的卷积结构多了一个捷径支路，用于将低层网络的输出信息作为输入传递给下一层。

残差块共有 2 层，$F(x)$ 的表达式见式（15.17）。通过一个捷径，和第 2 个非线性函数 ReLU，获得输出 $H(x)$，其表达式见公式（15.18）。

$$F(x)=w_2\sigma(w_1x) \tag{15.17}$$

$$H(x)=F(x)+x=w_2\sigma(w_1x)+x \tag{15.18}$$

式中，w_1 和 w_2 分别为两个权重层的权重值；σ 代表非线性函数 ReLU。

常用的残差块主要有两种。一种由两个 3×3 的卷积层组成，多用于网络层数 50 层以下的网络结构，如 ResNet-18、ResNet-34，如图 15.36（a）所示。在探究更深层网络性能的时候，出于训练时间的考虑，多采用瓶颈设计（bottleneck design）的方法来代替上一种残差块。残差块三层的对称结构，将两个 3×3 的卷积层替换为两个 1×1 卷积层和一个 3×3 的卷积层，如图 15.36（b）所示。网络输入先通过一个降维 1×1 卷积层减少通道数，使得中间 3×3 的卷积层的通道数减少了 1/4，减少了计算量，中间 3×3 卷积层输出通道数等于输入通道数，最后再通过一个 1×1 卷积层将通道数还原，使得整个残差块的输出通道数等于输入通道数。这两个 1×1 卷积层有效地减少了卷积计算过程中的参数数量和计算量。

对于不同版本的 ResNet 网络，何恺明团队分别通过 COCO 数据集进行了训练和测试，发现 50、101 和 152 层的 ResNet 相对于 32 层网络有更高的准确率，而 152 层的 ResNet 训练时间相对较长，时间成本和空间成本较高，不够经济。因此在图像分割任务中，Mask R-CNN 中常用的 ResNet 网络结构为 ResNet-50 和 ResNet-101。这两种网络结构既能保证分割任务的准确率，又能兼顾模型的计算效率。

15.5.1.2　模型损失函数

病害分割的损失函数包含三部分，分类、边界框的回归以及语义分割，其损失函数可

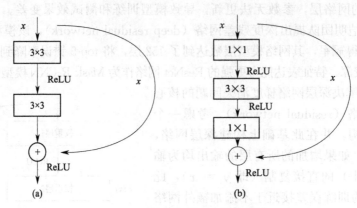

图 15.36　两种常用残差块结构图

以描述为：

$$L = L_{cls} + L_{box} + L_{Mask} \tag{15.19}$$

在病害分割的分类任务中，使用的是 softmax 分类器，其损失函数表达式见式（15.20）。对于边界框回归，其损失函数与 Faster R-CNN 中边界框回归函数相同。

$$L_{cls}(p_i) = -\log p_i \tag{15.20}$$

Mask R-CNN 在 Faster R-CNN 框架基础上增加的 Mask 分支，其本质上是一个小型的全连接的分割子网，用来进行语义分割。Mask R-CNN 引入 Mask 分支，实现了分类和分割任务的解耦，Mask 分支只做语义分割，类别预测的任务交给另一个分支。这与 FCN 网络不同，FCN 在预测 Mask 时还需同时预测 Mask 所属的种类。FCN 利用 Softmax 分类是针对一张图像给出 k 类目标的概率值，而 Mask R-CNN 则是为每一类目标输出一张 Mask 预测图（k 张），这样可以避免类间竞争，分割效果也更好。Mask 分支网络结构图如图 15.37 所示。

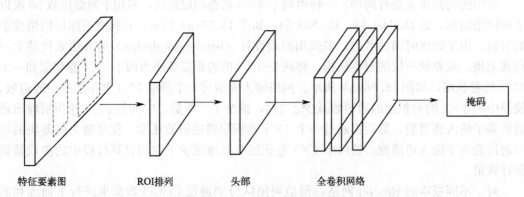

特征要素图　　ROI排列　　头部　　全卷积网络

图 15.37　Mask 分支网络结构图

对于每一个候选区域 ROI，Mask 分支会定义一个 $K \times m \times 2$ 维的矩阵，表示对于每个 $m \times m$ 的区域均有 K 个不同的分类可能。候选区域内每一个像素，均需用 Sigmoid 函数进行求相对熵，用来计算平均相对熵误差 L_{Mask}。对于每一个候选区域，首先检测它属于某个分类，则采用该分支对应的相对熵误差作为其误差值进行计算。这样一来，网络结构不需要去区分每个像素属于哪一类目标，只需区分这一类目标中的不用小类。最后根据其与阈值 0.5 的大小关系输出二值 Mask。这样可以避免类间竞争，将分类的任务交给专业的分类分支。而 L_{Mask} 对于每一个像素使用二值的 Sigmoid 交叉熵损失。

$$L_{\mathrm{Mask}}(cls_k) = \mathrm{Sigmoid}(cls_k) \tag{15.21}$$

15.5.2　模型训练

在渗水病害分割模型的训练中，使用了开源的 ResNet-101 卷积神经网络模型对骨干结构进行权重初始化，模型共进行了 3 万次迭代，在前 1 万次迭代过程中，学习率设定为 0.001，在后 2 万次的迭代过程中，学习率设定为 0.0001。训练方式使用了随机梯度下降法。

15.5.3　模型评价

1. 分割结果的评价

分割率（segmentation rate）表示测试集中分割得到的正确结果数量和实际的结果数量的比值，在最终的结果分割中，设定了一个阈值为 0.8。当分割结果的得分超过阈值则输出该分割结果。分割率直接反映了实际病害的分割效果。

分割准确度（segmentation accuracy）表示病害分割结果得分的平均值，分割准确度反映了该方法的识别能力。

2. 分割精度的评价

分割精度可以理解为前景目标区域的准确度，分割精度越高，分割得到的目标物体轮廓区域中包含的前景目标物体越多，包含的背景部分越少。此处，考虑了分割目标轮廓区域与样本真实轮廓区域之间的三种不利情况，如图 15.38 所示。图 15.38(a) 中的分割目标区域虽然完整的包含了病害区域，但也包括了大量的无效背景信息；图 15.38(b) 中的分割目标区域虽没有无效背景区域干扰，但仅仅包含了部分样本真实区域；图 15.38(c) 中的情况介于前两种情况之间，未包含完整的病害真实区域，还包含了部分无效背景信息。

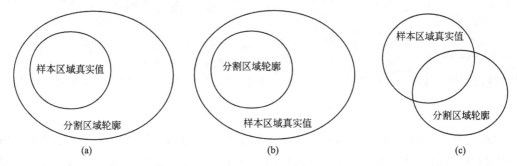

图 15.38　预测值和真值的三种困境

如图 15.39 所示，A_1、A_2、A_3 分别表示各部分区域面积，A_1、A_2 之和表示样本的病害真实区域轮廓，A_2、A_3 之和表示分割得到的区域轮廓。参数 η_1 表示重叠区域和样本真值的比值 [式(15.22)]，η_1 越大，表示分割结果中包含的目标信息越完整；参数 η_2 表示重叠区域和分割目标区域的比值 [式(15.23)]，η_2 越大，表示分割结果中包含的背景信息越少。

$$\eta_1 = \frac{A_2}{A_1 + A_2} \qquad (15.22)$$

$$\eta_1 = \frac{A_3}{A_2 + A_3} \qquad (15.23)$$

3. 分割效率的评价

对于 MTI 设备采集图像，分割效率的衡量标准为该模型对隧道管片上每一米纵向距离的分割时间。本数据集中图像为 3000 × 3724 像素的大尺度图像，环向上需要 12 张图像才能拼接成完整的隧道图像。MTI 检测设

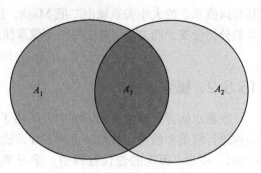

图 15.39　分割精度评价参数定义

备上 CCD 相机的分辨率为 0.29mm/像素，12 张图像拼接的隧道图像在纵向距离上的长度为 0.87m（3000×0.29）。所以当分割速度为 vs/张图像，分割效率见式(15.24)。

$$e = \frac{12v}{3000 \times 0.29 \times 0.001} = 13.8v \qquad (15.24)$$

15.5.4　模型分割结果

模型训练完成后，在测试数据集上含有渗水的目标进行分割。测试集包含 270 幅图像。分割率为 91.88%，分割准确度为 85.6%，分割效率为 3.24 s/m。分割精度的参数 η_1 平均值为 0.896，η_2 平均值为 0.078。图 15.40 展示了部分渗水病害分割结果。

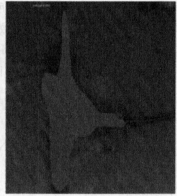

图 15.40　渗水病害分割结果

Mask R-CNN 网络模型计算过程中损失函数分为三部分，图 15.41 展示了模型训练迭代过程中总损失函数和各部分损失函数的训练集及交叉验证集 loss 曲线拟合图，可见模型训练过程能很好地收敛。

图 15.42 展示了部分病害分割结果示意图，绿色区域为病害真实区域（即人工标记 Ground Truth），红色区域为病害预测区域。通过这组对比图，不仅可以直观上感受病害分割效果，而且可通过像素点的 R（Red，红色）、G（Green，绿色）、B（Blue，蓝色）来定量计算病害区域面积，进而对病害等级进行安全评价。

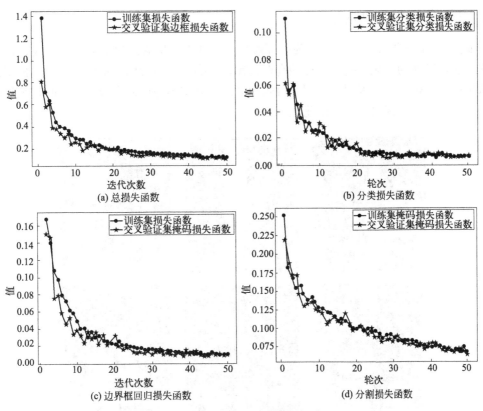

图 15.41 各损失函数曲线图

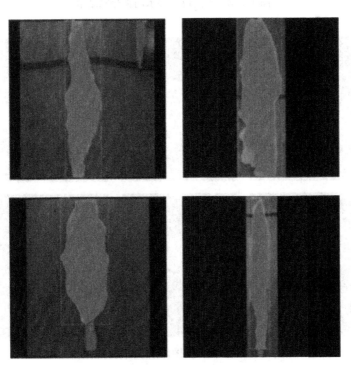

图 15.42 部分病害分割结果与真值对比图

15.5.5 鲁棒性与适应性

如图 15.43~图 15.46 所示，为验证渗水病害分割模型的泛化能力，也对病害位置的变化、病害尺度的变化、病害图像的高斯模糊以及病害的不规则变形四种情况下模型的分割结果进行分析。结果表明，模型均可较为准确地确定图像中病害位置，同时较为精确地分割病害轮廓，表现出较好的泛化能力。

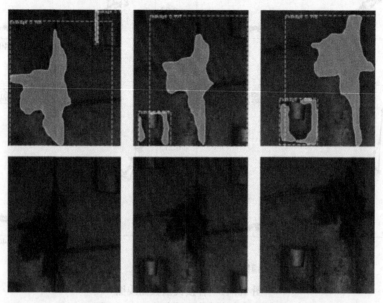

图 15.43　不同位置渗水病害分割结果

图 15.44　不同尺度图像渗水病害分割结果

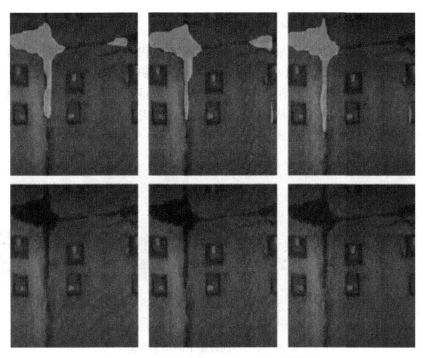

图 15.45　高斯模糊图像渗水病害分割结果

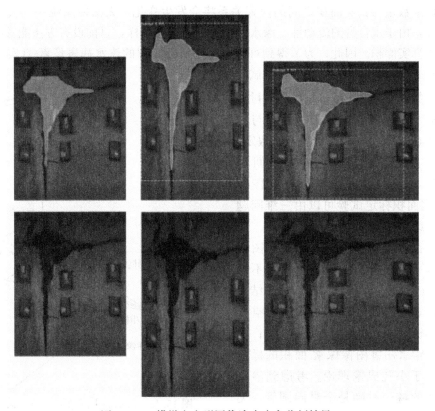

图 15.46　横纵向变形图像渗水病害分割结果

15.5.6 渗水病害面积量化

在上节获取到病害轮廓后，根据轮廓包围的像素面积可反算出渗水病害真实面积。然而根据小孔成像原理，如图 15.47 所示，病害的真实面积不仅与病害在图像中的像素数量有关，而且和病害至相机中心的距离相关。因此，为了得到病害的真实面积以评估隧道运营的安全状况，不仅需要将病害从图像中分割出来，还需要对摄影参数进行标定，得到像素数量与病害面积之间的转换公式。

   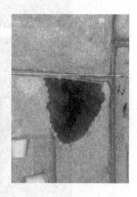

图 15.47 不同焦距下的渗水病害

由于实际隧道环境中摄影条件复杂，如果相机所在平面与病害所在平面夹角不同，那么病害像素数量与真实面积之间的换算关系将会发生变化，无法使用统一的公式进行换算。此外，由于水自身的流动性，渗水病害在形态复杂多样，目前没有方法能够准确地确定病害的真实面积。因此，为了得到可以运用于实际工程的渗水病害像素-真实面积换算关系，有必要基于一些假定开展标定试验。

(1) 如图 15.48 所示，相机在对衬砌表面的渗水病害拍摄时，摄影方向与渗水病害所在衬砌表面垂直。基于该假定，渗水图像在隧道纵向方向上的变化可以忽略不计，地铁隧道中的渗水病害图像像素-真实面积标定试验可以由三维问题简化为二维问题；

(2) 在整个测试集的渗水病害图像采集过程中，相机的摄影焦距固定不变（此处为 47mm）。基于该假定，标定结果的影响因素将仅限于渗水的形状、空间位置和相机中心至渗水中心的距离 d；

(3) 渗水病害图像像素-面积的标定试验是基于小孔成像理论。考虑到渗水病害所在的隧道衬砌是个纵向圆管，无论渗水位于圆环的任何位置，对最终标

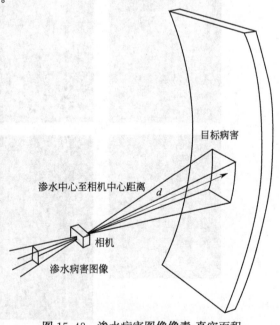

目标病害

渗水中心至相机中心距离 d

相机

渗水病害图像

图 15.48 渗水病害图像像素-真实面积
标定试验示意图

定结果都不会有较大的影响。因此，可忽略渗水空间位置不同带来的标定误差。

基于上述三个假定，整个渗水病害图像像素-真实面积的标定试验被大大简化了，影响最终标定结果的因素只有渗水的形状和相机中心至渗水中心的距离 d。

1. 标定试验

渗水液体的流动性使其形态十分复杂，加之目前暂时没有高效便捷的方法直接测量不规则区域的面积，因此开展标定试验的一大难题就是如何获取渗水区域的真实面积。

在假定（3）中，本试验的基本理论是小孔成像，也就是说，不论目标形状如何，其像素-真实面积的换算关系是不会改变的，真实面积越大，反映在图像上的像素数量也就越多。然而，由于渗水是三维流动液体，不同的渗水的形状在隧道纵向方向上会发生改变。因此在整个标定试验中，需要考虑不同渗水的形态带来的标定误差。

基于上述分析，可采用面积已知的白色纸片代替渗水进行标定。根据前述 K-means 聚类结果，渗水病害最常出现的高宽比为 1：0.17、1：0.73、1：2.35。因此，如图 15.49 所示，采用三种对应比例的白色纸片代替渗水开展标定试验。纸片分布在管片的不同位置，代表位于衬砌不同位置处的渗水病害。相机在整个试验过程中从隧道管片的最左端移动到最右端，并采用激光测距仪测量病害中心到相机中心的距离 d。

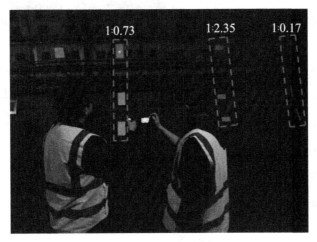

图 15.49　现场标定试验

在上述三个假定前提下，二者的换算公式(15.25)所示。其中 A_g 表示渗水病害的真实面积，单位 mm^2；A_p 表示渗水病害的图像像素数量，单位为 pixel。渗水病害像素-真实面积换算关系的影响因素仅有相机中心到病害中心的距离 d。

$$A_g = f(d) \times A_p \tag{15.25}$$

因此，本次标定试验的目的是确定参数 $f(d)$ 的表达式，得到像素-面积的换算关系。整个标定试验的流程如图 15.50 所示。

2. 标定结果

标定试验共采集了 81 组数据，其中用于曲线拟合的数据 57 组，用于测试曲线拟合效果的数据 24 组。每组数据包含纸片真实面积 A_g、纸片在图像中的像素数目 A_p 和纸片中心到相机中的距离 d。如图 15.51 所示，采用最小二乘法进行曲线拟合发现，多项式的拟合效果最好，渗水像素-真实面积的换算关系如公式(15.26)所示。

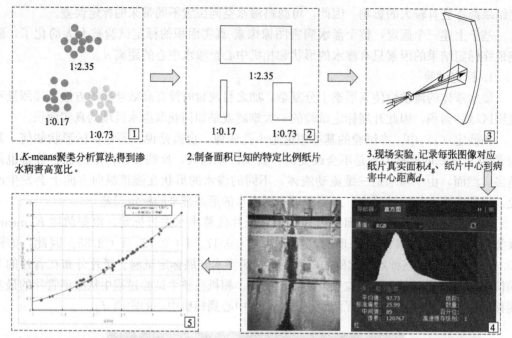

1.K-means聚类分析算法,得到渗水病害高宽比。

2.制备面积已知的特定比例纸片

3.现场实验,记录每张图像对应纸片真实面积A_g、纸片中心到病害中心距离d。

5.曲线拟合,得到像素-面积换算公式

4.利用Photoshop得到每张图像病害区域(白纸区域)像素

图 15.50　标定试验流程图

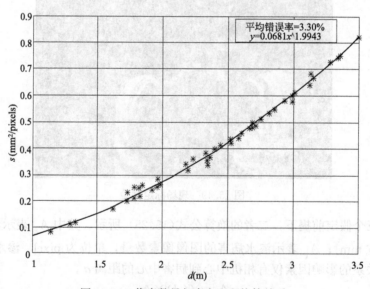

图 15.51　像素数量与真实面积换算关系

$$A_{\text{pre}} = 0.0681A_{\text{p}}d^{1.9943} \tag{15.26}$$

采用错误率[式(15.27)]对曲线拟合效果进行评估。结果表明,在拟合数据集上,曲线的平均错误率仅为3.3%,在另外24组数据组成的测试集上,平均错误率仅为2.59%。

$$P_{\text{error}} = \frac{\text{abs}(S_{\text{pre}} - S_{\text{gt}})}{S_{\text{pre}}} \tag{15.27}$$

错误评估结果表明,该方法的错误率在工程允许误差范围内,可运用于实际工程中。

测试集和拟合数据集上相似的错误率也说明了假定的合理性，在实际操作过程中不会出现较大的错误偏差。

15.6　结论

本章主要针对基于深度学习的盾构隧道衬砌表观病害（渗水、裂缝）自动识别开展研究，首先介绍了目前病害识别研究的两个主要方向：目标检测与实例分割，分别介绍了两种数据集的制作方法；之后搭建 Faster R-CNN 深度学习检测模型，通过对数据集中病害特征进行分析，采用 K-means 方法优化模型的锚框参数，使其与实际病害更为接近，提高病害识别准确度；最后针对渗水病害，搭建 Mask R-CNN 实例分割模型，获取病害轮廓，进而计算病害像素面积，量化病害严重程度。基于三个合理的基本假定，通过现场标定试验，采用最小二乘法拟合确定了像素面积-真实面积的转换关系，并进行了误差分析。主要有如下结论：

（1）数据集是基于深度学习的盾构隧道衬砌表观病害识别研究中最基础也是最重要的一环，对深度学习模型的训练效果与识别表现具有重要影响。通过移动式地铁隧道结构病害检测系统对多条地铁线路部分区间进行了采集作业，人工筛选其中包含病害的图像。针对不同识别任务分别进行病害标注，构建得到检测与分割数据集，数据集中病害图像背景复杂，多样性强，有利于保证模型的可扩展性和鲁棒性；

（2）基于 Faster R-CNN 深度学习检测模型，通过分析模型检测原理与数据集病害特征，确定模型中不同比例与尺寸的锚框，但其中部分参数设计与数据集中病害特征不相匹配。基于数据集中病害标注信息，采用 K-means 算法聚类得到适用于盾构隧道衬砌表观病害识别的锚框参数，对原模型进行改进，有效改善了模型检测准确度；

（3）针对渗水病害，病害分割不仅可确定病害位置，还可获取病害轮廓，进而计算病害像素面积，量化病害严重程度。基于渗水病害分割数据集，搭建并训练 Mask R-CNN 实例分割模型，从分割结果、分割精度、分割效率三方面对模型分割表现进行评估。结果表明，模型取得了较好的分割表现，分割结果与渗水病害真实轮廓较为接近；

（4）为确定渗水病害像素面积-真实面积间转换关系，首先分析实际盾构隧道环境与摄像原理，基于拍摄方式、相机参数及隧道环境特点提出了三个合理的基本假定，明确转换关系影响参数为相机到衬砌表面距离。之后通过多组现场标定试验采集数据，利用最小二乘法拟合得到转换关系。最后经过误差分析验证了该转换关系的合理性。

参考文献

［1］ Girshick R，Donahue J，Darrell T，et al. Rich feature hierarchies for accurate object detection and semantic segmentation ［C］//Proceedings of the IEEE conference on computer vision and pattern recognition. 2014：580-587.

［2］ He K，Zhang X，Ren S，et al. Deep residual learning for image recognition ［C］//Proceedings of the IEEE conference on computer vision and pattern recognition. 2016：770-778.

［3］ Long J，Shelhamer E，Darrell T. Fully convolutional networks for semantic segmentation ［C］// Proceedings of the IEEE conference on computer vision and pattern recognition. 2015：3431-3440.

附录1 总数据库土钉墙设计参数值及实测土钉轴力

序号	土钉墙几何参数			土体强度参数			q_s (kPa)	土钉设计					T_m (kN)
	H(m)	α(°)	θ(°)	ϕ(°)	c(kPa)	γ(kN/m³)		L(m)	D(mm)	$S_h S_v$(m²)	i(°)	z(m)	
1	9	12	0	18	20	19	0	11	130	1.95	14	2.1	12.8
2	9	12	0	18	20	19	0	10.5	130	1.95	14	3.4	16.0
3	9	12	0	18	20	19	0	9	130	1.95	14	6	43.3
4	9	12	0	18	20	19	0	8	130	1.95	14	7.3	41.7
5	10.6	12	15	18	20	19	79.8	14	130	1.44	15	1.2	78.6
6	10.6	12	15	18	20	19	79.8	14	130	1.44	15	2.4	107.1
7	10.6	12	15	18	20	19	79.8	14	130	1.44	15	6	104.5
8	10.6	12	15	18	20	19	79.8	14	130	1.44	15	7.2	101.8
9	10.6	12	15	18	20	19	79.8	14	130	1.44	15	8.4	65.0
10	10.6	12	15	18	20	19	79.8	14	130	1.44	15	9.6	33.0
11	9.2	8.5	0	9	30.8	20	0	13	130	1.69	10	2.1	53.6
12	9.2	8.5	0	9	30.8	20	0	12	130	2.25	15	3.6	86.8
13	9.2	8.5	0	10.8	24.8	20	0	10	130	2.25	15	5.1	149.2
14	9.2	8.5	0	10.8	24.8	20	0	9	130	2.25	15	6.6	71.9
15	12	11	0	18.9	15	20	0	9	110	2.25	10	1.5	14.6
16	12	11	0	18.9	15	20	0	12	110	2.25	10	3	18.4
17	12	11	0	18.9	15	20	0	15	110	2.25	10	4.5	29.9
18	12	11	0	18.9	15	20	0	12	110	2.25	10	6	11.9
19	12	11	0	18.9	15	20	0	15	110	2.25	10	7.5	21.5
20	12	11	0	18.9	15	20	0	9	110	2.25	10	9	14.0
21	12	11	0	18.9	15	20	0	9	110	2.25	10	10.5	9.2
22	12	11	0	18.9	15	20	0	6	110	2.25	10	12	6.4
23	15	5.7	0	20	15	20	0	11	110	2.25	10	1.5	35.1
24	15	5.7	0	20	15	20	0	12	110	2.25	10	3	47.4
25	15	5.7	0	30	15	20	0	12	110	2.25	10	6	43.7
26	15	5.7	0	30	12	20	0	10	110	2.25	10	7.5	51.3
27	15	5.7	0	30	12	20	0	8	110	2.25	10	10.5	23.9
28	15	5.7	0	30	12	20	0	7	110	2.25	10	12	22.5
29	15	5.7	0	30	12	20	0	6	110	2.25	10	13.5	19.9
30	10.2	7	0	24	18	19	0	10	110	1.96	15	2.8	9.4
31	10.2	7	0	24	18	19	0	10	110	1.96	15	5.6	35.8
32	10.2	7	0	24	18	19	0	9	110	1.96	15	7	33.6
33	10.2	7	0	24	18	19	0	8	110	1.96	15	8.4	31.3

278

序号	土钉墙几何参数			土体强度参数			q_s (kPa)	土钉设计					T_m (kN)
	H(m)	α(°)	θ(°)	ϕ(°)	c(kPa)	γ(kN/m³)		L(m)	D(mm)	$S_h S_v$(m²)	i(°)	z(m)	
34	10.2	7	0	24	18	19	0	6	110	1.96	15	9.8	17.0
35	15.6	6	0	10	30	20	0	17	110	2.25	10	3	127.7
36	15.6	6	0	10	30	20	0	16	110	2.25	10	6	172.0
37	15.6	6	0	10	30	20	0	16	110	2.25	10	7.5	158.9
38	15.6	6	0	10	30	20	0	16	110	2.25	10	9	165.6
39	15.6	6	0	10	30	20	0	15	110	2.25	10	13.5	74.0
40	15.6	6	0	10	30	20	0	12	110	2.25	10	15	34.5
41	9.75	16.7	0	25	20	20	0	8	110	2.25	14	3	12.7
42	9.75	16.7	0	25	20	20	0	6	110	2.25	14	7.5	7.3
43	12.67	16.7	0	31.9	17.8	20.1	0	7.5	130	1.96	10	1.4	21.7
44	12.67	16.7	0	31	16	19.7	0	7.5	130	1.96	10	2.8	20.0
45	12.67	16.7	0	27	16	20.7	0	9	130	1.96	10	5.6	18.3
46	12.67	16.7	0	27	16	20.7	0	9	130	1.96	10	7	18.3
47	12.67	16.7	0	27	16	20.7	0	9	130	1.96	10	8.4	21.7
48	12.67	16.7	0	32	0	20.5	0	9	130	1.96	10	9.8	24.5
49	12.67	16.7	0	32	0	20.5	0	7	130	1.96	10	11.2	15.6
50	12.67	16.7	0	32	0	20.5	0	6	130	1.96	10	12.2	5.2
51	12.67	16.7	0	31.9	17.8	20.1	0	7.5	150	1.96	10	1.4	29.5
52	12.67	16.7	0	31	16	19.7	0	7.5	150	1.96	10	2.8	17.1
53	12.67	16.7	0	27	16	20.7	0	9	150	1.96	10	5.6	13.8
54	12.67	16.7	0	27	16	20.7	0	9	150	1.96	10	7	18.1
55	12.67	16.7	0	27	16	20.7	0	9	150	1.96	10	8.4	27.9
56	12.67	16.7	0	32	0	20.5	0	9	150	1.96	10	9.8	14.8
57	12.67	16.7	0	32	0	20.5	0	7	150	1.96	10	11.2	15.8
58	12.67	16.7	0	32	0	20.5	0	6	150	1.96	10	12.2	10.8
59	8	6	0	11.6	14	20.8	q_s (kPa)	6	130	1.44	15	1.6	7.6
60	8	6	0	11.6	14	20.8	0	8	130	1.44	15	2.8	43.0
61	8	6	0	11.6	14	20.8	0	8	130	1.44	15	4	52.3
62	8	6	0	11.6	14	20.8	0	8	130	1.44	15	5.2	51.0
63	8	6	0	11.6	14	20.8	0	8	130	1.44	15	6.4	42.2
64	8	6	0	11.6	14	20.8	0	7	130	1.44	15	7.6	11.8
65	7.2	0	0	36	5	20	0	5	100	3.24	15	1.8	30.9
66	7.2	0	0	36	5	20	0	5	100	3.24	15	3.6	38.0
67	7.2	0	0	36	5	20	0	5	100	3.24	15	5.4	40.2
68	7.2	0	0	36	5	20	0	5	100	3.24	15	7.2	7.8

序号	土钉墙几何参数			土体强度参数			q_s (kPa)	土钉设计					T_m (kN)
	H(m)	α(°)	θ(°)	ϕ(°)	c(kPa)	γ(kN/m³)		L(m)	D(mm)	$S_h S_v$(m²)	i(°)	z(m)	
69	9.2	0	0	36	5	20	0	8	120	3.24	15	1.8	29.5
70	9.2	0	0	36	5	20	0	8	120	3.24	15	3.6	38.6
71	9.2	0	0	36	5	20	0	8	120	3.24	15	5.4	40.7
72	9.2	0	0	36	5	20	0	8	120	3.24	15	7.2	35.7
73	9.2	0	0	36	5	20	0	8	120	3.24	15	9	10.8
74	8.7	0	0	8	9	20	0	9	120	1	12	1.04	9.1
75	8.7	0	0	8	9	20	0	9	120	1	12	2.04	41.4
76	8.7	0	0	8	9	20	0	9	120	1	12	3.04	50.0
77	8.7	0	0	8	9	20	0	9	120	1	12	4.04	50.9
78	8.7	0	0	8	9	20	0	9	120	1	12	5.04	59.6
79	8.7	0	0	8	9	20	0	9	120	1	12	6.04	50.5
80	8.7	0	0	8	9	20	0	9	120	1	12	7.04	31.4
81	8.7	0	0	8	9	20	0	9	120	1	12	8.04	22.3
82	14.6	7	0	30	26	20	0	12	130	2.1	10	1	34.7
83	14.6	7	0	30	10	20	0	12	130	2.1	10	2.4	55.3
84	14.6	7	0	35	0	20	0	15	130	2.1	10	3.8	70.9
85	14.6	7	0	18	25	20	0	12	130	2.1	10	5.2	70.7
86	14.6	7	0	18	25	20	0	10	130	2.1	10	6.6	77.2
87	14.6	7	0	18	25	20	0	13	130	2.1	10	8	66.7
88	14.6	7	0	18	25	20	0	11	130	2.1	10	9.4	62.0
89	14.6	7	0	18	25	20	0	10	130	2.1	10	10.8	38.0
90	14.6	7	0	18	25	20	0	9	130	2.1	10	12.2	33.8
91	5.6	0	0	19	10	20	0	6	150	1.96	15	0.7	30.8
92	5.6	0	0	19	10	20	0	6	150	1.96	15	2.1	50.0
93	5.6	0	0	19	10	20	0	6	150	1.96	15	3.5	35.0
94	5.6	0	0	19	10	20	0	6	150	1.96	15	4.9	12.6
95	7	0	0	38	3	19	0	6	63	1.15	10	0.5	7.4
96	7	0	0	38	3	19	0	8	63	1.15	10	1.5	15.1
97	7	0	0	38	3	19	0	7.5	63	1.15	10	2.5	15.9
98	7	0	0	38	3	19	0	8	63	1.15	10	3.5	13.0
99	7	0	0	38	3	19	0	8	63	1.15	10	4.5	12.0
100	7	0	0	38	3	19	0	8	63	1.15	10	5.5	10.7
101	7	0	0	38	3	19	0	6	63	1.15	10	6.5	7.0
102	12	0	0	12	6	19	15	16	130	1.69	15	2.5	65.6
103	12	0	0	12	6	19	15	16	130	1.69	15	5.1	85.8

序号	土钉墙几何参数			土体强度参数			q_s (kPa)	土钉设计					T_m (kN)
	H(m)	α(°)	θ(°)	ϕ(°)	c(kPa)	γ(kN/m³)		L(m)	D(mm)	S_hS_v(m²)	i(°)	z(m)	
104	12	0	0	12	6	19	15	24	130	1.69	15	7.7	95.4
105	12	0	0	21	19	21	15	12	130	1.69	15	10.3	77.6
106	6.5	16.7	0	36	25	17	126	5.8	150	2.4	10	1	9.4
107	6.5	16.7	0	36	25	17	126	5.8	150	2.4	10	2.6	10.0
108	6.5	16.7	0	36	25	17	126	5.8	150	2.4	10	4.2	11.0
109	6.5	16.7	0	36	25	17	126	5.8	150	2.4	10	5.8	8.5
110	5	0	0	18.86	4.32	18.32	0	9	130	1	15	2	4.0
111	5	0	0	18.86	4.32	18.32	0	9	130	1	15	3	5.0
112	5	0	0	18.86	4.32	18.32	0	6	130	1	15	4	6.0
113	10.25	8	0	23.16	15.26	19.6	0	11	120	2.25	5	2	21.8
114	10.25	8	0	23.16	15.26	19.6	0	12	120	2.25	5	5	35.3
115	10.25	8	0	23.16	15.26	19.6	0	12	120	2.25	5	8	18.3
116	10.25	8	0	23.16	15.26	19.6	0	10	120	2.25	5	9.5	10.0
117	11.6	0	0	20	40	20	0	12	120	1.69	15	1.3	55.4
118	11.6	0	0	20	40	20	0	11	120	1.69	15	3.9	57.4
119	11.6	0	0	20	40	20	0	11	120	1.69	15	5.2	56.1
120	11.6	0	0	20	40	20	0	9	120	1.69	15	7.8	50.2
121	10	0	0	30.7	8.7	19	35	18	110	1.2	15	1.9	32.0
122	10	0	0	30.7	8.7	19	35	18	110	1	15	5.3	44.0
123	10	0	0	30.7	8.7	19	35	15	110	1	15	8.3	14.6
124	8.5	11.3	0	18.9	21	20	0	9	110	2.25	0	1.5	48.8
125	8.5	11.3	0	18.9	21	20	0	12	110	2.25	0	3	46.3
126	8.5	11.3	0	18.9	21	20	0	9	110	2.25	0	4.5	38.8
127	8.5	11.3	0	18.9	21	20	0	7	110	2.25	0	6	23.5
128	8.5	11.3	0	18.9	21	20	0	5	110	2.25	0	7.5	19.4
129	8.5	11.3	0	18.9	21	20	0	9	110	2.25	0	1.5	16.5
130	8.5	11.3	0	18.9	21	20	0	12	110	2.25	0	3	19.2
131	8.5	11.3	0	18.9	21	20	0	7	110	2.25	0	6	14.5
132	8.5	11.3	0	18.9	21	20	0	5	110	2.25	0	7.5	4.5
133	22.38	11.3	0	20	20	19.92	0	9	100	2.175	8	1.45	38.0
134	22.38	11.3	0	30	0	19.92	0	9	130	2.175	8	4.35	31.0
135	22.38	11.3	0	30	0	19.92	0	6	130	2.175	8	7.25	40.0
136	22.38	22	0	40	0	19.92	0	6	130	2.175	8	10.15	20.0
137	22.38	22	0	40	0	19.92	0	4	130	2.175	8	13.05	25.0
138	22.38	11.3	0	20	20	19.92	0	9	100	2.175	8	1.45	32.6

续表

序号	土钉墙几何参数			土体强度参数			q_s (kPa)	土钉设计					T_m (kN)
	H(m)	α(°)	θ(°)	ϕ(°)	c(kPa)	γ(kN/m³)		L(m)	D(mm)	$S_h S_v$(m²)	i(°)	z(m)	
139	22.38	11.3	0	30	0	19.92	0	12	130	2.175	8	4.35	39.0
140	22.38	11.3	0	30	0	19.92	0	7	130	2.175	8	7.25	41.5
141	22.38	22	0	40	0	19.92	0	6	130	2.175	8	10.15	12.4
142	22.38	22	0	40	0	19.92	0	6	130	2.175	8	13.05	20.4
143	22.38	22	0	40	0	19.92	0	4	130	2.175	8	15.95	18.9
144	22.38	22	0	40	0	19.92	0	3	130	2.175	8	18.85	14.6
145	5.3	0	0	33	4.8	18	55	6.4	127	1.4	15	0.77	54.9
146	5.3	0	0	33	4.8	18	55	6.4	127	1.4	15	1.7	54.9
147	5.3	0	0	33	4.8	18	55	6.4	127	1.4	15	2.6	54.0
148	5.3	0	0	33	4.8	18	55	6.4	127	1.4	15	3.5	52.1
149	5.3	0	0	33	4.8	18	55	6.4	127	1.4	25	4.4	51.0
150	5.6	0	27	33	4.8	18	0	5.2	127	1.4	15	0.6	26.6
151	5.6	0	27	33	4.8	18	0	5.2	127	1.4	15	1.5	53.8
152	5.6	0	27	33	4.8	18	0	5.2	127	1.4	15	2.4	53.8
153	5.6	0	27	33	4.8	18	0	5.2	127	1.4	15	3.4	52.1
154	5.6	0	27	33	4.8	18	0	5.2	127	1.4	25	4.3	43.8
155	16.8	0	0	40	9.5	21	0	10.7	229	3.24	20	1.51	94.9
156	16.8	0	0	40	9.5	21	0	10.7	229	3.24	15	5.15	144.1
157	16.8	0	0	40	9.5	21	0	10.7	229	3.24	15	10.64	139.0
158	16.8	0	0	40	9.5	21	0	10.7	229	3.24	15	12.44	86.7
159	16.8	0	0	40	9.5	21	0	10.7	229	3.24	15	15.72	21.1
160	11	20	0	30	0	20	0	6	127	2.625	20	2	56.1
161	11	20	0	30	0	20	0	7	127	2.625	20	5	55.3
162	11	20	0	30	0	20	0	7	127	2.625	20	8	54.8
163	20	20	0	34	5	20	0	10	115	1.875	20	13.75	49.9
164	20	20	0	34	5	20	0	10	115	1.875	20	15	65.0
165	20	20	0	34	5	20	0	10	115	1.875	20	16.25	54.1
166	20	20	0	34	5	20	0	10	115	1.875	20	17.5	62.0
167	20	20	0	34	5	20	0	10	115	1.875	20	18.75	45.8
168	7.6	6	5	34	7.2	17.3	0	6.7	203	2.25	12	0.63	76.1
169	7.6	6	5	34	7.2	17.3	0	6.7	203	2.25	12	2.13	61.1
170	7.6	6	5	34	7.2	17.3	0	6.7	203	2.25	12	3.72	68.8
171	7.6	6	5	34	7.2	17.3	0	6.7	203	2.25	12	6.71	59.0
172	7.6	6	5	34	7.2	17.3	0	6.7	203	2.25	12	2.14	65.1
173	7.6	6	5	34	7.2	17.3	0	6.7	203	2.25	12	3.75	42.8

序号	土钉墙几何参数			土体强度参数			q_s (kPa)	土钉设计					T_m (kN)
	H(m)	α(°)	θ(°)	ϕ(°)	c(kPa)	γ(kN/m³)		L(m)	D(mm)	$S_h S_v$(m²)	i(°)	z(m)	
174	7.6	6	5	34	7.2	17.3	0	6.7	203	2.25	12	5.22	38.8
175	7.6	6	5	34	7.2	17.3	0	6.7	203	2.25	12	6.7	17.8
176	7.9	7	33	38	7.5	18.9	0	13.4	114	1.8	15	2.09	51.9
177	7.9	7	33	38	7.5	18.9	0	13.4	114	1.8	15	3.4	51.8
178	7.9	7	33	38	7.5	18.9	0	13.4	114	1.8	15	4.66	59.9
179	12.2	14	33	39	0	20	0	6.1	89	2.25	10	0.9	54.3
180	12.2	14	33	39	0	20	0	6.1	89	2.25	10	3.8	55.3
181	4.9	5	26	38	7.2	18.9	0	6.1	152	2.2326	15	1.07	26.7
182	4.9	5	26	38	7.2	18.9	0	6.1	152	2.2326	15	2.29	46.7
183	5.4	5	26	38	7.2	18.9	61	6.1	152	2.5071	15	1.68	40.9
184	5.4	5	26	38	7.2	18.9	61	6.1	152	2.5071	15	3.05	63.6
185	6.9	5	0	35	4.8	18.1	76	7	305	1.4884	15	0.61	37.8
186	6.9	5	0	35	4.8	18.1	76	7	305	1.4884	15	1.83	36.0
187	6.9	5	0	38	7.2	18.9	76	7	152	1.4884	15	4.27	31.6
188	6.9	5	0	38	7.2	18.9	76	6.4	152	1.4884	15	5.49	23.1
189	7.6	0	0	38	0	19.6	0	5.79	150	3.3489	15	0.61	37.4
190	7.6	0	0	38	0	19.6	0	5.79	150	3.3489	15	1.83	57.1
191	7.6	0	0	38	0	19.6	0	5.79	150	3.3489	15	3.05	71.4
192	7.6	0	0	38	0	19.6	0	2.74	150	3.3489	15	6.4	24.2
193	5.9	0	0	38	0	19.6	0	5.79	150	2.7816	15	0.76	30.4
194	5.9	0	0	38	0	19.6	0	5.79	150	2.7816	15	1.98	48.6
195	5.9	0	0	38	0	19.6	0	4.27	150	2.7816	15	3.5	43.1
196	5.9	0	0	38	0	19.6	0	5.79	150	2.7816	15	0.76	21.5
197	5.9	0	0	38	0	19.6	0	5.79	150	2.7816	15	1.98	44.5
198	5.9	0	0	38	0	19.6	0	4.27	150	2.7816	15	3.5	34.8
199	5.3	0	0	33	4.8	18	55	6.4	127	1.4	15	0.77	45.7
200	5.3	0	0	33	4.8	18	55	6.4	127	1.4	15	1.70	47.8
201	5.3	0	0	33	4.8	18	55	6.4	127	1.4	15	2.60	54.0
202	5.3	0	0	33	4.8	18	55	6.4	127	1.4	15	3.50	52.1
203	5.3	0	0	33	4.8	18	55	6.4	127	1.4	25	4.40	26.7
204	5.6	0	27	33	4.8	18	0	5.2	127	1.4	15	0.60	21.9
205	5.6	0	27	33	4.8	18	0	5.2	127	1.4	15	1.50	53.8
206	5.6	0	27	33	4.8	18	0	5.2	127	1.4	15	2.40	39.8
207	5.6	0	27	33	4.8	18	0	5.2	127	1.4	15	3.40	52.1
208	5.6	0	27	33	4.8	18	0	5.2	127	1.4	25	4.30	23.8

序号	土钉墙几何参数			土体强度参数			q_s (kPa)	土钉设计					T_m (kN)
	H(m)	α(°)	θ(°)	ϕ(°)	c(kPa)	γ(kN/m³)		L(m)	D(mm)	$S_h S_v$(m²)	i(°)	z(m)	
209	9.2	0	0	36.5	18.5	16.3	0	6	100	3.4225	20	2.75	20.9
210	9.2	0	0	36.5	18.5	16.3	0	6	100	3.4225	20	4.60	21.0
211	9.2	0	0	36.5	18.5	16.3	0	6	100	3.4225	20	6.45	20.9
212	9	16	25	38	7.2	18.9	0	9	100	2.25	15	1.97	42.7
213	9	16	25	38	7.2	18.9	0	9	100	2.25	15	5.16	15.8
214	9	16	25	38	7.2	18.9	0	9	100	2.25	15	8.05	20.5
215	12	16	25	38	7.2	18.9	0	9	100	2.25	15	1.54	41.2
216	12	16	25	38	7.2	18.9	0	9	100	2.25	15	3.30	51.8
217	12	16	25	38	7.2	18.9	0	9	100	2.25	15	7.40	26.9
218	12	16	25	38	7.2	18.9	0	9	100	2.25	15	10.56	31.7
219	4	0	0	35	0	19.6	0	7.9	150	1.05	15	1.90	10.0
220	4	0	0	35	0	19.6	56.4	7.9	150	1.05	15	1.90	26.9
221	4	0	0	35	0	19.6	127	7.9	150	1.05	15	1.90	39.1
222	5	0	0	35	0	19.6	106	7	150	1.05	15	0.80	37.5
223	5	0	0	35	0	19.6	106	7	150	1.05	15	1.85	28.6
224	5	0	0	35	0	19.6	106	7	150	1.05	15	2.90	16.4
225	5	0	0	35	0	19.6	106	7	150	1.05	15	3.95	17.2
226	5	0	0	35	0	19.6	0	7	150	1.05	15	0.80	6.8
227	5	0	0	35	0	19.6	0	7	150	1.05	15	1.85	11.5
228	5	0	0	35	0	19.6	0	7	150	1.05	15	2.90	4.1
229	5	0	0	35	0	19.6	36.1	7	150	1.05	15	0.80	20.8
230	5	0	0	35	0	19.6	36.1	7	150	1.05	15	1.85	21.2
231	5	0	0	35	0	19.6	36.1	7	150	1.05	15	2.90	8.5
232	5	0	0	35	0	19.6	36.1	7	150	1.05	15	3.95	9.9
233	5	0	0	35	0	19.6	36.1	7	150	1.05	15	5.00	3.0
234	7.6	0	0	38	0	19.6	0	5.79	150	3.3489	15	0.61	22.7
235	7.6	0	0	38	0	19.6	0	5.79	150	3.3489	15	1.83	32.1
236	7.6	0	0	38	0	19.6	0	5.79	150	3.3489	15	3.05	36.1
237	7.6	0	0	38	0	19.6	0	2.74	150	3.3489	15	6.40	13.6
238	5.9	0	0	38	0	19.6	0	5.79	150	2.7816	15	0.76	13.6
239	5.9	0	0	38	0	19.6	0	5.79	150	2.7816	15	1.98	32.7
240	5.9	0	0	38	0	19.6	0	4.27	150	2.7816	15	3.50	15.2
241	5.9	0	0	38	0	19.6	0	5.79	150	2.7816	15	0.76	19.3
242	5.9	0	0	38	0	19.6	0	5.79	150	2.7816	15	1.98	12.3
243	5.9	0	0	38	0	19.6	0	4.27	150	2.7816	15	3.50	12.6

序号	土钉墙几何参数			土体强度参数			q_s (kPa)	土钉设计					T_m (kN)
	H(m)	α(°)	θ(°)	ϕ(°)	c(kPa)	γ(kN/m³)		L(m)	D(mm)	$S_h S_v$(m²)	i(°)	z(m)	
244	8.5	11	0	18.9	30	20	0	9	110	2.25	10	1.5	20.5
245	8.5	11	0	18.9	30	20	0	12	110	2.25	10	3	31.7
246	8.5	11	0	18.9	30	20	0	9	110	2.25	10	4.5	17.5
247	8.5	11	0	18.9	30	20	0	7	110	2.25	10	6	11.6
248	8.5	11	0	18.9	30	20	0	5	110	2.25	10	7.5	10.0
249	8.5	11	0	18.9	30	20	0	9	110	2.25	10	1.5	15.8
250	8.5	11	0	18.9	30	20	0	12	110	2.25	10	3	27.9
251	8.5	11	0	18.9	30	20	0	9	110	2.25	10	4.5	16.5
252	8.5	11	0	18.9	30	20	0	7	110	2.25	10	6	11.0
253	8.5	11	0	18.9	30	20	0	5	110	2.25	10	7.5	6.8
254	13.5	11.3	0	31	31	20.2	20	10	110	2.1	10	4	86.6
255	13.5	11.3	0	18	34.3	20	20	12	110	2.1	10	5.5	92.1
256	13.5	11.3	0	18	34.3	20	20	12	110	2.1	10	7	94.5
257	9.5	6.6	0	15	18	18	0	12	110	1.69	10	1.3	36.5
258	9.5	6.6	0	15	18	18	0	12	110	1.69	10	2.6	46.3
259	9.5	6.6	0	13	30	18	0	9	110	1.69	10	3.9	49.8
260	9.5	6.6	0	13	30	18	0	9	110	1.69	10	5.2	55.4
261	9.5	6.6	0	10	14	18	0	8	110	1.69	10	6.5	61.3
262	9.5	6.6	0	20	23	18	0	8	110	1.69	10	7.8	50.0
263	8.5	11.3	0	19.62	19.37	18.4	0	7	150	1.69	10	1.5	8.2
264	8.5	11.3	0	19.62	19.37	18.4	0	10	150	1.69	10	2.8	26.3
265	8.5	11.3	0	19.62	19.37	18.4	0	10	150	1.69	10	4.1	35.3
266	8.5	11.3	0	19.62	19.37	18.4	0	10	150	1.69	10	5.4	42.8
267	8.5	11.3	0	19.62	19.37	18.4	0	7	150	1.69	10	6.7	34.6
268	8.5	11.3	0	19.62	19.37	18.4	0	7	150	1.69	10	8	16.0
269	10.5	8	0	17	21	20	0	11	150	2.25	20	2.5	26.3
270	10.5	8	0	17	21	20	0	10	150	2.25	20	4	17.7
271	10.5	8	0	17	21	20	0	9	150	2.25	20	5.5	46.4
272	10.5	8	0	29	24	20	0	7	150	2.25	20	8.5	91.9
273	10	0	0	28	12	19.1	0	7	150	2.25	10	1.5	9.4
274	10	0	0	28	12	19.1	0	7	150	2.25	10	3	11.0
275	10	0	0	28	12	19.1	0	7	150	2.25	10	4.5	20.9
276	10	0	0	28	12	19.1	0	7	150	2.25	10	6	29.1
277	10	0	0	28	12	19.1	0	5	150	2.25	10	7.5	7.8
278	10	0	0	28	12	19.1	0	5	150	2.25	10	9	7.4

序号	土钉墙几何参数			土体强度参数			q_s (kPa)	土钉设计					T_m (kN)
	H(m)	α(°)	θ(°)	ϕ(°)	c(kPa)	γ(kN/m³)		L(m)	D(mm)	$S_h S_v$(m²)	i(°)	z(m)	
279	14.35	10	0	35	5.51	19	0	10	150	1.96	13	1.25	41.3
280	14.35	10	0	35	5.51	19	0	10	150	1.96	13	2.65	42.4
281	14.35	10	0	35	5.51	19	0	10	150	1.96	13	5.45	62.9
282	14.35	10	0	35	5.51	19	0	10	150	1.96	13	8.25	80.0
283	14.35	10	0	35	5.51	19	0	10	150	1.96	13	11.05	42.4
284	14.35	10	0	35	5.51	19	0	10	150	1.96	13	12.45	43.2
285	14.35	10	0	35	5.51	19	0	10	150	1.96	13	13.85	24.7
286	9	0	0	28	3	19	0	7	150	3.24	10	5.4	24.1
287	9	0	0	28	3	19	0	7	150	3.24	10	7.2	28.3
288	10	0	0	26.4	13	17.8	0	7	100	1.82	10	2	44.9
289	10	0	0	15.6	32	17.1	0	9	100	1.82	10	4.6	49.0
290	10	0	0	14.5	38	17.1	0	7	100	1.82	10	7.2	36.3
291	10	0	0	37.4	0	18.5	0	6	100	1.82	10	8.5	37.6
292	11.8	10	0	32	0	20	22.5	8	100	2.25	10	2.5	43.0
293	11.8	10	0	32	0	20	22.5	10	100	1.5	10	5	32.2
294	11.8	10	0	32	0	20	22.5	10	100	1.7	10	7	22.2
295	11.8	10	0	32	0	20	22.5	8	100	2.25	10	2.5	38.8
296	6.4	0	0	35	5	19	0	5	150	1	5	2	10.1
297	6.4	0	0	35	5	19	0	5	150	1	15	2	8.1
298	10	0	0	38		19	0	12	105	3	10	1.5	50.0
299	10	0	0	38		19	0	12	105	3	10	3	44.9
300	6	12	0	33		16	46.5	3	150	1.825	0	0.81	11.9
301	6	12	0	33	0	16	23.4	3	150	1.825	0	2.27	15.8
302	6	12	0	33	0	16	14.4	3	150	1.825	0	3.73	15.8
303	6	12	0	33	0	16	9.7	3	150	1.25	0	5.19	13.7
304	5.2	0	0	0	13.4	18.9	0	6.1	152	0.5625	5	1.00	43.9
305	5.2	0	0	0	13.4	18.9	0	6.1	152	0.5625	5	2.41	56.0
306	5.2	0	0	0	13.4	18.9	0	6.1	152	0.5625	5	3.21	54.9
307	5.2	0	0	0	13.4	18.9	0	6.1	152	0.5625	5	4.01	55.0
308	5.2	0	0	0	13.4	18.9	0	6.1	152	0.5625	5	4.71	16.7
309	4.3	0	0	0	13.4	18.9	75	6.1	152	0.5625	5	0.61	57.7
310	4.3	0	0	0	13.4	18.9	75	6.1	152	0.5625	5	2.10	55.8
311	4.3	0	0	0	13.4	18.9	75	6.1	152	0.5625	5	2.90	54.7
312	4.3	0	0	0	13.4	18.9	75	6.1	152	0.5625	5	3.71	42.7

注：H 为墙高，α 为墙面倾角，θ 为墙后坡角，ϕ 为土体内摩擦角，c 为土体黏聚力，γ 为土体重度，q_s 为超载，L 为土钉长度，D 为钻孔直径，S_h 为土钉水平间距，S_v 为土钉垂直间距，i 为土钉倾角，T_m 为土钉轴力实测值。

附录2 ANN 模型、RF 模型和 SVM 模型的 8 个输入参数及水平位移实测值

序号	H/H_0	K_a	ϕ/ϕ_0	$c/\gamma H$	$sum(L/H)$	z/H	$S_h S_v/A_t$	$q_s/\gamma H$	δ_m/H
1	1.06	0.41	0.60	0.10	6.55	0.00	0.64	0.61	4.60
2	0.92	0.55	0.42	0.15	6.74	0.00	0.75	0.00	2.85
3	0.92	0.55	0.42	0.15	6.74	0.09	0.75	0.00	2.19
4	0.92	0.55	0.42	0.15	6.74	0.23	0.87	0.00	1.76
5	0.92	0.55	0.42	0.15	6.74	0.39	1.00	0.00	1.47
6	0.92	0.55	0.42	0.15	6.74	0.55	1.00	0.00	1.27
7	0.92	0.55	0.42	0.15	6.74	0.72	1.20	0.00	0.91
8	0.92	0.55	0.42	0.15	6.74	0.91	1.20	0.00	0.52
9	0.92	0.55	0.42	0.15	6.74	0.00	0.75	0.00	2.65
10	0.92	0.55	0.42	0.15	6.74	0.09	0.75	0.00	1.90
11	0.92	0.55	0.42	0.15	6.74	0.23	0.87	0.00	1.52
12	0.92	0.55	0.42	0.15	6.74	0.39	1.00	0.00	1.29
13	0.92	0.55	0.42	0.15	6.74	0.55	1.00	0.00	1.09
14	0.92	0.55	0.42	0.15	6.74	0.72	1.20	0.00	0.95
15	0.92	0.55	0.42	0.15	6.74	0.91	1.20	0.00	0.39
16	0.85	0.40	0.63	0.18	4.94	0.00	1.00	0.00	5.29
17	0.70	0.22	1.27	0.03	7.36	0.00	0.51	0.00	3.37
18	0.70	0.22	1.27	0.03	7.36	0.07	0.51	0.00	3.14
19	0.70	0.22	1.27	0.03	7.36	0.21	0.51	0.00	2.29
20	0.70	0.22	1.27	0.03	7.36	0.36	0.51	0.00	2.21
21	0.70	0.22	1.27	0.03	7.36	0.50	0.51	0.00	1.93
22	0.70	0.22	1.27	0.03	7.36	0.64	0.51	0.00	1.39
23	0.70	0.22	1.27	0.03	7.36	0.79	0.51	0.00	0.87
24	0.70	0.22	1.27	0.03	7.36	0.93	0.51	0.00	0.24
25	0.85	0.40	0.63	0.12	4.94	0.00	1.00	0.00	3.69
26	0.85	0.40	0.63	0.12	4.94	0.00	1.00	0.00	0.62
27	2.24	0.18	1.15	0.01	3.46	0.00	0.97	0.00	0.65
28	2.24	0.18	1.15	0.01	3.46	0.00	0.97	0.00	0.51
29	0.85	0.69	0.25	0.16	7.41	0.00	0.75	0.00	4.59
30	0.85	0.69	0.25	0.16	7.41	0.15	0.75	0.00	4.42
31	0.85	0.69	0.25	0.16	7.41	0.31	0.75	0.00	3.73
32	0.85	0.69	0.25	0.16	7.41	0.46	0.75	0.00	3.05
33	0.85	0.69	0.25	0.16	7.41	0.61	0.87	0.00	2.29

序号	H/H_0	K_a	ϕ/ϕ_0	$c/\gamma H$	sum(L/H)	z/H	$S_h S_v/A_t$	$q_s/\gamma H$	δ_m/H
34	0.85	0.69	0.25	0.16	7.41	0.79	0.87	0.00	0.37
35	0.85	0.69	0.25	0.16	7.41	0.96	0.87	0.00	0.18
36	0.85	0.80	0.15	0.15	7.41	0.00	0.87	0.00	5.29
37	0.85	0.80	0.15	0.15	7.41	0.00	0.87	0.00	5.26
38	0.85	0.80	0.15	0.15	7.41	0.00	0.87	0.00	7.12
39	0.85	0.80	0.15	0.15	7.41	0.00	0.87	0.00	7.47
40	0.85	0.80	0.15	0.15	7.41	0.00	0.87	0.00	5.59
41	0.85	0.80	0.15	0.15	7.41	0.00	0.87	0.00	6.64
42	0.85	0.80	0.15	0.15	7.41	0.00	0.87	0.00	6.74
43	0.85	0.80	0.15	0.15	7.41	0.00	0.87	0.00	3.30
44	0.95	0.37	0.83	0.11	4.68	0.00	1.00	0.08	1.15
45	1.35	0.33	0.77	0.12	6.13	0.00	0.93	0.07	1.99
46	1.35	0.33	0.77	0.12	6.13	0.07	0.93	0.07	1.89
47	1.35	0.33	0.77	0.12	6.13	0.17	0.93	0.07	1.78
48	1.35	0.33	0.77	0.12	6.13	0.28	0.93	0.07	1.56
49	1.35	0.33	0.77	0.12	6.13	0.38	0.93	0.07	1.56
50	1.35	0.33	0.77	0.12	6.13	0.48	0.93	0.07	1.56
51	1.35	0.33	0.77	0.12	6.13	0.59	0.93	0.07	1.48
52	1.35	0.33	0.77	0.12	6.13	0.69	0.93	0.07	1.26
53	1.35	0.33	0.77	0.12	6.13	0.79	0.93	0.07	0.67
54	1.35	0.33	0.77	0.12	6.13	0.90	0.93	0.07	0.39
55	1.52	0.39	0.60	0.05	7.57	0.00	1.20	0.00	1.68
56	1.52	0.39	0.60	0.05	7.57	0.12	1.20	0.00	1.58
57	1.52	0.39	0.60	0.05	7.57	0.24	1.20	0.00	1.43
58	1.52	0.39	0.60	0.05	7.57	0.36	1.07	0.00	1.37
59	1.52	0.39	0.60	0.05	7.57	0.46	1.07	0.00	1.32
60	1.52	0.39	0.60	0.05	7.57	0.57	1.07	0.00	1.18
61	1.52	0.39	0.60	0.05	7.57	0.67	1.07	0.00	1.13
62	1.52	0.39	0.60	0.05	7.57	0.78	1.13	0.00	1.08
63	1.52	0.39	0.60	0.05	7.57	0.89	1.13	0.00	0.96
64	1.52	0.39	0.60	0.05	7.57	0.00	1.20	0.00	2.01
65	1.52	0.39	0.60	0.05	7.57	0.11	1.20	0.00	1.70
66	1.52	0.39	0.60	0.05	7.57	0.23	1.07	0.00	1.53
67	1.52	0.39	0.60	0.05	7.57	0.34	1.07	0.00	1.45
68	1.52	0.39	0.60	0.05	7.57	0.44	1.07	0.00	1.42
69	1.52	0.39	0.60	0.05	7.57	0.55	1.07	0.00	1.37

序号	H/H_0	K_a	ϕ/ϕ_0	$c/\gamma H$	sum(L/H)	z/H	$S_h S_v/A_t$	$q_s/\gamma H$	δ_m/H
70	1.52	0.39	0.60	0.05	7.57	0.65	1.07	0.00	1.23
71	1.52	0.39	0.60	0.05	7.57	0.76	1.13	0.00	1.21
72	1.52	0.39	0.60	0.05	7.57	0.87	1.13	0.00	1.02
73	1.52	0.39	0.60	0.05	7.57	0.00	1.20	0.00	1.52
74	1.52	0.39	0.60	0.05	7.57	0.00	1.20	0.00	0.99
75	1.54	0.36	0.80	0.02	7.45	0.00	0.87	0.13	1.95
76	0.95	0.41	0.50	0.13	6.74	0.00	0.75	0.00	3.61
77	0.65	0.43	0.58	0.15	5.67	0.00	1.00	0.00	0.87
78	0.60	0.71	0.23	0.18	6.12	0.00	0.80	0.17	8.50
79	1.05	0.37	0.72	0.36	5.81	0.00	1.00	0.00	4.00
80	1.05	0.37	0.72	0.36	5.81	0.10	1.00	0.00	3.83
81	1.05	0.37	0.72	0.36	5.81	0.24	1.00	0.00	3.45
82	1.05	0.37	0.72	0.36	5.81	0.38	1.00	0.00	3.26
83	1.05	0.37	0.72	0.36	5.81	0.52	1.00	0.00	2.83
84	1.05	0.37	0.72	0.36	5.81	0.67	1.00	0.00	2.37
85	1.05	0.37	0.72	0.36	5.81	0.81	1.00	0.00	0.92
86	1.05	0.37	0.72	0.36	5.81	0.95	1.00	0.00	0.31
87	1.02	0.35	0.66	0.09	6.86	0.00	0.87	0.00	3.63
88	1.02	0.35	0.66	0.09	6.86	0.12	0.87	0.00	3.38
89	1.02	0.35	0.66	0.09	6.86	0.25	0.93	0.00	3.17
90	1.02	0.35	0.66	0.09	6.86	0.37	0.93	0.00	3.01
91	1.02	0.35	0.66	0.09	6.86	0.51	0.93	0.00	2.94
92	1.02	0.35	0.66	0.09	6.86	0.65	0.93	0.00	2.75
93	1.02	0.35	0.66	0.09	6.86	0.78	0.93	0.00	2.75
94	1.02	0.35	0.66	0.09	6.86	0.92	0.93	0.00	2.70
95	1.02	0.35	0.66	0.09	6.86	0.00	0.87	0.00	1.96
96	1.02	0.35	0.66	0.09	6.86	0.12	0.87	0.00	1.81
97	1.02	0.35	0.66	0.09	6.86	0.25	0.87	0.00	1.65
98	1.02	0.35	0.66	0.09	6.86	0.37	0.93	0.00	1.34
99	1.02	0.35	0.66	0.09	6.86	0.51	0.93	0.00	0.88
100	1.02	0.35	0.66	0.09	6.86	0.65	0.93	0.00	0.75
101	1.02	0.35	0.66	0.09	6.86	0.78	0.93	0.00	0.75
102	1.02	0.35	0.66	0.09	6.86	0.92	0.93	0.00	0.50
103	1.02	0.35	0.66	0.09	6.86	0.00	0.87	0.00	4.41
104	1.02	0.35	0.66	0.09	6.86	0.12	0.87	0.00	4.20
105	1.02	0.35	0.66	0.09	6.86	0.25	0.87	0.00	3.82

续表

序号	H/H_0	K_a	ϕ/ϕ_0	$c/\gamma H$	sum(L/H)	z/H	$S_h S_v/A_t$	$q_s/\gamma H$	δ_m/H
106	1.02	0.35	0.66	0.09	6.86	0.37	0.93	0.00	3.37
107	1.02	0.35	0.66	0.09	6.86	0.51	0.93	0.00	2.87
108	1.02	0.35	0.66	0.09	6.86	0.65	0.93	0.00	2.67
109	1.02	0.35	0.66	0.09	6.86	0.78	0.93	0.00	2.19
110	1.02	0.35	0.66	0.09	6.86	0.92	0.93	0.00	1.32
111	1.02	0.35	0.66	0.09	6.86	0.00	0.87	0.00	7.55
112	1.02	0.35	0.66	0.09	6.86	0.12	0.87	0.00	7.23
113	1.02	0.35	0.66	0.09	6.86	0.25	0.87	0.00	6.67
114	1.02	0.35	0.66	0.09	6.86	0.37	0.93	0.00	5.74
115	1.02	0.35	0.66	0.09	6.86	0.51	0.93	0.00	4.90
116	1.02	0.35	0.66	0.09	6.86	0.65	0.93	0.00	4.00
117	1.02	0.35	0.66	0.09	6.86	0.78	0.93	0.00	3.46
118	1.02	0.35	0.66	0.09	6.86	0.92	0.93	0.00	1.67
119	1.02	0.35	0.66	0.09	6.86	0.00	0.87	0.00	4.82
120	1.02	0.35	0.66	0.09	6.86	0.12	0.87	0.00	4.35
121	1.02	0.35	0.66	0.09	6.86	0.25	0.87	0.00	2.40
122	1.02	0.35	0.66	0.09	6.86	0.37	0.93	0.00	1.54
123	1.02	0.35	0.66	0.09	6.86	0.51	0.93	0.00	1.37
124	1.02	0.35	0.66	0.09	6.86	0.65	0.93	0.00	1.21
125	1.02	0.35	0.66	0.09	6.86	0.78	0.93	0.00	0.86
126	1.02	0.35	0.66	0.09	6.86	0.92	0.93	0.00	0.57
127	1.02	0.35	0.66	0.09	6.86	0.00	0.87	0.00	3.26
128	1.02	0.35	0.66	0.09	6.86	0.12	0.87	0.00	2.96
129	1.02	0.35	0.66	0.09	6.86	0.25	0.87	0.00	2.55
130	1.02	0.35	0.66	0.09	6.86	0.37	0.93	0.00	3.38
131	1.02	0.35	0.66	0.09	6.86	0.51	0.93	0.00	2.65
132	1.02	0.35	0.66	0.09	6.86	0.65	0.93	0.00	0.88
133	1.02	0.35	0.66	0.09	6.86	0.78	0.93	0.00	0.32
134	1.02	0.35	0.66	0.09	6.86	0.92	0.93	0.00	0.19
135	1.02	0.35	0.66	0.09	6.86	0.00	0.87	0.00	3.54
136	1.02	0.35	0.66	0.09	6.86	0.12	0.87	0.00	3.32
137	1.02	0.35	0.66	0.09	6.86	0.25	0.87	0.00	3.12
138	1.02	0.35	0.66	0.09	6.86	0.37	0.93	0.00	2.34
139	1.02	0.35	0.66	0.09	6.86	0.51	0.93	0.00	2.25
140	1.02	0.35	0.66	0.09	6.86	0.65	0.93	0.00	2.28
141	1.02	0.35	0.66	0.09	6.86	0.78	0.93	0.00	2.42

续表

序号	H/H_0	K_a	ϕ/ϕ_0	$c/\gamma H$	sum(L/H)	z/H	$S_h S_v/A_t$	$q_s/\gamma H$	δ_m/H
142	1.02	0.35	0.66	0.09	6.86	0.92	0.93	0.00	1.51
143	1.02	0.35	0.66	0.09	6.86	0.00	0.87	0.00	4.63
144	1.02	0.35	0.66	0.09	6.86	0.12	0.87	0.00	4.12
145	1.02	0.35	0.66	0.09	6.86	0.25	0.87	0.00	3.39
146	1.02	0.35	0.66	0.09	6.86	0.37	0.93	0.00	2.27
147	1.02	0.35	0.66	0.09	6.86	0.51	0.93	0.00	1.46
148	1.02	0.35	0.66	0.09	6.86	0.65	0.93	0.00	0.86
149	1.02	0.35	0.66	0.09	6.86	0.78	0.93	0.00	0.45
150	1.02	0.35	0.66	0.09	6.86	0.92	0.93	0.00	0.22
151	1.02	0.35	0.66	0.09	6.86	0.00	0.87	0.00	3.24
152	1.02	0.35	0.66	0.09	6.86	0.12	0.87	0.00	2.97
153	1.02	0.35	0.66	0.09	6.86	0.25	0.87	0.00	2.57
154	1.02	0.35	0.66	0.09	6.86	0.37	0.93	0.00	2.40
155	1.02	0.35	0.66	0.09	6.86	0.51	0.93	0.00	2.17
156	1.02	0.35	0.66	0.09	6.86	0.65	0.93	0.00	1.67
157	1.02	0.35	0.66	0.09	6.86	0.78	0.93	0.00	1.25
158	1.02	0.35	0.66	0.09	6.86	0.92	0.93	0.00	0.88
159	1.02	0.35	0.66	0.09	6.86	0.00	0.87	0.00	3.43
160	1.02	0.35	0.66	0.09	6.86	0.12	0.87	0.00	3.20
161	1.02	0.35	0.66	0.09	6.86	0.25	0.87	0.00	2.94
162	1.02	0.35	0.66	0.09	6.86	0.37	0.93	0.00	2.83
163	1.02	0.35	0.66	0.09	6.86	0.51	0.93	0.00	2.62
164	1.02	0.35	0.66	0.09	6.86	0.65	0.93	0.00	2.32
165	1.02	0.35	0.66	0.09	6.86	0.78	0.93	0.00	1.96
166	1.02	0.35	0.66	0.09	6.86	0.92	0.93	0.00	1.42
167	0.98	0.32	0.63	0.11	5.82	0.00	1.00	0.00	1.02
168	0.98	0.32	0.63	0.11	5.82	0.20	1.00	$q_s/\gamma H$	δ_m/H
169	0.98	0.32	0.63	0.11	5.82	0.36	1.00	0.00	0.90
170	0.98	0.32	0.63	0.11	5.82	0.51	1.00	0.00	0.88
171	0.98	0.32	0.63	0.11	5.82	0.66	1.00	0.00	0.79
172	0.98	0.32	0.63	0.11	5.82	0.82	1.00	0.00	0.82
173	0.98	0.32	0.63	0.11	5.82	0.97	1.00	0.00	0.61
174	0.98	0.32	0.63	0.11	5.82	0.00	1.00	0.00	0.87
175	0.98	0.32	0.63	0.11	5.82	0.20	1.00	0.00	0.59
176	0.98	0.32	0.63	0.11	5.82	0.36	1.00	0.00	0.68
177	0.98	0.32	0.63	0.11	5.82	0.51	1.00	0.00	0.67

续表

序号	H/H_0	K_a	ϕ/ϕ_0	$c/\gamma H$	sum(L/H)	z/H	$S_h S_v/A_t$	$q_s/\gamma H$	δ_m/H
178	0.98	0.32	0.63	0.11	5.82	0.66	1.00	0.00	0.59
179	0.98	0.32	0.63	0.11	5.82	0.82	1.00	0.00	0.59
180	0.98	0.32	0.63	0.11	5.82	0.97	1.00	0.00	0.67
181	0.45	0.75	0.23	0.21	8.00	0.00	0.87	0.00	6.51
182	0.60	0.10	1.17	0.06	3.00	0.00	1.33	0.00	4.28
183	0.60	0.10	1.17	0.06	3.00	0.00	1.33	0.00	3.11
184	0.60	0.10	1.17	0.06	3.00	0.00	1.33	0.00	2.74
185	0.60	0.10	1.17	0.06	3.00	0.00	1.33	0.00	1.58
186	0.60	0.10	1.17	0.06	3.00	0.00	1.33	0.00	1.55
187	1.26	0.30	0.78	0.05	5.63	0.00	1.00	0.00	0.57
188	1.25	0.16	1.08	0.02	4.78	0.00	1.00	0.00	1.42
189	1.25	0.16	1.08	0.02	4.78	0.00	1.00	0.00	2.89
190	1.25	0.16	1.08	0.02	4.78	0.00	1.00	0.00	1.53
191	1.25	0.16	1.08	0.02	4.78	0.00	1.00	0.00	2.26
192	1.25	0.16	1.08	0.02	4.78	0.00	1.00	0.00	2.41
193	1.25	0.16	1.08	0.02	4.78	0.00	1.00	0.00	1.37
194	1.25	0.16	1.08	0.02	4.78	0.00	1.00	0.00	2.39
195	1.25	0.16	1.08	0.02	4.78	0.00	1.00	0.00	1.81
196	1.25	0.16	1.08	0.02	4.78	0.00	1.00	0.00	1.37
197	1.25	0.13	1.08	0.02	4.78	0.00	1.00	0.00	3.18
198	1.25	0.13	1.08	0.02	4.78	0.00	1.00	0.00	3.29
199	1.25	0.13	1.08	0.02	4.78	0.00	1.00	0.00	2.10
200	1.25	0.13	1.08	0.02	4.78	0.00	1.00	0.00	2.33
201	1.25	0.13	1.08	0.02	4.78	0.00	1.00	0.00	1.16
202	1.25	0.13	1.08	0.02	4.78	0.00	1.00	0.00	1.78
203	1.25	0.13	1.08	0.02	4.78	0.00	1.00	0.00	1.88
204	1.25	0.13	1.08	0.02	4.78	0.00	1.00	0.00	2.31
205	1.25	0.19	1.08	0.02	4.78	0.00	1.00	0.00	1.00
206	1.25	0.19	1.08	0.02	4.78	0.00	1.00	0.00	1.24
207	1.00	0.33	0.93	0.06	3.80	0.00	1.00	0.00	2.30
208	1.00	0.33	0.93	0.06	3.80	0.00	1.00	0.00	1.70
209	1.00	0.33	0.93	0.06	3.80	0.00	1.00	0.00	1.00
210	1.00	0.33	0.93	0.06	3.80	0.00	1.00	0.00	0.36
211	0.86	0.29	0.86	0.15	8.31	0.00	0.64	0.00	1.98
212	1.44	0.18	1.17	0.02	6.27	0.00	0.87	0.00	3.68
213	1.44	0.18	1.17	0.02	6.27	0.00	0.87	0.00	3.80

续表

序号	H/H_0	K_a	ϕ/ϕ_0	$c/\gamma H$	sum(L/H)	z/H	$S_h S_v/A_t$	$q_s/\gamma H$	δ_m/H
214	1.47	0.13	1.07	0.02	5.46	0.00	1.00	0.00	0.96
215	0.70	0.46	0.49	0.13	7.20	0.00	0.64	0.00	2.46
216	0.92	0.35	0.88	0.08	4.00	0.00	1.49	0.00	1.08
217	0.92	0.35	0.88	0.08	4.00	0.11	1.49	0.00	0.94
218	0.92	0.35	0.88	0.08	4.00	0.31	1.49	0.00	0.74
219	0.92	0.35	0.88	0.08	4.00	0.51	1.49	0.00	0.60
220	0.92	0.35	0.88	0.08	4.00	0.71	1.49	0.00	0.43
221	0.92	0.35	0.88	0.08	4.00	0.91	1.49	0.00	0.26
222	0.82	0.39	0.79	0.12	6.83	0.00	0.44	0.00	0.43
223	0.82	0.39	0.79	0.12	8.78	0.00	0.49	0.00	0.75
224	0.82	0.39	0.79	0.12	8.78	0.00	0.49	0.00	1.16
225	0.82	0.39	0.79	0.12	7.32	0.00	0.44	0.00	0.60
226	0.82	0.39	0.79	0.12	7.32	0.00	0.44	0.00	0.69
227	0.82	0.39	0.79	0.12	8.78	0.00	0.44	0.00	0.33
228	0.89	0.69	0.26	0.43	5.17	0.00	0.98	0.00	2.02
229	0.89	0.69	0.26	0.43	6.87	0.00	0.94	0.12	6.04
230	0.62	0.33	0.76	0.22	3.45	0.00	0.49	0.17	2.99
231	0.62	0.33	0.76	0.22	3.45	0.00	0.49	0.17	4.37
232	0.62	0.33	0.76	0.22	3.45	0.00	0.49	0.17	4.27
233	0.62	0.33	0.76	0.22	3.45	0.00	0.49	0.17	4.51
234	0.62	0.33	0.76	0.22	3.45	0.00	0.49	0.17	4.39
235	0.62	0.31	0.79	0.24	2.96	0.00	0.75	0.09	4.35
236	0.62	0.31	0.79	0.24	2.96	0.00	0.75	0.09	3.95
237	0.62	0.31	0.79	0.24	2.96	0.00	0.75	0.09	4.06
238	0.62	0.31	0.79	0.24	2.96	0.00	0.75	0.09	3.81
239	0.70	0.57	0.41	0.08	8.79	0.00	0.54	0.15	2.63
240	0.52	0.57	0.41	0.10	6.62	0.00	0.54	0.10	3.46
241	1.10	0.26	0.81	0.06	6.55	0.00	0.93	0.00	2.86
242	1.20	0.41	0.75	0.08	4.38	0.00	1.00	0.09	2.08
243	1.30	0.24	0.77	0.06	5.61	0.00	0.93	0.08	0.93
244	0.90	0.33	0.93	0.02	3.89	0.00	1.44	0.00	2.02
245	0.90	0.33	0.93	0.02	3.89	0.00	1.44	0.00	3.51
246	0.90	0.33	0.93	0.02	3.89	0.00	1.44	0.00	2.36
247	1.53	0.22	1.04	0.02	5.56	0.00	0.93	0.00	1.31
248	1.53	0.22	1.04	0.02	5.56	0.00	0.93	0.00	1.40
249	1.53	0.22	1.04	0.02	5.56	0.00	1.00	0.00	1.37

序号	H/H_0	K_a	ϕ/ϕ_0	$c/\gamma H$	sum(L/H)	z/H	$S_h S_v/A_t$	$q_s/\gamma H$	δ_m/H
250	1.68	0.20	1.33	0.03	5.73	0.09	1.44	0.00	0.85
251	1.68	0.20	1.33	0.03	5.73	0.09	1.44	0.00	0.77
252	1.68	0.20	1.33	0.03	5.73	0.20	1.44	0.00	0.70
253	1.68	0.20	1.33	0.03	5.73	0.30	1.44	0.00	0.61
254	1.68	0.20	1.33	0.03	5.73	0.41	1.44	0.00	0.60
255	1.68	0.20	1.33	0.03	5.73	0.52	1.44	0.00	0.52
256	1.68	0.20	1.33	0.03	5.73	0.63	1.44	0.00	0.39
257	1.68	0.20	1.33	0.03	5.73	0.73	1.44	0.00	0.30
258	1.68	0.20	1.33	0.03	5.73	0.84	1.44	0.00	0.26
259	1.68	0.20	1.33	0.03	5.73	0.95	1.44	0.00	0.18
260	1.13	0.23	1.22	0.10	3.24	0.00	1.52	0.00	2.83
261	1.13	0.23	1.22	0.10	3.24	0.09	1.52	0.00	2.43
262	1.13	0.23	1.22	0.10	3.24	0.25	1.52	0.00	1.77
263	1.13	0.23	1.22	0.10	3.24	0.42	1.52	0.00	1.33
264	1.13	0.23	1.22	0.10	3.24	0.58	1.52	0.00	0.89
265	1.13	0.23	1.22	0.10	3.24	0.74	1.52	0.00	0.58
266	1.13	0.23	1.22	0.10	3.24	0.91	1.52	0.00	0.32
267	1.18	0.21	1.07	0.00	7.43	0.00	1.00	0.10	2.20
268	1.18	0.21	1.07	0.00	7.43	0.08	1.00	0.10	1.95
269	1.18	0.21	1.07	0.00	7.43	0.19	1.00	0.10	1.73
270	1.18	0.21	1.07	0.00	7.43	0.31	0.67	0.10	1.22
271	1.18	0.21	1.07	0.00	7.43	0.39	0.67	0.10	0.66
272	1.18	0.21	1.07	0.00	7.43	0.46	0.67	0.10	0.33
273	1.18	0.21	1.07	0.00	7.43	0.54	0.67	0.10	0.25
274	1.18	0.21	1.07	0.00	7.43	0.62	0.67	0.10	0.16
275	1.18	0.21	1.07	0.00	7.43	0.70	0.67	0.10	0.14
276	1.18	0.21	1.07	0.00	7.43	0.77	0.67	0.10	0.12
277	1.18	0.21	1.07	0.00	7.43	0.85	0.67	0.10	0.10
278	1.18	0.21	1.07	0.00	7.43	0.00	1.00	0.10	1.44
279	1.18	0.21	1.07	0.00	7.43	0.08	1.00	0.10	1.32
280	1.18	0.21	1.07	0.00	7.43	0.19	1.00	0.10	1.10
281	1.18	0.21	1.07	0.00	7.43	0.31	0.67	0.10	0.75
282	1.18	0.21	1.07	0.00	7.43	0.39	0.67	0.10	0.63
283	1.18	0.21	1.07	0.00	7.43	0.46	0.67	0.10	0.47
284	1.18	0.21	1.07	0.00	7.43	0.54	0.67	0.10	0.31
285	1.18	0.21	1.07	0.00	7.43	0.62	0.67	0.10	0.19

续表

序号	H/H_0	K_a	ϕ/ϕ_0	$c/\gamma H$	sum(L/H)	z/H	$S_h S_v/A_t$	$q_s/\gamma H$	δ_m/H
286	1.18	0.21	1.07	0.00	7.43	0.70	0.67	0.10	0.11
287	1.18	0.21	1.07	0.00	7.43	0.77	0.67	0.10	0.03
288	1.18	0.21	1.07	0.00	7.43	0.85	0.67	0.10	0.02
289	1.18	0.21	1.07	0.00	7.43	0.00	1.00	0.10	1.29
290	1.18	0.21	1.07	0.00	7.43	0.08	1.00	0.10	1.25
291	1.18	0.21	1.07	0.00	7.43	0.19	1.00	0.10	1.25
292	1.18	0.21	1.07	0.00	7.43	0.31	0.67	0.10	0.64
293	1.18	0.21	1.07	0.00	7.43	0.39	0.67	0.10	0.35
294	1.18	0.21	1.07	0.00	7.43	0.46	0.67	0.10	0.24
295	1.18	0.21	1.07	0.00	7.43	0.54	0.67	0.10	0.16
296	1.18	0.21	1.07	0.00	7.43	0.62	0.67	0.10	0.08
297	1.18	0.21	1.07	0.00	7.43	0.70	0.67	0.10	0.04
298	1.18	0.21	1.07	0.00	7.43	0.77	0.67	0.10	0.02
299	1.18	0.21	1.07	0.00	7.43	0.85	0.67	0.10	0.01
300	1.18	0.21	1.07	0.00	7.43	0.00	1.00	0.10	0.53
301	1.18	0.21	1.07	0.00	7.43	0.08	1.00	0.10	0.48
302	1.18	0.21	1.07	0.00	7.43	0.19	1.00	0.10	0.34
303	1.18	0.21	1.07	0.00	7.43	0.31	0.67	0.10	0.12
304	1.18	0.21	1.07	0.00	7.43	0.39	0.67	0.10	0.03
305	1.18	0.21	1.07	0.00	7.43	0.46	0.67	0.10	0.03
306	1.18	0.21	1.07	0.00	7.43	0.54	0.67	0.10	0.01
307	1.18	0.21	1.07	0.00	7.43	0.62	0.67	0.10	0.02
308	1.18	0.21	1.07	0.00	7.43	0.70	0.67	0.10	0.01
309	1.18	0.21	1.07	0.00	7.43	0.77	0.67	0.10	0.01
310	1.18	0.21	1.07	0.00	7.43	0.85	0.67	0.10	0.01
311	1.18	0.21	1.07	0.00	7.43	0.00	1.00	0.10	1.15
312	1.18	0.21	1.07	0.00	7.43	0.08	1.00	0.10	1.02
313	1.18	0.21	1.07	0.00	7.43	0.19	1.00	0.10	0.46
314	1.18	0.21	1.07	0.00	7.43	0.31	0.67	0.10	0.20
315	1.18	0.21	1.07	0.00	7.43	0.39	0.67	0.10	0.15
316	1.18	0.21	1.07	0.00	7.43	0.46	0.67	0.10	0.15
317	1.18	0.21	1.07	0.00	7.43	0.54	0.67	0.10	0.15
318	1.18	0.21	1.07	0.00	7.43	0.62	0.67	0.10	0.15
319	1.18	0.21	1.07	0.00	7.43	0.70	0.67	0.10	0.12
320	1.18	0.21	1.07	0.00	7.43	0.77	0.67	0.10	0.12
321	1.18	0.21	1.07	0.00	7.43	0.85	0.67	0.10	0.11

续表

序号	H/H_0	K_a	ϕ/ϕ_0	$c/\gamma H$	sum(L/H)	z/H	$S_h S_v/A_t$	$q_s/\gamma H$	δ_m/H
322	1.18	0.21	1.07	0.00	7.43	0.00	1.00	0.10	1.61
323	1.18	0.21	1.07	0.00	7.43	0.08	1.00	0.10	1.36
324	1.18	0.21	1.07	0.00	7.43	0.19	1.00	0.10	0.82
325	1.18	0.21	1.07	0.00	7.43	0.31	0.67	0.10	0.13
326	1.18	0.21	1.07	0.00	7.43	0.39	0.67	0.10	0.11
327	1.18	0.21	1.07	0.00	7.43	0.46	0.67	0.10	0.08
328	1.18	0.21	1.07	0.00	7.43	0.54	0.67	0.10	0.06
329	1.18	0.21	1.07	0.00	7.43	0.62	0.67	0.10	0.06
330	1.18	0.21	1.07	0.00	7.43	0.70	0.67	0.10	0.05
331	1.18	0.21	1.07	0.00	7.43	0.77	0.67	0.10	0.03
332	1.18	0.21	1.07	0.00	7.43	0.85	0.67	0.10	0.03
333	1.18	0.21	1.07	0.00	7.43	0.00	1.00	0.10	1.48
334	1.18	0.21	1.07	0.00	7.43	0.08	1.00	0.10	1.41
335	1.18	0.21	1.07	0.00	7.43	0.19	1.00	0.10	0.93
336	1.18	0.21	1.07	0.00	7.43	0.31	0.67	0.10	0.31
337	1.18	0.21	1.07	0.00	7.43	0.39	0.67	0.10	0.24
338	1.18	0.21	1.07	0.00	7.43	0.46	0.67	0.10	0.15
339	1.18	0.21	1.07	0.00	7.43	0.54	0.67	0.10	0.14
340	1.18	0.21	1.07	0.00	7.43	0.62	0.67	0.10	0.10
341	1.18	0.21	1.07	0.00	7.43	0.70	0.67	0.10	0.08
342	1.18	0.21	1.07	0.00	7.43	0.77	0.67	0.10	0.07
343	1.18	0.21	1.07	0.00	7.43	0.85	0.67	0.10	0.06
344	1.18	0.21	1.07	0.00	7.43	0.00	1.00	0.10	1.37
345	1.18	0.21	1.07	0.00	7.43	0.08	1.00	0.10	1.29
346	1.18	0.21	1.07	0.00	7.43	0.19	1.00	0.10	1.05
347	1.18	0.21	1.07	0.00	7.43	0.31	0.67	0.10	0.83
348	1.18	0.21	1.07	0.00	7.43	0.39	0.67	0.10	0.43
349	1.18	0.21	1.07	0.00	7.43	0.46	0.67	0.10	0.13
350	1.18	0.21	1.07	0.00	7.43	0.54	0.67	0.10	0.09
351	1.18	0.21	1.07	0.00	7.43	0.62	0.67	0.10	0.08
352	1.18	0.21	1.07	0.00	7.43	0.70	0.67	0.10	0.07
353	1.18	0.21	1.07	0.00	7.43	0.77	0.67	0.10	0.07
354	1.18	0.21	1.07	0.00	7.43	0.85	0.67	0.10	0.06
355	1.18	0.21	1.07	0.00	7.43	0.00	1.00	0.10	1.98
356	1.18	0.21	1.07	0.00	7.43	0.08	1.00	0.10	1.91
357	1.18	0.21	1.07	0.00	7.43	0.19	1.00	0.10	1.68

续表

序号	H/H_0	K_a	ϕ/ϕ_0	$c/\gamma H$	sum(L/H)	z/H	$S_h S_v/A_t$	$q_s/\gamma H$	δ_m/H
358	1.18	0.21	1.07	0.00	7.43	0.31	0.67	0.10	1.17
359	1.18	0.21	1.07	0.00	7.43	0.39	0.67	0.10	0.60
360	1.18	0.21	1.07	0.00	7.43	0.46	0.67	0.10	0.29
361	1.18	0.21	1.07	0.00	7.43	0.54	0.67	0.10	0.21
362	1.18	0.21	1.07	0.00	7.43	0.62	0.67	0.10	0.11
363	1.18	0.21	1.07	0.00	7.43	0.70	0.67	0.10	0.08
364	1.18	0.21	1.07	0.00	7.43	0.77	0.67	0.10	0.08
365	1.18	0.21	1.07	0.00	7.43	0.85	0.67	0.10	0.08
366	1.18	0.21	1.07	0.00	7.43	0.00	1.00	0.10	2.33
367	1.18	0.21	1.07	0.00	7.43	0.08	1.00	0.10	2.28
368	1.18	0.21	1.07	0.00	7.43	0.19	1.00	0.10	1.44
369	1.18	0.21	1.07	0.00	7.43	0.31	0.67	0.10	0.36
370	1.18	0.21	1.07	0.00	7.43	0.39	0.67	0.10	0.27
371	1.18	0.21	1.07	0.00	7.43	0.46	0.67	0.10	0.09
372	1.18	0.21	1.07	0.00	7.43	0.54	0.67	0.10	0.04
373	1.18	0.21	1.07	0.00	7.43	0.62	0.67	0.10	0.01
374	1.18	0.21	1.07	0.00	7.43	0.70	0.67	0.10	0.02
375	1.18	0.21	1.07	0.00	7.43	0.77	0.67	0.10	0.03
376	1.18	0.21	1.07	0.00	7.43	0.85	0.67	0.10	0.02

附录3 深支撑开挖地下连续墙的平面应变有限元分析结果

B	T	h	c_u/σ_v'	E_{50}/c_u	$\ln(EI/(\gamma_w h_{avg}^4))$	γ	墙体变形
30	30	17	0.25	100	6.097	15	412
40	30	20	0.25	200	6.097	15	383
30	30	14	0.25	100	6.097	15	373
30	30	20	0.25	200	6.097	15	358
50	30	20	0.25	100	6.097	19	345
50	35	20	0.25	100	7.313	17	334
40	30	20	0.34	100	6.097	15	324
40	30	14	0.25	100	6.097	17	313
50	35	20	0.29	200	6.097	17	307
40	35	20	0.25	200	7.313	15	304
40	35	14	0.25	100	7.313	15	300
30	30	20	0.25	100	6.097	19	294
40	30	17	0.29	100	6.097	17	288
30	30	20	0.29	100	6.097	17	282
30	30	17	0.29	200	6.097	15	273
30	30	20	0.25	200	6.097	17	271
40	35	17	0.29	100	6.097	19	268
30	30	17	0.29	100	6.097	17	262
40	30	17	0.29	300	6.097	15	260
40	30	20	0.25	300	6.097	17	257
40	30	17	0.25	100	7.313	15	251
40	30	14	0.29	100	6.097	17	250
40	35	11	0.25	100	7.313	15	243
40	30	17	0.29	100	6.097	19	240
30	30	20	0.25	100	7.313	15	238
30	30	14	0.29	200	6.097	15	234
30	30	20	0.34	200	6.097	15	233
50	35	17	0.25	200	7.313	17	225
40	35	20	0.29	100	7.313	19	220
50	30	20	0.25	300	6.097	19	218
40	30	17	0.34	200	6.097	15	232
50	35	20	0.34	100	7.313	17	230
50	30	20	0.25	100	7.313	19	228
30	30	17	0.29	100	6.097	19	215

B	T	h	c_u/σ_v'	E_{50}/c_u	$\ln(EI/(\gamma_w h_{avg}^4))$	γ	墙体变形
40	30	20	0.25	200	7.313	15	211
30	30	14	0.25	100	7.313	15	210
40	35	20	0.34	100	7.313	17	210
30	30	20	0.29	100	7.313	15	206
50	35	17	0.34	100	7.313	17	206
30	30	14	0.29	300	6.097	15	204
40	35	20	0.25	100	8.176	19	204
40	30	14	0.29	100	7.313	15	201
40	30	17	0.25	200	7.313	15	200
40	30	20	0.34	100	7.313	15	198
30	30	17	0.29	100	7.313	15	197
40	30	17	0.25	100	7.313	19	197
40	30	14	0.25	300	6.097	17	195
30	30	20	0.25	200	7.313	15	193
40	35	14	0.25	200	6.097	19	191
40	25	17	0.29	100	6.097	19	188
40	30	20	0.25	100	8.176	15	187
30	30	20	0.25	100	7.313	19	186
30	30	20	0.25	300	6.097	19	184
40	30	20	0.29	200	7.313	15	183
30	30	11	0.25	100	6.097	19	181
40	30	17	0.25	100	8.176	15	180
30	30	11	0.29	200	6.097	15	179
40	35	17	0.34	200	7.313	15	179
40	35	11	0.25	200	7.313	15	178
30	30	20	0.34	100	7.313	15	177
40	35	17	0.25	300	7.313	17	177
40	35	20	0.34	300	7.313	15	176
60	35	20	0.34	200	7.313	17	175
30	30	17	0.25	100	7.313	19	174
40	30	17	0.29	200	7.313	15	172
50	30	20	0.25	200	7.313	19	171
40	30	20	0.21	300	7.313	19	170
40	35	20	0.29	300	6.097	19	169
60	30	14	0.25	200	7.313	17	168
30	30	17	0.34	100	6.097	19	167

B	T	h	c_u/σ_v'	E_{50}/c_u	$\ln(EI/(\gamma_w h_{avg}^4))$	γ	墙体变形
40	30	20	0.29	100	8.176	15	166
40	35	17	0.29	200	7.313	17	166
50	30	20	0.29	300	6.097	19	165
40	35	11	0.29	100	6.097	19	164
50	25	14	0.25	100	7.313	17	162
40	30	11	0.29	100	6.097	19	162
60	30	17	0.29	200	7.313	17	161
40	30	17	0.29	100	8.176	15	160
40	35	14	0.25	100	8.176	19	160
30	30	20	0.29	100	7.313	19	158
40	30	11	0.34	100	6.097	17	157
50	35	20	0.29	200	8.176	17	157
40	30	17	0.21	300	7.313	19	156
40	35	20	0.29	200	7.313	19	155
40	30	20	0.21	200	8.176	17	153
30	30	14	0.34	100	7.313	15	152
40	35	14	0.21	200	8.846	15	152
50	25	17	0.29	100	7.313	17	151
30	25	20	0.29	200	6.097	17	150
30	30	17	0.25	200	7.313	17	150
60	30	20	0.29	300	7.313	17	150
30	30	20	0.34	100	7.313	17	149
40	30	14	0.29	100	7.313	19	149
40	30	20	0.25	200	8.176	15	148
30	30	17	0.29	100	7.313	19	147
40	35	20	0.25	400	7.313	19	147
50	35	14	0.29	200	7.313	17	146
40	30	14	0.29	300	6.097	17	145
40	30	17	0.21	200	8.176	17	144
40	30	17	0.29	100	8.176	17	143
30	30	17	0.29	100	8.176	15	142
40	30	11	0.29	100	7.313	17	142
40	35	14	0.25	300	7.313	17	142
30	30	11	0.29	100	6.097	19	141
40	35	17	0.25	300	7.313	19	141
40	30	17	0.29	200	7.313	17	140

续表

B	T	h	c_u/σ_v'	E_{50}/c_u	$\ln(EI/(\gamma_w h_{avg}^4))$	γ	墙体变形
40	30	20	0.34	200	6.097	19	140
30	30	17	0.34	100	7.313	17	139
40	30	14	0.29	200	6.097	19	138
30	30	17	0.29	300	7.313	15	137
50	25	20	0.34	100	7.313	17	136
60	30	17	0.29	300	7.313	17	136
40	30	11	0.25	200	6.097	19	135
40	35	14	0.29	100	8.176	19	135
40	30	14	0.21	300	7.313	19	134
30	25	14	0.29	200	6.097	17	133
60	30	17	0.34	200	7.313	17	133
40	35	17	0.29	200	7.313	19	133
40	30	20	0.25	300	8.176	15	132
40	30	14	0.34	200	6.097	17	132
40	35	17	0.25	200	8.176	19	132
40	30	14	0.34	100	8.176	15	131
40	30	11	0.25	100	8.176	17	131
30	30	17	0.25	200	8.176	15	127
30	25	17	0.21	200	7.313	17	126
40	30	11	0.21	200	7.313	19	126
30	30	17	0.29	100	8.176	17	125
40	30	14	0.34	100	7.313	19	125
40	30	17	0.29	200	8.176	15	124
40	30	14	0.25	300	7.313	17	124
40	35	20	0.25	200	8.846	19	124
40	30	20	0.34	100	8.176	19	123
40	25	14	0.29	200	6.097	19	122
30	30	20	0.29	100	8.176	19	122
50	25	14	0.25	200	7.313	17	121
40	25	11	0.29	100	7.313	19	111
30	30	17	0.34	200	6.097	19	111
30	25	11	0.29	200	6.097	17	110
30	30	20	0.34	200	7.313	17	110
40	35	17	0.25	200	8.846	19	110
30	30	17	0.25	200	8.176	17	109
40	30	20	0.29	300	7.313	19	109

B	T	h	c_u/σ_v'	E_{50}/c_u	$\ln(EI/(\gamma_w h_{avg}^4))$	γ	墙体变形
40	30	11	0.25	300	6.097	19	108
30	25	17	0.34	100	7.313	17	107
30	30	14	0.34	100	7.313	19	107
40	35	17	0.29	200	8.176	19	107
40	25	20	0.29	100	8.176	19	106
50	35	14	0.29	200	8.176	17	116
40	30	20	0.25	300	8.176	17	115
60	30	14	0.34	200	7.313	17	115
40	25	17	0.34	100	7.313	19	114
50	35	17	0.34	300	7.313	17	114
30	30	17	0.25	300	8.176	15	113
60	30	11	0.29	200	7.313	17	113
50	25	17	0.25	300	7.313	17	112
30	30	17	0.34	300	7.313	15	112
40	35	11	0.25	100	8.176	19	131
40	25	17	0.29	100	7.313	19	130
40	30	20	0.25	200	8.176	17	130
40	30	20	0.29	300	7.313	17	129
30	25	20	0.21	200	7.313	17	128
40	35	17	0.34	200	7.313	17	128
30	30	20	0.25	300	7.313	19	121
30	25	14	0.21	200	7.313	17	120
30	30	14	0.25	100	8.176	19	120
50	30	20	0.29	300	7.313	19	120
40	25	20	0.29	300	6.097	19	119
40	30	11	0.25	200	7.313	17	118
30	30	20	0.25	200	8.176	17	117
50	25	20	0.29	200	7.313	17	116
60	30	14	0.29	300	7.313	17	116
40	30	11	0.29	300	6.097	17	106
30	30	20	0.34	100	8.176	19	106
40	30	20	0.34	300	7.313	17	105
40	30	11	0.29	200	6.097	19	105
30	30	20	0.29	300	8.176	15	104
40	35	20	0.29	200	8.846	19	104
30	30	14	0.29	100	8.176	19	103

续表

B	T	h	c_u/σ_v'	E_{50}/c_u	$\ln(EI/(\gamma_w h_{avg}^4))$	γ	墙体变形
40	35	17	0.34	300	7.313	17	103
30	25	14	0.34	100	7.313	17	102
40	30	14	0.29	200	7.313	19	102
50	25	20	0.29	300	7.313	17	101
30	30	14	0.25	300	8.176	15	101
30	25	14	0.25	200	7.313	17	100
40	30	11	0.34	100	8.176	17	100
40	35	11	0.29	200	7.313	17	100
30	30	14	0.29	200	8.176	15	99
40	30	11	0.25	200	7.313	19	99
40	25	20	0.29	200	7.313	19	98
30	30	17	0.25	200	8.176	19	98
30	25	20	0.25	300	7.313	17	97
30	30	14	0.25	200	8.176	17	97
40	30	17	0.29	300	7.313	19	97
40	25	14	0.34	200	6.097	19	96
40	30	14	0.34	200	7.313	17	96
50	30	20	0.29	300	8.176	19	96
30	25	20	0.29	200	7.313	17	95
30	30	11	0.29	300	6.097	17	95
40	35	14	0.25	400	7.313	19	95
40	25	20	0.34	300	6.097	19	94
40	30	17	0.25	300	8.176	19	94
40	30	14	0.29	200	8.176	17	93
30	25	17	0.29	200	7.313	17	92
30	30	20	0.25	300	8.176	19	92
40	25	11	0.29	100	8.176	19	91
40	30	17	0.25	200	8.846	19	91
50	25	20	0.29	200	8.176	17	90
30	30	20	0.29	200	8.176	19	90
50	25	14	0.34	200	7.313	17	89
30	30	11	0.29	100	8.176	19	89
50	25	11	0.25	300	7.313	17	88
30	30	14	0.29	300	7.313	17	88
40	35	14	0.25	300	8.176	19	88
50	25	20	0.34	300	7.313	17	87

B	T	h	c_u/σ'_v	E_{50}/c_u	$\ln(EI/(\gamma_w h^4_{avg}))$	γ	墙体变形
30	30	17	0.29	300	7.313	19	87
40	30	20	0.34	200	8.176	19	87
40	25	14	0.29	200	7.313	19	86
30	30	20	0.29	400	7.313	19	86
40	25	14	0.25	300	7.313	19	85
40	25	20	0.29	300	7.313	19	84
40	35	14	0.29	300	7.313	19	84
30	30	17	0.34	300	7.313	17	83
40	35	14	0.34	200	7.313	19	83
30	30	14	0.25	300	8.176	17	82
30	30	14	0.29	200	8.176	17	81
40	30	11	0.29	300	6.097	19	81
40	35	14	0.34	300	7.313	17	81
40	35	17	0.34	300	7.313	19	81
40	25	17	0.34	200	7.313	19	80
40	30	11	0.21	300	8.176	19	80
40	35	11	0.25	300	7.313	19	80
40	30	11	0.25	200	8.176	19	79
30	25	17	0.34	200	7.313	17	78
40	30	14	0.34	300	7.313	17	78
50	25	11	0.34	200	7.313	17	77
40	30	14	0.34	200	8.176	17	77
40	30	17	0.34	300	7.313	19	77
60	30	14	0.29	200	8.846	17	76
30	30	20	0.29	200	8.846	19	75
50	25	11	0.29	300	7.313	17	74
30	25	11	0.29	200	7.313	17	73
30	25	14	0.34	200	7.313	17	72
30	30	11	0.29	300	6.097	19	72
40	25	14	0.29	300	7.313	19	71
30	30	14	0.29	200	8.176	19	71
40	35	14	0.34	200	8.176	19	71
40	30	14	0.29	400	7.313	19	70
30	30	11	0.25	200	8.176	19	69
30	30	17	0.29	200	8.846	19	69
40	35	11	0.29	200	8.176	19	69

B	T	h	c_u/σ_v'	E_{50}/c_u	$\ln(EI/(\gamma_w h_{avg}^4))$	γ	墙体变形
30	30	20	0.29	400	8.176	19	68
40	35	11	0.25	400	7.313	19	68
30	30	14	0.34	200	8.176	17	67
40	30	11	0.25	400	7.313	19	67
40	25	14	0.25	300	8.176	19	66
30	30	11	0.34	200	7.313	17	66
40	25	17	0.34	200	8.176	19	65
40	30	11	0.34	200	7.313	19	64
40	25	17	0.29	300	8.176	19	63
40	30	11	0.25	300	8.176	19	63
40	35	11	0.29	300	7.313	19	62
40	30	11	0.29	300	8.176	17	61
40	35	11	0.29	200	8.846	19	61
40	25	14	0.34	200	8.176	19	60
40	35	11	0.34	300	7.313	17	60
30	30	11	0.25	200	8.846	19	58
30	25	11	0.29	200	8.176	17	57
40	25	11	0.25	300	8.176	19	56
30	30	14	0.34	300	7.313	19	55
30	30	14	0.34	300	8.176	17	54
30	30	11	0.29	300	8.176	17	53
40	30	11	0.29	400	7.313	19	52
30	30	14	0.29	400	8.176	19	50
40	30	11	0.34	300	8.176	17	49
40	25	11	0.29	300	8.176	19	48
30	30	20	0.34	400	8.846	19	47
30	30	11	0.29	300	8.176	19	44
40	30	11	0.34	300	8.176	19	42
30	30	11	0.29	400	8.176	19	37
40	35	20	0.25	200	6.097	15	566
40	35	20	0.29	200	6.097	15	440
30	30	20	0.25	100	6.097	15	431
40	35	20	0.25	100	6.097	19	406
40	30	20	0.29	100	6.097	15	390
40	35	17	0.29	200	6.097	15	384
40	35	20	0.25	100	7.313	15	379

B	T	h	c_u/σ_v'	E_{50}/c_u	$\ln(EI/(\gamma_w h_{avg}^4))$	γ	墙体变形
40	30	20	0.25	100	6.097	17	376
40	35	20	0.21	200	7.313	15	376
40	30	17	0.29	100	6.097	15	371
30	30	20	0.29	100	6.097	15	363
40	30	17	0.25	200	6.097	15	362
40	30	17	0.25	100	6.097	17	354
40	35	17	0.25	100	6.097	19	354
30	30	20	0.25	100	6.097	17	346
40	35	17	0.25	100	7.313	15	345
30	30	17	0.29	100	6.097	15	344
30	30	17	0.25	200	6.097	15	338
40	30	14	0.29	100	6.097	15	332
30	30	20	0.25	300	6.097	15	326
30	30	17	0.25	100	6.097	17	325
40	30	20	0.25	100	6.097	19	323
40	30	14	0.25	200	6.097	15	320
40	30	20	0.29	200	6.097	15	316
40	35	20	0.29	100	6.097	19	311
40	30	20	0.29	100	6.097	17	308
30	30	11	0.25	100	6.097	15	307
30	30	17	0.25	300	6.097	15	306
30	30	14	0.29	100	6.097	15	306
40	30	17	0.34	100	6.097	15	305
40	35	14	0.29	200	6.097	15	302
50	35	17	0.25	100	7.313	17	302
40	30	17	0.25	100	6.097	19	300
30	30	14	0.25	200	6.097	15	298
30	30	20	0.34	100	6.097	15	298
40	30	17	0.29	200	6.097	15	296
40	30	20	0.25	200	6.097	17	293
30	30	20	0.29	200	6.097	15	292
40	35	20	0.25	200	6.097	19	291
40	35	20	0.29	200	6.097	17	287
30	30	14	0.25	100	6.097	17	285
40	35	14	0.25	100	6.097	19	284
40	30	20	0.29	300	6.097	15	281

续表

B	T	h	$c_\mathrm{u}/\sigma'_\mathrm{v}$	E_{50}/c_u	$\ln(EI/(\gamma_\mathrm{w}h^4_\mathrm{avg}))$	$\gamma\,^\circ$	墙体变形
50	30	20	0.29	100	6.097	19	281
30	30	17	0.34	100	6.097	15	279
40	35	17	0.25	200	7.313	15	273
30	30	17	0.25	100	6.097	19	272
40	35	20	0.25	300	7.313	15	272
40	30	17	0.25	200	6.097	17	271
40	35	20	0.25	100	7.313	19	269
40	30	14	0.34	100	6.097	15	268
30	30	14	0.25	300	6.097	15	265
40	35	20	0.34	100	7.313	15	265
40	30	20	0.25	200	7.313	15	262
30	30	20	0.29	300	6.097	15	261
40	30	20	0.29	100	6.097	19	261
50	35	17	0.29	200	6.097	17	261
40	30	14	0.25	100	6.097	19	260
50	35	14	0.25	100	7.313	17	260
40	30	14	0.29	200	6.097	15	257
50	30	20	0.25	200	6.097	19	256
50	35	20	0.25	200	7.313	17	255
40	30	20	0.34	200	6.097	15	252
40	30	11	0.25	100	6.097	17	251
40	35	20	0.29	200	7.313	15	251
30	30	17	0.25	200	6.097	17	250
40	30	20	0.34	100	6.097	17	249
40	35	17	0.25	200	6.097	19	245
30	30	14	0.34	100	6.097	15	244
40	35	17	0.25	300	7.313	15	243
40	35	17	0.29	200	6.097	17	243
30	30	17	0.29	300	6.097	15	241
40	35	17	0.25	100	7.313	19	240
40	35	20	0.25	300	6.097	19	240
40	30	20	0.25	200	6.097	19	239
30	30	20	0.25	300	6.097	17	237
30	30	20	0.29	100	6.097	19	236
40	35	20	0.25	200	7.313	17	236
40	30	17	0.25	300	6.097	17	234

B	T	h	c_u/σ_v'	E_{50}/c_u	$\ln(EI/(\gamma_w h_{avg}^4))$	γ	墙体变形
40	35	20	0.34	100	6.097	19	234
30	30	11	0.25	200	6.097	15	233
40	30	20	0.29	200	6.097	17	233
30	30	14	0.25	100	6.097	19	233
40	30	14	0.25	100	7.313	15	232
40	35	14	0.25	200	7.313	15	231
40	30	14	0.25	200	6.097	17	230
40	30	17	0.34	100	6.097	17	230
40	30	20	0.29	100	7.313	15	229
40	30	20	0.25	100	7.313	17	229
30	30	17	0.25	100	7.313	15	228
30	30	14	0.29	100	6.097	17	226
50	30	20	0.34	100	6.097	19	226
30	30	20	0.34	100	6.097	17	225
40	30	14	0.29	300	6.097	15	221
40	30	20	0.34	300	6.097	15	221
60	35	20	0.29	200	7.313	17	220
40	30	17	0.29	100	7.313	15	219
30	30	20	0.25	200	6.097	19	219
40	30	17	0.25	100	7.313	17	218
40	30	17	0.25	200	6.097	19	217
30	30	17	0.25	300	6.097	17	216
40	35	14	0.29	100	6.097	19	216
30	30	17	0.34	200	6.097	15	214
40	30	17	0.29	200	6.097	17	213
30	30	20	0.29	200	6.097	17	212
30	30	14	0.25	200	6.097	17	211
40	35	11	0.25	100	6.097	19	211
40	35	20	0.29	200	6.097	19	211
40	30	20	0.25	100	7.313	19	210
40	35	20	0.25	200	8.176	15	210
40	35	11	0.29	200	6.097	15	210
50	35	11	0.25	100	7.313	17	209
40	35	17	0.25	200	7.313	17	208
40	30	20	0.34	100	6.097	19	207
30	30	20	0.25	100	7.313	17	206

B	T	h	c_u/σ_v'	E_{50}/c_u	$\ln(EI/(\gamma_w h_{avg}^4))$	γ	墙体变形
30	30	17	0.34	100	6.097	17	206
50	35	20	0.29	200	7.313	17	206
40	30	11	0.25	100	6.097	19	205
40	30	14	0.29	100	6.097	19	205
40	35	20	0.25	300	7.313	17	205
60	30	20	0.25	200	7.313	17	204
40	35	20	0.34	200	7.313	15	204
50	35	14	0.29	200	6.097	17	204
30	30	20	0.34	300	6.097	15	203
40	30	20	0.25	300	6.097	19	202
40	35	14	0.25	100	7.313	19	202
40	30	17	0.34	300	6.097	15	201
40	35	14	0.25	300	7.313	15	201
40	35	17	0.34	100	6.097	19	201
50	30	20	0.29	200	6.097	19	200
40	30	11	0.29	100	6.097	17	199
40	35	17	0.25	300	6.097	19	199
40	30	14	0.25	100	7.313	17	198
40	30	14	0.34	100	6.097	17	198
30	30	17	0.25	200	6.097	19	198
40	30	14	0.34	200	6.097	15	197
40	30	20	0.29	100	7.313	17	197
40	30	20	0.29	300	6.097	17	197
50	30	20	0.29	100	7.313	19	197
40	35	20	0.25	200	7.313	19	197
30	30	17	0.25	100	7.313	17	195
40	35	17	0.29	100	7.313	19	195
40	30	20	0.21	200	7.313	19	194
40	25	20	0.29	100	6.097	19	193
30	30	17	0.29	200	6.097	17	193
60	35	17	0.29	200	7.313	17	193
40	35	20	0.29	200	7.313	17	191
40	30	20	0.25	300	7.313	15	190
60	30	17	0.25	200	7.313	17	190
40	35	17	0.25	200	8.176	15	190
40	30	17	0.34	100	7.313	15	188

B	T	h	c_u/σ_v'	E_{50}/c_u	$\ln(EI/(\gamma_w h_{avg}^4))$	γ	墙体变形
40	30	17	0.34	100	6.097	19	188
40	35	14	0.29	200	6.097	17	188
40	30	20	0.29	200	6.097	19	187
40	35	20	0.21	200	8.846	15	187
40	30	17	0.29	100	7.313	17	186
40	35	17	0.34	100	7.313	17	186
50	35	14	0.25	200	7.313	17	186
30	30	17	0.34	300	6.097	15	184
30	30	20	0.34	100	6.097	19	184
40	35	17	0.25	100	8.176	19	184
30	30	17	0.25	200	7.313	15	183
30	30	14	0.29	100	6.097	19	182
40	30	14	0.25	200	7.313	15	181
30	30	20	0.29	300	6.097	17	181
40	30	17	0.25	300	6.097	19	181
30	30	14	0.29	100	7.313	15	180
30	30	14	0.34	200	6.097	15	180
40	30	17	0.21	200	7.313	19	180
40	30	14	0.25	200	6.097	19	180
50	35	17	0.29	200	7.313	17	180
40	30	17	0.25	300	7.313	15	179
40	30	20	0.34	200	6.097	17	179
40	30	20	0.29	100	7.313	19	179
30	30	14	0.25	300	6.097	17	178
40	30	20	0.25	200	7.313	17	178
40	30	14	0.29	200	6.097	17	178
40	35	20	0.29	200	8.176	15	178
40	35	17	0.29	200	6.097	19	178
40	35	20	0.34	100	7.313	19	178
40	30	17	0.29	300	6.097	17	177
40	30	14	0.25	100	7.313	19	177
50	30	20	0.25	100	8.176	19	177
50	25	20	0.29	200	6.097	17	176
30	30	14	0.25	100	7.313	17	176
30	30	20	0.29	100	7.313	17	176
40	25	14	0.29	100	6.097	19	175

续表

B	T	h	c_u/σ'_v	E_{50}/c_u	$\ln(EI/(\gamma_w h^4_{avg}))$	γ	墙体变形
30	30	14	0.34	100	6.097	17	175
50	35	14	0.34	100	7.313	17	175
30	30	20	0.25	300	7.313	15	174
40	30	11	0.25	200	6.097	17	174
60	30	20	0.29	200	7.313	17	174
40	35	17	0.21	200	8.846	15	173
40	35	20	0.29	100	8.176	19	173
40	25	20	0.25	200	6.097	19	172
50	25	20	0.25	100	7.313	17	171
50	25	17	0.29	200	6.097	17	171
40	30	14	0.34	100	7.313	15	171
40	35	14	0.25	200	7.313	17	171
40	35	17	0.25	200	7.313	19	171
40	30	20	0.25	100	8.176	17	170
50	25	17	0.25	100	7.313	17	169
40	30	11	0.25	100	7.313	17	169
40	30	20	0.34	100	7.313	17	169
30	30	17	0.34	100	7.313	15	168
40	30	14	0.25	100	8.176	15	168
40	30	14	0.29	100	7.313	17	168
50	30	20	0.34	100	7.313	19	168
40	25	17	0.25	200	6.097	19	167
30	30	20	0.29	200	6.097	19	167
40	30	17	0.29	100	7.313	19	167
40	30	17	0.29	200	6.097	19	167
30	30	20	0.25	100	8.176	15	166
40	30	14	0.34	300	6.097	15	166
30	30	17	0.29	100	7.313	17	166
40	30	17	0.25	200	7.313	17	166
40	35	20	0.25	300	7.313	19	166
30	30	14	0.25	200	7.313	15	165
30	30	20	0.29	200	7.313	15	165
40	35	14	0.34	100	6.097	19	165
30	30	17	0.25	300	7.313	15	164
30	30	17	0.25	300	6.097	19	164
30	30	14	0.25	200	6.097	19	163

B	T	h	c_u/σ_v'	E_{50}/c_u	$\ln(EI/(\gamma_w h_{avg}^4))$	γ	墙体变形
50	35	20	0.34	200	7.313	17	163
40	35	14	0.29	100	7.313	19	163
30	30	17	0.29	300	6.097	17	162
30	30	20	0.34	200	6.097	17	162
40	30	17	0.25	100	8.176	17	162
40	25	20	0.34	100	6.097	19	161
40	30	20	0.29	300	7.313	15	161
30	30	20	0.25	200	7.313	17	161
40	30	20	0.25	100	8.176	19	161
40	30	14	0.34	100	6.097	19	161
30	30	17	0.25	100	8.176	15	160
30	30	14	0.29	200	6.097	17	160
40	30	17	0.34	200	6.097	17	160
40	35	17	0.29	200	8.176	15	160
40	30	14	0.25	300	7.313	15	159
40	30	17	0.34	100	7.313	17	159
40	35	11	0.25	100	7.313	19	159
40	30	20	0.25	200	7.313	19	158
60	35	14	0.29	200	7.313	17	158
40	25	17	0.34	100	6.097	19	157
40	30	14	0.21	200	7.313	19	157
50	30	20	0.29	100	8.176	19	157
40	35	14	0.34	100	7.313	17	157
40	35	17	0.34	100	7.313	19	157
50	25	14	0.29	200	6.097	17	156
40	30	20	0.25	300	7.313	17	156
40	35	17	0.29	100	8.176	19	156
30	30	17	0.29	200	7.313	15	155
30	30	14	0.25	100	7.313	19	155
40	30	14	0.29	200	7.313	15	154
40	30	20	0.34	200	7.313	15	154
50	25	20	0.29	100	7.313	17	153
50	30	20	0.34	200	6.097	19	153
40	35	14	0.25	300	6.097	19	153
40	25	14	0.25	200	6.097	19	152
40	30	17	0.25	100	8.176	19	152

B	T	h	c_u/σ'_v	E_{50}/c_u	$\ln(EI/(\gamma_w h_{avg}^4))$	γ	墙体变形
40	30	20	0.29	300	6.097	19	152
40	30	20	0.34	100	7.313	19	152
40	35	17	0.34	300	7.313	15	152
60	35	17	0.34	200	7.313	17	152
40	35	20	0.34	200	6.097	19	152
30	30	14	0.34	300	6.097	15	151
40	30	20	0.29	200	7.313	17	151
40	35	20	0.25	200	8.176	19	151
50	25	11	0.25	100	7.313	17	150
40	25	11	0.29	100	6.097	19	150
40	30	17	0.29	300	7.313	15	150
30	30	20	0.25	100	8.176	17	150
40	30	14	0.25	100	8.176	17	150
40	30	20	0.29	100	8.176	17	150
40	35	20	0.34	200	7.313	17	150
30	30	14	0.25	100	8.176	15	149
40	30	14	0.29	100	8.176	15	149
40	30	20	0.34	300	6.097	17	149
30	30	17	0.29	200	6.097	19	149
40	30	11	0.25	100	7.313	19	149
40	35	11	0.25	300	7.313	15	149
40	25	20	0.25	300	6.097	19	148
30	30	20	0.29	100	8.176	15	148
40	30	20	0.34	100	8.176	15	148
30	30	14	0.29	100	7.313	17	148
30	30	20	0.29	300	7.313	15	147
40	30	14	0.25	300	6.097	19	147
50	30	20	0.25	300	7.313	19	147
50	35	11	0.29	200	6.097	17	147
30	25	17	0.29	200	6.097	17	146
40	30	14	0.25	200	7.313	17	146
40	35	14	0.34	200	7.313	15	146
40	35	20	0.34	100	8.176	19	146
30	30	14	0.25	300	7.313	15	145
30	30	17	0.34	200	6.097	17	145
40	30	17	0.25	200	7.313	19	145

B	T	h	c_u/σ_v'	E_{50}/c_u	$\ln(EI/(\gamma_w h_{avg}^4))$	γ	墙体变形
50	25	14	0.29	100	7.313	17	144
40	25	14	0.34	100	6.097	19	144
40	30	17	0.25	300	7.313	17	144
40	35	20	0.29	200	8.176	17	144
40	30	17	0.34	200	7.313	15	143
40	30	20	0.21	200	8.176	19	143
50	30	20	0.29	200	7.313	19	143
40	25	17	0.25	300	6.097	19	142
40	30	17	0.34	100	8.176	15	142
30	30	17	0.25	100	8.176	17	142
40	30	11	0.25	300	6.097	17	142
40	30	14	0.34	100	7.313	17	142
60	30	20	0.34	200	7.313	17	142
30	30	20	0.25	200	7.313	19	142
50	35	11	0.34	100	7.313	17	142
40	25	20	0.29	100	6.097	19	141
30	30	20	0.25	300	7.313	17	141
40	30	20	0.29	100	8.176	19	141
40	30	17	0.34	100	7.313	19	141
50	35	17	0.34	200	7.313	17	141
40	35	17	0.29	300	6.097	19	141
30	25	20	0.25	100	7.313	17	140
40	30	17	0.25	200	8.176	15	140
60	30	14	0.29	200	7.313	17	140
30	30	20	0.25	100	8.176	19	140
30	30	14	0.34	100	6.097	19	140
50	35	11	0.25	200	7.313	17	140
40	35	14	0.29	200	6.097	19	140
30	30	20	0.34	200	7.313	15	139
50	35	17	0.29	200	8.176	17	139
30	25	17	0.25	100	7.313	17	138
40	30	14	0.25	100	8.176	19	138
40	35	11	0.25	200	6.097	19	138
40	35	14	0.25	200	7.313	19	138
30	30	14	0.29	200	7.313	15	137
60	30	11	0.25	200	7.313	17	137

B	T	h	c_u/σ'_v	E_{50}/c_u	$\ln(EI/(\gamma_w h^4_{avg}))$	γ	墙体变形
30	30	20	0.29	300	6.097	19	137
50	30	20	0.34	100	8.176	19	137
40	25	17	0.29	200	6.097	19	136
30	30	11	0.34	100	6.097	17	136
40	30	20	0.21	300	8.176	17	136
40	35	14	0.29	200	8.176	15	136
40	30	20	0.34	300	7.313	15	135
30	30	20	0.29	200	7.313	17	135
40	30	20	0.25	300	7.313	19	135
40	35	11	0.29	200	6.097	17	135
50	35	20	0.34	300	7.313	17	135
30	30	20	0.25	200	8.176	15	134
30	30	20	0.34	300	6.097	17	134
40	30	11	0.29	200	6.097	17	134
40	30	17	0.29	300	6.097	19	134
40	35	14	0.29	200	7.313	17	134
30	25	14	0.25	100	7.313	17	133
50	25	17	0.34	100	7.313	17	133
40	25	20	0.29	100	7.313	19	133
40	30	20	0.34	100	8.176	17	133
30	30	14	0.25	300	6.097	19	133
40	30	17	0.21	200	8.176	19	133
40	30	17	0.29	100	8.176	19	133
50	25	20	0.25	200	7.313	17	132
50	25	11	0.29	100	7.313	17	132
30	30	11	0.25	100	8.176	15	132
40	30	11	0.29	100	8.176	15	132
40	30	14	0.29	300	7.313	15	132
30	30	20	0.29	100	8.176	17	132
30	30	17	0.25	100	8.176	19	132
30	30	20	0.34	100	7.313	19	132
50	30	20	0.25	200	8.176	19	132
40	35	14	0.34	100	7.313	19	132
30	30	14	0.29	100	8.176	15	131
40	30	20	0.29	200	8.176	15	131
30	30	14	0.25	100	8.176	17	131

续表

B	T	h	c_u/σ_v'	E_{50}/c_u	$\ln(EI/(\gamma_w h_{avg}^4))$	γ	墙体变形
30	30	14	0.25	200	7.313	17	131
30	30	14	0.29	300	6.097	17	131
40	30	14	0.29	100	8.176	17	131
40	30	17	0.34	300	6.097	17	131
40	30	20	0.29	200	7.313	19	131
40	35	11	0.29	100	7.313	19	131
40	35	17	0.34	100	8.176	19	131
50	25	11	0.29	200	6.097	17	130
30	30	20	0.34	100	8.176	15	130
30	30	17	0.25	300	7.313	17	130
40	30	14	0.21	200	8.176	17	130
30	30	17	0.25	200	7.313	19	130
50	25	17	0.25	200	7.313	17	129
30	30	17	0.34	200	7.313	15	129
30	30	14	0.29	100	7.313	19	129
40	30	11	0.34	100	6.097	19	129
40	35	17	0.34	200	6.097	19	129
40	30	14	0.25	200	8.176	15	128
30	30	11	0.25	100	7.313	19	128
40	35	11	0.25	200	7.313	17	128
40	35	20	0.25	300	8.176	19	128
50	25	14	0.34	100	7.313	17	127
40	25	14	0.25	300	6.097	19	127
40	30	17	0.21	300	8.176	17	127
40	35	17	0.29	200	8.176	17	127
40	35	20	0.29	300	7.313	19	127
40	30	14	0.34	200	7.313	15	126
40	30	17	0.34	100	8.176	17	126
30	30	20	0.34	200	6.097	19	126
40	35	11	0.21	200	8.846	15	126
40	25	11	0.25	200	6.097	19	125
40	30	17	0.25	300	8.176	15	125
40	30	20	0.21	300	8.176	19	125
40	30	14	0.25	200	7.313	19	125
40	30	11	0.29	100	7.313	19	125
40	35	11	0.34	100	7.313	17	125

B	T	h	c_u/σ_v'	E_{50}/c_u	$\ln(EI/(\gamma_w h_{avg}^4))$	γ	墙体变形
40	25	11	0.34	100	6.097	19	124
30	30	17	0.34	100	8.176	15	124
40	30	17	0.34	300	7.313	15	124
30	30	11	0.29	100	7.313	17	124
30	30	17	0.29	200	7.313	17	124
40	30	20	0.34	200	7.313	17	124
40	30	17	0.34	200	6.097	19	124
60	35	14	0.34	200	7.313	17	124
40	35	20	0.29	200	8.176	19	124
40	25	14	0.29	100	7.313	19	123
30	30	14	0.34	100	7.313	17	123
40	35	20	0.34	300	7.313	17	123
40	35	17	0.25	400	7.313	19	123
30	25	11	0.25	100	7.313	17	122
30	30	20	0.34	300	7.313	15	122
40	30	17	0.25	200	8.176	17	122
30	30	14	0.29	200	6.097	19	122
30	30	17	0.34	100	7.313	19	122
40	30	17	0.25	300	7.313	19	122
40	30	20	0.25	400	7.313	19	122
40	30	11	0.34	300	6.097	15	121
40	30	14	0.29	200	7.313	17	121
30	30	11	0.25	200	6.097	19	121
30	30	17	0.29	300	6.097	19	121
40	30	14	0.29	100	8.176	19	121
40	35	14	0.34	300	7.313	15	121
30	30	20	0.25	300	8.176	15	120
30	30	14	0.29	300	7.313	15	120
40	30	11	0.34	100	7.313	17	120
40	30	11	0.25	100	8.176	19	120
40	30	20	0.25	200	8.176	19	120
40	30	17	0.29	200	7.313	19	120
60	35	11	0.29	200	7.313	17	120
40	35	20	0.34	200	7.313	19	120
40	35	20	0.34	300	6.097	19	120
30	30	11	0.29	200	6.097	17	118

B	T	h	c_u/σ_v'	E_{50}/c_u	$\ln(EI/(\gamma_w h_{avg}^4))$	γ	墙体变形
30	30	14	0.34	200	6.097	17	118
30	30	17	0.34	300	6.097	17	118
40	30	14	0.21	200	8.176	19	118
40	25	20	0.34	100	7.313	19	117
30	30	20	0.29	200	8.176	15	117
40	30	17	0.29	300	7.313	17	117
50	30	20	0.34	200	7.313	19	117
50	25	20	0.25	300	7.313	17	116
50	25	11	0.34	100	7.313	17	116
40	30	20	0.29	300	8.176	15	116
30	30	20	0.29	300	7.313	17	116
30	30	20	0.29	200	7.313	19	116
40	30	17	0.21	300	8.176	19	116
40	30	17	0.34	100	8.176	19	116
40	25	20	0.34	200	6.097	19	115
30	30	14	0.25	200	8.176	15	115
30	30	20	0.34	100	8.176	17	115
40	30	11	0.29	100	8.176	17	115
40	30	14	0.34	100	8.176	17	115
60	30	20	0.29	200	8.176	17	115
30	30	17	0.29	100	8.176	19	115
40	30	20	0.21	200	8.846	19	115
50	35	14	0.34	200	7.313	17	115
30	30	14	0.34	100	8.176	15	114
30	30	14	0.29	100	8.176	17	114
40	30	20	0.29	200	8.176	17	114
40	35	14	0.34	100	8.176	19	114
40	25	20	0.25	200	7.313	19	113
40	25	17	0.29	300	6.097	19	113
40	30	20	0.34	200	8.176	15	113
40	30	14	0.21	300	8.176	17	113
40	30	17	0.34	200	7.313	17	113
40	30	20	0.34	300	6.097	19	113
50	30	20	0.25	300	8.176	19	113
50	30	20	0.29	200	8.176	19	113
50	25	17	0.29	200	7.313	17	112

B	T	h	c_u/σ_v'	E_{50}/c_u	$\ln(EI/(\gamma_w h_{avg}^4))$	γ	墙体变形
30	30	11	0.29	200	7.313	15	112
30	30	14	0.34	200	7.313	15	112
40	30	14	0.25	300	8.176	15	112
40	30	14	0.29	200	8.176	15	112
40	35	11	0.29	100	8.176	19	112
30	30	14	0.25	300	7.313	17	111
30	30	14	0.25	200	7.313	19	111
30	30	11	0.34	100	6.097	19	111
40	30	17	0.25	200	8.176	19	111
40	35	14	0.25	300	7.313	19	111
30	25	20	0.25	200	7.313	17	110
30	25	20	0.34	100	7.313	17	110
40	25	17	0.25	200	7.313	19	110
30	30	17	0.29	200	8.176	15	110
40	30	11	0.21	200	8.176	17	110
50	35	11	0.29	200	7.313	17	110
40	35	14	0.25	200	8.176	19	110
40	35	17	0.25	300	8.176	19	110
40	35	14	0.29	300	6.097	19	110
40	25	17	0.34	200	6.097	19	109
40	30	14	0.25	200	8.176	17	109
30	30	17	0.25	300	7.313	19	109
40	30	17	0.25	400	7.313	19	109
40	35	11	0.25	300	6.097	19	109
40	30	17	0.29	300	8.176	15	108
30	30	17	0.34	100	8.176	17	108
40	30	14	0.29	300	6.097	19	108
40	35	11	0.34	100	7.313	19	108
30	25	17	0.25	200	7.313	17	107
40	25	14	0.34	100	7.313	19	107
40	30	14	0.34	300	7.313	15	107
30	30	11	0.29	100	7.313	19	107
40	30	17	0.21	200	8.846	19	107
40	35	11	0.29	200	8.176	15	107
40	35	14	0.29	200	7.313	19	107
40	35	17	0.29	300	7.313	19	107

B	T	h	c_u/σ'_v	E_{50}/c_u	$\ln(EI/(\gamma_w h^4_{avg}))$	γ	墙体变形
30	25	11	0.21	200	7.313	17	106
50	25	11	0.25	200	7.313	17	106
40	30	17	0.34	200	8.176	15	106
30	30	14	0.29	200	7.313	17	106
40	30	17	0.25	300	8.176	17	106
40	30	17	0.29	200	8.176	17	106
40	30	14	0.34	300	6.097	17	106
30	30	20	0.25	200	8.176	19	106
40	30	11	0.34	100	7.313	19	106
40	30	20	0.34	200	7.313	19	106
30	30	17	0.29	300	7.313	17	105
60	30	17	0.29	200	8.176	17	105
30	30	17	0.29	200	7.313	19	105
40	30	11	0.29	100	8.176	19	105
40	30	14	0.34	100	8.176	19	105
40	35	14	0.29	200	8.176	17	105
50	25	14	0.29	200	7.313	17	104
40	30	11	0.21	300	7.313	19	104
40	30	20	0.29	200	8.176	19	104
40	35	11	0.29	200	6.097	19	104
40	35	14	0.34	200	6.097	19	104
50	25	14	0.25	300	7.313	17	103
40	25	17	0.29	100	8.176	19	103
40	30	14	0.25	300	7.313	19	103
40	30	20	0.25	300	8.176	19	103
40	35	14	0.34	200	7.313	17	103
40	35	11	0.25	200	7.313	19	103
40	35	20	0.29	300	8.176	19	103
40	35	11	0.34	100	6.097	19	103
30	30	20	0.25	300	8.176	17	102
30	30	11	0.34	100	7.313	17	102
30	30	11	0.25	100	8.176	19	102
40	30	14	0.34	200	6.097	19	102
40	35	11	0.25	300	7.313	17	102
40	35	17	0.34	200	7.313	19	102
50	25	20	0.34	200	7.313	17	101

B	T	h	c_u/σ_v'	E_{50}/c_u	$\ln(EI/(\gamma_w h_{avg}^4))$	γ	墙体变形
40	25	11	0.25	300	6.097	19	101
40	25	14	0.25	200	7.313	19	101
30	30	20	0.34	200	8.176	15	101
40	30	11	0.34	200	7.313	15	101
40	35	17	0.34	300	6.097	19	101
40	25	14	0.29	300	6.097	19	100
30	30	20	0.29	200	8.176	17	100
30	30	17	0.34	200	7.313	17	100
40	30	11	0.34	200	6.097	17	100
30	30	20	0.34	300	6.097	19	100
40	30	14	0.21	300	8.176	19	100
40	35	20	0.34	200	8.176	19	100
40	25	11	0.29	200	6.097	19	99
40	25	14	0.29	100	8.176	19	99
40	30	20	0.34	300	8.176	15	99
40	30	14	0.29	300	7.313	17	99
30	30	17	0.34	100	8.176	19	99
40	30	20	0.25	200	8.846	19	99
40	30	17	0.34	300	6.097	19	99
40	25	20	0.25	300	7.313	19	98
30	30	11	0.29	100	8.176	17	98
30	30	14	0.34	100	8.176	17	98
40	30	20	0.29	300	8.176	17	98
30	30	20	0.29	300	7.313	19	98
40	30	11	0.21	200	8.176	19	98
40	30	14	0.25	200	8.176	19	98
50	25	17	0.29	300	7.313	17	97
50	25	17	0.34	200	7.313	17	97
30	30	17	0.29	300	8.176	15	97
40	30	20	0.34	200	8.176	17	97
60	30	20	0.34	200	8.846	17	97
30	30	14	0.29	300	6.097	19	97
40	30	20	0.29	400	7.313	19	97
50	30	20	0.34	200	8.176	19	97
40	25	11	0.34	100	7.313	19	96
40	30	14	0.29	300	8.176	15	96

B	T	h	c_u/σ_v'	E_{50}/c_u	$\ln(EI/(\gamma_w h_{avg}^4))$	γ	墙体变形
40	30	11	0.25	300	7.313	17	96
40	30	11	0.29	200	7.313	17	96
30	30	11	0.25	300	6.097	19	96
40	30	14	0.21	200	8.846	19	96
40	30	17	0.34	200	7.313	19	96
50	30	20	0.34	300	7.313	19	96
60	35	11	0.34	200	7.313	17	96
40	35	11	0.34	100	8.176	19	96
40	25	20	0.34	100	8.176	19	95
30	30	14	0.34	300	7.313	15	95
30	30	17	0.25	300	8.176	17	95
30	30	14	0.34	300	6.097	17	95
60	30	20	0.29	200	8.846	17	95
40	30	17	0.29	200	8.176	19	95
30	25	17	0.25	300	7.313	17	94
40	25	17	0.25	300	7.313	19	94
40	25	17	0.29	200	7.313	19	94
30	30	17	0.34	200	8.176	15	94
40	30	14	0.34	200	8.176	15	94
40	30	17	0.34	300	7.313	17	94
30	30	17	0.29	200	8.176	17	93
30	30	20	0.34	300	7.313	17	93
40	30	11	0.21	300	8.176	17	93
60	30	11	0.34	200	7.313	17	93
30	30	20	0.34	200	7.313	19	93
40	35	20	0.34	300	7.313	19	93
40	25	17	0.34	100	8.176	19	92
40	30	17	0.34	300	8.176	15	92
40	30	14	0.25	300	8.176	17	92
40	35	14	0.25	200	8.846	19	92
30	25	11	0.34	100	7.313	17	91
50	25	11	0.29	200	7.313	17	91
60	30	14	0.29	200	8.176	17	91
30	30	14	0.25	300	7.313	19	91
30	30	11	0.29	200	6.097	19	91
40	30	11	0.34	100	8.176	19	91

B	T	h	c_u/σ'_v	E_{50}/c_u	$\ln(EI/(\gamma_w h^4_{avg}))$	γ	墙体变形
50	35	11	0.29	200	8.176	17	91
40	35	17	0.29	200	8.846	19	91
40	30	11	0.25	200	8.176	17	90
60	30	11	0.29	300	7.313	17	90
60	30	17	0.34	200	8.846	17	90
30	30	14	0.34	200	6.097	19	90
40	30	14	0.25	400	7.313	19	90
50	35	14	0.34	300	7.313	17	90
30	30	20	0.34	300	8.176	15	89
40	30	17	0.29	300	8.176	17	89
40	30	17	0.34	200	8.176	17	89
30	30	11	0.34	100	7.313	19	89
30	30	14	0.34	100	8.176	19	89
30	25	11	0.25	200	7.313	17	88
50	25	14	0.29	300	7.313	17	88
40	25	14	0.34	100	8.176	19	88
40	25	17	0.34	300	6.097	19	88
30	30	11	0.34	200	6.097	17	88
30	30	14	0.29	200	7.313	19	88
50	35	11	0.34	200	7.313	17	88
40	35	14	0.29	200	8.176	19	88
40	35	17	0.29	300	8.176	19	88
50	25	17	0.29	200	8.176	17	87
40	25	11	0.25	200	7.313	19	87
30	30	20	0.29	300	8.176	17	87
60	30	17	0.29	200	8.846	17	87
30	30	17	0.34	300	6.097	19	87
40	30	20	0.29	200	8.846	19	87
40	30	20	0.29	300	8.176	19	87
40	30	20	0.34	300	7.313	19	87
40	35	11	0.34	300	7.313	15	87
30	25	14	0.25	300	7.313	17	86
30	30	14	0.29	300	8.176	15	86
30	30	11	0.25	200	7.313	19	86
30	30	20	0.25	200	8.846	19	86
40	30	17	0.29	400	7.313	19	86

续表

B	T	h	c_u/σ'_v	E_{50}/c_u	$\ln(EI/(\gamma_w h^4_{avg}))$	γ	墙体变形
40	35	17	0.34	200	8.176	19	86
30	25	14	0.29	200	7.313	17	85
30	30	11	0.34	100	8.176	17	85
30	30	20	0.34	200	8.176	17	85
30	30	14	0.25	200	8.176	19	85
40	25	20	0.34	200	7.313	19	84
30	30	14	0.34	200	7.313	17	84
40	35	11	0.25	200	8.176	19	84
30	30	11	0.29	200	8.176	15	83
30	30	14	0.34	200	8.176	15	83
30	30	11	0.29	200	7.313	17	83
30	30	17	0.25	300	8.176	19	83
30	30	17	0.34	200	7.313	19	83
40	30	14	0.29	200	8.176	19	83
30	25	20	0.34	200	7.313	17	82
50	25	17	0.34	300	7.313	17	82
30	30	17	0.34	300	8.176	15	82
40	30	20	0.34	300	8.176	17	82
30	30	17	0.29	200	8.176	19	82
50	25	14	0.29	200	8.176	17	81
40	30	11	0.21	200	8.846	19	81
40	30	14	0.25	200	8.846	19	81
40	30	11	0.29	200	7.313	19	81
40	30	14	0.29	300	7.313	19	81
40	30	14	0.34	200	7.313	19	81
40	35	11	0.29	200	8.176	17	81
40	35	11	0.29	200	7.313	19	81
40	35	11	0.29	300	6.097	19	81
40	35	14	0.34	300	6.097	19	81
40	35	20	0.34	300	8.176	19	81
40	25	17	0.29	300	7.313	19	80
40	25	11	0.34	100	8.176	19	80
40	30	14	0.34	300	8.176	15	80
60	30	14	0.34	200	8.846	17	80
30	30	17	0.25	200	8.846	19	80
40	30	14	0.25	300	8.176	19	80

B	T	h	c_u/σ'_v	E_{50}/c_u	$\ln(EI/(\gamma_w h_{avg}^4))$	γ	墙体变形
40	30	17	0.29	200	8.846	19	80
40	30	14	0.34	300	6.097	19	80
40	30	11	0.34	200	8.176	15	79
30	30	17	0.29	300	8.176	17	79
40	30	11	0.34	300	6.097	17	79
40	30	11	0.34	200	6.097	19	79
40	30	17	0.34	200	8.176	19	79
40	35	11	0.34	200	6.097	19	79
40	25	20	0.29	200	8.176	19	78
40	25	11	0.34	200	6.097	19	78
30	30	17	0.34	200	8.176	17	78
40	30	11	0.25	300	7.313	19	78
40	30	17	0.29	300	8.176	19	78
40	35	11	0.34	200	7.313	17	78
40	25	14	0.34	300	6.097	19	77
40	30	11	0.29	200	8.176	17	77
40	30	14	0.29	300	8.176	17	77
30	30	20	0.29	300	8.176	19	77
30	30	11	0.34	100	8.176	19	77
30	30	20	0.34	300	7.313	19	77
40	25	20	0.25	300	8.176	19	76
40	30	11	0.29	300	7.313	17	76
40	30	11	0.34	200	7.313	17	76
30	30	17	0.29	400	7.313	19	76
40	35	14	0.29	200	8.846	19	76
40	25	17	0.29	200	8.176	19	75
30	30	20	0.34	200	8.176	19	75
40	30	20	0.34	400	7.313	19	75
30	25	11	0.25	300	7.313	17	74
50	25	14	0.34	300	7.313	17	74
40	30	11	0.25	300	8.176	17	74
40	30	17	0.34	300	8.176	17	74
40	25	14	0.34	200	7.313	19	73
60	30	11	0.29	200	8.176	17	73
30	25	20	0.29	200	8.176	17	72
50	25	11	0.29	200	8.176	17	72

B	T	h	c_u/σ_v'	E_{50}/c_u	$\ln(EI/(\gamma_w h_{avg}^4))$	γ	墙体变形
40	25	17	0.25	300	8.176	19	72
30	30	20	0.34	300	8.176	17	72
40	30	20	0.34	300	8.176	19	72
40	35	11	0.25	200	8.846	19	72
40	25	11	0.25	300	7.313	19	71
40	25	20	0.34	300	7.313	19	71
30	30	14	0.34	300	8.176	15	71
30	30	14	0.25	300	8.176	19	71
30	30	14	0.29	300	7.313	19	71
30	30	14	0.34	300	6.097	19	71
40	30	14	0.29	200	8.846	19	71
30	25	17	0.29	200	8.176	17	70
30	25	20	0.34	300	7.313	17	70
30	30	14	0.25	200	8.846	19	70
40	35	14	0.29	300	8.176	19	70
40	25	14	0.29	200	8.176	19	69
30	30	11	0.34	300	6.097	17	69
30	30	11	0.25	300	7.313	19	69
30	30	11	0.29	200	7.313	19	69
30	30	14	0.29	200	8.846	19	69
30	30	17	0.29	300	8.176	19	69
30	30	11	0.34	200	6.097	19	69
30	30	14	0.34	200	7.313	19	69
40	25	20	0.34	200	8.176	19	68
30	30	14	0.34	300	7.313	17	68
60	30	11	0.34	200	8.846	17	68
30	30	17	0.34	200	8.176	19	68
40	30	14	0.34	200	8.176	19	68
40	30	17	0.34	400	7.313	19	68
40	35	17	0.34	300	8.176	19	68
30	30	11	0.29	300	7.313	17	67
30	30	14	0.29	300	8.176	17	67
30	30	17	0.34	300	7.313	19	67
30	30	20	0.34	400	7.313	19	67
40	30	11	0.25	200	8.846	19	67
40	30	11	0.29	200	8.176	19	67

续表

B	T	h	c_u/σ_v'	E_{50}/c_u	$\ln(EI/(\gamma_w h_{avg}^4))$	γ	墙体变形
50	35	11	0.34	300	7.313	17	67
30	25	17	0.34	300	7.313	17	66
40	25	20	0.29	300	8.176	19	66
40	25	17	0.34	300	7.313	19	66
30	30	11	0.29	200	8.176	17	66
40	30	14	0.29	300	8.176	19	66
40	35	11	0.25	300	8.176	19	66
30	25	14	0.29	200	8.176	17	65
30	30	11	0.25	300	8.176	17	65
30	30	17	0.34	300	8.176	17	65
30	30	20	0.34	200	8.846	19	64
40	30	17	0.34	300	8.176	19	64
40	35	11	0.34	200	7.313	19	64
40	35	14	0.34	300	7.313	19	64
40	30	11	0.34	200	8.176	17	63
40	30	14	0.34	300	8.176	17	63
30	30	20	0.34	300	8.176	19	63
40	30	14	0.34	300	7.313	19	63
60	30	11	0.29	200	8.846	17	62
40	30	11	0.29	300	7.313	19	62
30	25	11	0.34	200	7.313	17	61
50	25	11	0.34	300	7.313	17	61
40	25	11	0.34	200	7.313	19	61
30	30	14	0.29	400	7.313	19	61
30	30	17	0.29	400	8.176	19	61
40	30	11	0.34	300	6.097	19	61
40	35	11	0.34	300	6.097	19	61
30	25	14	0.34	300	7.313	17	60
40	25	11	0.34	300	6.097	19	60
40	30	11	0.34	300	7.313	17	60
40	30	11	0.29	200	8.846	19	60
40	30	14	0.34	400	7.313	19	60
40	25	11	0.29	300	7.313	19	58
40	25	14	0.29	300	8.176	19	58
40	25	14	0.34	300	7.313	19	58
30	30	14	0.34	200	8.176	19	58

续表

B	T	h	c_u/σ_v'	E_{50}/c_u	$\ln(EI/(\gamma_w h_{avg}^4))$	γ	墙体变形
30	30	17	0.34	200	8.846	19	58
30	30	17	0.34	400	7.313	19	58
40	25	20	0.34	300	8.176	19	57
30	30	14	0.29	300	8.176	19	57
40	35	11	0.34	200	8.176	19	57
30	30	11	0.29	200	8.176	19	56
40	30	11	0.34	200	8.176	19	56
30	30	11	0.25	300	8.176	19	55
30	30	17	0.34	300	8.176	19	55
40	25	17	0.34	300	8.176	19	54
30	30	11	0.34	200	8.176	17	54
30	30	11	0.29	300	7.313	19	54
30	30	11	0.34	200	7.313	19	54
40	35	14	0.34	300	8.176	19	54
30	30	11	0.34	300	6.097	19	53
40	30	14	0.34	300	8.176	19	53
40	25	11	0.34	200	8.176	19	52
40	35	11	0.29	300	8.176	19	52
30	30	11	0.34	300	7.313	17	51
40	30	11	0.29	300	8.176	19	51
30	30	14	0.34	200	8.846	19	50
40	30	11	0.34	400	7.313	19	50
30	25	11	0.34	300	7.313	17	49
30	30	11	0.29	200	8.846	19	49
40	30	11	0.34	300	7.313	19	49
40	35	11	0.34	300	7.313	19	49
40	25	14	0.34	300	8.176	19	48
40	25	11	0.34	300	7.313	19	47
30	30	11	0.34	200	8.176	19	47
30	30	14	0.34	400	7.313	19	46
30	30	11	0.29	400	7.313	19	45
30	30	14	0.34	300	8.176	19	45
30	30	11	0.34	300	8.176	17	42
30	30	11	0.34	200	8.846	19	42
30	30	11	0.34	300	7.313	19	42
40	35	11	0.34	300	8.176	19	42

B	T	h	c_u/σ_v'	E_{50}/c_u	$\ln(EI/(\gamma_w h_{avg}^4))$	γ	墙体变形
30	30	17	0.34	400	8.846	19	41
40	25	11	0.34	300	8.176	19	40
30	30	11	0.34	400	7.313	19	35
30	30	14	0.34	400	8.846	19	34
30	30	11	0.34	400	8.846	19	26